视野与方法

——第 21 届中国民居建筑学术年会论文集

湖南科技大学建筑与艺术设计学院 编
吴 越 余翰武 伍国正 主编

中国建筑工业出版社

图书在版编目（CIP）数据

视野与方法：第21届中国民居建筑学术年会论文集/湖南科技大学建筑与艺术设计学院编；吴越，余翰武，伍国正主编．—北京：中国建筑工业出版社，2016.10
ISBN 978-7-112-19859-7

Ⅰ.①视… Ⅱ.①湖… ②吴… ③余… ④伍… Ⅲ.①民居—建筑艺术—中国—学术会议—文集 Ⅳ.①TU241.5-53

中国版本图书馆CIP数据核字（2016）第222974号

责任编辑：唐　旭　李东禧　焦　斐
责任校对：王宇枢　焦　乐

视野与方法——第21届中国民居建筑学术年会论文集
湖南科技大学建筑与艺术设计学院　编
吴　越　余翰武　伍国正　主编
*
中国建筑工业出版社出版、发行（北京西郊百万庄）
各地新华书店、建筑书店经销
北京锋尚制版有限公司制版
北京中科印刷有限公司印刷
*
开本：880×1230毫米　1/16　印张：15¼　字数：512千字
2016年10月第一版　2016年10月第一次印刷
定价：**52.00**元
ISBN 978－7－112－19859－7
（29384）

前 言

近些年，对传统民居的研究可谓之成果丰硕，越来越多的学者们关注到这一领域研究，研究内容从传统民居的建筑本体及文化内涵逐渐扩展到聚落中各类型建筑的研究及聚落结构、聚居形态和地域间的比较探讨，进而又在聚落研究上升到各种建筑基本单位之间组织关系的基础上，开始了区划和谱系研究，在更广阔的空间范围内，讨论建筑之间、聚落之间的相互关系。学者们已经意识到传统民居研究不能只关注传统民居建筑本体的研究，必须考虑其所处的环境和群体的关联性，更注重从多个空间层次和多学科多视角介入研究，研究视野从单纯的建筑学范畴拓展到社会、经济、文化等诸多领域。值得欣喜的是当前社会已经意识并逐渐重视到中国传统文化的保护与传承，传统民居研究的许多成果已经运用到建筑设计创作和城市营建与更新，并被人们所广泛接受。

随着民居研究进展的日新月异，研究成果的推陈出新，也为了弘扬中国传统建筑文化，总结和继承传统民居营建经验和文化传统，加强国内国际对传统民居研究的宣传和交流，中国民居建筑学术年会提供了一个极好的交流和提高的学术平台。经过两年的积极筹备，于 2016 年 11 月 11 日—13 日在湖南省湘潭市湖南科技大学举办“第 21 届中国民居建筑学术年会暨民居建筑国际学术研讨会”。

这次会议的中心议题为：

1. 民居研究方法
2. 传统民居的保护与再利用
3. 传统民居营建技艺的传承与创新
4. 传统聚落生存与发展策略

由于提交本次会议的论文稿件较多，也为更好反映和交流本次会议的学术成果，本次会议编撰了两本论文集，用于会议交流。一本由中国建筑工业出版社正式出版发行，共收录了 39 篇学术论文，分成两个部分：一、传统民居的保护与再利用；二、传统聚落的生存与发展；同时将部分湖南传统民居做了一次的梳理和展示；另一本论文集，汇集了近百篇学术论文用于会议交流。

湖南科技大学建筑与艺术设计学院

2016 年 8 月

目 录

一、传统民居的保护与再利用

二、传统聚落的生存与发展

湖南科技大学建筑与艺术设计学院
伍国正，余翰武，吴越，周红，刘新德，冯博，黄靖淇等

汉族民居 · 独栋正堂式

独栋正堂式民居广泛存在于湖南各地。湘江流域除南部山区外，多为丘陵地貌，出于经济原因和保护耕地的考虑，传统乡村一般民居多依地形独立成户。建筑由中间的堂屋和两侧的厢房组成，灵活布局，平面形式多样，适应了农村的生产和生活需要。装饰文化、建造技术（如“七字”式挑檐枋）具有明显的地域特色。

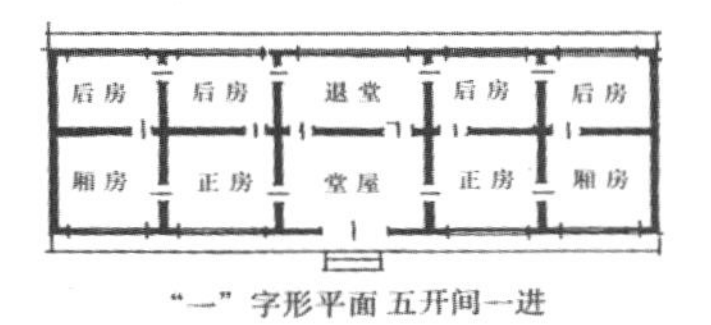

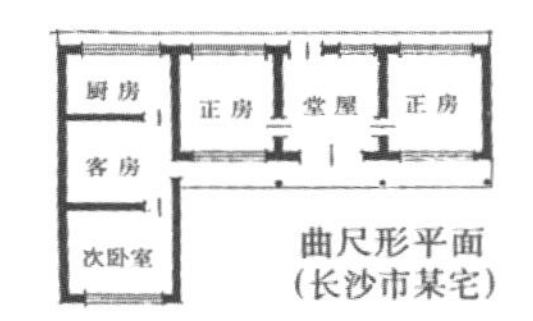

图1 “一”字形平面组图（自：陆元鼎. 中国民居建筑（中卷），2003年版）

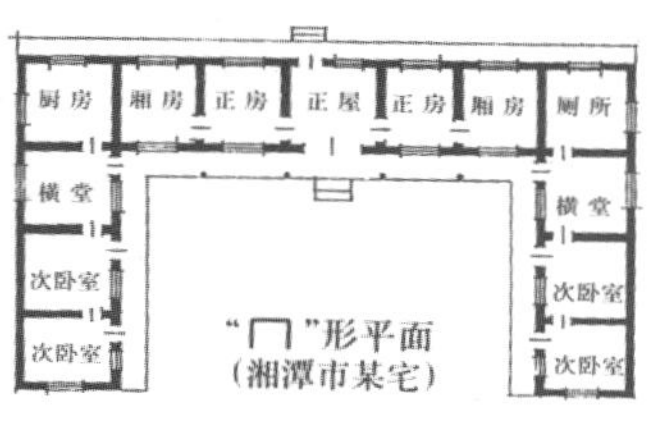

图2 “L”形和“[”形平面（自：陆元鼎. 中国民居建筑（中卷），2003年版）

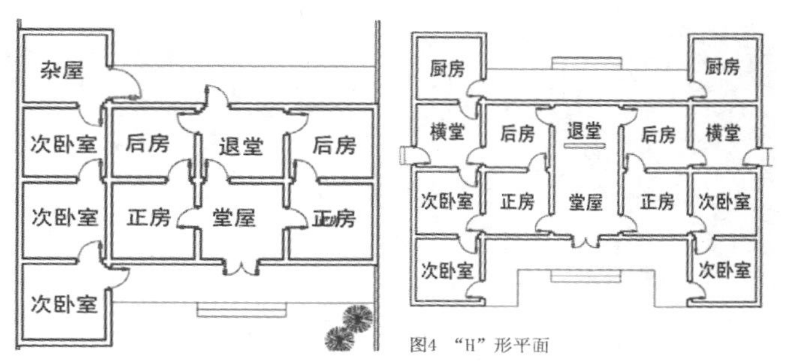

图3 “┤”字形平面

图4 “H”形平面

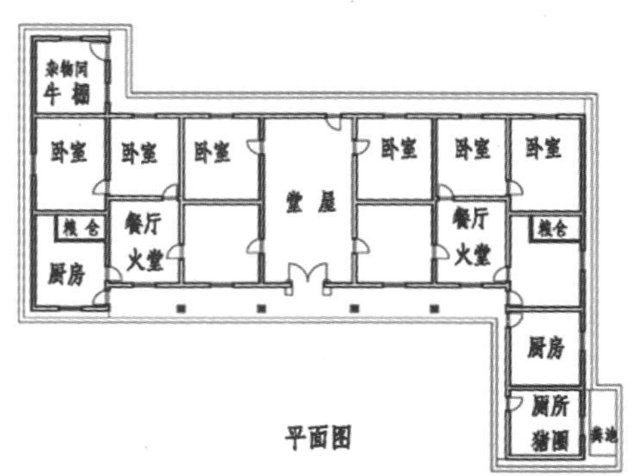

图5 浏阳龙伏镇新开村沈宅 伍国正测绘

1. 分布

独栋正堂式民居是中国乡村传统民居的普遍形式。湘江流域乡村传统一般民居适应地区地形及气候环境多采用独栋正堂式布局，布局形式与建造技术的地域特色明显，是湖南传统民居重要的组成部分。

2. 形制

乡下一般民居多为一家一栋屋，房屋正中为堂屋，堂屋两侧的房子叫正房，正房一般分为前后两部分，前半部分设火房，供冬天全家烤火。屋前有外廊。堂屋两侧各有一间正房的叫“三大间”，各有两间正房的叫“五大间”，也有“七大间”甚至“九大间”的。主要有以下几种平面形式：

（1）“一”字形平面，即一个正屋呈一字状布置，这是湘东地区民居中最简单的形式，多是利用房屋两端山墙在前面出耳，形成前廊，但四周屋檐出挑较多，以遮阳和防止雨水污湿墙面。

（2）“L”形平面，即一正一横的组合方式，在单体建筑一侧有厢房，农村很普遍。这种布置方式使正屋、杂屋明确划分，且构造简单，有利于进一步发展。

（3）“┤”形平面，为一正一横的另一种组合方式，农村也很普遍。

（4）“[”形平面，为一正二横的组合方式，即房屋在前面两侧均有厢房，戏称“一把锁”，多为“五大间”以上住宅，农村很多见。它布置紧凑，正屋与杂屋划分明确，采光通风均好，有利于向前后扩展。其前部由正屋和横屋围合成一个半限定空间，起到了室内外空间的过渡作用。

（5）“H”形平面，即一正二横的组合方式，优点是便于扩建，前后形成院落，采光通风良好。农村和城镇均有这种组合形式的住宅，以农村居多。

3. 建造

乡下一般独栋式民居以土坯墙居多，少数建筑外墙用砖墙。山区多木地区和经济条件较好的房屋内部用穿斗式木构架，少数建筑内用抬梁式木构架。由于地区炎热多雨且经年潮湿时间较长，土坯墙下砖石墙基一般较高，室内多设阁楼储物和隔热。地面多用素土或碎砖石等夯实。外檐多用“七字”式挑檐枋，出檐深远。小青瓦屋面居多，形式以悬山为主，少数为硬山和歇山顶。后期建造的多为两层，且在二层出挑外廊，满足家庭晾晒和储物。

4. 装饰

受经济条件所限，独栋式单体民居建筑装饰多集中于大门门框、门窗、柱础、梁枋、连机、山墙墀头、屋脊、屋角，以及堂屋后方的祖先堂等处，且形式和构造简单。经济条件较好的家庭强调入口，多用造型多样的石门框，柱础形式和门窗的装饰图案也较多。

图6 浏阳大围山镇狮口村某宅 伍国正摄

图7 浏阳大围山镇狮口村某宅 伍国正摄

图8 浏阳大围山镇东门乡某宅 伍国正摄

* 教育部人文社科规划基金项目：“湘江流域”传统乡村聚落景观文化比较研究（14YJAZH087）

图9 浏阳大围山镇东门乡某宅　伍国正摄

图10 湖南民居中的"七字"挑檐枋　伍国正摄

图11 浏阳市文家市镇某宅("三大间") 伍国正摄

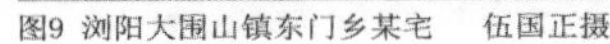

5. 代表建筑

1）长沙市河西蔡和森故居

蔡和森故居位于长沙湘江西岸荣湾镇周家台子，建于清光绪二十年（1894年），原为刘氏的墓庐，名为刘家台子。清宣统三年（1911年），周氏住此，易名周家台子。1917年蔡和森全家迁此租居二年多。1918年4月14日，毛泽东、蔡和森等13人在蔡和森家里成立革命团体新民学会，因此故居也为新民学会旧址。

旧址毁于1938年长沙"文夕大火"。1985至1987年按原貌重建，建筑面积175平方米。坐北朝南，为木构架竹织壁粉灰，小青瓦屋面，面阔5间，进深1间，有堂屋、正房、厢房、杂屋等。木板门、直棂窗。在旧址偏东向另辟有辅助陈列室。四周环以竹编院墙，前辟槽门，门额书"沩痴寄庐"四字，具有湘东北、湘中农舍特点。

2）长沙新民学会旧址

长沙新民学会旧址位于长沙市新民路。原为长沙郊区农民住宅，毛泽东、蔡和森等人曾在此成立了著名的新民学会。抗战期间旧址毁于战火，遗址已于1972年与1986年按原貌复建与修复。

按原貌复建后旧址占地约175平方米，坐北朝南，有堂屋、正房、厢房、杂屋等。房屋结构为竹木结构，木排架、竹织壁、小青瓦屋面；房外有竹篱院墙，前有槽门、水井。南边有菜地。故居古朴典雅，具有典型的南方普通农舍的特点。平面是独栋正堂式民居中的"门"字形平面。

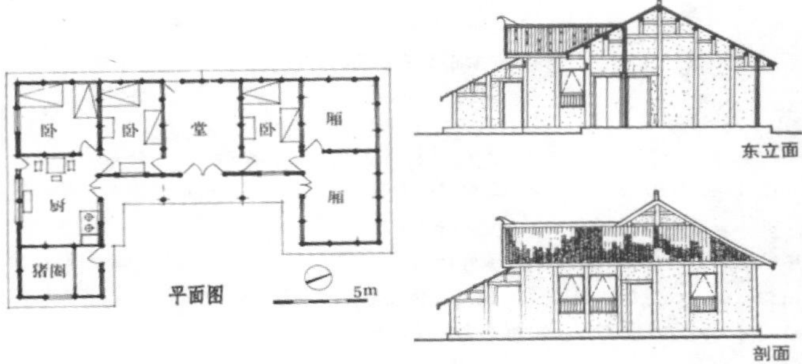

图12 长沙蔡和森故居平面、立面、剖面图(自:杨慎初.湖南传统建筑[M].1993年版)

图13 长沙河西蔡和森故居外景(自:百度网)

成因分析

民居建筑的形成与地形、气候、经济条件、生产生活方式，以及民族文化传统有关。湘江流域多为丘陵地貌，气候夏热冬冷，多雨且经年潮湿时间较长。独栋式民居建筑适应地区地形和气候环境，灵活布局，有利于节约用地和通风散热，满足了农村的生产生活要求，是传统自给自足自然经济的体现。

比较 / 演变

独栋正堂式民居是中国乡村传统民居的普遍形式。与周边乡村独栋正堂式民居相比，湘江流域独栋正堂式民居的特色明显：对称布局；屋脊和屋角装饰简单；普遍使用"七字"式挑檐枋；强调入口大门处理，经济条件较好的家庭喜用造型多样有雕刻图案的石门框；后期建造的多为两层硬山式，且在二层出挑外廊，满足家庭晾晒和储物。

图14 湘潭齐白石故居(自:百度网)

图15 长沙新民学会旧址复原建筑鸟瞰图(自:百度网)

湖南科技大学建筑与艺术设计学院
伍国正，余翰武，吴越，周红，刘新德，冯博，黄靖淇等

汉族民居・天井院落式

由屋宇、围墙、走廊围合而成的内向性院落空间，能营造出宁静、安全、洁净的生活环境。在易受自然灾害袭击和社会不安定因素侵犯的社会里，这种封闭的院落是最合适的建筑布局方案之一。湘江流域地区气候炎热，院内不需要采纳太多阳光，加上受山地、丘陵地貌的限制、所以院子一般较小，不仅较为阴凉，而且可以节约用地。

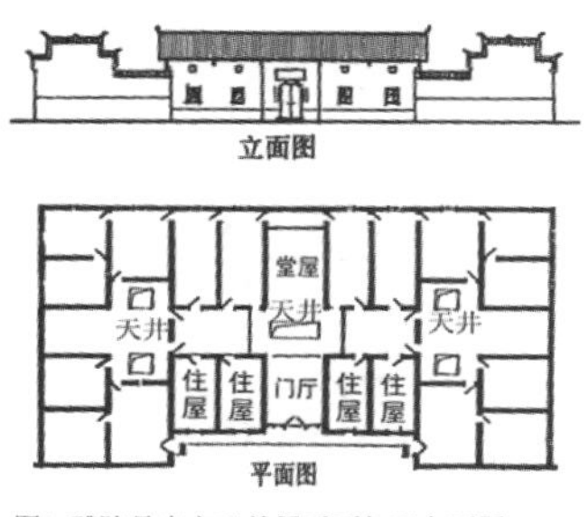

图1 醴陵县李立三故居平面与正立面图
（自：陆元鼎．中国民居建筑（中卷），2003）

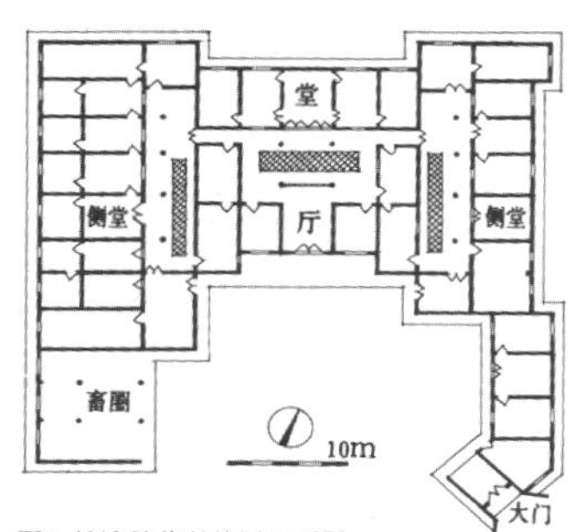

图2 长沙县黄兴故居平面图
（自：杨慎初．湖南传统建筑[M]．1993年版）

图4 长沙县黄兴故居正屋外景（自：百度网）

1．分布

天井院落式民居建筑一般占地较大，多为经济条件较好、人口较多的家庭拥有。湘江流域天井院落式民居，多背山面水，环境较好。长沙、株洲、湘潭等地保留的较多名人故居是其典型代表。

2．形制

湘江流域天井院落式民居适应地区地形特点、气候特点和对环境要求，建筑一般喜坐北朝南，多在屋前开挖池塘蓄水，建筑布局灵活，对外大门多开向较好的朝向，故经常与建筑内厅堂不在同一轴线上。内部空间规整，以堂屋为中心，强调"中正"与均衡，通过天井（或院落）、廊道组织空间。湘江流域天井院落式民居布局形式大致有以下几种：

（1）"一"字形平面：即建筑主体平面为长方形，内部通过天井（院落）与廊道分成前后两进。一字形院落对场地的要求较高，多为地形比较平整的场地。

（2）"[" 形平面：为一正二横的组合方式，是一正一横组合方式的进一步发展，即房屋在前面两侧均有耳房，戏称"一把锁"，多为"五大间"以上住宅，农村很多见。它布置紧凑，正屋与杂屋划分明确，采光通风均好，有利于向前后扩展。其前部由正屋和横屋围合成一个半限定空间，起到了室内外空间的过渡作用。

（3）"H"形平面：为一正二横的另一种组合方式。在此种形式平面中，正屋和两侧的横屋以天井（院落）和廊道分隔，故建筑体量外观较大。

（4）"吕"形平面：为正屋重叠的组合方式。在此种形式平面中，正屋纵向重叠式排列，较少有横屋。它流行于近代城市中型以下出租住宅，适应于纵深较大的基地，多见于城镇街坊中前店后宅的情况。

（5）"口"形平面：由二正屋二横屋围合。中间为较小的院落，正屋与横屋内可再由天井和廊道组织各自的空间。在这种形式平面中，公共空间与私密空间分明，兼具四合院与独栋式"["形平面的优点。

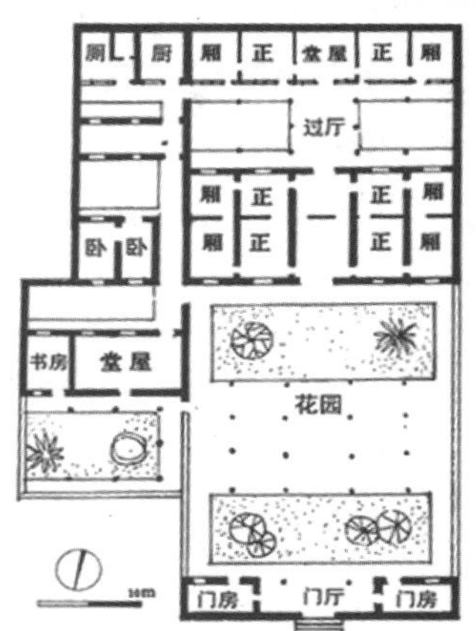

图5 长沙城南区建于清代的住宅平面图
（自：杨慎初．湖南传统建筑[M]．1993年版）

3．建造

相对独栋式民居，天井院落式民居内人口较多，家庭收入较好，便于集中力量建造，故建造技术相对较高，主要体现在建筑内公共空间（如天井、廊道）的建筑材料与装饰方面。

从现存湘东地区的独栋天井院落式民居看，建筑多为土木结构，内外以土坯墙居多，且墙外多不加粉饰。室内空间高大。山区多木地区和经济条件较好的房屋内部用穿斗式木构架，少数公共空间用抬梁式木构架。由于地区炎热多雨且经年潮湿时间较长，土坯墙下砖石墙基一般较高，地面多用素土或碎砖石等夯实。外檐多用"七字"式挑檐枋，出檐深远。小青瓦屋面居多，少数为茅草覆顶，形式以悬山为主，少数为硬山顶，局部为歇山顶，反映了家庭经济发展特点。

图3 醴陵县李立三故居外景（自：百度网）

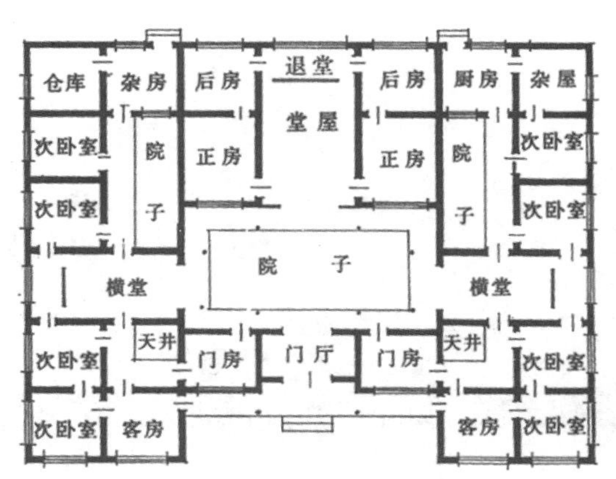

图6 湘潭县伍家花园某宅平面图（自：陆元鼎．中国民居建筑（中卷），2003年）

* 教育部人文社科规划基金项目："湘江流域"传统乡村聚落景观文化比较研究（14YJAZH087）

4. 装饰

受经济条件所限，天井院落式民居与独栋式单体民居建筑装饰相似，装饰形式和构造简单，大门门框、门窗、柱础、梁枋、连机、屋脊、屋角以及堂屋后方的祖先堂等处是装饰的重点。经济条件较好的家庭强调入口门庐的造型与装饰。

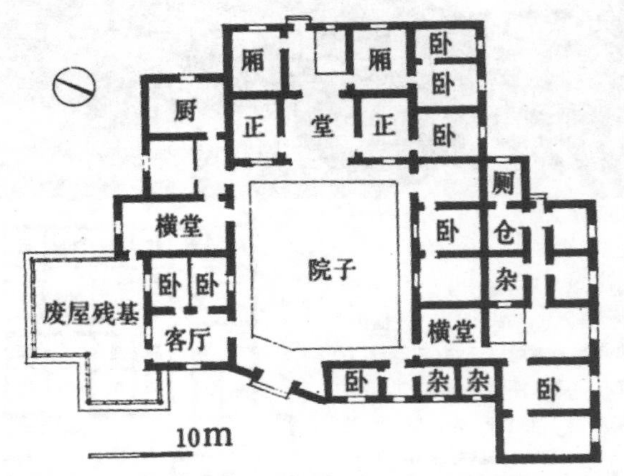

图7 长沙县建于清末民初的住宅平面图(自:杨慎初.湖南传统建筑[M].1993年版)

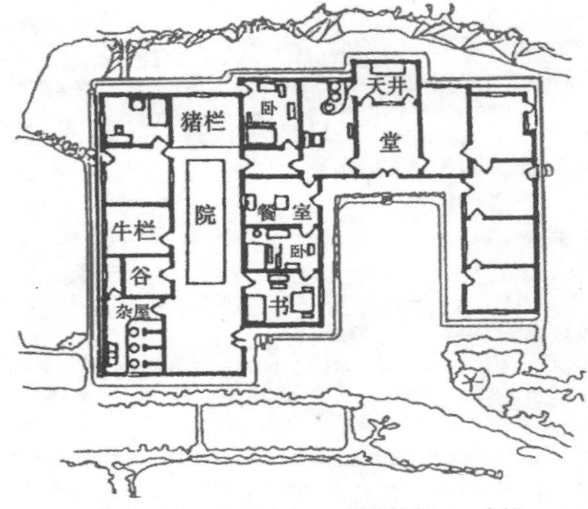

图8 毛泽东故居平面图(自:陆元鼎.中国民居建筑(中卷)，2003年版)

图9 毛泽东故居外景　伍国正摄

5. 代表建筑:长沙县黄兴镇黄兴新村凉塘黄兴故居

黄兴故居为一所土木结构青瓦顶平房，悬山屋顶，土坯墙外粉白灰，建于清同治初年，主体建筑坐西北朝东南。故居占地约5000㎡，过去屋后有“护庄河”，屋前为稻田，并列有3口大塘，终年活水流淌，故居入口“八字槽门”位于东边的塘堤上。故居原为两进两横，左右有披厦厢房、杂物共48间的四合大院，有上下堂屋和茶堂。正屋两边有多间横屋和杂屋，建筑面积约900平方米。上下堂屋之间辟有天井，正厅前有六扇方格木门为屏。两边横屋以天井与正屋相隔，通过房前外廊与正屋联系。

1980年，成立黄兴故居纪念馆。1981年对故居中间部分保留较好的二进五开间的主体建筑，共12间进行了维修，并对外开放。1988年被国务院公布为全国重点文物保护单位。

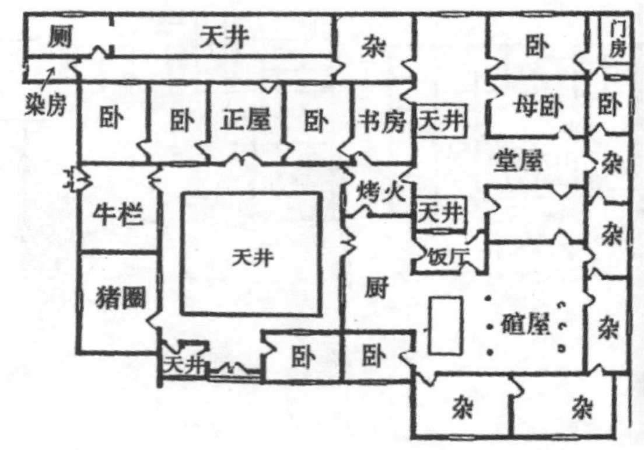

图10 刘少奇故居平面图(自:陆元鼎.中国民居建筑(中卷)，2003年版)

图11 刘少奇故居外景(自:百度网)

成因分析

湘东地区传统民居形式多样的天井(院落)空间，适应了地区的山地、丘陵地貌环境和夏热冬冷、阳光充足的气候特点，满足了农耕社会的生产与生活需要。相对于独栋式民居建筑，天井院落式民居内人口较多，家庭经济条件相对较好，便于集中力量建造，故建造技术相对较高。

比较／演变

相对于独栋式民居，天井(院落)式民居内人口较多，建筑内部的公共空间与私密空间分明，对外封闭，天井(院落)有利于形成建筑内良好的气候环境。

相对于天井式大宅民居，独栋式天井(院落)式民居更容易适应地形，但在外观上，建筑群整体性相对较弱；内部空间不如天井式大宅民居复杂；入口多为“墙门”形式，门庐构造简单，而大宅民居入口多为门屋形式，形态与装饰图案丰富；整体建造技术与装饰文化也不及大宅民居。

汉族民居·“丰”字形大宅

湘北山区及丘陵地带，过去由于交通不便，经济发展较慢，传统民居村落保留较好，具有很强的地域性。现存传统民居村落规模较大，多为聚族而居，其建筑选址、布局、装饰等居住文化，较多地体现了中国传统文化的特点。“丰”字形大宅民居是其典型代表。

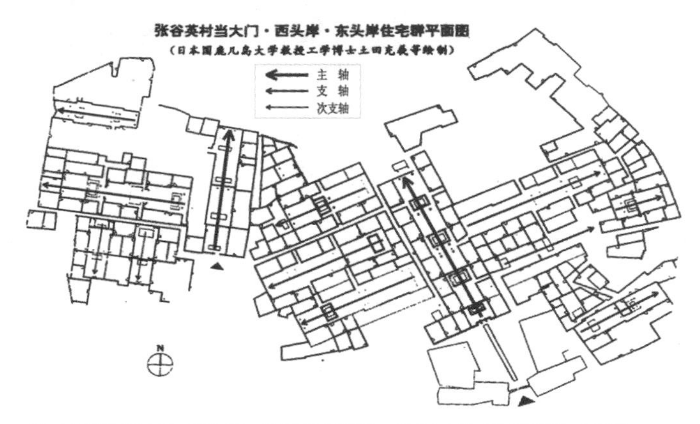

图1 张谷英村当大门、西头岸、东头岸平面图（自：肖自力主编《古村风韵》1997年）

1. 分布

聚族而居的“丰”字形大屋民居，对场地的要求较高。建筑多背山面水，选址与布局讲究，内部空间存在明显的纵横轴线。湖南现存丰字形民居主要分布在湘北流域和湘中丘陵地区，如平江县的黄泥湾大屋，浏阳市的沈家大屋等，以张谷英村为典型代表。

2. 形制

建筑群以纵轴线的一组正堂屋为主“干”，横轴线上的侧堂屋为“支”。正堂屋相对高大、空旷，为家族长辈使用，横轴上的侧堂屋由分支的各房晚辈使用，如此发展。纵轴一般由三至五进堂屋组成。每组侧堂屋即为家族的一个分支，而一组侧堂屋中的每一间堂屋及两边的厢房即为一个家庭居所。各进堂屋之间由天井和屏门隔开，回廊与巷道将数十栋房屋连成一个整体。

建筑布局主从明确；空间寄寓伦理、和谐发展，建筑群组以家为单位，以堂屋为中心；强调“中正”与均衡。

3. 建造

湘北地区一般民居多用砖木结构。大屋民居正横堂屋较两侧厢房高大，用抬梁式或穿斗式木结构，空间布局灵活，通透性强，采光通风良好。外墙多为石基砖墙，内部一般用土坯墙分割，少数空间用木板墙。地区多雨潮湿，故屋基较高。“七字”式挑檐，小青瓦屋面，出檐深远。堂屋等主要用房地面用碎砖石、三合土等夯实，或用青砖铺成席纹图案。

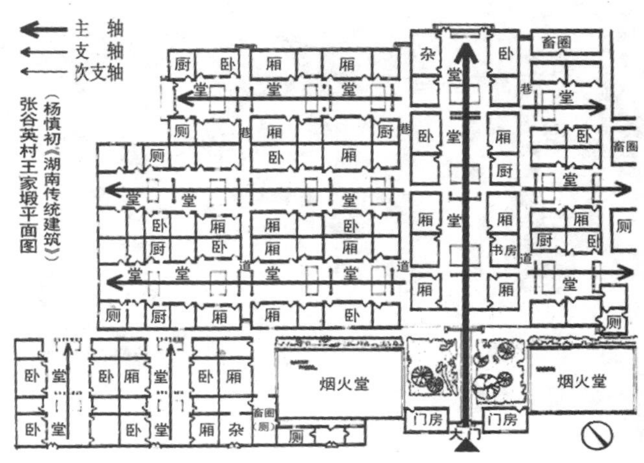

图2 张谷英村王家段平面图

对外大门多用雕有吉祥图案的石门框，且用抱鼓石装饰。多用石柱础木柱，石柱础造型多样。外墙青砖砌筑平整，灰缝细密。建设年代较晚的大屋民居主轴线上的房间两端多用封火山墙，且建筑外檐较多使用石柱。

4. 装饰

湘北“丰”字形大屋民居是明清时期庄园生活的真实反映，不仅强调空间布局，而且建造技艺精美。室内家具陈设雕刻精细。建筑装饰主要体现在门窗、隔扇、挂落、连机、柱础、柱头、驼峰、梁、枋、山墙墀头、照壁和堂屋后方的祖先堂等处。雕刻图案与形态多样，精美生动。如张谷英大屋，可谓是民间艺术故宫。

5. 代表建筑：岳阳县张谷英镇张谷英大屋

张谷英大屋建筑群自明洪武四年，由始祖张谷英起造，经明清两代多次续建而成，至今保持着明清传统建筑风貌。大屋由当大门、王家塅、上新屋三大群体组成。肖自力先生曾说，其“丰”字型的布局，曲折环绕的巷道，玄妙的天井，鳞次栉比的屋顶，目不暇接的雕画，雅而不奢的用材，合理通达、从不涝渍的排水系统，堪称江南古建筑“七绝”。

张谷英大屋四面环山，阴抱阳，呈围合之势。地势北高而南低，有渭洞河水横贯全村，俗称“金带环抱”，河上原有石桥58座。大屋砖木石混合结构，小青瓦屋面。占地五万多平方米，先后建成房屋1732间，厅堂237个，天井206个，共有巷道62条，最长的巷道有153米。总体布局体现了中国传统的礼乐精神和宗法伦理思想。村落依地形呈“干支式”结构，内部按长幼划分家支用房。采取纵横向轴线，纵轴为主“干”，分长幼，主轴的尽端为祖堂或上堂，横轴为“支”，同一平行方向为同辈不同支的家庭用房。主堂与横堂皆以天井为中心组成单元，分则自成庭院，合则贯为一体，你中有我，我中有你，独立、完整而宁静。穿行其间，“晴不曝日，雨不湿鞋”。

图3 张谷英村鳞次栉比的屋顶及屋前环境　伍国正摄

＊ 教育部人文社科规划基金项目：“湘江流域”传统乡村聚落景观文化比较研究（14YJAZH087）

图4 张谷英村当大门中轴线上的厅堂　伍国正摄

图5 张谷英村屋檐斜撑（蓟孙万代）　伍国正摄

张谷英大屋是典型的明清江南庄园式建筑，建造技艺精美，特色鲜明。如其“王家塅”的入口处理，是在第二道大门的左右山墙上设置封火墙，采用形似岳阳楼盔顶式的双曲线弓子形，谓之“双龙摆尾”，具有浓厚的地方色彩。内部装饰赋予情趣，题材丰富。屋场内木雕、石雕、砖雕、堆塑、彩画等装饰比比皆是，令人目不暇接。雕刻字迹、线条清晰，图纹多样，栩栩如生；彩画生动自然，反映生活。梁枋、门窗、隔扇、屏风、家具及一切陈设，皆是精雕细画。题材如：“鲤鱼跳龙门”、“八骏图”、“八仙图”、“蝴蝶戏金瓜”、“五子登科”、“鸿雁传书”、“松鹤遐龄”、“竹报平安”、“喜鹊衔梅”、“龙凤捧日”、“麒麟送子”、“四星拱照”、“喜同（桐）万年”、“花开富贵”、“松鹤祥云”、“太极”、“八卦”、“禹帝耕田”、“菊竹梅兰”、以及诗词歌赋周文王渭水访贤、俞伯牙摔琴谢知音等，雕刻精细，反映了人畜风情，绝少有权力和金钱的象征，而是洋溢着丰收、祥和、欢歌的太平景象，民族风格极浓，具有很高的艺术研究价值。

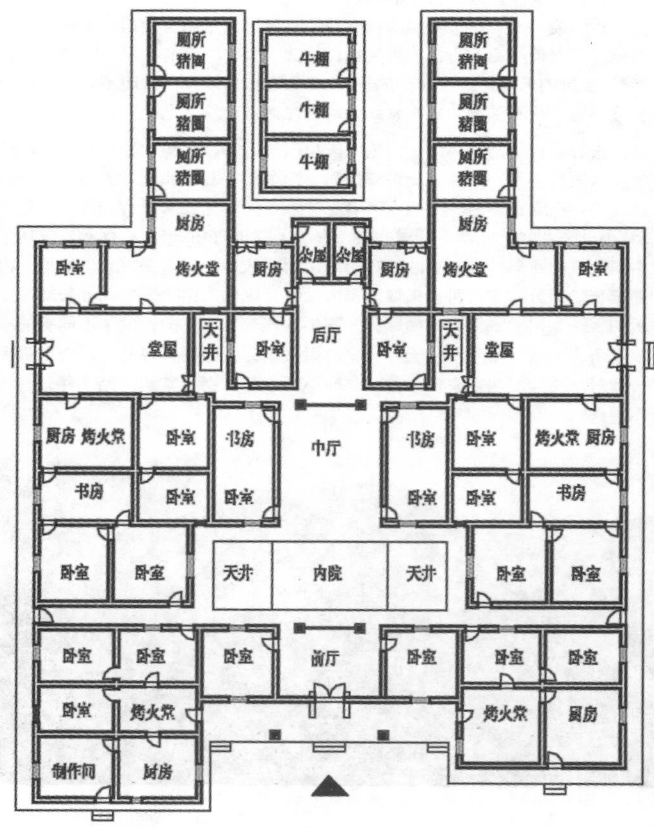

图6 张谷英村某民居平面　伍国正测绘

成因分析

“丰”字形大宅的形成与地形、气候和民族文化传统有关。湘东北地区整体上为丘陵地貌，气候夏热冬冷。民居建筑整体布局，节约了用地。天井院落式布局有利于形成室内良好的气候环境。此地居民多为明清时期的江西移民，他们带来了江南和中原地区的文化和营造技术。明清时期此地战乱频繁，大屋聚族而居适应了地区社会形势的发展。

比较/演变

张谷英大屋是“丰”字形大宅民居的典型代表，其他大屋民居的“丰”字空间形态不如张谷英大屋的整体性强，多是在中间主轴线两侧增加与主堂屋空间平行的侧堂屋，即建筑群由多个“丰”字组成。清代中叶以后的大屋民居主轴线上的房间两端多用马头墙，外观上明显突出了主体建筑的地位。

图7 张谷英村王家塅入口处封火墙　伍国正摄

图8 岳阳市黄泥湾大屋入口俯视　伍国正摄

湖南科技大学建筑与艺术设计学院
伍国正, 余翰武, 吴越, 周红, 刘新德, 冯博, 黄靖淇等

汉族民居 · “四方印”式大宅

“四方印”式庭院住宅，是湘南传统村落布局方式之一，即是以四合院为原型，左右前后加建，形成几进几横的方形庭院格局，一般为一正屋两横屋或一正屋三横屋的布局结构。正屋高大居中，轴线突出，两侧横屋稍低，与正屋垂直。房屋四周为高大院墙，与外界隔绝。

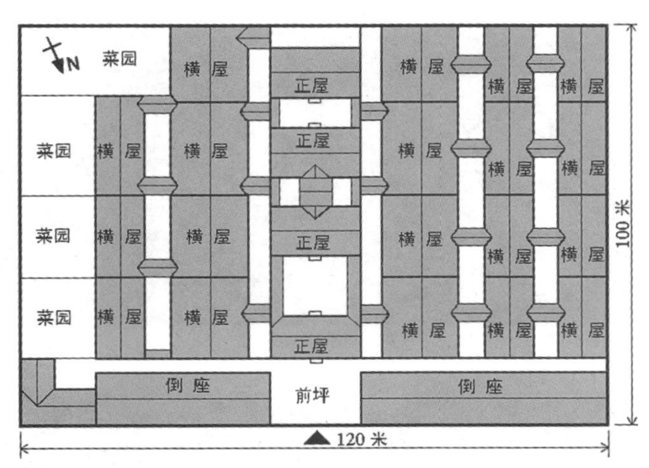

图1 干岩头村周崇傅故居平面图 伍国正绘制

1. 分布

“四方印”式庭院结构的传统民居主要有零陵区干岩头村、永州梳子铺乡金花村蒋家大院、宁远县黄家大屋和蓝山县古城村与石礅村、衡阳衡南县宝盖镇宝盖村、耒阳市上架乡珊钿村百柱屋、常宁市官岭镇新仓新塘下罗家大宅、郴州市苏仙区望仙镇长冲村、宜章县玉溪镇樟涵村新屋里吴家大院、宜章县黄沙镇五甲村、郴州汝城县卢阳镇东溪上水东村朱家大宅、汝城县卢阳镇东溪上水东村朱家大宅、郴州资兴市程水镇石鼓村程氏大屋、资兴市三都镇流华湾村等。另外，湘中邵阳县吕霞观、邵东县荫家堂、涟源县师善堂、存厚堂的也是典型实例。

2. 形制

“四方印”式庭院住宅以四合院为原型，“一正屋两横屋”式庭院为基本原型，通过前后左右对接形成大的建筑群。一般为一正屋两横屋或一正屋三横屋的布局结构。建筑群轴线突出，居中的正屋为一组正厅、正堂屋，是主体建筑，统率横屋，用于长辈住居和供奉家族祖先牌位。两侧横屋稍低，与正屋垂直，用于家族中各支房住居和供奉各支房祖先牌位。整体布局以院落、天井组织空间，对外封闭，向中呼应，通过外廊、巷道和游亭联系，有强烈的向心力。每栋横屋的内部布局为“四方三厢”式，即中间一间为“横堂屋”，左右各一间叫“子房”，用作卧室、书房和厨房等。

图4 衡阳耒阳市上架乡珊钿村百柱屋（耒阳市建设局提供）

图2 干岩头村周崇傅故居现状俯视图（自：湖南图片网）

3. 建造

适应地区炎热多雨的气候特点，屋基一般较高，外墙多为石墙基砖墙。正屋内部为木屋架结构，高大居中，地面多用砖铺成席纹图案。两则横屋内部一般为土坯墙，墙下用条石或砖墙基，地面用碎砖石、三合土等夯筑。墙体的阳角常用1米左右高的条石竖砌作护角。柱子底端的石柱础造型多样。正屋多用木板分割空间，外墙两端用封火山墙。横屋多用土坯墙分割，多为悬山顶。建筑整体为小青瓦屋顶，屋檐出挑深远。

4. 装饰

建筑装饰主要体现在正屋的门窗、门簪、隔扇、连机、梁、枋、屋檐斜撑、柱础、封火山墙腰带和堂屋后方的祖先堂等处。隔扇门窗透雕或浮雕各种吉祥的动植物图案，如麒麟、喜鹊、鹿、松子、莲蓬、石榴、葫芦等。正屋多用弧形封檐板，屋檐斜撑多雕刻成各种吉祥动物图案，如龙、虎、麒麟等。主体建筑封火山墙用白色腰带，对比强烈，清新明快。

图3 干岩头村周家大院俯视图（自：湖南图片网）

图5 郴州市汝城县卢阳镇东溪上水东村朱家大宅（郴州市建设局提供）

* 教育部人文社科规划基金项目：“湘江流域”传统乡村聚落景观文化比较研究（14YJAZH087）

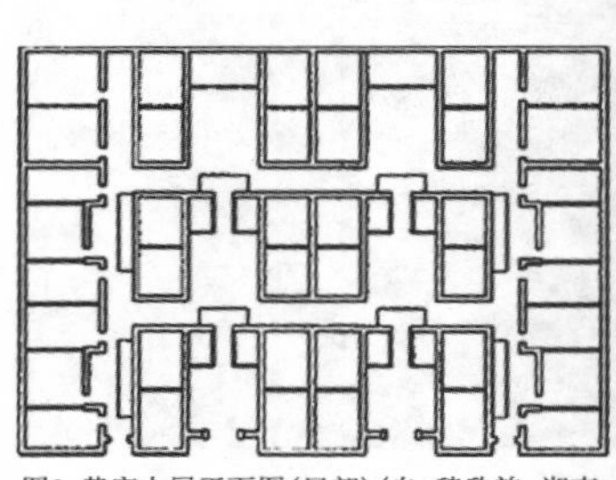

图6 黄家大屋平面图(局部)(自:魏欣韵.湘南民居:传统聚落研究及其保护与开发[D].2003)

图7 宁远县黄家大屋内的檐

5. 代表建筑：永州市零陵区千岩头村周家大院

周家大院为周敦颐后裔所建。大院始建于明代宗景泰年间，建成于清光绪三十年。村落由六大院组成:老院子、红门楼、黑门楼、新院子、子岩府(即翰林府第、周崇傅故居)和四大家院。村落整体坐南朝北，依山傍水而建，三面环山。流经村北、村西的进、贤二水恰如两条绿色玉带飘绕而至于村前汇合，形同“二龙相会”。村落整体平面呈北斗形状分布，建筑规模庞大，占地近100亩，总建筑面积达35000㎡。六个院落相隔50-100m，互不相通，自成一体。有各个时期的正、横屋180多栋，大小房间1300多间，游亭36座，天井136个，其间有回廊、巷道。目前，六大院保存较好的有新院子、红门楼、周崇傅故居、四大家院。老院子和黑门楼基本上已经毁废。

六座大院虽不是同时期建造，但布局相似，都为“四方印”式庭院结构。建筑群目前保留有明清及民国时期的建筑样式，属典型的明清时期湘南民居大院风格。多为“五担子”封火山墙，门框、挑檐、瓜柱、驼峰、梁枋、木柱、石墩、石鼓、石凳、隔扇门窗等构件雕刻或绘制了各类代表吉祥富贵的动植物图案，以及历史人物故事，工艺精湛。

周崇傅故居是目前保存得最好的院落，位于整体布局北斗星座的“斗勺”位置上。现存建筑为四进正屋，西边是三排横屋三栋，东边是二排横屋三栋和菜园，东西外墙长120m，南北纵深100m。三排横屋之间用走廊和游亭连接。

位于整体布局北斗星座的“斗柄”的尾部的四大家院中的“尚书府”是六大院中最有名的院落，为时任南京户部尚书的周希圣（1551～1635年）所建。其堂屋为重檐硬山式，在全国是少见的。2007年，该村被国务院公布为中国历史文化名村，现为国家重点文物保护单位。

图8 郴州市苏仙区望仙镇长冲村(郴州市建设局提供)

图9 邵阳市邵东县荫家堂正面(邵东县建设局提供)

图10 郴州资兴市程水镇石鼓村程氏大屋(资兴市建设局提供)

图11 衡阳常宁市官岭镇新仓新塘下罗家大宅(常宁市建设局提供)

成因分析

湘江流域现存“四方印”式庭院结构的传统民居村落主要为明清时期建造。村落布局突出主体，向心性强，是传统儒家“合中”意识和世俗伦理观念的体现；建筑空间注重人与生活、人与自然的和谐关系，是传统文化中“天人合一”的审美理想与人生追求的具体体现。

湘南地区属于亚热带季风性湿润气候，民居建筑依地形，选择横屋垂直正屋，是适应地区气候环境的结果。对外隔绝，有利于抵御外敌。千岩头村“四大家院”槽门前的院墙上的洞口据说是当年的枪眼。

比较／演变

湘南“四方印”式民居村落结构，与湘东浏阳市大围山镇楚东村锦绶堂大屋相似。主体建筑高大居中，担挑两侧横屋，轴线突出，空间通透。与其他强调纵横轴线的村落相比，两侧横屋的空间轴线不够明确，与主体建筑的内部联系不够紧密。

湖南科技大学建筑与艺术设计学院
伍国正，余翰武，吴越，周红，刘新德，冯博，黄靖淇等

汉族民居·“曲扇”式大宅

“曲扇”型是湘南传统村落布局形态之一。建筑围绕村落前面的半月形池塘或祠堂呈扇面展开，纵向巷道呈放射状向后延伸，是进入村落的入口。村中横向次巷道与纵向主巷道相交，合院式单体建筑大部分开门于次巷道。村落融合了传统四合院和客家民居的布局方式，具有明显的向心性，整体接近“圆形”，具有古代生殖崇拜的文化特征。

图1 黑砠岭村俯视图(自:http//3500011.blog.sohu.com)

1. 分布

目前湘江流域发现的“曲扇”型传统民居主要分布于南部山区，如衡阳常宁市西岭镇六图村六图尹氏老屋、耒阳市太平圩乡寿州村贺氏老屋、郴州市汝城县土桥镇金山村、汝城县永丰乡先锋村周氏古村落、永州新田县枧头镇黑砠岭村、宁远县湾井镇久安背村、路亭村和柏家坪镇礼仕湾村等。

2. 形制

“曲扇”型民居大宅村落多以村前的“半月形”池塘或祠堂为中心，呈扇面向四周展开，纵向巷道呈放射状向后延伸，是进入村落的入口。如：

(1)新田县枧头镇黑砠岭村、衡阳常宁市西岭镇六图村六图尹氏老屋、郴州市汝城县土桥镇金山村、汝城县卢阳镇东溪上水东村朱家大宅等，围绕村前的“半月形”池塘依地形呈扇面展开。

(2)久安背村和路亭村是依地形以村中的祠堂为中心，民居建筑围绕祠堂呈放射状布局。祠堂前面开阔，有一空坪，空坪前又有半月形水塘。久安背村前水塘约5亩，路亭村前水塘约10亩。

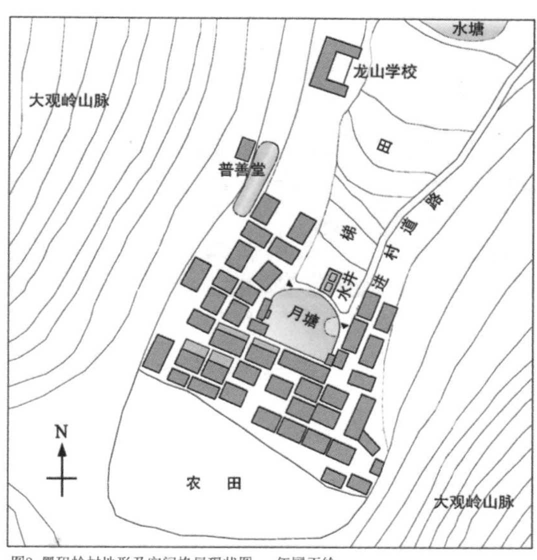

图2 黑砠岭村地形及空间格局现状图 伍国正绘

(3)礼仕湾村前为县境内最大的春水河，村后为大瑶山，村落依地形以村中的祠堂为中心，呈半圆形摆开，呈放射状向四周发展。

村中横向次巷道与纵向主巷道相交，合院式单体建筑大部分开门于次巷道。布局严谨，尊卑有序，体现了传统聚落营建中的环境思想和宗法伦理思想，具有古代生殖崇拜的文化特征。

3. 建造

为适应地区炎热多雨的气候特点，屋基一般较高，外墙多为石墙基砖墙。内部多为土坯墙，少数为木屋架结构。地面多用碎砖石、三合土等夯筑。土坯墙和青砖墙的阳角常用 1 米左右高的条石竖砌作护角。柱子底端的石柱础造型多样。外墙以硬山为主。小青瓦屋面，屋檐出挑深远。

4. 装饰

建筑装饰主要体现在门窗、门簪、隔扇、连机、梁、枋、屋檐斜撑、门墩、柱础、封火山墙和堂屋后方的祖先堂等处。隔扇门窗透雕或浮雕各种吉祥的动植物图案，如麒麟、喜鹊、鹿、松子、莲蓬、石榴、葫芦等。檐枋多雕刻成各种吉祥动物图案，如龙、虎、麒麟等。封火山墙用白色腰带，对比强烈，清新明快。山墙墀头正面和屋角塑八字双凤鸟等。

图3 宁远县路亭村王氏宗祠入口“云龙坊” 伍国正摄

图4 宁远县路亭村王氏宗祠中戏台 伍国正摄

* 教育部人文社科规划基金项目：“湘江流域”传统乡村聚落景观文化比较研究（14YJAZH087）

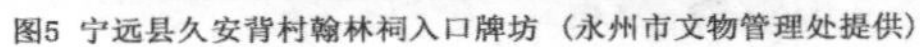
图5 宁远县久安背村翰林祠入口牌坊（永州市文物管理处提供）

图6 汝城县土桥镇金山村卢氏家庙入口牌坊（汝城县建设局提供）

图7 黑砠岭村民居建筑凤凰宝瓶脊刹　伍国正摄

5. 象征

“曲扇”型村落依地形以村前的半月形池塘为中心，呈扇面向四周展开，村落与半月形池塘整体上构成了一个近似的太极图案，是对宇宙图式的一种表达，体现了生殖崇拜。前面半月形池塘象征阴，后面的扇形村落象征阳，两者合为一圆代表天，两者之间的民居建筑用地象征地，是生殖崇拜、仿生象物意匠的体现，也是依地形对“天圆地方，阴阳合德”宇宙图式的表达。

6. 代表建筑：永州新田县枧头镇黑砠岭村

黑砠岭村始建于宋神宗元丰年间，全村为龙姓，称龙家大院。坐西南朝东北，三面环山。村落围绕村前的半月形池塘依地形呈扇面展开，池塘面积1400平方米。村中有大小青石巷弄24条，纵向巷道前面与池塘边的环形大巷道相连。在池塘两端各有一个巷口门楼作为全村的出入口。旧时村后有高达数米的两层环形护院墙及古寨堡，与外界隔离，是一个全封闭式的古民居群体。村中有120余户770多人。

村落大部分于明末清初建成，少量建于民国初年。民居房屋规模较小，多为二进三开间。外部为石基砖墙，硬山两端出垛子，稍微高出屋檐，叠涩盖瓦起翘，墀头正面均塑八字双凤鸟。内部多为穿斗式木构梁架，并依使用目的之不同，用木质装修的屏风、隔扇分隔。单体建筑较高，前厅后堂，厅堂通高不分层，显得高大宽敞。堂后宝壁之上，内摆祖先牌位，旁有香烛插座、长明灯、铁铃，初一、十五拜祭。厅堂两侧为卧房，分两层，下层居住，上层放置什物。雕梁画栋，神情逼真。堂前檐常做成各式的轩，形制秀美。

建筑装饰艺术民俗特色明显，是以象征性的图案，表达图腾崇拜和祈望思想。如隔扇绦环板上阳雕的松子、莲蓬、石榴，墀头正面的八字双凤鸟灰塑，建筑山墙上的太阳、葫芦图案、凤凰宝瓶脊刹等，既是对女性生殖崇拜的表达，也是对民族图腾的表达。其中的圆形图案可认为是两重意思，一是对女性的生殖崇拜，二是对太阳的崇拜。八字双凤鸟灰塑和凤凰宝瓶脊刹体现了楚人的凤（鸟）图腾。

村落布局严谨，建筑平面整体呈“凹”字状，以入口处的月塘为中心，呈扇面状分布，旧时村后两层环形的护院墙，与半月形池塘构成了一个完美的太极图案，是生殖崇拜的体现，也是依地形对“天圆地方，阴阳合德”宇宙图式的表达。

成因分析

“曲扇”型传统民居村落依地形灵活布局，适应了湘南山区地形地貌和气候环境。建筑上的八字双凤鸟灰塑，山墙上太阳、葫芦图形和凤凰宝瓶脊刹等，承传了古代楚人的崇凤（鸟）敬日和生殖崇拜文化传统。葫芦是道家的法器，是道家崇拜的神圣之物。湘南山水环境为道家思想的生长和发展提供了良好的土壤。

村落整体上体现客家建筑“天圆地方，阴阳合德”的宇宙图式，与明末清初的移民有关，是文化传播的结果。康熙中叶到乾隆之际，粤东北、赣南一部分客家人进入了湘南，湘南传统村落采用客家民居建筑形态，应是客家人进入后带来客家文化影响的结果。

比较 / 演变

“象天法地”与“仿生象物”是中国古代体现城乡规划布局意象与建筑意境的“形态图式语言”，是中国传统的营造意匠之一。湘南地区“曲扇”型民居村落整体形态与客家圆形土楼或围龙屋形状相似，内部空间布局为传统天井合院式，是结合当地的地形条件、气候特点与民族文化传统，综合创新的结果，体现了文化的传承性和创新性。

图8 衡阳常宁市西岭镇六图村尹氏老屋（常宁市建设局提供）

图9 郴州汝城县土桥镇金山村鸟瞰（局部）（汝城县建设局提供）

伍国正，余翰武，吴越，周红，刘新德，冯博，黄靖淇等

汉族民居·街巷式大宅

湖南街巷式传统民居，一般都位于过去的地区交通要道上。村落中都有较宽阔的街道和商铺，通过与街道相连的主巷道进入，次巷道再与主巷道相交，形成交通网，居民从次巷道进入宅院。内部按“血缘关系”设“坊”，以巷道地段划分聚居单位（家支用房），以天井为中心组成单元，邻里关系良好。

图1 上甘棠村地形图（上甘棠村周腾云提供）

图2 上甘棠村后俯视图　伍国正摄

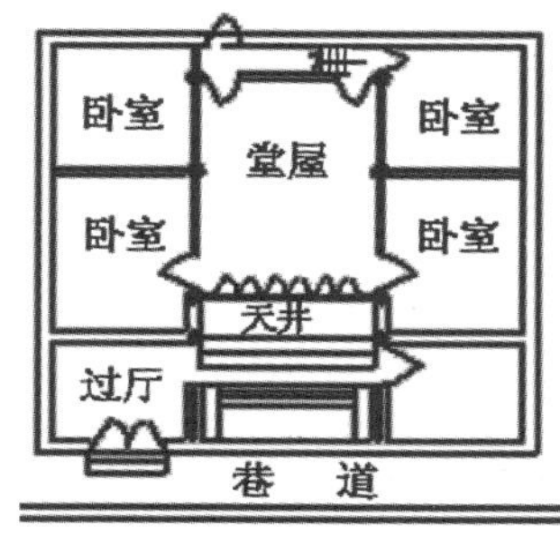

图3 上甘棠村132号住宅　伍国正测绘

1. 分布

湖南街巷式传统民居主要分布于湘粤和湘桂古道上，如永州地区江永县上甘棠村、宁远县下灌村和大阳洞张村、道县的龙村和田广洞村、东安县六仕町村、衡阳市衡东县荣桓镇南湾村、郴州市北湖区鲁塘镇陂副村、村头村、宜章县梅田镇樟树下村、永兴县油麻乡柏树村村等。

2. 形制

建村落整体上为开敞式，依地形而建，向外比邻扩展。聚族而居。村落前有一条主街，两侧有市肆店铺，满足了居民文化生活需求，街坊景观丰富。主街一侧或两侧有支巷（主巷道）和门楼（坊门），次巷道横跨主巷道，布局紧凑，节约用地。按“血缘关系”设“坊”，以巷道地段划分聚居单位（家支用房），分区明确。坊内建筑以天井为中心组成单元，中轴对称，利用天井和巷道采光、通风。宗祠一般位于村落之前（入口处），宗祠前有较大的广场，满足了家族祭祀、宴请等公共活动的要求。

由于用地紧，坊内住宅一般从侧边巷道进入主体建筑前庭院（天井）。单体建筑多为三开间，二层。中间一间为堂屋，堂屋两侧房间叫“子房”，用作卧室、书房、厨房等，当地称为“四方三厢”。木楼梯一般设在堂屋后面的退房里，木楼板。二层为粮仓和储藏杂物。人口较多的家庭在二层设卧室和书房。天井中置储水缸，养四时花卉。堂屋对面的院墙上多绘（或浮雕）山水彩画、配以诗词歌赋。

3. 建造

屋基一般较高，外墙多为砖墙、石墙基。一般家庭内部墙体为土坯墙，墙下用条石或砖墙基。村中公共建筑，如祠堂、学校，以及经济条件较好的家庭中的主体建筑内部多为木结构，且地面用碎砖石、三合土等夯筑。有的建筑内部全用木质墙分割，称“木心屋”，富裕的家庭也有用青水砖到栋的。墙体的阳角常用1米左右高的条石竖砌作护角。柱子底端的石柱础造型多样。

图4 道县龙村俯视图（局部）　伍国正摄

图5 上甘村沿河大街　伍国正摄

图6 下灌村沿河大街　伍国正摄

* 教育部人文社科规划基金项目：“湘江流域”传统乡村聚落景观文化比较研究（14YJAZH087）

图7 郴州市北湖区鲁塘镇陂副村（郴州市建设局提供）

图8 郴州市宜章县梅田镇樟树下村内主巷道（郴州市建设局提供）

图9 宁远县下灌村村口祠堂入口处戏台　伍国正摄

山墙多为硬山形式，配以叠涩起翘墀头叠涩，造型优美。少数用封火山墙。小青瓦屋顶，屋檐出挑深远。

4．装饰

建筑装饰主要体现在门头、山墙墀头、门窗、门簪、隔扇、连机、瓜柱、驼峰、梁枋、柱础、门前照壁和堂屋后方的祖先堂等处。湘南民居建筑山墙墀头正面和屋角多塑凤鸟，隔扇门窗透雕或浮雕各种象征吉祥如意的动植物图案，如麒麟、喜鹊、鹿、松子、莲蓬、石榴、葫芦等。

5．代表建筑：江永县夏层铺镇上甘棠村

上甘棠位于旧时湘南通往两广的驿道上，是湖南省目前为止发现的年代最为久远的千年古村落之一。始建于唐太和二年，三面环山。村后山脚下有汉武帝元鼎六年至随开皇九年的古苍梧郡谢沐县县衙遗址。村前是由东向西曲流而下的谢沐河。河的对岸，左面是始建于建于宋代，重修于明万历四十八年的文昌阁，历史上其东侧曾建有廉溪书院，左侧是前芳寺，右侧是龙凤庵，前有戏台，后有旧时湘南通往两广的驿道、凉亭；右面是周氏宗祠。村右的月陂亭旁石壁上摩崖石刻27方。

上甘棠村村落形态具有明显的城市坊巷制和街巷式的特点。村落背山面水，沿谢沐河是建于明嘉靖十年的石板路街道，街道在南北两端及中间位置分设南札门、北札门、中札门。街道两边过去有酒肆店铺和防洪墙，遗迹犹存。村的东西方向有若干条主巷道，主巷道与街道连接，直通村后山脚，众多的小巷道横跨主巷道，与主巷道一起形成棋盘格局，组成民居内的交通网格，型如八卦状。每条主巷道与街道连接处都建有门楼（坊门），现存四座主巷道门楼。坊门内架设条石凳供族人歇息或小型聚会，也很有特色。全村按“坊”聚族而居，分10族布局，一家一户为一单元。现存古民居200多栋，其中清代民居有68栋，四百多年的古民居还有七、八栋。

成因分析

现存此类民居村落多为外地移民，建设年代较早，聚族而居，一般位于过去的地区交通要道上，商业相对发达。村落选址于山脚坡地或台地，且一般临水建设，是湘南山地丘陵地貌环境和气候影响的结果。街巷式布局一方面是家族发展的结果：分支而居，另一方面，它适应了地区的社会形势发展：对外隔绝，有利于抵御外敌。单体建筑布局对称严谨，是中国传统礼制文化的体现。山墙墀头正面和屋角多塑凤鸟，是楚人鸟图腾的体现（或模仿）。

比较／演变

街巷式布局是宋代以后城市聚落空间变化的一大特点，它反映了街巷从满足城市交通功能向体现居住者人文功能的转变；反映了聚居制度从以社会政治功能为基础向以社会经济功能为基础的转变。 村落街巷式布局，是宋代以后城市聚居制度与居住形态发展、传承的结果。村落依地形灵活布局，适应了当时地区的社会政治经济发展和居民生产生活的需要，适应了地域的地理环境与人文特点，具有诸多优势和潜能，地方特色明显。

图10 衡阳市衡东县荣桓镇南湾村（衡东县建设局提供）

湖南科技大学建筑与艺术设计学院
伍国正，余翰武，吴越，周红，刘新德，冯博，黄靖淇等

少数民族民居 · 瑶族院落式

在长期的交流过程中，瑶族文化在社会价值、观念体系、宗教信仰、建筑特点等方面表现出与汉族文化诸多的相似性。湘南的瑶族民居融合了当地民俗和自然地生态环境，形成了自己特有的建筑艺术特色。山地瑶族民居多为吊脚楼式和干栏式，平地瑶族民居多为院落式。

1．分布

湖南瑶族主要分布于江华、江永、蓝山、宁远、道县、郴县、新宁、洞口、隆回等县市的山区，其中，湘江流域上游地区是湖南省瑶族居民最多最为集中的区域，尤以永州地区为最，江华瑶族自治县是全国两个瑶族自治县之一。大山区瑶族一般是单家独屋居住，户与户之间相距较远，如有的住在两山的对面，有的住在同一山的南北，有的住在河的两岸。平地瑶族居住总体上"大分散，小集中"，与汉族交错杂居。平地瑶族往往由数户组成村寨，聚族而居，一个村寨，往往就是一个家族。民居建筑多为院落式。

2．形制

湘南瑶族民居单体，根据平面形式的不同，可分为四大基本类型："凹"字式、"四"字式、"回"字式和吊脚楼式。室内空间包括堂屋、卧室、厨房、火堂、粮仓、洗浴等。单体建筑典型形制多为三开间，"一明两暗"的平面布局。中间轴线上为正房（堂屋），两侧厢房对称布置。有的厢房沿进深方向分为前后两间，也有部分房屋受地形限制，只有一间厢房或没有设置厢房。厢房开间和高度一般不超过正房。

与地区汉族民居相似，瑶族民居正房沿进深方向多分为前后两间，楼梯设在堂屋后面的退堂内或者正房后面的小间内。瑶居厨房一般都设在正房后部，灶前地上挖地火塘，也有的火塘单独成一间。地火塘在做饭时产生的烟用来熏制腊肉，以便长期存放。瑶族民居二楼一般不住人，主要用于堆放杂物。地火塘也是冬天一家人取暖的地方。与汉族民居一样，堂屋是家中的神圣空间，一般在后墙上设祖先坛和神位，列天地君亲师诸神位。少数瑶宅祖坛在堂屋的左侧或右侧，如江华横江村邓宅。火塘也是家庭生活的中心之一，不容踏越。

院落式瑶族民居一般由室内空间、院落、天井、廊、女间和晒坝等组成。天井（院落）为基本单元，建筑围绕天井布局，对外封闭。廊有内回廊、凹廊、外挑廊等多种形式。女间是待嫁女子交流、学习、生活的院落空间，如江华县宝镜村内的女间。

尽管瑶族支系有28种不同的自称，30多种不同的他称，但瑶族都视盘古和盘瓠（龙犬）为同一远祖神而加以崇拜，总称为"盘古瑶"或"盘瑶"。瑶族尊奉盘古和盘瓠为盘王，至今还可以看到民间建筑上的"龙犬"雕塑。大型瑶寨中一般都有祭祀盘王的场所：盘王庙。清初的"改土归流"之后，湖南少数民族汉化的程度不断提高。

3．建造

在长期的交流过程中，瑶族建筑文化表现出与汉族有诸多的相似性，如建筑空间、建筑材料、施工做法、装饰图案、建筑形态(如马头墙)等，与当地汉族民居都有许多相同之处。

出于防卫和安全考虑，平地瑶族民居建筑一般设前院，门窗开向内院。两层以上瑶族民居一般在前檐下设吊脚柱外廊（分落地与不落地两种），便于晾晒衣物、庄稼和存放杂物。这条外廊也是瑶族民居的特征之一。

瑶族习俗规定，男子娶妻生活独立，都要分居，择地另建新屋，因而每家人口不多，住宅多为三、五开间，名曰"三间堂"、"五间堂"。瑶族住宅多以一家一户为单元，左邻右舍，互不搭垛，以防失火。屋顶形式多样，以悬山居多。堂屋较两侧正房宽大，通高到柱顶，五柱进深。正房多为两层，层高几乎只有堂屋高度的一半，进深方向可以是五柱七瓜、五柱九瓜或五柱十一瓜，主要根据用地的多少和经济情况而定。由于瑶山空气湿度较大，四种形式的外墙都比较封闭，窗户很小，层高也低。

图2 江华县宝镜村内正堂屋空间　　伍国正摄

图3 江华县宝镜村内的女间　　伍国正摄

图1 江华县宝镜村远景图　　伍国正摄

图4 江华县宝镜村内雀替雕刻　　伍国正摄

* 教育部人文社科规划基金项目："湘江流域"传统乡村聚落景观文化比较研究（14YJAZH087）

图5 江永县兰溪乡兰溪村民居建筑立面　伍国正摄

图7 江永县兰溪乡兰溪村某民居　伍国正摄

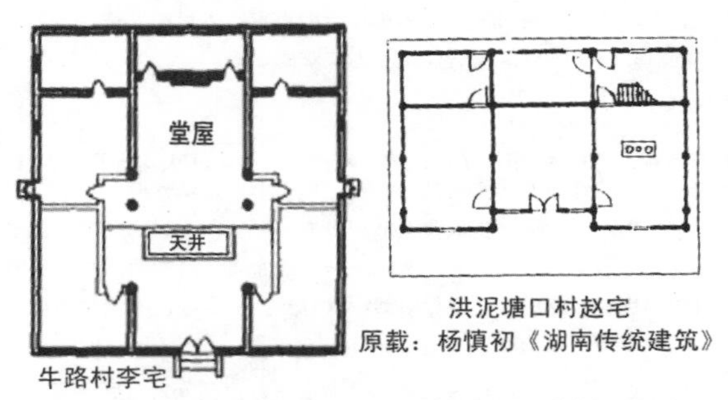

图8 江华县境内瑶族民居平面例举(自:成长.江华瑶族民居环境特征研究[D].2004)

深山里的瑶民住房大多数是就地取材，除地基和柱础部分用石料外，四壁用小木条扎成，俗称“四个柱头下地”。亦有的墙用木板，称作木板房。窗用木栅格。屋面和屋脊用秋后的杉树皮或茅草，呈人字形。为了防止风将屋面吹起，树皮用竹皮绳捆于擦条上，再在上面隔一定的距离用两根原木分别压住。这两根原木随坡顶在屋脊处交叉，交叉处用竹皮绳绑牢，俗称“叉叉房”。梁柱的结合不用一颗钉子，屋面与擦条、擦条与横梁都靠竹皮绳扎牢。整个房屋结构类似于现代的框架结构，内外墙只起分隔作用。

后期居住固定以后，有的瑶寨民居为土墙灰瓦，如九疑山乡牛亚岭瑶寨。有的瑶民在山区挖洞，洞外架茅屋，洞内为居室，洞外作厨房，俗称“半边居”。

4．装饰

瑶族民居的装饰艺术与汉族民居有很多相同之处，木雕、石雕、灰塑、彩绘等题材非常丰富，如吉祥动、植物、山水风光、历史传说等。木雕一般分布在门坊、窗、梁枋、柱头等位置。相对于木雕的文化意义来说，民间石雕作品更加丰富于人情味。硬山两端和马头墙上部常饰以白色腰带，清新明快。

5．代表建筑：江永县兰溪瑶族乡兰溪村

江永县兰溪村包括下村和上村两个行政村，始建于唐元和年间，历史上有蒋、欧阳等6姓，现有瑶户500余户，1800余人。兰溪村四周群山环绕，整个村落地形呈龟形。村落结合自然地形和环境特点，因地制宜，以家族的门楼或祠堂为中心聚族而居，多中心，自由生长，既各自独立，又相互联系。

兰溪村民居建筑以巷道地段划分聚居单位；以天井为中心组成住宅单元，纵深布局，中轴对称。清水砖墙冠以白色腰带，强调山墙墀头装饰，檐饰彩绘，门簪多为乾坤造型和龙凤浮雕。室内雕刻有花鸟虫鱼、福禄寿喜、龙凤等精美图案。建筑风格融合了汉、瑶、壮等多个民族的风格。兰溪村现存古建筑数量众多，内容丰富。

成因分析

瑶族共有28种不同的自称，如平地瑶、高山瑶、顶板瑶、平板瑶等。由于经济发展和与外界交往的不同，湘南瑶居环境的发展也不同。平地瑶与汉族交流较多，因此其文化（包括建筑文化在内）表现出与其他民族，尤其是汉族文化诸多的相似性。

比较／演变

湘南瑶族与本地的汉族等民居最基本的平面形式较接近。建筑风格融合了汉、瑶、壮等多个民族的风格。

湘南勾挂岭以西地区瑶族受汉族文化影响较大，居住环境与汉族居住环境有许多相似性特征，但不如汉族民居的组合方式变化多。而勾挂岭以东地区瑶族受汉族文化影响相对较小，因此特色更强。

图6 江永县兰溪乡兰溪村某祠堂屋架雕刻　伍国正摄

图9 江永县瑶族乡扶灵瑶首家大院俯视图(永州市文物管理处提供)

湖南科技大学建筑与艺术设计学院
伍国正，余翰武，吴越，周红，刘新德，冯博，黄靖淇等

少数民族民居·瑶族吊脚楼式/干栏式

湘江流域上游是湖南省瑶族居民最多最为集中的区域，瑶族居民适应地区气候炎热多雨、山区可供成片建造房屋的平地少的环境特点，人们往往选择坡度较为平缓的地方或者傍水，平地立柱建房，形成吊脚楼式或干栏式瑶族民居。

1. 分布

湘南瑶族吊脚楼式/干栏式民居主要分布于勾挂岭以东地区，如江华瑶族自治县的湘江乡、贝江乡、务江乡、花江乡、大锡乡、两岔河乡、未竹口乡、大圩镇、小圩镇、码市镇、水口镇等地的山区，都有许多瑶族吊脚楼式/干栏式民居。

2. 形制

湘南瑶族是一个山地民族，住所依山傍水。瑶族民居单体，根据平面形式的不同，可分为四大基本类型："凹"字式、"四"字式、"回"字式和吊脚楼式。

（1）"凹"字式："凹"字式特点是矩形平面首层正中的堂屋向内凹进，堂屋大门的墙体与左右的正房墙体不在同一条直线上，首层户门外无柱。二层向外出挑，设通长的吊脚柱外廊。

（2）"四"字式："四"字式首层平面也为矩形，与"凹"字式相比较，其首层堂屋大门的墙体与左右正房墙体在同一条直线上，且房前立通高柱廊（檐柱），左右正房在二层向外出挑为阳台。

（3）"回"字式："回"字式又称四合水式，有人称其为汉式瑶宅。特点是在正屋两侧正房前伸出厢房，正屋前设门屋或门墙式大门，形成一个四合院（天井）。厅堂主要靠内院（天井）采光通风，窗户很小，主要的居室较暗，但是冬暖夏凉。正屋和厢房在二层均设吊脚柱外廊，形成跑马廊或"冂"形走廊。首层室内地坪标高和建筑立面均为前低后高，层次分明。

（4）吊脚楼式/干栏式：吊脚楼式又称吊瓜式，其特点是主要堂、室落于平整的土地上，其他部分依据地势用长短不一的杉木柱支撑，架木铺板，与挖平的屋场地合为一个平坦的整体，再在此整体上建房。底部架空部分做牲畜栏或堆放杂物，上部外伸做成吊脚柱长廊，部分长廊上设阳台，形式十分优美。与其他少数民族，如侗族、土家族一样，瑶族吊脚楼的形式多种多样，主要有以下几种：

① 单吊式，这是最普遍的一种形式，只是正屋一边的前面有伸出悬空厢房，下面用木柱相撑，有人称之为"一头吊"或"钥匙头"。

② 双吊式，即在正屋的两端皆有伸出悬空厢房，它是单吊式的发展，有人称之为"双头吊"或"撮箕口"。单吊式和双吊式并不以地域的不同而形成，

图2 宁远县瑶族乡牛亚岭瑶寨局部近景　伍国正摄

主要看经济条件和家庭需要而定，单吊式和双吊式常常共处一地。在双吊式的前面设院门便形成上面所说的"四合水式"瑶宅。

③ 二屋吊式，这种形式是在单吊和双吊的基础上发展起来的，即在一般吊脚楼上再加一层，单吊双吊均适用。

④ 平地起吊式，这种形式多建在平坝中，按地形本不需要吊脚，却偏偏将厢房抬起，用木柱支撑。支撑用木柱所落地面和正屋地面平齐。

⑤ 整座建筑底部用木柱架空便形成干栏式，架空层可为牲畜栏或堆放杂物，上面为民居生活空间，设木楼梯上下。干栏式取地较平整。

上述瑶族民居平面的四种基本形式中，"凹"字式和"回"字式主要为平地瑶所用，其他二种为山地瑶常用。四种形式的外墙都比较封闭，窗户很小，层高也低。

3. 建造

瑶家吊脚楼/干栏式巧于因借，瑶族人民根据实用性和环境特征，强化建筑性格。吊脚楼往往选址于坡度较为平缓、取水方便、风光优美的地方。主要堂室落于平整的土地，另一部分依据地势用长短不一的杉木柱支撑，架木铺板，与挖平的屋场地合为一个平坦的整体，再在此整体上建房。而干栏式建筑取地较平整。整座建筑以木为柱，甚至以杉皮盖顶，不油不漆，无矫无饰，一切顺其本色，自然天成，冬暖夏凉。屋顶形式多样，悬山、歇山、硬山都有，以悬山居多。

瑶族吊脚楼式民居室内空间及其他建造特点见"瑶族院落式"一篇介绍。

图1 宁远县瑶族乡牛亚岭瑶寨远景　伍国正摄

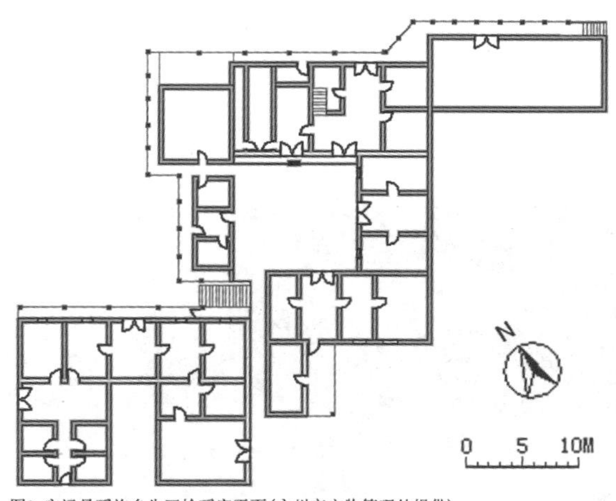

图3 宁远县瑶族乡牛亚岭瑶寨平面(永州市文物管理处提供)

* 教育部人文社科规划基金项目："湘江流域"传统乡村聚落景观文化比较研究（14YJAZH087）

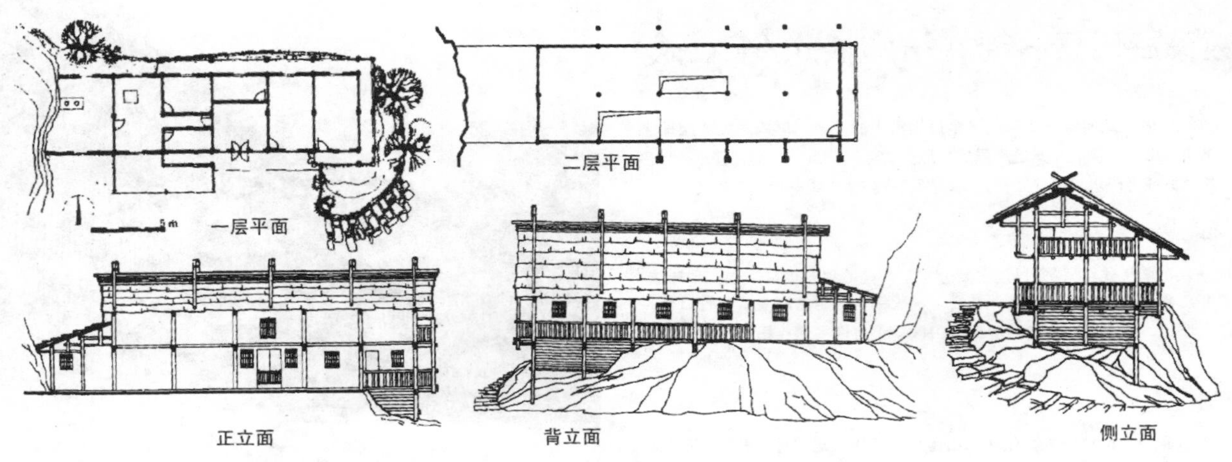

图4 江华县湘江岔村瑶族某宅(自:叶强.湘南瑶族民居初探[J].华中建筑,1990(2))

4. 装饰

过去，山区居民由于交通不便，生产力低下，经济发展缓慢，民居建筑多就地取材，量材而用，多用原木、自然石，色彩清新素雅。建筑除堂屋内有所装饰外，其他地方装饰很少。相对而言，湘南勾挂岭以西地区瑶族民居建筑装饰较多，与勾挂岭以东地区用天然的石料、木材和土坯墙形成鲜明对比。

5. 代表建筑：宁远县瑶族乡牛亚岭古瑶寨

牛亚岭古瑶寨位于宁远县城以南的大山深处，离舜帝陵约8公里。建筑选址于两山梁之间的南山梁半山坡，占地2000多平方米，坐南朝北。村前为一口较大的水塘，有山区过境道路。在池塘两端各有一个寨口门楼作为全村的出入口。村寨始建于清末，历五代，有20余户100多口人。村寨由五栋土木结构房屋组成，依山势而建，夯土为墙，立木为柱，为2～3层的半地半楼式吊脚屋，瓦屋面，多为悬山形式，局部为歇山顶。

村寨由四周建筑围合成一合院，与外界隔离，是一个全封闭式的古民居群体。二层以上通过吊脚外廊相连。体现了村寨的防卫性特点。

牛亚岭古瑶寨是湘南地区的瑶族集居地之一，保存了历史的风貌，吊脚楼建筑群是湖南省具有瑶族建筑风格的代表性古民居，国内外不少文化、艺术、新闻、旅游界的专家学者经常来这里调研和观光。日本鹿儿岛大学建筑学者和美国朋友曾多次来这里进行过专门的考察，央视七套等多家新闻媒体作过专题报道。

至今，牛亚岭瑶寨仍然保持着原汁原味的瑶家风情，民风淳朴、民俗文化底蕴浓厚。牛亚岭古瑶寨现为湖南省级文物保护单位。

成因分析

瑶族吊脚楼式/干栏式民居的成因与自然和社会文化因素都密切相关。历史上瑶族受汉族歧视，且经常受到盗匪骚扰，所以深居山里。湘南地区气候炎热多雨且潮湿，山区可供成片建造房屋的平地少，为了通风避潮和防止野兽侵袭，住所往往依山傍水，一半临空建筑，或底层全部架空。

瑶族吊脚楼式/干栏式民居建筑结合当地的地形条件、气候特点与民族文化传统，就地取材，以竹、木、土为主要建筑材料，与自然混为一体，体现了建筑的自然适应性特点。

比较 / 演变

湘南瑶族与本地的汉族等民居最基本的平面形式较接近。建筑风格融合了汉、瑶、壮等多个民族的风格。

就湘南瑶族吊脚楼式民居而言，勾挂岭以西地区瑶族受汉族文化影响较大，民居在建筑材料、建筑装饰等方面与当地汉族民居有较多相同，而勾挂岭以东地区瑶族民居多用天然的石料、木材和土坯墙，装饰相对简单。

图5 江华瑶族吊楼式民居组图 （自：成长.江华瑶族民居环境特征研究[D].2004）

一、传统民居的保护与再利用

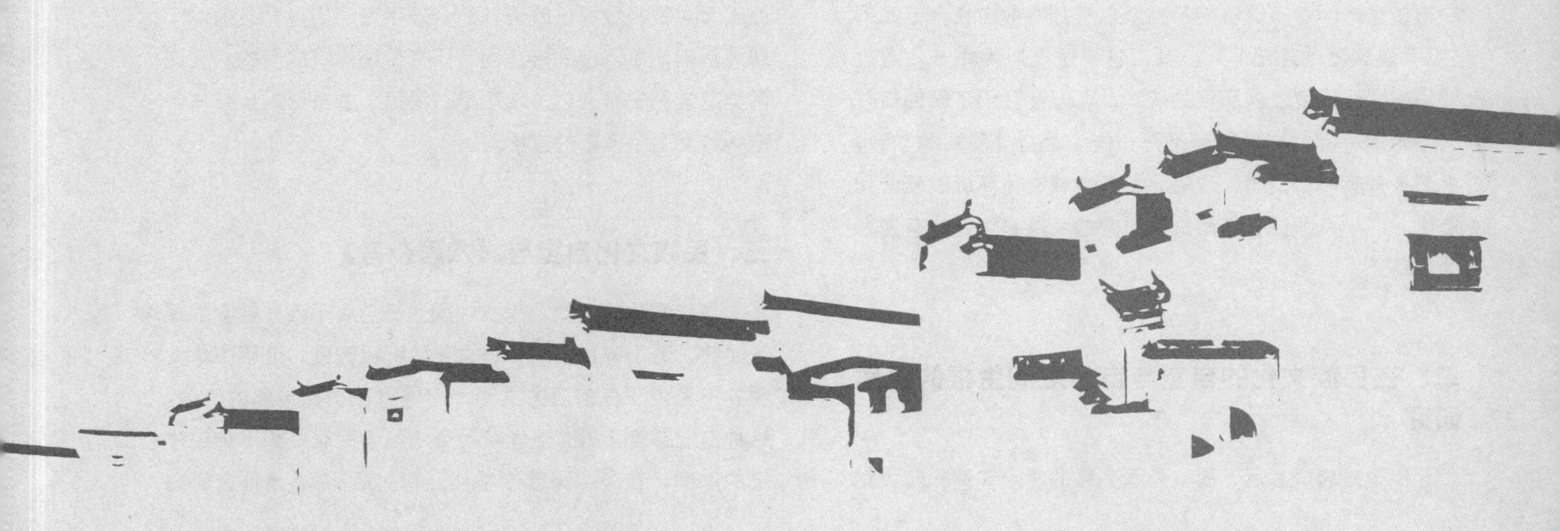

在民族文化的自觉与自省之间

——华南民居研究先驱的起步性探索

潘 莹[1] 施 瑛[2]

摘要： 华南近现代学者在20世纪30年代已开始民居建筑的起步性研究。在民族文化自觉和民族文化自省的政治文化环境中，以龙庆忠和过元熙为代表的华南学者分别展开以历史保护和历史批判为倾向的民居研究，民居首次作为学术研究对象登上历史舞台。不同的价值评判引导的民居研究在研究内容、思维方法、目标结果上产生了不同的侧重，两者的差异性和互补性为后续民居研究提供了多元且有益的示范，为华南民居研究开创了良好的基础。

关键词： 华南；民居研究；研究先驱；起步性探索

一、引言

自1988年第一届全国民居学术会议召开至今，经过长期在民居学术团体构建、民居学术会议组织和民居教学以及科研成果方面的努力和贡献，华南理工大学建筑学院在全国的建筑学界赢得了卓著的声望。而为何民居研究在华南有着如此深厚的积淀，很多人认为源于其居于文化传播末梢的区位，仿佛官式文化的式微和官式建筑样本的稀缺迫使当地学者不得不把目光聚焦于那些散布在乡土间的“没有建筑师的建筑”[1]。其实这不过是原因之一，通过对华南民居研究发展历程的梳理，可以让我们了解任何一门学术的兴起和成熟既离不开一群为之奋斗耕耘的学者，更离不开其所处的时代政治环境和地域文化环境的酝酿和催化。这一点即便在华南民居研究的发展起点处也有清晰的反映。

二、在民族文化的自觉与自省之间生根的民居研究

民国政府成立后，面对外国列强的政治环伺和西式文化的强势影响，民族文化自觉意识和自省精神同时在中国知识分子阶层中得到强烈的激发和呈现。在对待中国传统建筑文化的态度上，以中国营造学社为代表的学术组织，主要站在历史肯定和历史保护的立场，通过大量的历史资料收集和现场测绘调查，获得了中国传统建筑的大量基础研究成果。而另有一些学者则站在历史批判和时代发展的立场，果敢和客观地批评传统建筑中不符合时代需要的落后因素并积极地提出改造其的合理手段，因批判必须以了解为基础，所以也间接达到了研究传统建筑的目的。在这两类建筑历史研究中，均可见“民居”的身影，且都与华南地域发生了紧密的连接。

三、民族文化自觉与《穴居杂考》

民族文化的自觉，是在中国业已落后于西方社会的现实面前，勇于寻找中国传统文化的积极因素，证明中华文明并不逊色于任何西方文明，有值得保护和传承的价值。这种自觉态度正是营造学社对于（包含民居在内）传统建筑的态度，在《中国营造学社汇刊》第7卷《为什么研究

① 潘莹：华南理工大学建筑学院教授；亚热带建筑科学国家重点实验室
② 施瑛：华南理工大学建筑学院副教授；亚热带建筑科学国家重点实验室

中国建筑》[2]一文中有清晰地表露，即认为延续了两千余年的中国建筑是“中国文化的表现”，“如有复兴国家民族的决心”则必须对其“进行认真整理及保护”，所以“以客观的学术研究唤醒社会，助长保存趋势”是营造学社的核心任务。

在这样的基本态度下，有两类建筑首要地成为营造学社研究对象：一是历史久远度较高的建筑，对它们的研究有助于展现中国建筑历史发展的时序脉络，以辉煌悠远且不断发展进化的建筑演进历程驳斥外国学者对于中国建筑保守落后、千年不变的不当评论，增进国人的文化自信；第二类是建筑技术和艺术都反映了较高建设水准的建筑，以其不亚于西方建筑的理性结构和精美装饰来增强国人的文化自豪。民居虽然是最大量存在、最广泛分布的传统建筑，但就这两点而言却比不上官式建筑。其一民居个体的存在时间短且缺乏正式文献记述其发展历史，其二民居不可能具有支撑官式建筑营造技艺发展的工匠、资金和材料。因此营造学社时期对民居的研究是非常有限的，学社的研究重点是以宫室、坛庙为主体的官式建筑。

1930～1945年间印行的《中国营造学社汇刊》，是营造学社当时全面研究我国古代建筑的主要成果，共计7卷23期22册，约5600页，其中插图约1600页。而纵贯其7卷内容，与民居相关的完整著述不过《穴居杂考》[3]和《云南一颗印》[4]两篇，另有林徽因与梁思成所著《晋汾古建筑预查纪略》[5]一文的最后章节提到山西民居内容（“民居”作为专有名词首次出现）。其中，20世纪30年代成文的《穴居杂考》作为营造学社最早出现的民居论著，更具重要的起点意义；又因其作者龙庆忠先生是华南建筑教育的重要先驱而成为本文关注的重点。

一般认为，中国营造学社的研究对象从尊贵的官式建筑向民居转向，发生于抗战全面爆发后的营造学社后期。此时（1940～1941年），由于避难大西南的历史遭遇，精英学者们逐渐远离了封建文化中心区的官式样本，开始就近对云南、四川、西康等地的民居建筑进行调查，并产生了《四川住宅建筑》[6]、《西南古建筑调查概况》[7]等一系列研究成果，相对而言早于其10年独立发表的《穴居杂考》的重要性却被弱化。但从另一方面看，在受战乱严重影响的营造学社后期，学者们的调研活动不时被打断，调研时间非常有限，为了确保安全有时甚至需要军队保护才能使调研成行。加之颠沛流离间文献查阅已成困难，成果整理也受环境影响颇为周折，且因经费有限出版遇阻，诸项成果中仅有《云南一颗印》一篇得到及时刊印，真正令人惋惜。

相比之下，《穴居杂考》成文年代，中国国土尚安，学者在较为宽松的研究环境下更能全面调动自身研究能力，做出较为完善之研究成果。以今观之，《穴居杂考》一文不仅在研究内容上开启了中国的民居研究之旅，更在研究方法上对后世研究有着卓著影响：其一，古今结合，关注居住现象的源起和历史发展脉络，开民居史学研究之先河。从观察到的近代窑洞开始根源追溯，在几千年的时间跨度下论述穴居产生、发展、变化的过程，大气恢宏，应和了营造学社前期课题“重古”的研究主旨。其二，善于取证，从文字、史记、考古成果中极力寻找各类与“穴居”相关的历史证据，并据此产生客观可信的结论：包括各时期穴居的特征变化及其原因。展示了民居史学研究中考据类型的多元化及其使用方式。并将细致的典籍考据和田野调查相结合，做了大量数据详细的近代案例测绘工作。其三，地域联系，当汉魏六朝中原穴居已鲜见之时，从与汉族邻接的四邑少数民族的居住记述中寻找穴居痕迹，“礼失而求诸野”，将移民、文化传播与居住模式散播的关系论述得清楚恰当，与此后华南学者极富特色的“移民—民系—居住模式”研究范式不无联系。其四，学科跨越，娴熟地运用了其他学科的研究理论和方法，涉及文学、历史学、民族学、气候学、人类学等多个领域，为建筑史学、民居学与其他学科的辍合性研究作了有益示范（图1）。

作为华南建筑史学教育奠基者的龙庆忠先生，1931年毕业于东京工业大学建筑科，是我国接受到现代建筑教育的第一代学者，同时也具有很深厚的中国传统文化根基（图2）。《穴居杂考》一文，是1933年他在河南开封建设厅任技士时撰写的，1934年9月发表于《中国营造学社汇刊》第五卷第一期。河南地处中原，有非常丰富的官式建筑遗存，而且在当时营造学社大部分学者关注点都聚焦于宫室、坛庙之时，唯独龙先生将民居作为研究对象，不能说与其自身的学术兴趣无关，但也反映了他早期即已具备较为开放的研究视野和较为独立的价值评判取向。对此，担任过龙先生助手的邓其生教授曾提到，“民居和乡村一直是龙先生研究生涯中关注的一个重点，因为他自己是从赣中乡村走出来的，他对乡村有着执着的热爱和浓厚的情感。”1946年，龙先生开始在中山大学建筑工程学系任职，此后扎根岭南50载，其学术思维和治学精神对岭南历届学子影响深刻，其中就包括后来作为全国民居研究领军人物的陆元鼎先生。

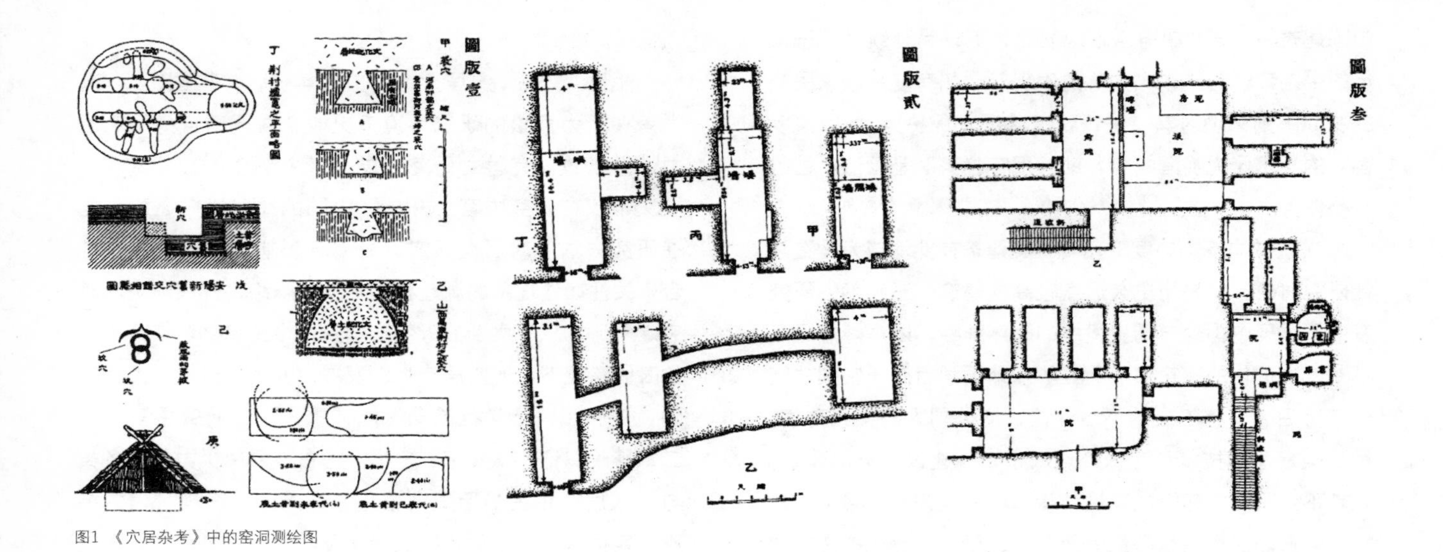

图1 《穴居杂考》中的窑洞测绘图

图2 1932～1933年在河南开封工作时的龙庆忠

四、民族文化自省与《平民化的中国建筑》及《乡镇住宅建筑考察笔记》

民族文化自省，是指面对当时中国国力贫弱、民众疾苦的社会现实，对既有的文化内容和形式进行反思和批判，以图通过革除鄙陋和向西方学习，快速提高普罗大众的生活水平。广东因地理区位历来处于对外文化交流的前沿，近代以后从“得风气之先”到“开风气之先”，[8]更成为新文化、新思想的滋生的温床，加之第一次国民革命是以广东为根据地，革命的热潮推动着革新的精神，更助长了其摧枯拉朽的力量。因此，民族文化的自省精神在勷勤大学时期（华南理工大学建筑学院前身为勷勤大学建筑工程学系）就有突出的表现，过元熙教授是其中的代表人物（图3、图4）。[9]

过元熙1926年从北京清华毕业后赴美留学，先后于宾夕法尼亚大学建筑系和麻省理工学院建筑系获学士及硕士学位。1935年应聘于广东省立勷勤大学工学院建筑工程学系，成为当时系里的核心教授之一。早在1933年，过元熙于上海《申报》就发表《房屋营造与民众生活之关系》一文，显示出他对建筑要重视满足民众生活需求的功能性主张。1934年6月在《建筑月刊》发表《新中国建筑之商榷》，开始提出中国需要什么样的新建筑的探讨并号召全国从政府领袖到普罗大众，从业主到建筑师都应合力推广和探索适用于中国国情的新建筑。1935年到勷勤大学任职后，开始以明确的革新派的建筑立场和思想向学生传授建筑理论。他于1935年11月18日总理纪念周在勷勤大学工学院礼堂发表《新中国建筑及工作》[10]的演讲，明

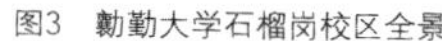

图3 勷勤大学石榴岗校区全景

图4 过元熙

确指出新中国建筑不应采用当时占官方主流的“中国固有形式”风格，而应从功能出发，以新的科学技术来创造新中国式建筑，并对如何实现这一责任重大的工作，提出了自己的看法。

而最能反映过元熙建筑思想的是1937年2月他在《勷勤大学季刊》发表的《平民化新中国建筑》[11]一文。此文体现了过元熙对于传统民居的四点明确态度：①认为当时的农村建设存在严重问题，主要表现在民居建筑材料技术落后、无专家规划设计、卫生条件差、防灾能力弱等方面。所谓“土墙泥渠，垢秽遍地，小孩与猪狗同伴，夏令则百病丛生，传染蔓延，加以水旱灾荒之频仍，人命损失，难以数计”。②指出改善民众居住条件，是提倡民生主义的工作重点，“属急不容缓之要图”。③在提出向欧美现代建筑学习先进经验的同时，指出因各地民生情形不同，绝不能照搬因袭欧美建筑式样，需要根据地域条件制定适宜的解决方式。“例如广州之潮湿酷热，白蚁腐霉诸困难；与北平之奇寒大风，沙土飞扬，燃料暖气诸问题，均须以适当之办法随地解决”。这一住居必须适应各地民生环境的观点，最终体现在他指导进行农村住宅调研时对地域自然人文环境特点的关注。④总结提出新建筑的价值评判标准，极具人本关怀：“平民化之新中国建筑，必须科学化、卫生化，极度经济简单，合于适用，务期能保护人类生命财产，而使适合现代我国社会之境况，与人民经济能力之负担（图5）。”

基于对民生的热切关注和改造社会的巨大热忱，他组织学生开始了华南建筑院校中最早的民居调研。过元熙在1937年就制定了一个具体的大纲，要求学生利用寒假假期进行其所在家乡的民居调研并撰写报告。广东紫金籍学生杨炜的调查报告《乡镇住宅建筑考察笔记》[12]就是其中

平民化新中國建築

——過元熙建築技師著——

今日在國內都市所見之新式建築，大都抄襲西洋陳腐之外表，以爲時髦，耗費鉅多，以爲富麗，遺棄不少經驗之道理，爲社會貧困貽害之種子。向有所謂新中國建築者，亦贅不合現代經濟原理而又並非適用之宮殿帽頂，下段仍是西洋格局，其光線之暗，建造費之鉅，與現代科學發明，社會貧困環境，均不相應！須知今日歐西新進之建築，正在循一光明之道上猛進，且特具著績。從前之普通住宅，需一萬元所能造者，今日四千元卽成，且宅內有冷暖空氣，冰箱電器，自來水衛生洗浴等設備，爲舊代住宅所無。現代之工廠學校，民衆經濟住宅，市區交通新村，均有專家之設計，大規模之實施。余昔在美國研究，及三年前在芝加哥萬國博覽會協建設中國熱河金亭，及派任實業部籌備參加博會時，均親其實，深感此等供獻，在我國誠有進行實現之必要。

試察我國目前實在情形，國內都市之新式建築，已如上述。至若工廠學校，民衆新村，尚未能全由專家計劃進行，而鄉鎮內者，則仍停滯於中古時代，土牆泥渠，垢穢遍地，小孩與豬狗同伴，夏令則百病叢生，傳染蔓延，加以水旱災荒之頻仍，人命損失，難以數計，假使讓其如是之病夫，抑實為亡國之現象，尚有何安居衛生，建築幸福之可言？故我國對於平民化新中國建築之提倡及革新，洵屬急不容緩之要圖。

此平民化之新中國建築，必須科學化，衛生化，極度經濟簡單，合於實用，務期能保護人類生命財產，而使適合現代我國社會之境況，與人民經濟能力之負担。倘能如此，則此種改良進步之建築物，卽成爲社會人民所能公享之用具，及探手可取而深受其利之工械。至於發揚一國之文化，振興一國之工商實業，均其自然之效果也。總理在建國方略之實業計劃中有云：

图5 《平民化新中国建筑》

的一篇成果。从中我们看到与《穴居杂考》完全基于不同的目的和立场所开展的另一类早期民居研究。

《乡镇住宅建筑考察笔记》包括六个章节，正文开始之前有简短的卷首语和引言，其卷首语非常鲜明地摆出文化批判的态度和进行民居考察的目的，是因“中国建筑还是有许多地方很不合原理”，所以通过实际调研提供“研究和改良中国建筑之根据”。其引言则提出建筑的基本目的是“辅助我们社会的活动与文化生活”，其要解决的根本问题“侧重于如何才能适应一切实际需要”，与“过去时代”的权贵们以奢华装饰的高价建筑夸耀人前是完全不同的。引言的最后也提到“中国的国家环境有其特质存在”，“研究中国的建筑千万不能把外国的样式完全搬过来”，这从另一角度补充说明了乡村民居调研的目的是要通晓国情，要将外国先进技术与中国建筑的实际状况结

合。正文的第一章为紫金“本地人民之职业环境生活”的简略介绍，其中提到“客族”（客家）人以农为本的产业状况和当时农村经济凋敝社会崩溃的现实，使人们不得不正视农村民居改良要面对的“经济性”问题。正文的第二章“住宅建筑之分类记述”，是从材料、构造、设计三个层面记录和分析当地民居。并在章节末尾对其“长短优劣或当保存或应改良处”进行总结，认为其优势是①地势高燥，环境优美。②实用面积与交通面积联络组织合理。③基础、门窗坚固。④沟渠完备排水好。⑤房屋高敞。其劣势是：①窗户面积太小，影响采光、通风，带来卫生问题。②厨房及其烟囱位置不好，有碍家庭卫生。③没有避湿气的地板，损害人体和用具。第六章是简短的结语（图6、图7）。

通观全文，这篇调查报告有以下几个特点：①尚未将传统民居视为一种建筑遗产，未从历史价值和文化角度分析民居建筑，虽然对建筑的平立剖信息有详细的采集，但缺乏对住居模式产生的文化和社会背景加以诠释。②完全从“当代语境”和实用性角度评判传统民居，认为建筑作为人们“日常起居、坐卧、休息和工作的地方”，“其功用有三：保持长时间栖息的良好环境；遮风避雨；保护财产”。采用此评价标准的结果，是发现卫生条件差是传统民居的最大问题。虽然评价标准比较单一，但也切实地暴露出传统民居与现代生活之间的冲突和矛盾，展示了作为实用居住空间的传统民居有改良的必要性。③与同期营造学社的民居研究对比，此类研究是在历史价值和文化价值之外，在“保护和传承”为目的的研究立场之外，提供了从设计合理性和生存环境适宜性研究民居的另一类视角，可与文化历史角度的研究视角互为补充并提供参照。

五、结语：两类研究的互补性以及对于华南的意义

由此我们看到，在20世纪30年代，当“民居”这一专业名词尚未广泛运用，民居对象仍被冠以“城市住宅”或“乡村住宅”之名时，中国民居研究已经开始其探索历程。平民的住宅作为学术研究的对象首度踏上历史舞台，可以说与政治体制上推翻帝制倡导民权的变革有紧密关联。民居的学术对象化标志着中国传统文化中最体现“人本内核”的内容开始在建筑界焕发光彩，是对既往研究价值取向的重大转变。

在研究的起步阶段，基于两种完全不同的研究目的，“传承派”学者和“改良派”学者都对传统民居开始着手调查，均已运用现代建筑学科的固有研究方式收集民居信息且作出分析，记录下了第一批民居研究样本，为后备学者留下了珍贵的学术遗产。但由于研究初衷不一样，两派学者的关注焦点和采用的具体研究方式有很大差异，“传承派”学者和今天的建筑历史学者的立场相似，注重发掘民居中蕴含的历史信息和文化内涵，并首先将大量人文学科的研究范式运用于建筑学领域，具有较为广博的研究视野。“改良派”学者则更接近今天设计类学者的思维方式，更强调传统民居的现实使用价值，以现代建筑的功能化理念评价传统民居，并从环境学、医学等理工学科领域对居住的标准和需求进行了明确的规范，倡导了民居改良的前景和方向。

在中国民居研究的大趋势下，华南地区因为龙庆忠、过元熙等杰出学者的研究实践，而较早地开启了其民居研究的步伐，在这个过程中所奠构的一系列民居学术观

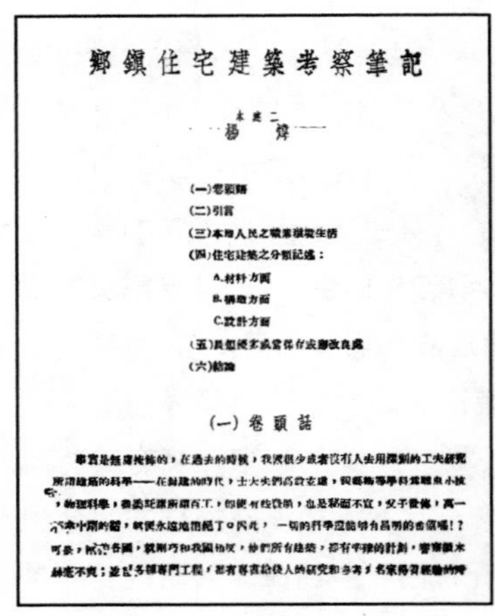
鄉鎮住宅建築考察筆記

楊煒

(一)卷頭話
(二)引言
(三)本地人民之職業環境生活
(四)住宅建築之分類記述：
A.材料方面
B.構造方面
C.設計方面
(五)長短優劣或當保存或應改良處
(六)結論

(一) 卷頭話

图6 《乡镇住宅建筑考察笔记》

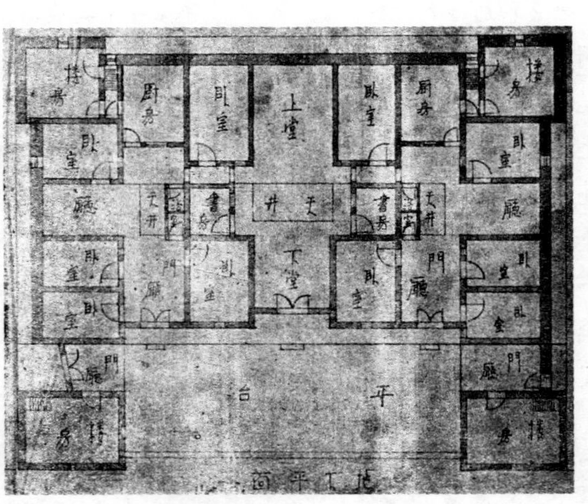

图7 《乡镇住宅建筑考察笔记》中的紫金民居测绘图

点、民居研究方法以及民居样本积累，都为此后华南的民居学科发展建立了最初的研究基础，具有重要的起点意义。

2013—2016年度国家自然科学基金面上项目“岭南汉民系乡村聚落可持续发展度研究”(编51278194)

参考文献

[1] BernardRudofsky. 没有建筑师的建筑：简明非正统建筑导论[M]. 高军译，邹德侬审校. 天津：天津大学出版社，2011.
[2] 为什么要研究中国建筑. 中国营造学社汇刊（第七卷第1期）[J]. 北平：中国营造学社，1944.
[3] 龙非了. 穴居杂考. 中国营造学社汇刊（第五卷第1期）[J]. 北平：中国营造学社，1934.
[4] 刘致平. 云南一颗印. 中国营造学社汇刊（第七卷第1期）[J]. 北平：中国营造学社，1944.
[5] 梁思成，林徽因. 晋汾古建筑预查纪略. 中国营造学社汇刊（第五卷第3期）[J]. 北平：中国营造学社，1935.
[6] 刘致平. 中国居住建筑简史[M]. 北京：中国建筑工业出版社，1990.（《四川住宅建筑》完稿于20世纪40年代，成书于1954年，1990年作为《中国居住建筑简史》一书的附录出版。）
[7] 刘敦桢. 刘敦桢全集（第四卷）[M]. 北京：中国建筑工业出版社，2007.（《刘敦桢全集(第四卷)》收录了1940—1961年期间刘敦桢先生关于古代建筑调查、研究，古典园林论述，讲话，工作信函等方面的著作。主要内容有：西南古建筑调查概况、云南古建筑调查记、云南之塔幢等）
[8] 李权时，李明华，韩强. 岭南文化（修订本）[M]. 广州：广东省出版集团、广东人民出版社，2010.
[9] 施瑛. 华南建筑教育早期发展历程研究（1932—1966）[D]. 华南理工大学博士论文. 2014.
[10] 过元熙. 新中国建筑及工作[J]. 勷大旬刊，1926，1，11，1（14）：29-32.
[11] 过元熙. 平民化新中国建筑[J]. 广东省立勷勤大学季刊，1937，2，1（3）：158-160.
[12] 杨炜. 乡镇住宅建筑考察笔记[J]. 广东省立勷勤大学季刊，1937，2，1（3）：223-230.
[13] 施瑛，潘莹. 岭南建筑教育早期发展历程的文化特质[J]. 南方建筑，2016（1）：81-85.
[14] 郭璇. 民间的意义——西南民居研究历程及其当代启示[J]. 新建筑，2013（3）：40-45.

图片来源

图1　龙非了. 穴居杂考. 中国营造学社汇刊（第五卷第1期）[J]. 北平：中国营造学社，1934.
图2　本书编写组编著. 龙庆忠文集[M]. 北京：中国建筑工业出版社，2010.
图3　广东省立勷勤大学概览（内部资料），1937.
图4　赖德霖. 近代哲匠录[M]. 北京：中国水利水电出版社；知识产权出版社，2006.
图5　过元熙. 平民化新中国建筑[J]. 广东省立勷勤大学季刊，1937，2，1（3）：158-160.
图6，图7　杨炜. 乡镇住宅建筑考察笔记[J]. 广东省立勷勤大学季刊，1937，2，1（3）：223-230.

瑞士民居演化的启示

李　严[①]　李　哲[②]

摘要：在与国内土地资源紧张相近的背景下，瑞士在传统民居传承、缓解居住矛盾和可持续发展多方面均有值得借鉴的价值，本文从选址、构造、基础设施建设、变迁历程多方面简要介绍瑞士乡村民居，通过比较分析，推测我国乡村发展的必然趋势、应有的政策导向以及缓解城乡差别的若干措施。

关键词：瑞士民居；城乡差别；人居环境；传承与更新

乡村建设是中共十六大以来推动社会主义新农村工作的突破口，逐渐成为城乡建设领域的重点工作方向。在这样的背景下，本文希望通过分析瑞士民居变迁过程，侧面解答国内民居面临的实际问题。

瑞士的国土面积只有41285平方公里，仅比中国台湾稍大，且不适宜居住和耕作的阿尔卑斯山区占据了国土近一半面积，和我国类似，土地资源十分有限；瑞士地形涵盖山地、丘陵、平原多种类型，不同环境下的乡村建设水平都很高，是世界上城乡差距最小的国度之一，因此对我国民居可持续发展具有一定的借鉴价值。

一、瑞士传统民居聚落选址特点与景观模式

不同国家传统村落的选址原则同中存异。中国传统村落的选址在综合我国绝大多数地域的地势、微气候、经济、景观等因素的基础上，总结出了一套成熟甚至范式化的理想模式。但瑞士民居选址存在一定的差别：

1．地势坡向多样化。瑞士除了南部的阿尔卑斯山区，大部分国土都属于坡度和缓的丘陵地，并无高山遮挡日照；阿尔卑斯山高耸且因北大西洋丰沛的雨雪刨蚀导致山体愈发陡立，而冲蚀落下的土壤形成山谷中少量的平地，肥沃并有丰富的地表径流。因此山区的民居大多选址于山谷中央接近平地的区域，而在北部丘陵地的村落大多建立于缓坡之上，选址主要考虑生产、交通的便捷，对于地势的坡向考虑较少。

2．没有明确的边界范围。中国村落重视宗族联系以及整体防卫，且生产以农耕为主要模式，因此民居建筑相对集中，一般都有明确的边界，一方面在人口多的背景下防止随意侵占有限的良田，另一方面也便于在动乱的年代环绕村落修筑堡墙以共同守卫。瑞士农业经济中畜牧比耕种占据更高的比例，每户房屋的周围都有相当面积的草地用于圈养牲畜、晾晒牧草等，因此房屋相对分散（图1、图2），除了封建领主的城堡之外，一般聚落没有明确的边界。瑞士人被公认为欧洲“社交需求”相对最少、最内敛的民族，也是住宅不趋紧密围合的主观原因。在非农业人口为主的乡镇，住宅排列更为紧密（图3）。

特定的景观模式。基于上述分析，瑞士虽然没有相关模式理论，但大多数村落符合：山顶林地-农田/绿地-

① 李严，博士、副教授，天津大学建筑学院
② 李哲，博士、副教授，天津大学建筑学院

图1　典型的牧业民宅（居住与牲畜用房相邻，作者自拍）

图2　分散的农牧业住宅（图1住宅所在区域，引自谷歌地球）

图3　工业化后更密集的独栋住宅区（引自谷歌地球）

图4　复合型木结构墙体剖面（作者自拍）

村宅-农田/草地-交通网/河谷这样的纵剖模式图和景观模式。山顶林地与村落距离很近，既提供建材，也是调节空气、休憩游玩的必要资源；环绕在村舍周边的农田、草地既是生产资料和场地，也是瑞士居住景观环境中的必要组成元素；在地势略低处穿插而过的铁路、公路甚至航空交通节点，是支撑这一田园城市景观模式的脉络；最后瑞士境内均匀分散的高洁净度河流、湖泊提供了分散式田园居住最重要的水资源。

二、传统民居建筑特色

1．外向型独栋建筑。瑞士民居绝少有内庭院，建筑外的农田或草场是其主要景观。类似于当今的独栋别墅建筑，大多2～3层，下层一般为厨房、库房等，二层、三层（阁楼）为居住用房，有些还将牲畜房、谷仓等生产建筑与居住建筑融合（图1）。虽然民居尺度、样式接近，但瑞士包含了法、意、德等不同语区和建筑风格，而且每栋民居都是独立设计的，房间布局灵活多变，数百年前的传统民居建筑就几乎涵盖了当前各种别墅房型。

2．石木混合结构。瑞士木材资源丰富，因此传统的民居多为木屋，在基础以及需防火部分使用石材。阿尔卑斯山区的住宅为了防雪而设计成坡度达25～45度的屋顶。瑞士昼夜温差大、日照充足，因此开窗数量多但尺寸小，工业化之后大城镇的住宅建筑也都传承这一特点。

三、瑞士民居变迁分析

1．传承与协调是主旋律。在瑞士从农业国向工业国以及后工业时代的发展过程中，民居的变化相对和缓，传统继承和风貌协调是主旋律。改良和优化主要表现在：1）建筑尺度、比例基本不变，只是室内净高从2.2～2.4米提高到2.2～2.6米，由于层高低、屋顶坡度大，此种尺度比例以及自由多样的住宅平面，形成瑞士民居“小巧”、“可爱”、“童话世界”般的外在视觉感受。2）为了节约木材，舍弃井干式的做法，在木材内外表皮之间填充保温材料做成节能、节材墙体（图4）。3）仍然保持相对分散的布局，这主要与公共基础设施条件相关。瑞士水资源非常丰富，几乎任何居民点都有就近水源；此外瑞士南部水电、北部核电提供了分布相对均匀的住宅能源供应（与中国明火做饭不同，瑞士大部分住宅用电满足所有加热需求，如图5所示供暖锅炉，只有少数城市公寓使用天然气管道灶具）；瑞士的小型废水处理系统、公共交通系统又非常发达，所以避免了过度的城市化/城镇化。

2．居住密度略有增加。第二次世界大战后，瑞士外来人口大量增加（相对比例欧洲最高），为了满足剧烈增加的住房需求，瑞士在大城市中大量建设5层以下的公寓建筑，仍坚持避免高耸的高层公寓，并出现相对节约土地的联排别墅，独栋住宅则从原来的1～2层增加为2～4层、建筑间距相对缩小。由于坡地多，所以利用设计技巧，使之外观看起来仍是2～3层。住户类型也从单独居住变为公寓式，即在瑞士城市周边的独栋别墅大多也都是几户分享的，避免空间浪费，在一定程度上缓解了住房紧张问题。在瑞士，公寓楼矮化并结合地形尽可能趋向联排别墅的形制，与独栋别墅型建筑穿插以形成宜人的居住密度和总体景观效果是其主要特色。

3．水资源丰富但同样开源节流。乡村住宅现代化不仅包括前述建材和构造做法的改进，排水等发达的基础设施也是最重要一环。瑞士水资源丰富，每年只需要2％的降雨就可以满足全瑞士的饮水需求。但瑞士仍在高地乡村普及雨水收集系统，地下蓄水池满足旱季的农业用水需求，不必从低地河流泵送，节省大量资金。因为瑞士的水流往欧洲各国，所以在瑞士水处理也是一个“道德问题”。在瑞士最高成本的基础设施建设就是排水管网和污水处理系统，为了做到可持续性，埋入地下的污水排放管道寿命长达50～80年，并且全国设立839个污水处理站以及近3400个小型污水处理设备（主要处理普通生活污水，工厂都要有各自的污水预处理设备才能排放到公共污水处理系统）。在瑞士公共排水工程与私人住宅排水设施的开销比达6：4，住宅排水是最主要的村落现代化设施。

图5　私人住宅地下室小锅炉（作者自拍）

四、瑞士民居演化对中国乡村建设的有益提示

1．从多层面入手，逐步缩小城乡差别

1）城市进一步田园化。田园的精神植根于瑞士民族记忆中，即使在城市住宅群中，原来传统农家的柴房、广阔农田演化为庭院、储藏室甚至阳台，所有的空间全部都被绿化所围绕，经营庭院是生活的必要内容，所以才形成了瑞士当今的居住区景观。我国在小城镇的规划建设中也追求大都市的“效果”，缺少田园化居住的意识。

2）城市建设速度减缓后，城中荒地的保护和利用。在瑞士城镇规划中大量留有待开发地块，在未实施建设的相当长周期内，荒地普遍作为周围居民的城市菜园使用，办公楼与菜园紧邻的风景为大城市增加田园特色（图7）。

3）居住用土地、空间、景观资源的占用和共享。瑞士民居建设中能体现资源占有与节约的和谐。资源是支撑舒适居住的必要条件。瑞士传统民居房屋集中、外向景观的特点使得每户的绿地既明确是私人所有的，在视觉上也是与公众分享的，这是社会发展的一种必然趋势，因此当前引起激烈讨论的“拆围墙”政策，虽然不可能一蹴而就，但肯定是一种必然趋势。

4）乡村住宅密度的提高是一种必然要求。中国目前城乡土地价值差别过大，导致城市中的住宅楼层数过高而乡村土地利用率低、甚至存在浪费的现象。伴随社会的自然平衡法则，今后这一差值一定会逐渐缩小，在我国人口密度大的背景下，不可避免地乡村住宅公寓化和城市公寓花园化。我国村落中的建筑布局并不分散，但层数大多仅为1～2层，伴随土地价格的提升，层数必然略有增加。

图6 伯尔尼Siedlung Halen建筑师社区公用锅炉（作者自拍）

图7 城市菜园（作者自拍）

5）建设以村落为单元的社区服务系统。公共设施的平衡才能达到社会的公平。瑞士乡村基础设施建设水平高，是其城乡差别小的重要原因，这主要包括公共交通系统和能源供应系统两方面，后者是我国乡村建设需要重点讨论的方面。从人均资源占有率计算，我国村落不宜每家每户都装配锅炉或空调系统，应该重点支持开发以村落为单元的整体供能系统。如图6所示，整个村落共用装备的投入低、能量转化效率高，村民甚至可以自主日常运维。瑞士每一个村落都存在数量有限但质量很高的社区服务体系，这类似于我国村落的原有模式，“麻雀虽小、五脏俱全”。除了西南、西北少数地区，中国的村落原本就强调聚族而居的理念，既提高安全度，也缓解资源紧张的问题。

6）民居建筑的技术革新。村民通常被认为急于抛掉传统、废弃传统民居，追求住在混凝土的住宅中，和传统的割离严重。但以江南村落为例，实际测量比对就会发现大部分的传统民居的热安定性的确不如新建村宅，舒适性差，因此要保存传统村落风貌的话，当前必须在对我国传统民居物理环境分析的基础上，结合传统民居的特点、材料专业知识，设计符合风貌特点的新型构件模块或工艺。瑞士民居百年来的外观变化不明显，因此节能设计相对容易，只要针对墙体、门窗等单元设计模块化的构件即可，但我国的民居地域性强，风貌不同，需要兼顾文化特色等更多层面的要求。

2. 提高居住“效率”，节约有限的资源

1）分享有限但优质居住资源的社会共识。瑞士传统农宅布局分散、占地较多，但工业化后伴随人口的增加，政府推广“居住邻里”的观念。乡村2～3层的别墅型独栋住宅也出现了公寓化趋势，这避免了居住空间的浪费，使得瑞士的住宅空置率只有1％～2％，一栋住宅内几户邻居，正是瑞士非常重视的邻里关系，也是我国乡村发展的必然道路。由于瑞士公共交通非常便捷，并且对于居民来说大多以年费固定计算，公益化的交通和完整的社区服务极大提升了乡村住宅的价值，乡村的房屋比大城市的公寓出租价格更高，这是与我国截然相反的现象，值得思考。

2）乡村房屋所有权/使用者/功能用途的变动是一种必然。在城乡生活水平逐渐接近的背景下，农业人口与非农业人口混合居住是必然趋势。第二、三产业人口租住传统村落的房屋将会是合理和普遍的，同理用传统村落空余的住宅建筑开设特色餐馆、民宿亦都是正常的。有些观点认为当地民居不能转化为商业空间。但城乡穿插融合、建筑功能的转变和丰富是消除城乡差距的必然要求，资产持有者身份的转变与建筑文化、风貌的传承是两件事情，不能混为一谈。在公民审美水平提高、人对传统民居建筑价值普遍认知的前提下，商业功能的增加并不影响本土居住内涵的表达，没有分享又谈何民居艺术的传播和审美呢？

3. 政府在规划、土地管理等方面的政策导向是关键一环

为了保证城乡均衡发展，瑞士长期以来在居住方面都有明确的国家政策导向，要求不同阶层、产业、职位的居民混居，通过消除居住区的质量和风貌的差别，缓解社会阶层矛盾并自然地提升整体公民素质。由于整个国家各个地区的公共交通水平都相同，不存在重点建设大城市的失衡问题，加之在瑞士拥有房产的房主要缴纳高额的房产税，政策是鼓励租房而不是拥有住房，尤其避免空置房等浪费问题的产生，因此即使在乡间，住宅的空巢率非常低，这样居民更容易接受国家政策导向，使平衡发展的国家战略自然得以落实，因此在瑞士很难看到建筑水平的差

别，感受不到富人区与穷人区的差别，同时交通单向流动等诸多社会病就得到缓解。这一策略是值得很多国家学习的典范。

4. 从建筑设计的角度保护和发扬我国民居的特色

应该保持文化和地域性建筑特色。瑞士村落的布局基于更为纯粹的功能主义，社区公共服务建筑大多围绕交通核自然集中，中国古村落很讲求分区和不同功能建筑、景观元素之间的内外顺序。我们的居住范式比较成熟，也就意味着不容易把握经典与创新的关系，框框多，例如我们的家庭聚族而居，因此庭院内向，是最主要的交流空间。街道没有退线建设的概念，因此大多数街道都无法拓宽。在新村建设中，既要考虑到交通便捷，又要尽量保持原有的空间尺度感受，是需要深入探讨和不断尝试的。除此之外，国内民居在演化过程中有自己更为鲜明的特色和动态的过程，例如图8从左向右所示浙江胡卜村一家人因人口繁衍，逐渐从单一院落发展为前后三进院落。这一特点在村落更新中是要珍视和保存的，该村因水库建设将拆迁到新址，新村设计成果中必然要体现这一特色。

图8 伴随多代人繁衍过程民居院落也不断嵌套扩展（作者自拍）

五、结语

通过比较可以获得以下推测：今后我国乡村民居将在尽可能保存自身文化特色的前提下，显著提高以村落为单元的交通、供能等基础设施条件，并快速实现农业、非农业人口的混合居住。在土地资源有限的背景下，3～4层公寓式住宅的比例将会提高，村落房屋出租、转让的比例越来越高，虽然存在诸多缺点和潜在问题，但居住资源的利用率将会提高。

国家自然科学基金资助（51478298）、国家科技支撑项目课题资助（2014BAK09B02）

参考文献

[1] 田灵江. 瑞士、德国住宅建设与建筑节能工作启示[J]. 住宅产业, 2011, 3: 80-84.
[2] 刘先觉. 瑞士的城市与建筑[J]. 世界建筑, 1989, 6: 4-6.
[3] 刘运国, 高会芹. 瑞士住宅市场特征解读及启示[J]. 价值工程, 2013, 31: 89-90.
[4] www. swissinfo. ch.

岭南乡村古建筑保护设计研究
——以顺德“乌泥塘会议”旧址为例

李绪洪①

摘要： 本文以顺德“乌泥塘会议”旧址的保护设计为例，在现场勘查实测的基础上，分析顺德“乌泥塘会议”旧址的历史价值和艺术价值，对其进行主题性设计，维修后成为集教育、学习和文化旅游于一体的岭南民居基地，给广东乡村古建筑的保护规划设计以作启示，弘扬广东乡村传统建筑文化艺术。

关键词：“乌泥塘会议”旧址；建筑艺术；保护设计

一、“乌泥塘会议”旧址的历史意义

“乌泥塘会议”旧址是新中国成立前中共珠江三角洲地委驻地，具有民国时期岭南民居的建筑风格。它位于广东顺德容里社区利丰北路云端大街1横街2巷4号，是用传统砖木方法建成的青砖宅院。现宅院共存有5座建筑，依次是门楼、两间杂物房、主建筑和一间厕所。主屋坐北朝南，分为上、下两层，建筑保持着较完好的结构框架，宅院内绿树成荫。1949年4月下旬至5月初，中国共产党广东省珠江三角洲的地下党人在这里召开了解放战争胜利前夕的一次重要历史意义的会议——“乌泥塘会议”。会议由地委书记黄佳主持，辖属的南海、三水、番禺、花县、禺北、五桂山、中山的三区和九区、斗门党组织负责同志参加了这次会议。会议上黄佳总结了1948年10月以来的工作，传达学习了中共中央《目前形势和党在1949年的任务》的文件，传达了华南分局高级干部工作会议的精神要点，这次会议为珠江三角洲地区各级地下党组织指明了会议之后的工作方针和任务，为迎接、加速本地区的解放指明了方向。

“乌泥塘会议”旧址作为新中国革命的重要遗址，它们所承载的历史鲜为人知、所蕴含的会议精神更是很少人知道。容桂街道办组织部积极地推动对“乌泥塘会议”旧址的保护维修，通过对“乌泥塘会议”旧址现存的1～5号楼进行维护及修复，庭院内外进行修缮复原，收集旧址文物，对其进行主题性保护设计，室内进行装饰与家居摆设，将摆设革命时期的旧报纸或宣传画，或抗战、革命战争的版画，重现当时中共革命地下党人开会的历史场景，展示“乌泥塘会议”旧址的历史面貌，将“乌泥塘会议”旧址保护维修与利用成以红色文化教育、瞻仰革命遗址为主，以展示岭南传统民居艺术为辅，集教育学习和文化旅游的岭南传统的民居文化基地。维修后供中国共产党党员学习和青少年爱国主义教育的基地，让后人重温革命历史，认识岭南传统民居与建筑文化，具有保护历史文物和旅游观光的价值。

二、“乌泥塘会议”旧址的现状

“乌泥塘会议”旧址为私人住宅，主要出入口为水泥、浆砌片石路和青砖路面，宽窄不一。院内绿树成荫，建筑格局保存基本完好，但人去楼空，无人居住，缺乏管理，

① 李绪洪：博士(博士后)、教授、研究生导师，广东工业大学艺术设计学院副院长

且年久失修，现存主楼为民国时期岭南的两层传统民居，结构和建筑装饰现已严重损毁，原有的家具陈设大部分已经不存在，或因搬迁，或因无人看管而被人盗窃。“人因宅而立，宅因人而得存”。旧址现有的两条入口道路较为狭窄、曲折，路面崎岖不平，行车、行人较为不便，尤其是旧址门前道路仅能通过步行到达。目前长期闲置的状态对“乌泥塘会议”旧址保存不利，现政府部门已对房屋进行加固、粉刷，但建筑的形式美感不足，尚缺专业性的保护维修，以恢复原来的原真性，如大门右侧用青砖叠砌的通风窗已损毁一半，尚可以看出其原来的结构与面貌，急需将其加固、保护、恢复它原来的形式美感等。

“乌泥塘会议”旧址现在周边的建筑活动频繁，建筑物密集，且多为5～6层的现代简易建筑，与“乌泥塘会议”旧址的民国时期岭南传统建筑风格极不协调，严重地影响了利丰古村的整体美观。所以，本次保护维修设计主要是要理顺造成现状的不利环境因素，如恢复主建筑原来的建筑形式，庭院内杂树丛生要将其理顺，恢复原来的历史风貌，恢复古建筑群原来的原真性，恢复民国时期岭南民居的建筑面貌，恢复利丰古村的文化景观和历史风貌，弘扬岭南传统民居的文化内涵，提高“乌泥塘会议”旧址的历史价值（图1、图2）。

图1　乌泥塘会议旧址现存环境

图2　乌泥塘会议旧址周围绿树成荫

三、“乌泥塘会议”旧址的保护方法

“乌泥塘会议”旧址是新中国革命时期的历史旧址，在保护设计中以红色革命教育为目的，以革命史文化来贯穿设计的前后。保护维修项目如下：①旧址现存的5座建筑为核心保护区，为革命历史教育区，要恢复原来的历史建筑面貌，严格控制在现存的区域建设新建筑，保护院内的园林景观。②旧址现存的5座建筑按原来的形式复原，加固现存的建筑原状，恢复部分的风格、立面、颜色、材质要与原来的形式一致，室内按功能要求，在保证其结构安全的前提下，体量和颜色按原状复原。③保护区内新加建的建筑在形式上要与原来的建筑类似，不宜影响原建筑的立面，新加建建筑的颜色以黑、白、灰为主调，青砖墙面，灰色瓦和滴水。如新建的碑廊，屋顶的灰色瓦和滴水，可用比较鲜活的色调，基本与现存5座历史建筑的色调相协调。④庭院景观规划设计要美观简朴，园林路径用岭南的传统纹样铺设青砖路或石板路。⑤“乌泥塘会议”旧址外围墙起向四周延伸50米范围为景观协调区，区内民居建筑高度控制为2至3层的坡形屋顶传统建筑形式，即两层建筑的檐口高度不超过6米，或建筑高度不超过7米，3层建筑的檐口高度不超过9米，严格控制区内3层以上的建筑，协调区内新建的建筑形式要与原来一致，或与“乌泥塘会议”旧址的建筑形式类似，新建超过3层的建筑要做改造，修正形式与“乌泥塘会议”旧址的建筑类似，宜改成斜坡屋顶，控制在3层以下，装饰以灰、白色为主，简洁、大方，恢复古村的历史建筑风貌。

在景观路线设计上，规划为第一，“乌泥塘会议”旧址的5栋建筑；第二，现存利丰社区的主要古街巷分布格局，包括现存的主要出入口等处；第三，“乌泥塘会议”旧址庭院的景观空间，包括新规划的园林、碑廊区域等；第四，以“乌泥塘会议”旧址的主体建筑为中心，中轴线设计为无遮挡物的视线通廊控制；第五，严格控制协调区的建设，合理调整旧址周边的建筑密度，修正与旧址历史风貌不协调的新建建筑，拆除一些无法修正的新建筑。

设计方案是根据历史文献对“乌泥塘会议”旧址进行复原、维修，对庭院进行理顺，种植岭南的果树，对庭院的路径铺砖及排水系统进行修缮、加固，有选择性地收集类似原有形式的家具、农具，恢复原来农家庭院的陈设，恢复当时会议的历史环境和建筑风貌，对庭院景观绿化设计按照公共场所一级防范设计的要求，完善疏散通道、标识、指引设施等防范预案（图3）。

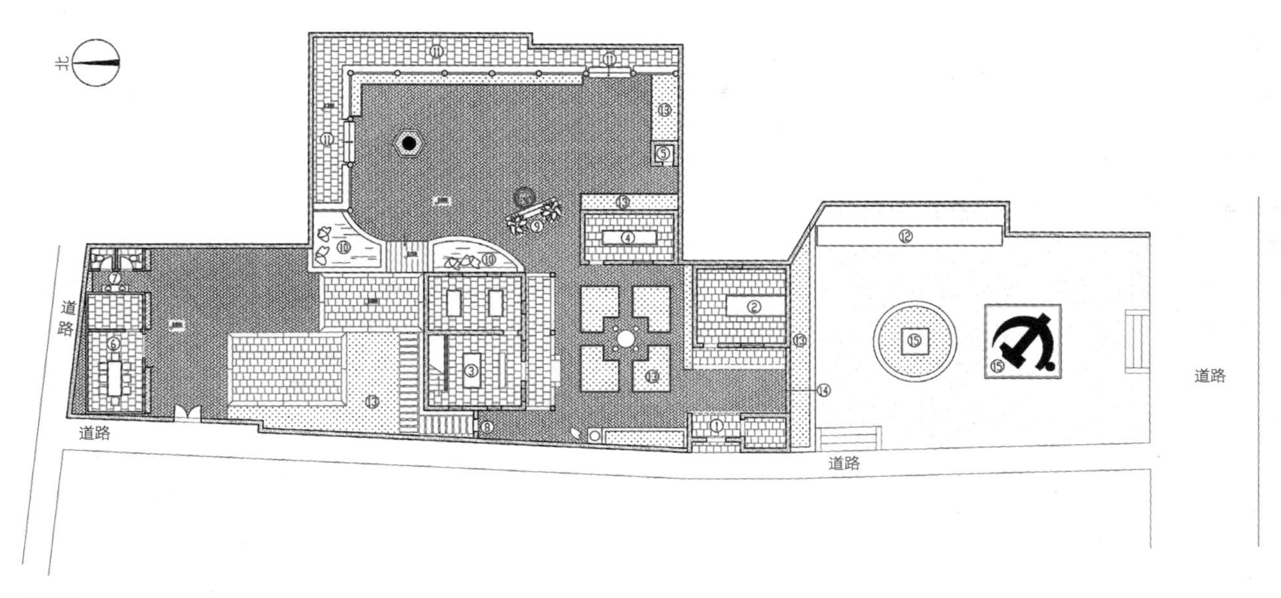

图3　总平面图

1．现存5座建筑的保护设计

“乌泥塘会议”旧址现存的5座建筑列为绝对文物建筑保护，应按原来的平面、结构、材质、工艺、颜色进行加固维修及复原，将原有的材料尽可能保存，损坏较大，不安全的建筑构件可考虑用补强的方法处理，如确实无法用不全的方法处理的，可替换新的构件，但要与原材料相同，按原形式、原质地、原工艺制作，新加的建筑构件表面颜色可做仿旧处理，使其与原构件的颜色相似。现存5座建筑的石雕、木雕、灰塑、瓦作等建筑构件要全部保存，有些残缺较大的按原来的工艺方法补回，外面颜色要做旧处理，使其与原有的建筑构件颜色类近，在风格上协调统一（图4、图5）。

图4　乌泥塘会议旧址漏窗做法

“乌泥塘会议”旧址建于清末民初，在新中国成立后曾先后多次加固维修，建筑构件有着各个年代加固维修存留下来的，但主体建筑保存着60％以上是民国时期的建筑构件，所以，本次加固维修按民国时期的原状进行加固维修与修复。按照“修旧如旧”的古建筑保护原则，在尽量利用现有建筑构件的前提下，加固维修复原现存的5座历史建筑，使建筑的原生性得到有效地保留。①现存1、2号建筑的屋顶需全部加固维修，以保证屋顶不漏水。②现存3号建筑的屋顶需重新做复原设计，屋脊需做装饰处理，如屋顶需加桁条装饰，新加上的桁条需将表皮磨光，显出原木质，表面颜色可考虑做旧处理，再油文物漆（或生桐油）油3～5遍，以防生白蚁。桁条上面贴板瓦，样式、尺寸可参考1、2号建筑构件。③现存5座历史建筑的原有彩

图5　乌泥塘会议旧址外围墙现状

绘要全部保留，在彩绘上面油一层文物漆。④旧址现有墙体表面剥落的地方，先用清水进行全面清洗，待干净之后用贝灰三合土浆补平，新补上的颜色要与旧墙批灰层相同或接近。⑤现存5座历史建筑的筒瓦、板瓦、滴水、瓦当全部回收利用，如缺失较大确实不能用回的，可考虑新做，所缺部分按现有的样式、尺寸、质色重新补回，表面颜色要做旧处理。⑥现存5座历史建筑所有的封檐板，全部回收利用，如缺失较大确实不能用回的，可考虑新做，按设计图样补回，用云南或江西红杉做构件，表面颜色做旧处理，以保证建筑的原生性模样。⑦现存5座历史建筑的室内地面按原状复原，铺红色优质防磨、防潮大阶砖，铺设磨边对缝，形式按图纸设计。⑧现存5座建筑的所有的压檐石需按原状的石路铺回，缺失部分用原材料、原工艺做回，按设计图样铺回。⑨本次维修加固保持“乌泥塘会议”旧址原来的标高，保持原有的地面铺设，原有的排水系统进行彻底疏通，特别是地下暗沟，要做疏通和做加固处理，使明沟与暗沟畅通贯通。

现存5座历史建筑的详细维修做法如下：

1号历史建筑是门厅，地坪按原状，墙体用1：2比例的贝灰土重新批荡，表面颜色要做旧处理，保留现存原有的木结构。木构件做全面清洗，待干净、干燥之后，在其上面油一层文物漆（或用生桐油）3~5遍。1、2号历史建筑之间原有的天井必须复原，下沉到原来的标高，外围墙漏窗进行复原归正，矫正现有错位砖牙，补全缺失部分。内外围墙进行清洗，干净之后用1：2比例的贝灰土浆进行补缺，新补部分要做旧，使新旧整体统一（图6）。

2、4号两座历史建筑为农舍，所有桁条需全面清洗，等待干净、干燥之后，在表面油3~5遍文物漆（或用生桐油），地面按原状铺设防磨、防潮红色大阶砖，铺设图案按图纸设计。加固、补全原有的双推木质门，门饰参考现存门厅的大门式样。2、4号历史建筑为宅主放农具的地方，维修后恢复岭南民居农家庭院的生产、生活场景。5号历史建筑（农家厕所）保留加固，但禁止使用，只作历史场景参观。2、4、5号历史建筑的内外墙面清洗干净之后，确实部分用1：2比例的纸筋贝灰浆批荡补回，新补部分要做旧，使新旧整体统一。

3号历史建筑是宅主的主卧室和客厅，也是“乌泥塘会议”旧址的主要建筑，也是现状改动较多的建筑，所有门需窗式按民国时期的岭南民居本质门窗设计、制作复原；一层地面、二层楼面铺防磨、防潮红色大阶砖，铺设按设计图案；栏杆保留原状，清洗干净、干燥之后油一层清漆；板檐彩绘、灰塑保留原状，清洗干净、干燥之后，油一层文物漆；二层屋顶贴板瓦，下边接桁条；内外墙面清洗干净之后，缺实部分用1：2比例的纸筋贝灰浆批荡补回，新补部分要做旧处理，使新旧表面整体统一；室内恢复当时“乌泥塘会议”开会的场景，如设置一张大方桌或者是大圆桌，周边配10多张椅子，墙壁挂革命时期的旧报纸或宣传画，或抗战、大革命时期的版画；一层恢复主卧室、客厅、客房，摆设民国时期木质床铺等家具（图7）。

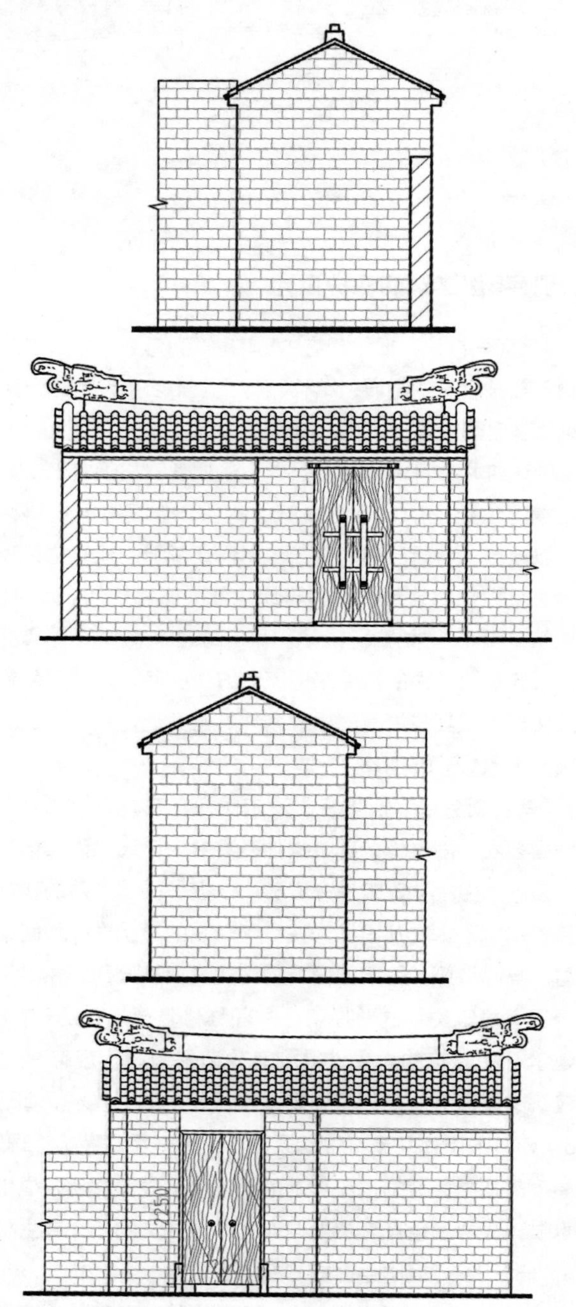

图6　1号楼修复图

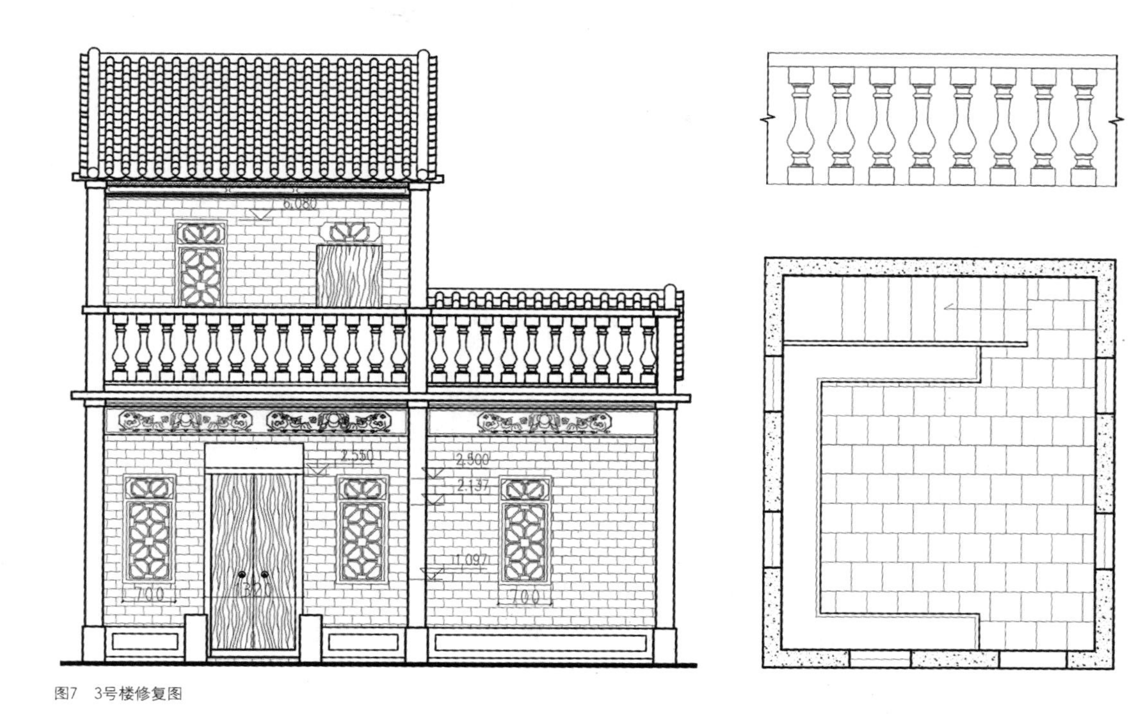

图7　3号楼修复图

2. 景观环境的保护规划设计

利用“乌泥塘会议”旧址完整保护利丰古村落，景观设计以“乌泥塘会议”旧址现存庭院为景观主轴，以门厅、农舍、会议旧址为主要景观节点，形成由古村落、古建筑群区域组成的历史文化景观区域（图8～图10）。古建筑群区重点为现存5座历史文物建筑，采用物质与非物质文化遗产相结合的展示方式，在绝对保护历史文物建筑“形”的基础上，展示历史文物建筑的非遗“体”。在现有建筑的基础上，展示“乌泥塘会议”旧址历史文化景观，展示民国时期岭南民居的建筑特色，展示岭南农耕文化及园林特色，设计满足集学习、休闲、参与、欣赏等于一体的教育基地。如：3号建筑为会议旧址，除展示当时历史场景之外，庭院保存原有的古树及芭蕉林，古村铺砌通过图案的变化指示展示历史文化，指引旧址的方向、游憩空间的范围等。

在顺德利丰古村落古建筑群连续性地增加历史艺术雕塑，或是一个指引性的绿化花坛的一些景观节点，这些景观节点是“乌泥塘会议”旧址的前奏和铺垫，起到彰显历史文化场景的作用，同时，引入旧址的场域，指导交通，让人们在观赏古村落古建筑艺术的同时感到有空间转换，但又是有连续性整体的作用。这些历史雕塑或花坛在景观设计上是一个起始点，同时也是一个景观的控制点，在景观布置中起到指引场域的位置，起引导和停顿的作用，能够起均衡景观和统领全局的作用，烘托“乌泥塘会议”旧址的历史作用。在连续性地增加利丰古村落景观节点的同时，提高“乌泥塘会议”旧址整个景观的质量，增加景观历史文化的深度和广度，显示保护设计理念。

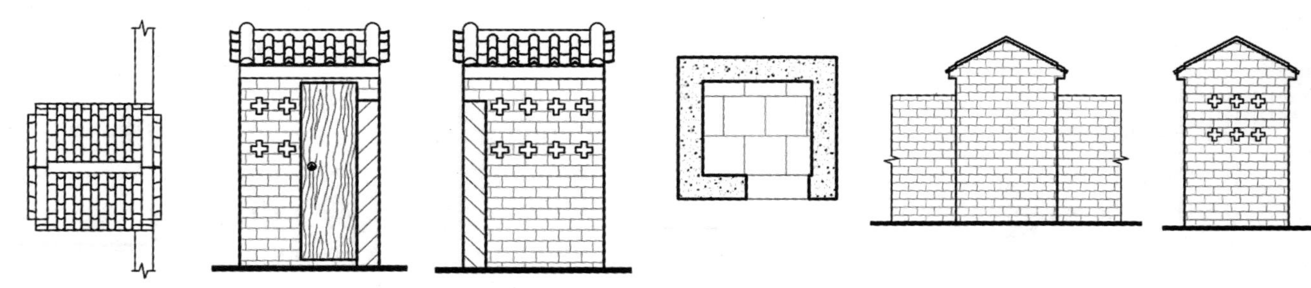

图8　5号楼平立剖图

图9　3号楼西立面水景

图10　“乌泥塘会议”旧址修复鸟瞰图

对广东乡村保护设计理念，在景观设计上采用点、线、面相结合的形式来营造。如“乌泥塘会议”旧址的历史文化景观，首先立足旧址的古建筑群及庭院，与利丰古村的历史街区有机复合，将两者的交通、景观、历史文化的功能并置、交错和相互作用，形成一个整体而又多样性的空间组合，最大限度地将有限的休闲、旅游资源集合，形成一个网络式历史文化区的有机整体，发挥历史文化景观的作用。立足“乌泥塘会议”旧址，与利丰古村的历史街区复合，不是抹杀他们各自的个性，而是通过共享共性而突出个性，扩充、扩大个性的特性，同时也是最大限度上的共存，让个性与共性的混合中体现个性的增值。

在景观道路设计中，如“乌泥塘会议”旧址的设计采用：①规划一级游览步道，宽度为1.2～2.4米，防火路线为3.6米，用青石板铺设或用片石路面浆砌，主要用于游人行走，不走机动车辆，便于各个景点节点之间的联系。②“乌泥塘会议”旧址主入口处至停车场位置的道路规划使用仿古青砖路或石砖路，与各个景观节点的风格协调统一。③利丰古村的街巷按原来铺装的材料和工艺进行修补，方便村民与游人行走，同时体现古村特色。④恢复利丰古村原有的排水设施，治理、补充连接成新的支、干管网线，由高到低，排入污水池，或经微生物化污处理后流入溪流，或将污水用到古村的花木灌浇或养殖，同时因地制宜，分别设置沙井和化粪池，使排水设施排、防、畅。⑤利丰古村通过保护设计成处处有绿树，片片有荫棚，有的成行成丛，有的高低有序，使人步移景异，春天有花，夏天有荫，秋天有景，冬天有绿的景观设计。建筑为了通风采光，周围少种高、荫的树木，西面要考虑能遮阳，南面要考虑能引风。树木以当地土生、土长的水果植物为主，但不要引蚊虫的，以减少人力、物力的费用，同时给游客有水果之乡的亲切感。⑥在利丰古村街巷两侧规划在1000～1500米的距离内建设适当数量的公共厕所，按一类或二类标准设计，每座建筑面积约为30平方米，按每50～80米设置一个垃圾箱设计，其建筑风格与“乌泥塘会议”旧址的建筑风格相类似，完善垃圾收集、处理，这样能够使古村落的自然环境得到保护和复苏。

人类除了生活上的物质享受之外，更重要的是精神上的享受，他是人们行为活动的核心。物质是人文环境的外在体现，行为是精神环境的具体体现。制度是生存环境的具体保障，精神是人文环境和自然环境的核心。如“乌泥塘会议”旧址保护，设计上突出历史革命教育和岭南民居建筑文化，将“乌泥塘会议”旧址与利丰古村落的历史街区共同构成整体，形成相互互动的关系，在空间复合与利用上包括优化自然环境，优化交通，调整古村周围凌乱的建筑布局，共享自然环境资源等，互相映衬。所以，对于广东乡村古村落保护规划设计采用理顺密集环境，柔化自然环境，加强历史文化氛围等方法来获得景观空间。如“乌泥塘会议”旧址由于历史发展的原因，与利丰古村历史街区存在着一定的局限性，要顺着原有空间环境条件，适当地干预理顺，遵循紧凑舒适合理的原则，提高现有空间的使用质量，让其在可持续性的发展上创造条件。

四、结语

广东乡村古村落经历了时空的演变，很多主要的古建筑逐渐与街区形成了多样性和复杂性的特征。如“乌泥塘会议”旧址雨古利丰村功能比较混杂，全部更新不可能完全推翻周围的建筑，而是适当保留原来的空间格局，柔化空间自然环境，突出“乌泥塘会议”旧址原来的历史文化特色。只有在强化控制和不断优化的情况下，新的组织形式才与原来的一致或接近，才能完善人文自然景观的结构，完善历史文化景观的状态。

我们在广东乡村古村落古建筑保护设计中尽量做到对历史文化的尊重，尊重自然人文景观，引导和加强古村落古建筑的历史文化整体性和个性，引导古村落人们自觉保护古建筑的历史价值、艺术价值和纪念价值，提高古村落的文化品位，增强古建筑的历史作用。如：顺德“乌泥塘会议”旧址的设计中我们尽量做到对革命历史文化的尊重，尊重利丰古村的自然人文景观，突出其在利丰古村落标志性建筑的地位，引导古村落人们自觉保护“乌泥塘会议”旧址的历史价值，艺术价值和纪念价值，提高旧址的文化品位，增强“乌泥塘会议”旧址的历史作用，宜人的文化体验，使人们在自然环境中感知丰富、细腻的形态，享受历史文化财富的精神内涵。把“乌泥塘会议”旧址与利丰古村景观设计成人们瞻仰历史的文化空间和场域，一种历史文化的体验，在设计中尽量营造历史文化体验的氛围，使人们通过体验“乌泥塘会议”历史文化旧址及周围环境的生活，领悟历史积淀的信息，体验革命时期的某种品格，这是其他旅游场所无法感受到的。

广东省教育厅特色创新科研项目“岭南历史文化遗产保护与修复建设工程研究”（15ES0070）

参考文献

[1] 李绪洪. 新说潮汕建筑石雕艺术[M]. 广州：广东人民出版社, 2012.
[2] 李绪洪. 广东历史桥梁的保护与景观有机更变研究[M]. 北京：中国轻工业出版社, 2010.
[3] 陆地. 建筑的生与死—历史建筑再利用研究[M]. 南京：东南大学出版社, 2004.
[4] 张鸿雁. 城市形象与城市文化资本论[M]. 南京：东南大学出版社, 2002.
[5] 常青. 建筑遗产的生存策略[M]. 上海：同济大学出版社, 2003.

陇南康县传统民居建筑研究

孟祥武[①] 骆 婧[②]

摘要： 康县位于甘肃、四川、陕西三省交界地带，属于陇南市辖区。全境处西秦岭南侧陇南山中，境内气候温和，雨量充沛。特殊的地形地貌及气候环境使得康县地区的传统民居在应对自然环境时具有一种因地制宜的特色，由于现存传统民居多位于较为偏僻的乡村，受到主流文化的影响要弱于受到自然环境因素的影响，因此可以将康县传统民居视为更加接近该地区原始住民生产生活的风土居住原形。文章选择康县传统民居作为研究对象，对其建筑选址、院落形态以及建筑营造技艺等方面进行分析与总结。目的是厘清陇南山区传统民居在传统农耕经济背景下是如何应对自然环境并做出适宜性的应答。

关键词： 康县；传统民居；应答；风土

2014年7月，兰州理工大学受甘肃省住房和城乡建设厅的委托对甘肃省进行传统村落的普查与调研。课题组负责的地区是位于甘肃省东南部的陇南市。陇南市是甘肃省辖地级市，地处秦巴山区，东接陕西，南通四川，扼陕甘川三省要冲，素称“秦陇锁钥，巴蜀咽喉”。总面积2.79万平方公里，辖武都1区和宕昌、文县、康县、成县、徽县、礼县、西和、两当8县。陇南地区地形地貌特殊，与大家熟识的“大漠风光”正好相反，有“陇上江南”的美誉。本次调研遍布了1区8县41个村落。在这些地区当中，康县地区又最能够代表陇南在陇原之上的特色，具有典型性。在调研的过程之中发现大多数的传统民居位于较为偏僻的乡村，由于交通不便，城镇化水平较低而得以保留；建筑风貌特色上受到主流文化影响，位于主流文化区的边缘地带。因此，从某种意义上来看，这些传统民居其风土特色更加浓郁，也更能反映当地居民生产与生活的乡土社会现状。

一、康县的自然环境概况

康县隶属甘肃省东南部的陇南市，取“安宁、康福”之意，以北周时之康州而得名。位于北纬32° 53′至33° 39′，东经105° 18′至105° 58′之间，东西宽63.898公里，南北长85.069公里。康县处于甘肃、四川、陕西三省的交界地带：东临陕西省略阳县，南接陕西省宁强县，西与武都区毗连，北隔西汉水与成县相望。这里是甘肃茶马古道干线与支线的重要区域。

康县全境地处西秦岭南侧陇南山中，地质构造为昆仑秦岭地槽褶皱地带，地势西高东低，中部高，南北低，海拔560～2483米（图1）。康县境内森林覆盖率高达56％以上。康县属亚热带向暖温带过渡地区，境内气候温和，

图1 康县地形地貌图

① 孟祥武：西安建筑科技大学建筑学院博士生，兰州理工大学设计艺术学院副教授
② 骆婧：兰州理工大学设计艺术学院硕士研究生

雨量充沛。年平均气温12.1度，无霜期207天，日照时数1433.7小时，年降水量742毫米。

二、康县传统民居建筑特征

1. 建筑选址

康县的传统乡村聚落多位于山林之间的沟谷地带，在所调研的传统民居中有较为明显的选址意匠，如铜钱乡的赵氏庄园与岸门口镇朱家沟社的朱彦杰民居。由于赵氏庄园现在的保存状况与最初的盛况已经相差较远，因此，以朱彦杰民居的选址意匠作为康县地区的典型来呈现一些共性特征。首先从聚落选址的角度来看，朱家沟社整体位于山谷之中，三面环山，面对燕子河（图2）。而朱家沟是山谷中的一条溪流，兼做排洪沟的用途，常年有清澈的山泉流淌，在村头隐于水渠之下，蜿蜒流入燕子河。朱家沟社的传统民居皆沿沟而居（图3），形成鱼骨式的巷道，朱家沟成了村落布局最主要的脉络。其次从传统民居建筑的选址来看，大多数宅院的出入口位置并不正对朱家沟，而是在轴线上进行近乎90° 的转折对向远处的高山，并且随着场地的不断抬升形成层次分明的建筑组群。这一特征在朱彦杰民居院落之中最为突显，其位于较高的区位。出入口的高台阶设置使得在门楼之处就能很好地发现这一特征。朱家沟社由朱姓族群聚居于此而得名，这里的乡土社会与人文在这方面起到了很重要的作用，彼此效仿、传承，逐渐形成了独具特色的乡土聚落。

2. 院落形态

康县传统民居建筑的平面多为三合院与四合院形式，不同点在于院落的比例尺度以及围合关系。以存在较多的康县传统民居建筑类型为例，其与传统四合院存在明显不同，以一进院落为主，建筑形态是一种“转角楼”式的合院模式（图4）。其中多处四合院的形态是“Π”字形与“一”字形围合而成的，倒座房与厢房组成“Π”字形的连续空间与“一”字形平面的正房共同围合组成。这种传统民居形式介乎于云南地区“一颗印”形式与传统标准四合院之间。较为突出的特征是位于整个院落最高点的正房处多有高台基，与院落之间的高差多在1米左右（图5）。整体的四合院平面形态形成一种演变的线性模式，这应当是与康县所处三省交界的区位有关，受到不同的文化形态影响。因此，康县境内的传统民居在建筑形态方面呈现出

图2　康县岸门口镇街道村朱家沟社全貌

图3　朱家沟社传统民居沿沟布局图

图4　康县白杨乡黎家大院转角楼形式

图5　康县朱家沟社朱彦杰民居高台基正房

演变的痕迹，尤其在康县北茶马古道沿线形成一种多元交融的演进脉络。

3．建筑结构与营造技艺

康县的传统民居建筑碍于自然地理区位闭塞以及经济发展缓慢的限制，大多以本地材料为主进行营建。建筑结构主要是穿斗式木构架为主的土木混合结构，多有二层建筑空间，建筑空间较为高敞。台明与台阶部分多以当地的石材作为主要材料，墙裙以及台基多使用片岩立摆斜砌技术进行营建（图6）。建筑墙体则使用当地娴熟的版筑夯土墙体为主，也有使用土坯进行营建的。当地土中含有碎石，形成类似混凝土材料之中的骨料。夯筑墙体进行分层夯实，层间以石块进行拉结，安全稳定效果较好（图7）。建筑大木构架部分，柱、梁多为标准构件，其他枋、椽等构件大多不必考究，形成较为粗犷的用材特征。在传统民居建筑结构之中尤以转角楼部位构造较为复杂。由于康县地区多雨水，湿气较大，因此建筑梁架多不施彩绘，木质表面施大漆用以防虫，随着岁月的流转，多数木构架表面有被油污熏黑碳化的现象，也可达到良好的防虫效果，但是同时也使得建筑本身给人一种破旧不堪的印象（图8）。屋顶部分大多使用的是明瓦明椽的建筑构造，主要是对于当地气候较为湿热的考虑（图9）。

图6　康县铜钱乡赵氏庄园正房立摆斜砌台基

图7　康县朱家沟社传统民居版筑墙体

图8　康县朱家沟社传统民居穿斗梁架

图9　康县朱家沟社朱彦杰民居明瓦明椽屋顶构造

三、康县传统民居建筑形成机制

1．基于自然环境限制的应对

康县特殊的山地地貌给传统民居的营建带来了不少的限制，但同时又给多元的民居建造提供了可能。康县传统民居聚落多位于山谷之中逐水而居，呈现出立体的布局方式（坡地布局与台地布局）（图10）。利用高差变化进行排水系统的组织以及功能空间的布置，如白杨乡的黎家大院与铜钱乡的赵氏庄园都是利用不同的高差变化安置厨房以及对外的出入口空间，灵活巧妙地解决了坡地建筑营建的难题，很好地利用了地势高差。

由于康县雨水量较大，湿度较高，因此传统民居在营造之中采用一些具体的措施加以应对。如采用高台基、石砌台基、墙裙以隔湿，利用高台基注意引导院落之中的风向。房间内部空间皆较高，利用高空间对农作物进行阴干存放之用。

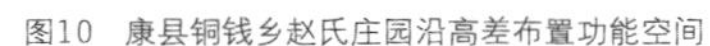

图10　康县铜钱乡赵氏庄园沿高差布置功能空间

图11　康县正房室内使用的“符”

2. 基于传统文化特色不足的风土表现

康县现在所存传统民居建筑多位于偏远的山村地带，除了一些大型四合院如豆坪乡的谈家大院、铜钱乡赵氏庄园等在石雕上与木雕上有非常高的艺术价值，大多是朴实无华的风土民居建筑，而且饱含一种粗犷的韵味。从历史发展的角度不难看出，城市之中出仕之人的数量要远远大于这些偏远山村。这也是虽然村落有几百年的历史，其传统民居建筑的空间文化特征表现出粗犷、并不亲切的根本原因所在。表现在传统民居上如庭院空间的尺度比例过大、建筑用材不考究，等等。

康县现存传统民居所在乡村大多是经济与文化较为落后的偏远地区。虽然大多也是从血缘到地缘的聚落模式发展，但是却缺少凝聚族群力量的建筑空间——祠堂。祠堂建筑应该是一个族群社会地位以及经济地位的重要象征，但是康县的大多数传统聚落里并没有祠堂建筑，这可以说明在康县的乡土社会当中并没有形成强有力的宗族势力，而多是以小农分散个体而存在。这一特征体现在各户正房之中堂上所供的神位以及“符”等乡土文化象征符号的普遍运用（图11），形成了本土的、自发的祈福建筑文化。这也是主流传统文化影响有限的重要表现。

四、结语

康县传统民居是在其自身地域文化土壤之中，使用地方建筑材料结合当地人民的智慧而形成的风土建筑。对于当地材料不必过多修饰的应用原则，可以说是长久以来康县人民对其本地原始建筑营造的一种传承，由于地处偏僻的乡村聚落，受到主流建筑文化影响有限，从而更加能够找到针对当地人生产与生活而形成住居形态与文化的原点，因此，可以将康县现存的传统民居视为在传统农耕经济下，适应当地自然气候、环境以及经济文化发展的居住原型。因此，对其传统营建智慧进行深入挖掘可以对文化边缘区民居建筑体系之特征有进一步的完善。

国家自然科学基金资助项目（51568038）；教育部人文社科基金资助项目（14YJCZH108）；甘肃省住房与城乡建设资助项目（JK2012—39）

匏庐宅园修复札记

成爱祥[①]

摘要：随着城市化进程的加快，对文物古建筑保护的重要性越发凸显。我们经常会从电视、报纸中看到，不少古建筑修缮留下了诸多遗憾，如某某文保单位一夜被拆，某某文保建筑在修缮过程中不按原样修复，画蛇添足。笔者全程参与了省级文保单位匏庐宅园修复工程的修缮工作，深刻认识到修缮技术的运用在文保项目中的重要性，特加以总结，供同行参考。

关键词：匏庐；古民居；修缮技术

匏庐，1962年被定为市级文保单位，现为省级文物保护单位（2006年公布），为民国初年镇扬汽车公司董事长卢殿虎所建，扬州造园名家余继之设计。

项目位于甘泉路211号，占地约2000平方米，建筑面积约900平方米。园林设计精巧，南园北宅，园分东西两处（图1）。

随着扬州市古城保护步伐的加快，2010年市名城公司开始启动实施匏庐修缮工程，主要对园内居民实施了搬迁，同时对匏庐的门楼、厅堂、住宅、半亭、书斋、阁等建筑进行保护性修缮。2011年初修缮完成，2012年7月通过了省文物局验收，总投资约1400万元（图2、图3）。

一、园主人事略

园主人卢殿虎（1876～1936）曾任北洋政府安徽、甘肃两省教育厅长、淮扬道尹等职，退职后寓居扬州，江北长途汽车公司筹办人，被誉为民国“开路先锋”（图4）。

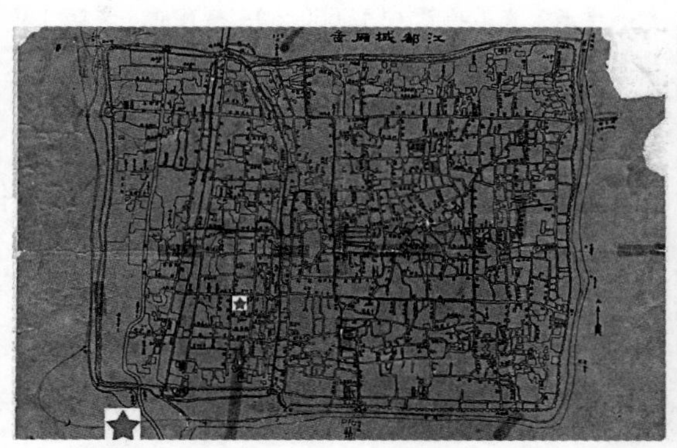

图1　匏庐区位

图2　匏庐鸟瞰图

① 成爱祥，工程师，一级建造师，注册造价师，扬州市名城建设有限公司

图3 整修后的仪门

图4 卢殿虎

1905年卢殿虎在南京加入同盟会，后回乡秘密从事反清活动。1911年辛亥革命爆发，全国各省纷纷响应。军阀徐宝山在扬州成立了军政府，自任军政长。消息传到宝应后，县城处于政治真空状态，乱成一锅粥。这时，卢殿虎和好友沈则沆挺身而出，表明自己是同盟会员，为大家指明前途，并自告奋勇前往扬州，联系宝应光复事宜。同年11月14日，正式宣布宝应光复。

辛亥革命后，卢殿虎历任安徽省教育厅厅长、甘肃省教育厅厅长和淮扬道尹等职。在他的为官生涯中，任期最长的是管理相当于今扬州、泰州、盐城、淮安四市所辖各县行政事务的淮扬道尹，治所在扬州。

刚过不惑之年，卢殿虎受命任淮扬道尹，开始寓居扬州。为实现“为官一任，富民一方”的宏愿，他在处理繁复政务的同时，着手大力兴办实业。经过几番亲临实地考察调查，他的结论是：苏北地区经济和文化落后于江南，主要原因是交通不发达，环境闭塞所致。大胆提出沿瓜洲至清江（今淮安市）一线，修筑扬（州）清公路的动议。他在向上呈文中写道：“查江北全境，运河贯通其中，自瓜洲以达清江，绵亘三百余里，为交通之要道。近数年虽也行驶火轮，期便行旅，顾或以堤防危险而停驶，或以运道浅阻而废止，以至一岁之中货轮畅行不及半年。以江北幅员之广，取道运河客运之多，而交通阻滞现象若此，岂地利之不彰，无非人事之未尽欤！清季有瓜清铁道之议，不久中寝，地方惜之。殿虎广集众思，深维瓜清铁道未开办之前，其足以济目前交通之困难，莫如长途汽车公司。”他殷切关注民生，力主修筑扬清公路的拳拳之心跃然纸上。

1936年，扬清公路全线通车，并与镇江公路码头接通。就在这一年，卢殿虎也因病走完生命旅程，享年60岁。他临终时说：“余一生精力，致力于教育所半，致力于社会事业所半。晚年摆脱政治，专从事社会事业，而以发展地方交通为唯一之职责。但现在所能贡献于社会的，仅一镇扬汽车公司而已。甚盼我朝夕相处之同道，有以扶持而光大之。”这位一生都走在人们前面的人，的确无愧于“开路先锋”的称号。

二、宅院特点

1．设计布局精巧。匏庐利用甘泉路南侧现有狭长地块，巧妙布局，小中见大，在扬州诸多园林中独树一帜。据《扬州园林品赏录》记载：“是园平面横长，西首略带开阔，可分为东西两部。东部以回廊相连属，南向植细梧两三，瘦长如修竹。在其东南，筑半亭倚墙，雕栏临水，池瘦如带。由亭转向北行，池尽轩出。随径南折，缘水西去，即达园之西部。园西豁然开朗，中坐花厅一座，劈园为两半。北半以黄石垒坛，植木栽花，有绿叶扶疏，花红艳丽之概；南半以湖石掇山，假以老树青藤，有一派葱郁之气。于山之右，构一阁临池。园极西，似已穷尽，顿现一门，有砖路北去。门内又有黄石，逶迤而东，似别有洞天，两折却返原地，一新游人耳目。”匏庐面积虽小，但委婉紧凑，为利用不规则余地设计之佳例（图5）。

2．建筑用料经济。经过查勘发现，匏庐用料极为经济，木构架较一般古建筑用料都小。扬州古建筑木结构柱径与柱高的常见比例一般在1：10～1：16之间，经实际测量，匏庐花厅柱高约3.7米，柱径约15厘米，而连廊柱

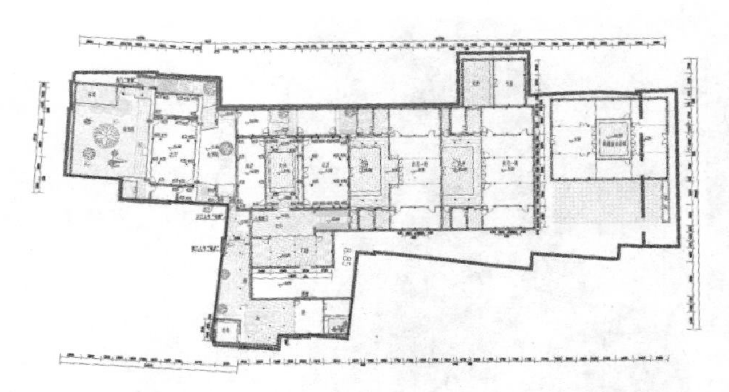
图5　匏庐平面布置图

高约3.15米，柱径仅为11厘米。估计园主人在砌房造屋时如此节俭，定是在发展交通上投入了更多资金，着实让人敬佩（图6～图8）。

3．装修风格西化。园主人“敢为人先，善于接受新兴事物”的品质，在匏庐的装修风格中，也有较多体现。匏庐的建筑年代为民国初年，仿古木门窗较为简单，花厅为了采光需要，木门窗花式很单一，呈现简单的几何美。匏庐采用了欧式挂落和彩色玻璃，又侧面烘托了主人乐于接受新生事物。

图6　建筑用料经济a

图7　建筑用料经济b

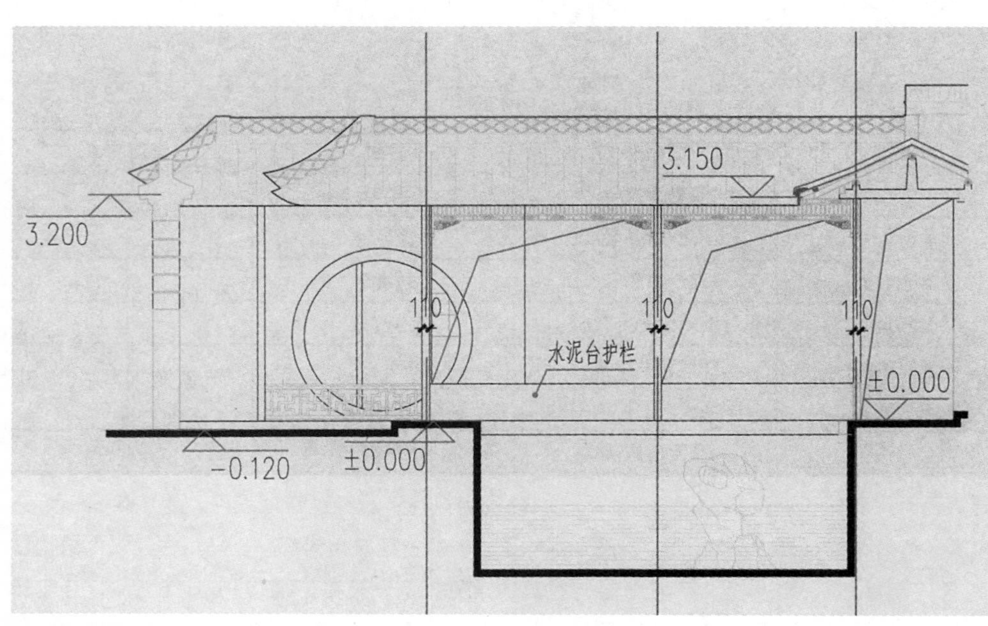

图8　连廊柱高柱径示意图

图9 格栅形式和彩色玻璃

图10 欧式挂落

三、保护修缮

1. 修缮原则

遵循“不改变文物原状的原则”，全面地保存延续文物建筑的真实历史信息和价值。按照建筑原有的形制进行修缮，保护原来的平面布局、原来的造型和原来的艺术风格；按原来的建筑结构进行修缮，保持其结构法式和特征；按原来的建筑材料进行修缮，不随意用现代材料代替原来的材料，力求保持构件原来的质地；按原来的工艺技术进行修缮，保持原来的传统工艺手法。

2. 修缮步骤

（1）拆除工程

根据查勘结果，匏庐屋面渗漏较为严重，因此采用了揭瓦大修的手法。

1）拆除不属于原建筑的披屋和构筑物。

2）拆除建筑物内部增加和改变的墙体和装修。

3）按照修缮程序依次拆卸房屋的瓦望、椽、檩和木装修。瓦望拆卸传至地面时分类码放整齐备用。檩条拆卸时按其所处的位置进行编号，并在图纸上做好记录，以便后续安装时能对号入座。同时检查、剔除糟糠、腐朽、受虫蚁侵害和挠度过大失去承载力的构件，并进行汇总，为修缮加工备料做好准备。

（2）木构架牮正和整修

牮正主要使已发生变形、位移的大木构架（排山）回到原来的位置上，含平面位置和垂直位置。屋面卸载后，将室内打扫干净，在墙面上弹出1米线，用拉索，斜柱、千斤顶、楔子等工具将屋架整体拉回正确的位置，同时搭设木构架的牮正脚手架，每根柱周围设四根钢立管，用横杆连接立杆，围成一个矩形，将立柱围在其中，在柱的边侧设置横杆夹住柱身，使柱在其轴线上保持垂直，使柱顶恢复至应有标高。墩接：检查木柱根部是否糟朽，如糟朽严重，应将糟朽部分截去，用质地较好的杉木进行墩接，墩接的木柱应采用榫结合，并用铁箍加固。墩接木柱的同时，应更换受蚁害和腐朽而失去承载力的梁、枋、桁。

在发平、牮正木构架的同时，应检查木构架的各个节点，使其榫卯完全复位，损坏的构件应按原长度、截面形状、结合方式和工艺特点精心修缮。

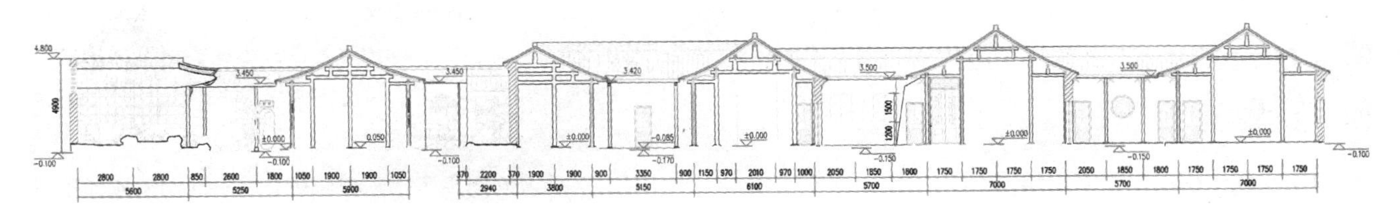
图11 匏庐剖面图

（3）墙体挖补

匏庐的墙体整体保存较好，除倾斜、改变原状以外的墙体，应尽可能地保留。对于歪闪比较厉害的墙体，实施局部挖补：即拆除歪闪范围内的墙体，将拆除下来的砖进行分拣，对于不足部分，补充与原墙体一致的砖进行恢复，严禁使用砂浆砌筑，仍应采用原墙体砌筑的灰浆（保持原材料、原工艺）。

（4）瓦屋面整修

1）铺设望砖

铺设前应将破损、缺角和裂缝长度超过1/5望砖宽的望砖剔除。望砖从檐口处向屋脊方向铺设，当望砖铺到金桁位置时，安装好勒望条、挡望条后，再向上铺至顶部。铺设好的望砖应紧贴椽面。清水望砖铺设前应淋白石水牙线。

2）筑脊、盖瓦

按原屋脊形制恢复屋脊。筑脊时应根据屋面总面阔计算出盖瓦的行数和行距，瓦行的净距宜在5.5～7.5厘米之间，盖瓦行数确定后，量出明间的中心点，沿屋脊放好居中盖瓦，沿居中盖瓦向两侧逐行安放盖瓦并保持行距均匀，结束后砌筑脊胎，并将底、盖瓦嵌入脊胎内。

屋面采用旧小青瓦铺设。铺瓦时，底瓦必须端正，底瓦两侧用碎瓦片和灰泥窝实。底瓦的搭接长度不小于瓦长的2/3，盖瓦排列应紧密，外露长度以1～2指宽为宜。瓦行的间距应一致，保持在5.5～6.5厘米之间。盖瓦必须端正，侧面顺直，底盖瓦的顶面应圆滑流畅。

（5）地面恢复

按照原房屋遗留的痕迹和信息，对现存方砖地面进行整修，对被改动的铺装，拆除后，重新铺设方砖。对现存的阶沿进行翻铺或整平，使其完整。失落的阶沿，采用收集来的旧阶沿进行铺设。现较完整的石板地面进行整平、修理，损坏和失落的部分按原样配置恢复。石板大部分失落的天井地面，整体采用青石加工铺设。

（6）木装修制作

古式长窗、短窗、支摘窗及屏门等，统一进行整修，使其开启灵活，对失落的部分，按现存式样、风格恢复（图12、图13）。

四、创新做法

梆梁接柱。匏庐的整体用料较小，修缮过程中，发现花厅抬梁式屋架出现了较大的挠曲变形。为妥善解决，部分施工人员提出更换梁、柱用料，彻底解决结构问题。经与主管部门沟通，主管部门不建议更换原来能继续使用的构件，这样也违反了原材料的要求。经全体技术人员集体研究，拟采用在原梁下口增加工字钢“托梁枋”，同时在柱侧增设槽钢，即便在原梁、柱失去承载能力时，也能确保结构安全。工字钢、槽钢外侧采用木饰面（图14）。

图12　东花园一角

图13　花厅南立面

五、结语

经过修缮，省级文保单位匏庐重新焕发新的青春，并于2012年在省文物局组织的第三届江苏省文物保护优秀工程评比活动中获得了特别贡献奖。应该说，匏庐的修缮是成功的，修缮过程中使用到的“牮正”、“挖补”、“墩接”、“梆梁接柱”这些工艺在文物保护工程中还是有较强的实用价值，有待进一步深入探讨。

图14　梆梁接柱

参考文献

[1] 李斗，陈文和点校．扬州画舫录[M]．扬州：广陵书社，2010.

[2] 王振世，蒋孝达点校．扬州览胜录[M]．南京：江苏古籍出版社，2002.

[3] 陈从周．扬州园林[M]．上海：同济大学出版社，2007：152-153.

[4] 朱江．扬州园林品赏录[M]．上海：上海文艺出版社，1990：274.

[5] 梁宝富．扬州民居营建技术[M]．北京：中国建筑工业出版社，2015：23-52.

[6] 梁宝富．借古开今　匠心独运　中国园林古建筑理论与实践文集[M]．北京：中国建材工业出版社，2014.

当代大理传统民居空间生产演变研究

杨荣彬[①] 车震宇[②] 李筱琪[③]

摘要：白族民居作为大理地区具有代表性的居住形式，是当地传统村落构成的单元主体。随着当前社会发展，村落已经逐渐由传统的农耕经济向第三产业发展转变，而传统的白族民居也发生了变化。通过亨利·列斐伏尔的空间生产理论，与实地调研大理地区剑川沙溪寺登村欧阳大院、云龙诺邓村大青树客栈，以空间实践、空间表征和表征空间三个层面为依据，利用比较的方法，分析传统白族民居在当代的空间生产演变，为大理地区白族民居的发展研究做出一些新的尝试。

关键词：大理；传统民居；空间生产；演变

一、前言

传统白族民居因其独特的地域性，而成为大理地区具有代表性的建筑，传统白族民居建筑主要以单体建筑和院落空间布局为主[1]。亨利·列斐伏尔建构了一个展现空间生产过程的三元一体理论框架：①“空间实践（spatialpractice）”：城市的社会生产与再生产以及日常生活；②“空间的表征（representationsofspace）”：概念化的空间，科学家、规划者、社会工程师等的知识和意识形态所支配的空间；③“表征的空间（spaces of representation）”：“居民”和“使用者”的空间，它处于被支配和消极地体验的地位[2]。大理地区传统民居在农耕经济和文化的背景下产生、发展，而当代在文化与经济活动演变等因素的影响下，民居空间也在发生着不同的变化。

本文将空间生产理论引入到传统民居研究中，通过三位一体研究框架（即三元辩证法）“空间实践-空间表征-表征空间”系统研究，丰富国内传统民居研究视角和领域，并促进云南本土化的空间生产理论。

二、概况

剑川沙溪寺登村位于大理地区剑川县西南部，是茶马古道上的一个古集市，具有悠久的历史，村落有完整的戏台、旅馆、寺庙和寨门等，欧阳大院就是当地保存较完整的传统民居之一。云龙诺邓村位于大理地区云龙县城西北的山谷中，因当地的盐业资源而得以发展，村落格局保存完整，传统白族民居结合台地构建而极具代表性[3]，大青树客栈就是当地典型的传统民居。笔者曾于2006年、2008年、2015年实地调研沙溪寺登村，2006年、2012年、2015年实地调研云龙诺邓村；整个调查以半结构访谈和直接观察的方法，结合地形图和遥感图片现场调研，从物质空间层面收集资料，并分析不同时期空间实践的变化。

欧阳大院位于剑川沙溪兴教寺西北侧，由多进院落组合而成，主要包括入口院落、中心院落、侧院和后院。入口院落为狭长的前导空间，中心院落和侧院为当地传统的“三坊一照壁”院落格局，后院为主要的牲畜、储藏院落，并单独设有独立的出入口。大青树客栈位于云龙诺邓

① 杨荣彬：硕士，讲师，大理大学工程学院。
② 车震宇：博士、教授，昆明理工大学建筑与城市规划学院。
③ 李筱琪：硕士，助教，大理大学工程学院。

图1 欧阳大院主入口（笔者自摄）

图2 大青树客栈主入口（笔者自摄）

提名坊中心广场东侧，大青树之下，为典型的山地式合院建筑，由于当地的地形高差，建筑具有较好的层次和景观空间。

三、研究方法

“空间实践”作为空间生产理论框架的第一个层面，包括生产与再生产，对应于每种社会形态的特色场所和空间特性。空间实践主要体现在物质空间形式及其变化上，主要包括建成区扩展和内部空间重构。空间形态演变的“空间表征”研究主要偏重对“强”空间生产的研究，对象以政府、企业和相关规划为主，他们的行为对传统民居的空间形态演变产生了巨大而直接的影响，也是对物质空间形态演变的深层次阐述和解释。政府和企业（旅游开发商），作为村落空间生产的直接参与者，对传统民居空间形态的演变起着不可忽视的强大力量。交往空间对应于表征空间，是“居住者”和“使用者”的空间，是被统治的，因而也是体验的空间。相对于资本和政府规划的作用侧重的“强”空间生产，而对弱势群体主导下的“弱”空间生产[4]。“空间表征”主要对政府、开发商在传统民居发展中的角色、行为的分析，研究其对传统民居空间生产造成的影响、角色的转变和“强”空间生产主导者的行为反思。“表征空间”主要分析“居住者”和“使用者”的空间，在传统民居空间生产中的角色、行为及对空间生产造成的影响，从传统民居中居民的空间生产行为和感知、居住主体置换、商业空间扩张、社会活动空间几方面开展研究。

1. 空间实践分析

欧阳大院保留了原有的建筑空间格局，入口为狭长的前导空间（图1）；而中心院落为白族民居传统的“三坊一照壁”格局，主坊坐西向东，一层设堂屋、卧室，二层设祖堂和储藏，基本延续原有传统民居的功能空间；南坊为两层建筑，基本以居住为主；北坊一层为一过厅，向北延伸围合成“三坊一照壁”的院落，据主人介绍这是以前的戏台，供主人们在家里观演的场所。后院空间为储藏和饲养牲畜的院落，设有单独的出入口。欧阳大院内现主要居住两户人家，建筑空间以居住为主，向游客介绍及展示为辅。为满足居住需求，建筑内增加了给水管道、电力电信设施，居民厨房内增加了电饭煲、洗衣机等设备；为满足向游客展示的空间，在院落内增加了一些植物等景观设施；主人向游客介绍房屋历史和文化等，通过对建筑原有空间格局、建筑材料、建筑装饰等的亲身体验，是吸引游客愿意买门票进入参观的主要驱动力之一。不再是单一的居住空间，而是居住空间与消费空间并存。

大青树客栈保留了原有的院落空间格局，利用地势形成的北高南低，是典型的山地院落空间（图2）。北坊为主坊，一层为堂屋、卧室，二层为祖堂和储藏；东坊和西坊原为居住空间，利用地势高差，与北坊之间形成错层；南坊地势最低，设置厨房等辅助用房。由于客栈紧邻“提名坊”，是村落的中心广场，具有较好的区位优势，建筑功能从传统的民居居住空间向旅游服务空间演变。北坊一楼的堂屋形成了公共的交往空间，东坊一楼设置旅馆的服务前台，二楼均为客房；南坊改建了公共的洗手池、洗澡间、卫生间等，在西南角的入口处设置了小卖部、室外餐饮、休闲空间；建筑内院落也设置了餐饮、休闲空间；院落内建筑外墙上有相关旅游信息的展示栏，为旅游者提供相关信息。为吸引旅游者在入口和院落内增加了植物等景观空间。传统民居的居住空间已经向消费空间演变，并成为集居住、餐饮、销售、休闲为一体的多元空间。

2. 空间表征分析

当地政府和企业在不同时期发展的背景下，以发展乡村旅游进一步带动第三产业发展，成为了当地的主要经济发展方式（表1）。

在村落发展的大环境下，传统民居也发生了变化。欧阳大院内以居民居住为主，辅以旅游参观，主要满足居民的生活空间，辅以向游客展示的空间；而诺邓的大青树客栈则以经营为主，以服务旅游者的居住、餐饮、旅游为一体，成为了更为典型的消费服务型空间。

剑川沙溪村、云龙诺邓村落不同时期空间表征及其特点 表1

年代	剑川沙溪	云龙诺邓	特点
2006年	中瑞双方4年合作的“沙溪复兴工程”圆满竣工；《沙溪镇历史文化名镇保护与发展规划》经省政府批准实施	《诺邓镇省级历史文化名村保护规划》通过省政府审批；成立诺邓景区导游服务部，并对导游、服务人员进行云龙历史文化知识、旅游知识、旅游服务技能方面的培训	从政府层面出发，对传统村落建筑保护修复；制定保护与发展规划；为乡村旅游发展打下基础
2008年	完善基础设施建设、游路、古建修复、旅游公厕、沙溪文化中心等设施，开设“农家乐”接待点	编制《云龙县诺邓村乡村旅游发展规划》；国内外游客增多	完善基础设施、增加旅游服务设施、游客增多
2012年	完成沙溪镇总体规划和寺登街规划编制工作；中央电视台中文国际频道栏目组到剑川县拍摄《云南古镇、古村、古寨》专题片	云龙县古村争创4A级景区，中央电视台以美食为主题的《舌尖上的中国》记录了云龙诺邓火腿；组建云龙县旅游投资有限公司；完善主要交通沿线公共标识标牌；完成诺邓盐文化博物馆建设工程；实施诺邓历史名村保护基础设施建设项目	加大宣传、规划编制、组建旅游投资公司、完善基础设施、旅游服务设施
2013年	《沙溪镇特色小城镇总体规划（2011—2030）》经县政府批准实施；完成沙溪兴教寺二殿厢房修缮工程；启动博物馆展览提升工程项目，建设开设大理沙溪老马店等特色民居客栈；聘请义务外语翻译为外国游客提供翻译服务；举办乡村旅游从业人员服务技能培训班，提高乡村旅游服务质量	完成诺邓文化博物馆主体工程建设任务；诺邓古村入选“云南30佳最具魅力村寨”，荣获中国最美村镇“传承奖”；云龙山地白族刺绣已列入省级保护名录；完成诺邓白族乡土建筑群《八项古建筑群修缮工程立项报告》	宣传当地文化；进一步发展规划；完善乡村旅游服务设施；开设特色客栈；挖掘非物质文化遗产；提升乡村旅游服务的软、硬件设施

注：表1为笔者编辑整理自《大理州年鉴》

3. 表征空间分析

欧阳大院的居住者为大院主人的后代，出于对祖先遗产的传承，建筑空间以居民居住生活为主，但从旅游的角度出发，增加了相关的展示空间，作为主人也是院落民居文化传递的介绍者，通过收取参观费用，作为民居修缮的收入；院落的使用者既为民居的主人，还有愿意付费参观的旅游者，居住空间与消费空间并存。而诺邓大青树客栈的主人作为外来的经营者，主要以旅游经营为主，利用原有的民居资源，增加相关旅游基础设施，提供旅游信息的服务，营造良好的休闲旅游环境，为获取较好的经济效益发展提供更加多元的方式。

欧阳大院的居住者为本土居民，受传统的思想与居住理念的影响，使建筑空间延续了传统的居住模式，建筑空间内除增加基本的基础设施之外，为吸引旅游者体验传统民居的文化，空间格局并未发生太大的变化。而大青树客栈以满足旅游消费为主，已由传统的居住空间向当代消费旅游空间演变。

四、结论

综上所述，从空间生产理论中的“空间实践-空间表征-表征空间”三个层面的深入分析，通过对欧阳大院与大青树客栈两个实例的分析比较，可以得出以下结论：

1. 依托特有的传统民居资源，构建满足使用需求的空间

传统的民居因当地的农耕、资源等条件而产生和发展，并形成了当地特有的资源。随着当代乡村旅游的发展，为促进当地经济发展，原有的传统民居空间成为了旅游的特色资源之一。欧阳大院所处的寺登村、大青客栈所处的诺邓村都是大理地区当代极具代表性的旅游村落，受到旅游者的青睐。在适应旅游发展的背景下，传统民居的空间除满足基本的居住需求之外，已经开始向构建使用多元需求的方向转变。

2. 完善相关设施，为新的空间生产提供基本的物质条件

作为政府层面对村落发展的总体规划，以及完善居民居住条件的相关设施，如给排水管道、电力线路、电信线路等设施的完善，为民居内部的空间改造提供了基本的物质保障，同时也为不同的空间生产创造了必要的物质条件。作为民居的主人，可以结合自己个人的需求，在大的空间环境背景下，营造符合自己需求的内部空间与环境。

3. 传统居住空间向消费空间的演变

传统的民居空间主要满足家庭内部的交往、居住、祭祀、晾晒农作物、饲养牲畜等空间。欧阳大院的多进院落空间以居住、生活为主，虽然在当代乡村旅游的影响下，居住模式并未发生太大的变化，但是院落内给排水管道、电力线路、电信线路等设施的完善，已经为传统居住空间向消费空间转变提供了必要的物质基础；在院落中具有明显演变特征的空间，如厨房内增加了电饭煲、冰箱等设备，小院落内增加了洗衣机等；而饲养牲畜的院落也已经以储藏为主。大青树客栈虽然只有一个单一的院落，但由于其良好的区位条件和独特的景观资源，为其从传统居住空间向消费空间转变提供了独特的优势：入口空间结合景观和小卖部形成了商业销售和休闲空间；建筑内的堂屋延续了公共交往空间的特点，并扩大了交往空间的范围，逐渐延伸至院落空间，与餐饮、休闲结合在一起，各个空间之间互相渗透，形成了多元的功能空间；增加的公共洗手池提供自来水和热水，还有公共的浴室、卫生间等设施，都为消费空间的演变提供了必要的条件；改扩建的厨房不仅提供当地的特色菜，还制作当地的豆饼等特色小吃；原有建筑内的卧室改为客栈前台；而院落内建筑的外墙上张贴了相关旅游的信息，为旅游者的出行提供了很大的便利，整个传统民居已经从居住空间向消费空间演变。

国家自然科学基金项目（51368023），国家社科基金重大项目（15ZDB118）

参考文献

[1] 杨荣彬，车震宇，李汝恒. 基于乡村旅游发展的白族民居空间演变研究——以大理市喜洲、双廊为例[J]. 华中建筑，2016（3）：162-165.
[2] 叶超，柴彦威，张小林. “空间的生产”理论、研究进展及其对中国城市研究的启示[J]. 经济地理，2011（3）：409-413.
[3] 杨荣彬，李汝恒，谭粤. 大理地区古村落保护、更新与发展模式探析[J]. 大理学院学报，2013（5）：1-5.
[4] 刘姝萍. 基于空间生产视角的旅游小城镇空间形态研究——以丽江束河为例[D]. 昆明：昆明理工大学城市与规划学院，2014：1-5.

乡土建筑口述史研究纲要

刘军瑞①

摘要： 关注乡土建筑研究史学史，尝试建立乡土建筑口述史的研究框架，对现有相关的文献做评述，对未来可能的工作提出展望。首先阐释口述史、口述史料、乡土建筑等核心概念。然后将乡土建筑口述史文献归为十类：堪舆师口述史；工匠口述史；营造技艺口述史；工具口述史；匠语口述史；建筑构件口述史；学者口述史；研究机构口述史；居民口述史；学者如何做口述史等。每类从三方面展开：意义、内容、典型案例。本研究目前存在的问题：理论基础薄弱、规范性不强。最后从人本性、平台性、实证性对乡土建筑口述史研究的意义进行总结。

关键词： 乡土建筑、口述史、工匠、类型、问题、意义

中国营造学社朱启钤社长在《中国营造学社缘起》文中指出学社的使命是：①属于沟通儒匠，浚发智巧者。②属于资料之征集者。本文尝试解答乡土建筑研究中以下问题：儒匠由谁沟通？如何沟通？沟通的内容是什么？沟通的成果是什么？沟通是否有遗漏？口述史方法是研究乡土建筑儒匠沟通、收集资料的重要方法之一（表1）。

建筑史研究的三重证法分析和口述史[1]　　表1

材料	建筑	学科	方法
文献	实物（现存的和历史上曾经存在的）	考古学	沟通古代儒匠
图像		美术史学	艺术史分期和测绘学
活化石		民俗学、人类学	工匠口述史、参与观察

（资料来源：前三列根据参考文献[1]整理，最后一列笔者自加）

近十年来，口述史方法在乡土建筑研究中广泛的应用。口述史方法能契合建筑史研究从官式建筑研究走向乡土建筑，研究视野从中心走向边缘、从精英向平民拓展、从文献到文献、田野并重的研究趋势（表2）。在对现有乡土建筑口述史文献分类的基础上，建立起一个研究框架，从意义、内容、典型案例进行分析，并对未来可能的工作提出展望。

中国建筑史研究转向和口述史特点[2]　　表2

陈薇教授观点	表现	口述史方法特点
①从中心移向边缘，即研究对象从帝王将相的建筑活动向民众历史和乡野建筑研究转移，从汉民族的建筑研究向少数民族、周边地区的建筑研究拓展	官式——乡土；中原——边疆；精英的——大众的	个人的、大量第一手资料的、量大面广的、多角度的
②从中观转向林木互见，从方法上引进不同层次和角度的视角，把建筑历史置于更为宽广的跨学科研究的背景下	文化人类学、历史地理学、民俗学、语言学	堪舆师、工匠、学者、居民、工具、匠语、研究机构、构件等类型的
③从旁观走进心态和人，把建筑史与心态史、社会史的研究结合起来	建筑物——工匠；重视习俗、仪式、工具、材料等	从民众生活出发去看整体建筑史；重视各个阶层的表达需求

① 刘军瑞：同济大学建筑与城市规划学院中国建筑史方向博士研究生；河南理工大学建筑与艺术设计学院讲师。

一、概念

中国社会科学院左玉河研究员认为：口述历史是研究者基于对受访者的访谈口述史料，并结合文献资料，经过一定稽核的史实记录对其生平或某一相关事件进行研究。凡根据个人亲闻亲历而口传或笔记的材料，均可称为口述史料；它可呈现为口传史料、回忆录、调查记、访谈录等形式。[3]

同济大学李浈教授认为：乡土建筑指相对于“官式建筑”而略异的建筑遗产，它们保存至今，多分布在广大乡村，是农耕文化背景下的产物。[4]

建筑史研究的趋势是建筑学、历史学和人类学的深度整合。利用建筑学方法测绘，人类学方法搜集族谱、文献、碑铭，进行访谈或现场参与观察，对其精确断代，总结各时期建筑特点，分析特点形成和演变的原因，并在区域乃至更大的范围探寻规律。“口述史”是研究者挖掘和发现乡土建筑中习俗、仪式、礼制文化深层内涵的重要方法。

二、类型

1．堪舆师口述史

匠儒之“儒”，主要指文人阶层，其思想的核心是儒家的礼制观念。文人士绅阶层往往是遗存下来的乡土建筑兴造时的业主。堪舆师很多本就是饱读经书的儒者，是乡土建筑的规划师。

意义：①规划层面上对乡土建筑约束。②辩方定位、建筑外形、良辰吉日的选择、符合堪舆准则的尺法。

内容：生活背景，师承谱系、作业流程、工具、人生经验等。

典型案例：（1）赣南师范学院民俗学雷天来硕士学位论文中访谈了堪舆师50人，对堪舆师群体基本特征、从业经历及其社会身份进行了描写和讨论。乡土建筑研究中对堪舆师的个体仍为足够重视。

2．工匠口述史

一代人有一代人之学术，主要表现在学术理念、写作原则和写作方法以及整体构想等方面。①朱启钤、刘敦桢等所著《哲匠录》编入清代以前营造类及叠山类人物逾三百。收录了哲匠的传记，语录、掌故等。②刘致平是用口述史方法研究乡土建筑第一人，访问了掌墨师，记录了建筑工法、匠师用语及所用工具，各构件的专用术语、民间建屋掌故习俗等。③赖德霖等人编著的《近代哲匠录——中国近代重要建筑师、建筑事务所名录》，介绍中国近代建筑史上一些比较重要的建筑家。内容包括姓名、生卒、籍贯、教育背景、经历、作品、著作等。我们除了继续完善前辈开创的事业以外，还可以将工匠自身作为研究的主体：“从匠者本身（即设计者和施工者一体化）去审视乡土营造的整体。了解其营造的思想——匠意；认识其营造的作法——匠技；了解其个体技艺特色——手风；明晰其帮派特点——匠派，进而全面地了解其营造行为和乡土建筑形制的成因。”[4]

自2005年以来，我国有26项的传统营造技艺分四批列入国家级非物质文化遗产。中国民间文艺家协会主席冯骥才认为：“非物质文化遗产是无形的、动态的、活动的，是不确定的，它保存在传承人的记忆和行为中，想要把‘非遗’以确定的形式保存下来，‘口述史’是最好的方式。”目前非物质文化传承人的口述史成果，无一例是关于建筑传统营造技艺的。

匠师口述史

营造技艺靠工匠师徒口耳相传延续下来，一来出于保密，二来可能由于文化水平不高。多数工匠不具备将建筑工艺转换为文字和图形的能力。口述史方法为工匠营造技艺转化为可以恒久流传的文字提供了可能。口述史研究者即使掌握了营造技艺，也不和工匠抢生计，可免除工匠顾虑。

工匠类型：即木工（大木作和小木作）、夯墙工、石工、泥水工、油漆工、雕工等。

意义：（1）有形和无形文化遗产并重。（2）研究匠意、匠技、匠场、手风等。

内容：家庭、家乡背景、社会关系、社会经历、师承谱系、学艺、项目、匠语、工具及其使用等（表3）。

传承人口述史提纲 表3

①背景	出生地的环境、文化、宗教、民族等
②成长经历	家族史、学艺经历、从艺经历
③技艺内容与文化	作品介绍；技艺特征及其描述；传承技艺使用的工具、道具、乐器、服装等的说明
④技艺传承及过程	拜师、授徒、出师、祭祖师的过程；传承人师传谱系图；相关的传说、故事、歌谣、口诀、谚语；班会、行会、组织等
⑤技艺传播	技艺表演、展示过程；作品分布；生存状况及传承状况
⑥其他	访谈的时间、地点、工作照

典型案例：（1）台湾研究成果：传统大木匠师许汉珍的庙宇建筑研究、大木匠师施坤玉的图稿摄影集与技艺保存传习计划。（2）同济大学沈黎博士在其学位论文《香山帮匠作系统研究》中对"香山帮传统建筑营造技艺"代表性传承人：薛福鑫、陆耀祖进行了简要的口述史访谈。

3. 营造技艺口述史

意义：通过乡土建筑营造现场的口述史访谈和参与观察，结合文献等其他研究方法，将其还原到历史语境中，去探究其历史上所展现的该种建筑类型的营造技艺。

内容：追踪传统民居的营造过程，观察匠师的营造活动，口述史方法获得匠师口头传承的非物质的营造经验和技巧；记录传统民居的营造技术体系及其施工过程（表4）。

营造技艺口述史研究提纲　表4

①营造观念	选址、定向、风水、设计理念、建筑类型等
②发展背景	传统文化、习俗、建筑材料、施工组织、工匠、气候等
③营造组织	木匠、石匠、泥水师傅、铁匠、彩画、雕刻匠等
④设计依据	风水择址、尺寸吉凶与禁忌、设计规律等。篙尺、鲁班尺等工具的应用
⑤营造图与测量定位	线划工艺传统的草图、侧样图（作为构架的大样状况的示意），篙尺使用
⑥营造过程	定位、定向、选材、进材、构件制作、木构架地面组合、不符者拆卸重新制作、构架单元组立、钉桷仔、置暗厝、封檐板、装饰材固定等
⑦营造仪式	动土、开工、模座加工、立柱、上梁、竣工、乔迁等的仪式、禁忌
⑨材料、工具	木材、石材、瓦材等建筑材料的选择和运输；施工用的器具：如墨（斗）、尺、绘图放样工具，以及斧、锛、凿、锯、刨等的特征及使用
⑩工匠及其知识与传承	匠艺、手风、匠歌匠诀、秘籍、拜师学艺、师承谱系、从艺情况、带徒、家族授业、图说、术语、工具的学习系统。年龄、匠系的迁徙和交流

（本表根据傅朝卿、宾慧中、张玉瑜、杨立峰等著作编制）

典型案例：①慕尼黑工业大学刘妍博士在《建筑学报》发表《"栋梁之材"与人类学视角下的梁山彝族建筑营造》，以几个工匠口述史和现场参与观察来阐释人类学视角下凉山彝族建筑营造。②同济大学宾慧中、杨立峰、清华大学潘曦的博士论文均是用现场观察乡土建筑营造和工匠口述史为主要研究方法。

4. 工具口述史

意义：①营造工具是反映建筑技术的重要因素；②工具的使用具有区域性，对于建筑谱系的划分具有重要意义。

内容：营造尺、篙尺的长度、名称、样式、用法、禁忌等。

典型案例：①营造尺。同济大学李浈教授论文《官尺・营造尺・乡尺——中国古代营造实践中用尺制度再探》通过口述史资料补充了营造尺的文献。制作了涉及全国12个省的营造尺补充调查表，共计有57把尺数据。得出结论：乡土建筑和官式建筑是不同的营造方式和传播路线。在官式建筑体系中，多采用官尺，受相关的"法式"制约；而乡土体系中，采用的多是乡尺，不受所谓的"法式"制约。②篙尺。同济大学张鸿飞的硕士学位论文。将篙尺实物与工匠访谈相结合，对该地区篙尺的加工、使用做了系统研究，并介绍了篙尺中包含的大量匠语、匠习、手风等。

5. 匠语口述史

意义：①研究工匠自身对营造的解释。②语言学角度研究乡土建筑。

内容：不同地区构件名称、营造称谓、匠歌、匠诀。

典型案例：①泉州匠师林文为口述，杨思局、曾经民记录整理的《闽南古建筑做法》从记录工匠的施工做法入手，对闽南古建构造技术作了系统的说明。②同济大学硕士孙博文的学位论文《稗史匠语——江南民居营造与〈鲁班营造正式〉中的若干问题》：乡土建筑不同部件的工匠词语表达；工匠自身对于民居形式与营造过程的解释；工匠与营造有关的赞歌、仪式和神话。

6. 建筑构件口述史

意义：①构件的结构、构造、装饰和断代意义。②构件蕴含的文化心理和社会背景。

内容：探究该构件的结构关系、名称、构件组合以及所起作用及其对建筑断代的作用。

典型案例：①牛腿。上海交通大学王媛副教授对浙江西南部山区乡土建筑中的特有的构件"牛腿"对当地一位八十七岁的老木匠进行了口述史专访。探明了牛腿各部分的称谓及作用并从社会史、经济史、区域史甚至居民生活空间变化等各个维度进行阐释。②扛梁。同济大学张鸿飞的硕士学位论文。用口述史的方法对福建下梅古村乡土建筑的“扛梁”做法的技术特征和社会意义进行了研究。

7. 学者口述史

乡土建筑研究学者是进行儒匠沟通之人，也是乡土建筑历史的书写者。随着中国第一代建筑史家已经陆续仙逝，第二代建筑史家也陆续进入古稀之年。对有代表性的乡土建筑学者进行口述史研究已经很急迫了（表5）。

乡土建筑研究学者及其代表作　　表5

学者姓名	代表著作	出生年代
路秉杰	中国伊斯兰建筑	1935年
季富政	中国羌族建筑	1943年
黄汉民	福建土楼	1943年
陈志华	楠溪江中游乡土建筑	1929年
李长杰	桂北民间建筑	不详
陈耀东	中国藏族建筑	不详
资料来源：作者整理		

意义：①学者口述史是乡土建筑研究史学史的重要资料。②实现优势互补：学者丰富的人生经验，对学术敏锐的洞察力和宏观把控能力和年轻学者的求学上进、精力充沛相结合，可以做出高质量的学术成果。

内容：家庭背景、求学经历、学术人脉、师承谱系、重要著作写作历程及方法、科研项目、学术展望、人生总结等。

典型案例：①《一隅之耕——潘谷西口述史》2016年4月由东南大学出版社出版。这是国内第一部建筑史家口述史专书。写作过程为：编者协助潘谷西拟出采访提纲——分批次、按提纲进行采访、讨论和录音——根据采访录音、录像和文字记录进行文稿整理——查阅有关文献、档案，结合现场走访，实地补拍照片——向事件亲历者征询有关线索、搜集有关图纸、照片和文史资料——再与口述文稿进行反复比对并作出相应调整——进行全面修改和整理。[5]

8. 研究机构口述史

意义：①研究机构口述史是学术史学史的一部分。②有助于理解该机构的学术贡献、学术成果、学术地位。

内容：机构概况、人员、组织架构、工作内容、学术活动、研究重点、主要领导人及其工作方法、成员的工作内容、学术成果等。

典型案例：①东南大学建筑历史与理论研究所编《中国建筑研究室口述史（1953～1965）》。上篇：研究报告。以口述史资料为基础，撰写研究机构成立与解散、组织架构、学术贡献、主要成员等。中篇：研究室部分成员口述史访谈录。下篇：中国建筑研究室相关档案资料。[6]②同济大学崔勇博士论文《中国营造学社研究》附录了采访的曾经和梁思成、刘敦桢工作过的15人的口述史。崔勇博士提炼出来的问题：a 中国营造学社、中国建筑历史与理论研究室、清华大学建筑系三个单位的工作连续性。b 重要社员在营造学社中的地位、作用、作风、贡献的评价等。c 对博士论文提纲与构想的讨论。

9. 居民口述史

乡土建筑研究要凸显出历史建筑的文化价值，对民间文献和“口述史”资料的搜集整理便是基础工作之一。居民口述史可以表达居民建筑的利用话语权：发掘民众的需求、满足公众意愿、在乡土建筑利用和保护中保存原住民的记忆。

意义：①为乡土建筑保护和活化提供依据。②提升乡土建筑的文化价值。

内容：自然环境与周边情况，建筑规模与样式；生活设施；邻里关系；公共场所；节庆与风俗；居民愿望与不满。

典型案例：台北“剥皮寮老街”。以作者徐裕健亲身参与的历史街区保存活化个案，从台湾近年推动都市保存的脉络中，厘清“都市人文意义的地域性整合保存理念”，指出政策与规划目标、政府与市民期待。

10. 学者如何做乡土建筑口述史

意义：①有助于建构乡土建筑口述史的理论、操作规程和成果要求。②避免读者臆测现有口述史研究成果中的方法。③探索乡土建筑口述史新领域。

内容：乡土建筑口述史的理论框架；准备工作；大纲、人物、研究的优点和不足等。

途径：①公共口述史领域学者如：对左玉河、杨祥银、陈默等专家进行乡土建筑口述史专访。研讨建筑乡土建筑口述史理论层面的架构。②乡土建筑口述史研究学者：李浈、陈薇、张玉瑜、宾慧中、杨立峰等。探究学者们的乡土建筑口述史研究经验、研究经历、寻找重点人物等。③翻译引进一批国外经典的建筑口述史理论和案例书籍。

三、问题

1. 理论基础薄弱

目前的乡土建筑口述史研究成果大多数没有口述史方面的参考文献。这说明该研究没有形成权威的理论。乡土建筑口述史研究非依据科学的方法，进行系统性研究，否则不能与国际学者交流。

2. 规范性不足

乡土建筑口述史需要系统掌握历史学、人类学、民俗学、建筑学等学科的理论与方法，才能在田野调查中树立正确的问题意识。目前乡土建筑口述史研究，呈现各自为战，杂乱无章的局面，缺乏一套关于口述史的采访、出版、研究的规范、章程和工作规程。

四、意义

乡土建筑口述史的研究的过程是堪舆师、工匠、居民、学者、官员、业主等各阶层、各领域深度的碰撞、探索、抗争、辩论，最后形成一个共识，这个共识才有可能是真正涵盖整个社会深层的情感和最真实的集体记忆。

1. 人本性

乡土建筑是人造出来的，它反映了人的智慧、人的技巧、人的力量、人的情感。因此建筑史的研究对象从物推广到人，通过对工匠和他们的营造活动的研究来揭示建筑史的研究。口述史的研究方法可以使中国建筑史研究走出“见物不见人”的窘境。

2. 平台性

乡土建筑口述史以个体的人、建筑或机构作为研究对象，建立全面的资料库。包括精细测绘图、录像录音、调查表格、口述史材料等。如能公开使用，网上共享，可以减少重复劳动，提高乡土建筑研究水平。

3. 实证性

口述史料详细记载了被访者信息；访问提纲；音像资料。口述史资料和文献资料综合比较验证，对于有疑问者，应进行回访。在进行技艺研究、设计规律探索时为了避免研究者对匠师营造技艺有误解的情况，应该将匠师访谈内容附上，以示尊重以及谨慎。

国家自然科学基金（51378357）、河南省教育厅人文社科重点项目（2015-ZD-039）资助。

参考文献

[1] 赖德霖. 中国近代思想史与建筑史学史[M]. 北京：中国建筑工业出版社, 2016, 1.
[2] 陈薇. 陈薇建筑史论文选集[M]. 沈阳：辽宁美术出版社. 2015, 3: 342～346.
[3] 左玉河. 中国口述史研究现状与口述历史学科建设[J]. 史学理论研究, 2014.（4）: 62.
[4] 陈志华. 中国乡土建筑初探. [M]北京：清华大学出版社, 2012: 507.
[5] 李浈. 营造意为贵，匠意能者师——泛江南地域乡土建筑营造技艺整体性研究的意义、思路与方法[J]. 建筑学报. 2016（2）: 78、80.
[6] 潘谷西口述，李海清，单踊编；一隅之耕——潘谷西口述史[M]. 北京：中国建筑工业出版社, 2016.
[7] 东南大学建筑历90史与理论研究所编. 中国建筑研究室口述史[1953～1965][M]. 南京：东南大学出版社, 2013, 11.
[8] 李浈. 官尺·营造尺·乡尺——中国古代营造实践中用尺制度再探[J]. 建筑师, 2014.（5）.
[9] 潘曦. 纳西族乡土建筑建造范式[M]. 北京：清华大学出版社, 2015, 12.
[10] 崔勇. 中国营造学社研究[D]. 南京：东南大学出版社, 2004, 6.
[11] 李浈. 营造意为贵，匠艺能者师——泛江南地域乡土建筑营造技艺整体性研的意义、思路与方法[J]. 2016, 2.
[12] 王媛. 对建筑史研究中“口述史”方法应用的探讨——以浙西南民居考察为例[J]. 同济大学学报（社会科学版）, 2009, 10.
[13] 龙应台. 我的现代，谁来解释——以台北宝藏岩为例[J]. 建筑师2012, 4.

浅析昆明近代建筑价值及再利用

姜　力[①]

摘要：近半个多世纪以来，昆明经历了帝国主义的殖民统治，在不同的时期，殖民者根据自己的文化背景建筑了大量具有本国特色的建筑，因此这些建筑蕴含了多国的建筑文化，主要表现在丰富的景观特征、形态特征、空间构成特征以及相对先进的建筑技术等多方面。这些特征已经成为昆明历史文脉和城市景观中不可或缺的部分。而建筑更是一个城市景观中最直接最具体的体现，因此它有着不可估量的价值。

关键词：昆明；近代建筑；价值

在传统地方特色的建筑文化中往往蕴含着一种人类赋予的特定文化价值，而这种审美价值具体的体现在了建筑实物中，这些实物经历了漫长的历史年代，各个时代对它的增补又都留下了时代的痕迹，使其成为历史演变的见证，从对昆明近代建筑的认知过程中我们意识到历史的存在与时间的延续，因而具有一定的历史价值；同时研究这些建筑可以了解城市发展与建筑动态，发现建筑所在地地域内的历史文化、风土民情，为历史时代的文化、思想的研究提供依据，并为现代建筑技术、艺术的创新提供新的思路，为建筑的未来的发展方向提供出发点，为建筑思想提供素材，为形成新的建筑思潮提供力量源泉，因而具有一定的科学价值；同时作为特色建筑，其在旅游、居住等方面还具有一定的经济价值。

近半个多世纪以来，昆明经历了帝国主义的殖民地统治，在不同的时期，殖民者根据自己的文化背景建筑了大量具有本国特色的建筑，因此这些建筑蕴含了多国的建筑文化，主要表现在丰富的景观特征、形态特征、空间构成特征以及相对先进的建筑技术等多方面。这些特征已经成为昆明历史文脉和城市景观中不可或缺的部分。而建筑更是一个城市景观中最直接最具体的体现，因此它有着不可估量的价值。

一、文化价值及再利用

建筑是文化的载体，近代建筑的文化价值是以建筑以及环境为客体，他们往往具有和谐的比例、完美的造型、精巧的工艺。其本身在建筑艺术、绘画、雕塑、家具以及工艺等多方面往往具有极高的艺术专业价值。现代人在使用时可以从中获得审美感，提供给人们审美愉悦。文化的进步必然会带来关于艺术的种种思想观念的改变。新思想、新体系的出现使得人们有机会和有必要对近代建筑文化中的各个方面进行重新审视，并从中学习和借鉴。

昆明地理位置优越，依山靠水，依地势规划的道路格局形成颇具特色的城市肌理，公共绿地、道路绿地以及庭院绿地层层细化，空间尺度宜人，层次丰富，区域内空气质量好，近代建筑多以点状掩映在绿从之中，顺应地势和山势，建筑形式多样化，色彩和谐不单调，与环境统一，明显使人感受到对大自然的依附。由于历史的原因，昆明

① 姜力，工程师、助教，湖南科技大学建筑与艺术设计学院

的近代建筑深受西方建筑的影响，其建筑形式斑斓多姿，建筑风格独树一帜。据不完全统计，昆明近代建筑集有多个国家的风格，包括法国式、英国式、日本式、俄国式、中国传统式以及简洁的现代式等，其中以欧式风格的建筑为最多。尽管这些建筑具有强烈的殖民地色彩，但其耀眼的艺术光华仍散发出悠远的魅力，不仅为这座美丽的西南城市增添了许多异国情调，造就了这座城市的独特风貌，而且为城市的发展奠定了富有生命力的历史文脉基础，成为城市的一笔宝贵财富。经过半个多世纪的时间冲洗，历史文化深深地烙在昆明这片美丽的土地上，产生与别处完全不同的感觉。其独有的特征蕴含在整个片区环境的建设与历史进程中。昆明独特的近代建筑风格成为了城市景观特征的重要构成因素之一。

二、审美价值及再利用

昆明当时的“洋化”建筑风格是西方建筑文化的完全移植，而折中主义建筑风格则是在特定的社会环境下，西方建筑文化和中国传统建筑相融合的变异体。清末民初时期昆明的建筑风格主要以本土建筑形式为主，建筑细部表现为坡顶，传统门窗装饰等。抗日战争时期和国民政府统治时期，昆明建筑风格仍延续了西方建筑文化特征，并且建筑形式更加多样化：传统式局部吸收西洋式做法，殖民式、中西合璧式建筑增多，现代式建筑也有分布。当昆明近代建筑带着其建造年代与特定的文化背景的痕迹，进入历史的过程中，穿过不同文化时期时，它已失去或者说超越了既定的文化环境。客观地讲，它已经脱离了建造它时使用与诠释的土壤，经历了不断适应新环境并找到其生存土壤的过程。

历史性建筑的艺术审美价值是以建筑及外部环境为客体，它们往往具有和谐的比例、完美的造型、精巧的工艺。其本身在建筑艺术、绘画、雕塑及工艺等多方面往往具有极高的艺术及专业价值。现代人在使用观看它时可以从中获得审美快感，或者说它能提供给人以审美愉悦。

由于这类历史建筑的艺术价值体现在具体的实物中，这些实物又经历了漫长的历史年代，各时代对它的增补都在它上面留下了痕迹，使它成为艺术演变的历史见证。另一方面，艺术审美的进步必然带来关于艺术的种种思想观念的改变。新思想、新体系的出现使得人们有机会和有必要对历史建筑艺术中的各个方面进行重新审视，并从中学习和借鉴。

昆明近代建筑有着深厚的文化沉淀，往往代表着古典的、人文的、历史的等较高的艺术标准，已成为人们心目中建筑艺术审美的标准。昆明近代不同时期建筑源于不同的文化，因此它们有着和谐统一的基础，并共同组合成为和谐的建筑立面群，形成了富有独具特色的城市形态。

三、历史价值及再利用

历史建筑遗产价值的实质在于，近代建筑本身所承载的那些反映当时生产力发展、经济制度、文化氛围的真实的信息。对历史建筑遗产价值的理解不同的时代有着不同的阐述，但无论如何变化，对历史价值的研究总是历史建筑遗产保护研究中最基本、最核心的内容。“建筑的历史就是反映人们对人类社会发展过程的理解和认识，通过建筑所承载的信息解读历史发展的过程”。从精神的角度讲可以印证历史典籍，完善丰富历史资料，从而反映昆明近代建筑文明发展轨迹；从物质的角度推断建造年代，追溯历史建筑遗产的来源起因，了解近代历史发展特征以及人类的审美和技术水平。我们现在对昆明近代建筑的历史价值进行分析，可以了解那个时期城市建筑发展历程，探讨当时特定历史条件下的社会价值观。

19世纪末到20世纪中期正是世界历史文化从近代向现代过渡的时期，资本主义世界经济的发展突破了各自的国界，导致欧洲各国的文化频繁交流，建筑作为时代产物也鲜明的反映当时社会变革特征。近代西方国家对我国入侵的同时，也造成西方文化包括建筑文化对我国传统建筑文化的冲击和取代。昆明近代建筑带着特定的历史文化背景的痕迹步入历史的进程轨迹，穿过不同文化时期，代表了那段特定历史背景下城市发展的轨迹和动态。在这段时期中，法国殖民者对昆明建筑的发展发挥了重要作用。法国殖民者对昆明近代建筑的确定为：新城市应该强调法国民族性，新城市的建筑应具有现代风格，基于此种精神，建设的各类建筑有了集中的体现，比如：（1）反映权力和威严的行政性建筑，其中的代表性建筑物当推云南陆军讲武堂和抗战云南省人民政府边防公安局等；（2）用于经济和文化的建筑其主要代表作品有劝业银行、北京路天主教堂、昆华师范学校等；（3）公共及社会性建筑主要建筑作品代表是谊安大厦、一得测候所和甘美医院等；（4）商业娱乐性建筑主要代表作品有南屏电影院、昆明大戏院和天下第一汤等；（5）官邸、公寓等居住生活性质的建筑，其代表建筑是龙云府邸、李鸿谟府邸和曾恕怀别墅；（6）工业建筑，这时期的主要工业建筑集中在造币厂生产车间、石龙坝电厂和海源河水龙公司抽水站。

建筑名称：云南陆军讲武堂		备注：曾将讲武堂旧址改建为昆明市青少年宫
原有名称：云南陆军讲武堂		建筑图片：
建筑地址：五华区翠湖西路1号		
建造年代：1909年	建筑结构：土木	
建筑规模：地上两层		

建筑名称：北京路天主教堂		备注：设计人为比利时人雍守正，于2009年拆除
原有名称：天主教堂		建筑图片：
建筑地址：盘龙区北京路中段		
建造年代：1936年	建筑结构：砖木	
建筑规模：地上两层		

建筑名称：昆明市第一人民医院		备注：昆明市第一人民医院门诊部为一座三层的法式外廊式建筑，砖石结构
原有名称：甘美医院门诊部		建筑图片：
建筑地址：盘龙区巡津街20号		
建造年代：1926年	建筑结构：砖石	
建筑规模：地上三层		

建筑名称：南屏电影院		备注：设计手法与当时欧美的，以包豪斯学派代表的现代主义建筑思潮是一致的
原有名称：南屏大戏院		建筑图片：
建筑地址：盘龙区晓东街南段		
建造年代：1939年	建筑结构：砖石	
建筑规模：地上两层		

建筑名称：温泉宾馆		备注：是一座以温泉浴室为主的多功能服务性的公共建筑
原有名称：安宁天下第一汤		建筑图片：
建筑地址：安宁县温泉宾馆		
建造年代：1943年	建筑结构：砖石	
建筑规模：地上两－三层		

建筑名称：震庄宾馆		备注：原为办公及住宅，现为办公
原有名称：龙云故居“乾楼”		建筑图片：
建筑地址：盘龙区北京路		
建造年代：1942年	建筑结构：砖石	
建筑规模：地上两层		

建筑名称：石房子中西餐厅		备注：现为餐厅。
原有名称：李鸿谟府邸		建筑图片：
建筑地址：盘龙区北京路523号		
建造年代：1937年	建筑结构：砖石木	
建筑规模：地上两层		

<table>
<tr><td colspan="2">建筑名称：
昆明市委组织部</td><td>备注：原来住宅，曾做办公，现在闲置</td></tr>
<tr><td colspan="2">原有名称：
李培天府邸</td><td rowspan="4">建筑图片：
</td></tr>
<tr><td colspan="2">建筑地址：
盘龙区盘龙路25号</td></tr>
<tr><td>建造年代：
1936年</td><td>建筑结构：
砖石木</td></tr>
<tr><td colspan="2">建筑规模：
地上两层、地下一层</td></tr>
</table>

注：所有图片均为作者自摄

四、使用价值及再利用

昆明近代时期的建筑历经近百年的历史变迁，作为物质的存在，从半殖民地的过去步入社会主义社会，建筑的使用状况上发生了很大的变化。

首先是产权易主，原来建筑的产权分类比较复杂，新中国成立后归为国有产业。由于国家政策导向，房屋等不动产的国有化，一些私产官邸产权人或后代留有少数自己使用外，也有向社会出租，甚至转让。

其次，建筑的功能属性也有相应的改变，其中不少成为政府的办公机关或机构驻地、宾馆、招待所、疗养院等。也有少数仍保留作为居民的住宅使用。例如李天培府邸，卢汉别墅产权已经归为国有。目前建筑立面使用维护现状以及存在的问题可以归纳为几类：

按原貌保留完好：原建筑立面结构、材料具有较高的质量，一是对原来的建筑立面保护重视、使用精心；二是有条件拨用专款进行维修。这类建筑的修缮来源有保证，再就是维修水平较高，尊重和维护建筑的原有风貌。如云南陆军讲武堂，百年来基本保留原貌。

改建不同于原貌的修缮：有些由于使用功能的改变，对原来建筑做小的改建，如内部重新整修，但一般不影响外部原有形象。有些是建筑为了扩大使用面积，改建和加建局部建筑，破坏了整体形象，虽然这些状况在区域内为很少数，但也对整体形象有损。如盘龙区南屏街的新昆明电影院，外立面基本用于招牌广告。

外部重新装修：大部分修复后再用的做法都集中于建筑立面的改善。如盘龙区鼎新街的基督教青年会，于2009年重新改建。

新建筑：由于区域规划或其他方面的原因，原建筑拆除，取而代之的是新的建筑。

五、经济价值及再利用

昆明原本是一座旅游大城市，独特的近代时期建筑更加吸引了不少游客，增强了投资旅游业的潜力。具有强烈地域色彩的近代优秀建筑，不仅是所在地区历史文化的表现，也是重要的旅游资源。昆明凭借其丰富多彩的近代建筑风貌，吸引了大量国内外游人观光旅游。对近代优秀建筑旅游资源潜力的开发，不仅能强化城市风格、提升市民生活质量，也赚取了外汇和财政收入，以增进地方经济和国家经济发展。

六、结语

建筑是文化成果的里程碑，它既反映历史的持续过程，又能呈现特定历史断层的时代风貌，传统文化和时代风貌相结合，继承和创新相结合，形似和神似相结合，同时着眼于时代精神而创新。在建筑设计创作中我们的指导思想应该是始终坚持和延续传统建筑的精髓和神韵，中外融合、兼收并蓄、着意创新，优化环境，坚持走可持续发展的道路，使昆明的现代城市建筑真正体现一个多元化、现代化、国际化的大都市新风貌。

通过分析研究昆明近代建筑的价值，可以反映出昆明近代建筑和功能、技术及空间等的有机联系，是特定的时代及建设环境条件下的综合反映，是技术能力与功能要求在空间上的具体表现。昆明近代建筑经过漫长的积累，拥有独特的文化财富，其传统的生命力不仅在于既定的外表形式，而更在于它与时代条件的对应和对昆明城市建设的地域文化的传承。我们研讨昆明近代时期的建筑则是为了更好的理解多样性与统一性，对建筑的发展有更好的启示。为今后的创作吸取历史建设经验，跨越表象建设更多更好的人居环境。

参考文献

[1] 蒋高宸. 中国近代建筑总览——昆明篇. 北京：中国建筑工业出版社，1993：10.
[2] 朱向东，申宇. 历史建筑遗产保护中的历史价值评定初探. 山西建筑，2007：335.
[3] 刘学主. 春城昆明·历史现代未来. 云南美术出版社，2003.
[4] 朱成梁. 老昆明·金马碧鸡. 江苏美术出版社，2001：1.
[5] 龙东林. 王继峰著文. 昆明旧照·一座古城的图像记录（上下）. 云南人民出版社，2003.

晚清广府建筑木雕的水纹研究

——以广州陈家祠部分建筑木雕为例

陈怡宁[①]

摘要：从国际上近几年开辟的数字化文物保护项目的建设和应用运作，可以看出应用数字化手段对传统文化文物进行复制储存，是目前国际上最便捷且行之有效的手段之一。数字化文物保护，是利用现代信息技术对应文物实体加以再生性复制生成电子版数据库，通过网络服务于社会，近年来许多文物数字化工程建设过程均由计算机方面专业人才对文物实行数字化复制维护工程建设，偏重理性思维的单纯复制，缺乏个性化艺术视觉表达，基于本人对传统文化艺术的敬畏，本文从古文物中的水纹艺术符号着手，尝试以晚清广府、湛江等地区部分建筑木雕装饰为例，在视觉的范畴上分析水纹符号在岭南建筑木雕中的艺术性。

关键词：建筑木雕；水纹符号；构图形式

一、陈家祠建筑木雕水纹符号的渊源

岭南建筑木雕是岭南传统文化的产物，其中，陈家祠建筑木雕荟萃了石雕、绘画、泥塑以及戏剧等不同民间艺术精华而独具风格。

水是人类生活中生命的依托，在中国传统文化中有着财富寓意，但它又是给人类带来无穷灾难的祸源。人类对水的需求与依赖所产生的感恩与敬畏，对水的变幻莫测所产生的惧怕，从而升华形成了独特的水崇拜文化。同样，水是岭南人赖以生存和发展的重要资源，水对岭南文化的重要意义，在广府木雕等文化领域中，经常出现各种给人们带来平安和快乐的吉祥水纹。广东珠江三角洲就得益于珠江水的灌溉，广府文化的起源大多来自珠江水，岭南文化从一开始就孕育着思想内容丰富的水文化。其中的水纹符号兼容广府地区的地域性、民俗性、人文性。富有生命力的水纹、流动的多变的水纹形式美在许多广府建筑木雕反复表现。岭南人视水为财，以水纹为图腾崇拜，祈福消祸。以连绵不断的水纹代表永久长存的愿望。

水蕴藏的中国传统文化内涵中，五行中的水主智；以水为吉的思想体现在广府建筑中追求“四水归堂”、“天降洪福”等建筑木雕处理，喜水、乐水、戏水的岭南人离不开水，水对人类的重要性，形成了许多专门与水有关的研究领域：水为孔孟哲学思想表达的隐喻，《论语·雍也》中，“知者乐水，仁者乐山”。儒家认为，水代表品德，君子应该像水那样不断流动和永不停息，顺其自然地加强道德修养。道家尚水，水随着自然的运行与变化而存在，顺自然而成行。世上万物生长都离不开水，它总是向低处流，体现了“道”柔而不争的无为之道的品性，将水上升到一种文化思想的高度。

陈家祠筹建于清光绪十四年（1888年），是广东省民间七十二县的陈姓宗亲捐资兴建的合族祠。其建筑木雕等工艺装饰集岭南广府地区民间建筑装饰艺术之大成而遐迩闻名。

水纹符号适于表现木雕形式美感、简练的造型能灵活运用到各种工艺上，也可包涵地域性民俗文化，水纹符号深受喜爱而多运用到建筑木雕中，大量建筑木雕运用了水纹符号来创作，尽管是在硬木雕刻，大量的涡纹、波浪纹、漩纹、海贝纹、曲纹、重叠式水纹等水纹符号多次出

① 陈怡宁：副教授，广东省外语艺术职业学院。

现于陈家祠的建筑木雕构图中，或疏，或密，或聚或散组合设计于不同题材和内容的建筑木雕中。体现了晚清时期人们对水的信仰和祈福。如超时空的木雕造型处理如《渔舟唱晚》、《渭水访贤》、《薛仁贵大战盖苏文》、《赵云截江夺阿斗》、《金玉满堂》、《知音》等建筑木雕都运用水纹符号，表现了水纹符号丰富的艺术形式。对处于不同部位的建筑木雕构件进行独具匠心的工艺制作，展现岭南木雕师傅对生活的提炼。建筑木雕在造型的艺术形式上给人以视觉美的感受，又具有承重的建筑功能。水纹符号的大众化和世俗化，寓意象征性符号有龙、凤、云、水、象、灵芝等，这些符号都带有瑞祥的寓意，兼有多种组织交错变化的形式，木雕大多以喜悦、团圆为格调构图，不求合理，只求生动有趣体现岭南人乐观的性格。利用水纹设计的建筑木雕纹样有龙凤呈祥、年年有余、四季平安、万象更新等。

木雕工匠给水纹赋予舞动的灵性，一排排攒动的浪花整齐活泼，富有秩序齐齐起舞，形式优美，平面装饰，艺术化的水纹给人轻快愉悦的美感。在木雕中镂空雕的难度大，柚木的硬韧度强、正负图形的双面创作要求、镂空材料设计、空间层次的安排都要很高的技巧。木雕工匠精心设计，克服了工具和材料的局限性，使材质与艺术和谐统一。画中树木、山石均用传统的雕刻方法，水纹则用抽象的线条概括装饰，三种不同的表现技法中西结合，变化统一富有创新精神。如木雕《渔舟唱晚》在构图上大胆创新、设计新颖，极富现实生活意义；而《樵耕渔读》采用仰视移动成平视点的方式，在空间处理上，互为阴阳的造型水纹设计，灵活运用传统因素与西洋因素的结合，赋予画面充分自由的表现力。

二、陈家祠建筑木雕水纹符号的审美特征

晚清时期广府建筑木雕水纹审美特征表现非官方艺术而是来源于广府民间艺术，创造和欣赏以及使用的群体是木雕工匠和同时期的民间百姓的，他们所创造的作品雅俗共赏，中西结合，直观明了，大气有力而厚朴的造型手法和审美趣味，反映当时内忧外患民间的百姓表达追求平安和平，希望国泰民安的心愿。

水纹符号是中国古代建筑木雕装饰总系中地域性分体系，表现出广府木雕工匠寓情于水、以水传情的文化艺术取向，早期的木雕水纹是对生活中具象的事物的概括提炼，木雕工匠对水纹符号的表现并非自然的模仿，联想并创造出独特的水纹符号艺术。简洁的水纹符号使广府木雕艺术得到广泛的传播，硬木坤甸木天然的色彩美感，深沉、古朴、温和、自然的材质充满着自然的气息，从而创造出独特的水纹符号艺术，用象征的表现手法表现出水纹的特点。清代的木雕构图多是木雕工匠历代师传的图纸，或是自己设计，或是根据中国画写生，或是采用写生绘画的局部重新创造，

线条规整流畅的水纹符号虚实对比、互为阴阳的手法使画面对比鲜明，表现岭南水乡中天人合一物我合一的境界。

三、建筑木雕水纹符号的情感特征的艺术再创作

《樵耕渔读》位于大门首进中路挡中屏风上，是人们观赏的视觉重点所在。人物的神态概括提炼，疏密有致，动静相宜；衣着简朴、块面穿插关系明确。画面运用水纹将带儿子耕田、父子俩同在海边鱼篓捕鱼、在浪花中享受劳动的休闲和情趣等不同情景和情节连接在一起，以岭南特有景物和风俗习惯丰富画面形成岭南水乡特色，如山峰借水纹助高，以虚显实，以低衬高，以水纹突出人物造型憨厚淳朴，朴拙生动；以松喻志的藏景构图，体现务实勤奋的理想。灵活与隐约的水纹设计一直贯穿其中。镂空的水纹装饰、通透爽朗的屏风结合若隐若现的院内景物，使画面颇具含蓄之美。立足历史古文化艺术，在古木雕文物原有造型和工艺特色的基础上挖掘了古木雕文物艺术作品中的审美内涵，并将创作和设计成果运用到艺术设计教学当中；让更多的学生了解和喜爱岭南文化，多方面、多渠道地传播岭南文化。根据古文物建筑木雕水纹艺术辅导的学生设计作品《践土会盟》、《广府文化》、《岭南印象》被广东外语艺术职业学院外事办以及企业采用，已经形成文化礼品投入市场，通过产品化的艺术设计使岭南传统文化融入现代生活。

四、陈家祠建筑木雕的语境创造性表现在教学中的应用

岭南地处中国南部沿海，近代以来是中西方文化交汇的前沿，在技术方面受到西方文化的影响，无论从平面设计，还是建筑木雕的装饰装修都呈现出西方文化的影响。水纹符号的简洁性使木雕形象易于记忆，水纹符号的趣味性使木雕表现更加丰富多彩，水纹符号随性使然，所以才

显得纯净和淳朴（图1）。以陈家祠的双面镂空木雕《渔舟唱晚》为例，以水作为主题。取材于晚清羊城八景之一“荔湾渔唱”，反映清代西关河涌纵横的渔业发达的场景（图2）。木雕师傅以装饰性的水纹镂空浮雕为中心，运用平面剪影手法，使水纹的轮廓突出，画中人物各依水一方，其他形体都随水纹而集中或向四周扩展。以水纹为主题来构建画面，水乡文化气氛显得非常突出。传统建筑木雕符号依附于物象，成为营构画面整体秩序的因素。《渔舟唱晚》，为了突出岭南水乡特色，或突出水的吉祥含蕴。四扇屏风中用了两扇双面镂空木雕《渔舟唱晚》来布局，四个构图相同的画面拼成正反并置的双面镂空雕，形成水纹艺术符号以比喻四水归堂。其中海水簇拥着渔船，波涛翻滚，浪花飞溅，三角形渔网高挂一边、用波浪线、螺旋线等线性结构来衬托渔歌之乐，利用水纹的纵横加强平远效果，水纹重复交替，层次分明，使人物、景物搭配得宜，体现天人合一。工匠把水纹处理得很有创意，菱形的构图顺着木纹进行水纹的适形设计，将富有吉祥内涵的水纹进行情感处理，突破以往水纹符号的表现，概括成新颖的水纹符号。水纹被赋予舞蹈的韵律，浪花自由地闻歌起舞，节奏感强，造型整齐活泼而有秩序，创造一种有趣明快的造型效果，给人轻快愉悦的美感。表现出独具一格的岭南木雕水纹符号意境之美，这种水纹的设计是为了突出欢乐水乡的生活。水纹像被赋予舞蹈的灵性，镂空雕刻的海浪闻歌起舞，节奏感强，浪花整齐活泼而富有美感，平面装饰，空间感强，形成一种有趣明快的节奏，艺术化的水纹给人轻快愉悦的美感。镂空雕的制约性很大，木材的硬度、雕刀精准、镂空位置的设计、空间大小的安排都需要很高的技巧，才能保证技术与艺术的和谐。木雕师的巧妙安排设计和制作，巧用锋利的刀具和对材料的熟练掌握，以水为主题，巧妙运用浮雕和镂雕两种方式，以夸张、抽象的水波纹珠蚌纹、螺旋纹和镂雕阳刻的浪花形水纹三种符号来雕刻岭南水乡的温馨和谐，阴刻与阳刻灵活交错的布局紧凑，使构图虚实相生，刀法刚劲洒脱，精雕细琢，简练的线条、浪花拍打河岸等细节经过木雕技巧处理，形成巧妙的视觉节奏；周边建筑随水纹而曲折变化，给人以不受拘泥、不受传统建筑装饰构图的约束、一气呵成的感觉，富有岭南水乡民俗特色。作品生动有趣具有浓烈的岭南生活气息，木雕装饰艺术中浓烈的地域性文化特色使人倍感亲切和舒适（图3）。《渔舟唱晚》木雕位于首进中路屏风上，尺度与人相近，便于观赏，一进大门就可以看到。既实用又美观，镂雕的木雕装饰遮挡阳光，取得室内的降温效果、通风透气，兼得光影照映的情趣。镂空的水纹符号处理使屏风显得通透爽朗，景物若隐若现增强装饰效果，使建筑木雕含蓄优美，理想化的吉祥水纹的造型设计进行情感加工，跳跃的水纹符号在统一的浪花中高低起伏优美活泼。水纹以剪影曲线排比方式来表现水纹的流动感，其线条宽厚饱满，其运用圆刀或斜刀作整体的镂空修细，再用木锉将各牵连部分的刀痕锉磨平整，灵活结合刻刀的角度和方向调整造型，使水纹屈曲盘旋，线形规律而富有变化，牢固而优美。水纹造型委婉多姿，首尾相连循环往复，泛起的浪花活力十足，寓意欣欣向荣。

五、不同地区水纹符号的艺术造型比较

同时期湛江雷州地区古村落东林村的建筑木雕也体现木雕工匠对水纹符号的巧妙处理。水在岭南地区是吉祥的象征。湛江雷州地区古村落东林村在清末出了许多才俊。面朝大海的湛江工匠巧用大海中的鱼虾设计成建筑水纹符号，屋檐下鱼水一体，远观为水纹，近看方知水就是鱼，水就有鱼，鱼中有水，鱼水相欢，寓意绵阳长远、安宁吉祥。体现靠海谋生，以水为家的湛江雷州渔民对鱼和水的依赖和热爱（图4）。

图1 《樵耕渔读》陈家祠建筑木雕艺术再创作

图2 广州陈家祠《渔舟唱晚》木雕图片

图3 广州陈家祠《渔舟唱晚》木雕手绘

图4　湛江雷州朝溪村建筑木雕

因水得势，借水言志，以水传情并利用水纹象征吉祥也应用于宗教文化中，如广东潮州开元寺的地藏阁屋顶的建筑装饰由云纹、水纹、龙珠构成“双龙戏珠”，寓意风调雨顺、国泰民安。

六、结语

以不同的形式和途径传承和发展传统建筑木雕中水纹符号的观念根源和文化特色，有助后人对岭南传统文化特色正确理解认识，通过解读与研究，认识到在特定时期中，水纹符号作为一种历史的审美载体，其低微而伟大的品质不仅仅体现了岭南地方文化，也传播着中国传统文化。

参考文献

[1] 唐孝祥. 岭南近代建筑文化与美学. 北京：中国建筑工业出版社, 2010.
[2] 楼庆西. 乡土建筑装饰艺术. 北京：中国建筑工业出版社, 2006.

1928—1930年南京市平民住宅设计的想象与现实

梁欣婷[①]

摘要： 自国民政府建都以来，大量涌入的人口和市政府的一系列市政建设引发了城市平民严峻的居住问题，面对这样的社会背景以及对现代城市的追求，自1928年南京市政府开展了平民住宅建设计划，直至1930年市府经历了两个阶段的设计过程并得到四种平民住宅样式。本文通过对这四种平民住宅的建设计划及过程进行梳理，主要围绕住宅之平面设计，分析两个设计阶段的关系，探求出现不同设计结果的原因，进而讨论政府政治想象与设计意图的关系以及它在建筑层面上的实现。

关键词： 南京市；平民住宅；平面设计

1929年底由国都设计技术专员办事处编写的“首都计划”呈送至“首都建设委员会”，并在同年由南京国民政府正式出台，计划中专辟“公营住宅之研究”一节，指出“公营性住宅……供给一般发生居住问题之民众……要以中央出资、市府营建为普遍……或收回低微之租金，或更免费借住……求无背于营建之目的而已”[②]，其内容涉及建设缘由、主要应对群体、建设标准、要求等方面。这是政府第一次系统且有计划地对城市中下层阶级住宅问题的论述。这一章节中引人注目之处是两幅图片——洪武西街平民住宅图和白鹭洲平民住宅图。与其他设计图不同，这两张照片摄于真实的平民住宅区（图1）。“首都计划”以南京市政府已建成的平民住宅作为案例，可见国民政府对于已经启动的平民住宅计划的出发点、形式、作法等方面给出了肯定和学习的态度。

在本文中，笔者将从1928—1930年间设计并建设的四处平民住宅的平面设计着手，以“首都计划”的颁布为我分界点将其建设分为两个阶段：第一个阶段是南京市政府（具体到工务局等部门）从纸面上的对平面住宅的想象到现实甲乙丙三种住宅设计及建设的过程；第二个阶段是市府以“首都计划”及第一阶段平民住宅建设中逐渐显露出来的优缺点为指导，对住宅平面、市政设施等方面的修正，以找到更适合贫民的住宅（区）形式以及生活形式。

图1 “首都计划”中的平民住宅照片（“首都计划”公营住宅之研究，第五十三图．）

一、纸面上的平民住宅

平民住宅的建设原因与国民政府建都以来城市人口激增，住房供不应求有着直接的关系，无房的底层平民只能选择租赁房屋或搭建棚屋以容其身，二者存在着三个共同缺点：房屋质量差、卫生环境恶劣、居住人口拥挤。陈岳

① 梁欣婷，建筑学硕士研究生，东南大学建筑学院。

② 国都设计技术专员办事处编．李海荣主编．首都计划．南京稀见文献丛刊．南京：南京出版社，2006：197.

麟在《南京市实习调查日记》[①]曾记载了南京城南底层人民居住的出租房大都“破旧不堪”，“一宅之内，房屋不过七八间，而房客多至十数家，饮食起居既多不便，空气日光尤嫌不足，清洁整齐更不足言”，住宅周边环境“堆积垃圾秽物，臭气逼人”，而这些问题对“人民德育智育体育的培养……有着极大的障碍”，对人口“死亡率、疾病率、犯罪率”之增长[②]，城市市容、消防和治安有着直接影响。而平民住宅建设的导火索，依笔者看来则是1928年8月开始的拆屋筑路事件，为缓和市府与市民之矛盾，同年年底市政当局“鉴于本京住房之缺乏，又以建筑中山大道，沿路拆去房屋颇多，市民对于居住问题，颇苦不便，遂计划建筑甲乙丙三种平民住房，籍舒民困”[③]。

与此同时，政府训令各省民政厅列出建设平民住宅的十条办法[④]，明确指出了住宅的公营以及救济性质，且选址应接近贫民谋生地点，以较为节约的手段去建造，同时也强调培养住宅区（村）自治能力。它不仅是为解决城市平民居住困难所设，还要从教育、娱乐、自制能力等方面去塑造合格市民，市府将之作为一种“自治事业”，可见其目的是为日后平民住宅可以持续“经营”。

关于政府拨款建筑平民住宅的做法实际上源自于西方战后面临住房危机时政府之政策，早在1921年《银行周报》即刊登了一系列文章介绍“英国之住宅政策”，指出与当时南京“住宅不足，房租腾贵之患”相同的英国政府的做法，即主要依靠政府制定相关法律来引导限制，并主导建设甚至直接建设。它强调了进入近代以来住宅问题政府介入的深度，这与之前私人营建的传统完全不同，相应的提高住宅权也逐渐成为现代公民的一项基本人权。这些文章皆指出了欧美国家“政府直接兴工建造人民住宅，以低廉的租金，出租于人民”的方法，欣赏之意溢于言表。1928年在《都市的平民住宅》一文中专门列举了日美英三国改革平民住宅的运动，提出平民住宅建设的公营性质以及形式应“趋近近代花园城的趋势”[⑤]，这是我国学者首次对平民住宅的建筑形式进行的设想，同时将建设与政府施政能力联系到一起。

然而不论是初期市政训令，还是20年代以来学者对平民或现代住宅的一系列研究，都是一种建立在欧美国家经验上的理论框架和标准，更多的关注了在人群调查、土地征收、住宅权、道德卫生等问题上，政府面对现代社会问题的施政能力的表态，而重点并非去展示一种公营或平民住宅的设计模板，但这些都直接或间接影响了平民住宅建设初期的设计。

二、甲乙丙三种平民住宅之设计及建设

正如上文所述，1928年的市政训令只是一份概括性的纲领，并未具体到住宅单体、选址规划等内容，主要强调了政府的指导与管理作用；作为其补充的各个学者的研究，也只是在建立在国外经验上归纳总结而来的理论。那么它们是如何转化到现实建设中平民住宅的设计上的?

训令颁布后，南京市府随即同时开展了甲乙丙三种平民住宅的建设。甲种平民住宅位于鼓楼北大街附近，于1929年建成甲种楼房一座、平房三间；乙丙两种平民住宅皆位于城南靠近城门位置，相对于甲种住宅属于城郊空旷之地，且市府都筹划在其附近开发贸易或公园，以提高住宅区的活力，于数量上有所增加，分别建造了100间和200间平房。从设计方面来看，这一阶段的平民住宅按市政要求分为甲乙丙三等，其等级的划分不仅与住宅使用面积和材料结构有关，最重要的是在平面设计上进行了区别：在建筑中，最能使人对其社会属性产生丰富想象的部分，并不是它最明显的外部特征，而是它的内部建造结构——即住宅平面是如何设计的，这也是与平民“居住”关系最为密切的部分。盛承彦1921年《住宅改良》一文中也提到：“住宅的生命，在乎他（它）的平面。”[⑥]住宅平面设计指从功能及目的、人体工程等方面对房间进行平面布置的一种有计划的行为。

1928年市政府发布《欲筹筑甲乙丙三等平民住宅》的公告[⑦]是最早的对平民住宅平面设计的设想，指出甲等为附带小花园的小西式房屋，乙等为三间两厢的中式房

① 陈岳麟. 南京市实习调查日记・南京市调查日记. 萧铮. “民国”二十年代中国大陆土地问题资料. 台北成文出版社和美国中文资料中心，1977.
② 住屋的建筑和改革问题. 首都市政公报. 1929，12，15（12）。
③ 平民住宅将落成. 民生报. 1928，11，14，4。
④ 内部通令建筑平民住舍. 申报. 1928.
⑤ 陈赞祺. 都市的平民住宅问题. 道路月刊. 1928.
⑥ 盛承彦. 住宅改良. 学艺杂志. 1921，3：8.
⑦ “十分之二建筑小西式房屋，附带小花圃为甲等；十分之三建筑中式三间两厢一栋为乙等；十分之五建筑平民住所为丙等，其材料四周用砖墙、梁柱用竹隔、间用芦苇、夹土上覆茅草、以极廉价贷出。”筹筑平民住宅. 南京市档案馆. 档案号：10010011738（00）0359，1928，9，30.

屋，但并未对丙等平民住宅进行说明。在这份公告中将甲乙丙三种住宅以西式房屋和中式房屋区分并强调“等级”一词，可以推断出市府此时认为西式房屋相较于中式房屋更为高级。20世纪初的社会状况使家庭规模日趋小型化、家庭生活日趋外向化，这些改变影响了住宅格局①，而平民住宅建设初期设计的甲乙丙三种户型则是更趋向于西式住宅的功能布局及组织方式，同时也保留了一些传统住宅中的生活习惯。

在布局和规划方式上，三种平民住宅平面都为纵向展开的形式，却非传统住宅的轴线对称式。甲乙两种皆开辟天井和主次入口，每两间“为侧向相对式，至内部，则各屋均相向相背，相背处有空隙园地每两号共一大门，门为衖（巷）式宽度不及丈”，“后有披厦一小间，备作厨房”②，丙种则以一间为单元山墙相接组合，四到六间成一排，通过住宅区内公共道路和公共区域联系，阵列排布。室内的房间“前后均开玻璃窗，光线充足，空气统通”③，表明了市府将住宅卫生和市民健康联系起来，通过健康的人来营造健康的社会之目的④。同时为了提高平民的生活质量，市政当局还筹划开设学校、商店、菜场，完善住宅区的公共设施，最终限于经费，在洪武门内的乙种住宅区中仅修筑了煤屑路，而武定门内的丙种住宅区则直接依靠外界因聚居而形成的相关设施商铺⑤。此时在保

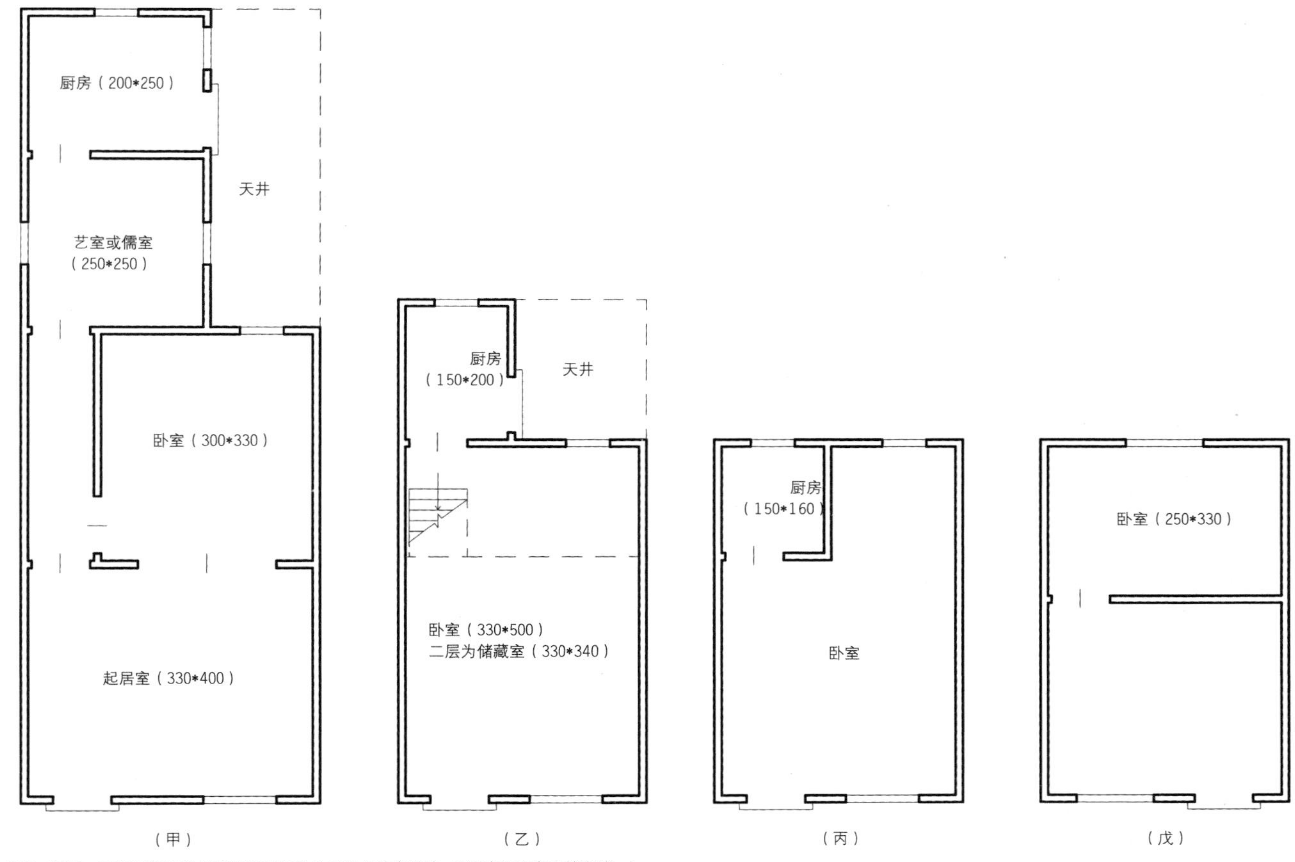

图2　1928—1930年间四种平民住宅平面设计示意（笔者重绘，原图来源南京市档案馆．）

① 普遍观点认为，这一阶段的住宅形势发展有两条主要途径，一是由中国传统住宅发展出来的传统中式集居住宅形式，如新式石库门住宅，房间仍沿用旧式住宅名称如天井、客堂、厢房和厨房，多以一到二开间为主，尽量遵循轴线对称原则；二是直接引进国外的住宅形式，住宅内部空间按功能的需要进行划分，主要由天井、起居室、客厅、卧室、厨卫、餐室、书房等组成。吕俊华．中国现代城市住宅：1984—2000：58-86.

② 大阴沟平民住宅已有一部完工．首都市政公报．1928，22：19.

③ 丙种平民住宅竣工后之情形．南京市档案馆．档案号：10010011801（00）0010，1929，1，15.

④ 自国民政府建都以来市府对卫生便极为重视，1929年刘纪文在“首都卫生”序言里即明言卫生对于国家和市民的重要意义，认为卫生是“种族强弱”“文明先进”之所判，个人身体的健康影响到民族的健康以至民族的兴盛。

⑤“该处本系荒冢业聚之地，自武定门开辟建筑市民住宅后，刻已有水庐、茶馆、米铺、成衣店、理发店、油漆作、木匠铺、杂货铺，应有尽有，居然成一小街市云。”丙种住宅鸟瞰．民生报．1929，2，1，2.

证基本市政设施的前提下，政府的其他公共设施计划只是对平民住宅区的一种非硬性要求，从这一点来看，也迎合了训令所谓住宅区自治的理念。

甲种平民住宅包含了五种功能空间分别为起居室、卧室、艺室（儒室）、厨房和天井；乙种平民住宅则由为卧室、储藏（阁楼）、厨房和天井组成；而丙种住宅仅包含了厨房和卧室两种功能空间。三种类型都有一个卧室和一个厨房，且二者的尺寸相近。仅设一间卧室表明政府默认了迁入家庭是以夫妻为核心的小家庭，而厨房和天井的保留也是遵循了近代以来中下层阶级住宅的功能特点以及人们的生活习惯。因此盥洗卫生间被作为市政公共设施放置在了住宅以外，且由多户合用，政府统一清扫管理。

可见三者所谓的等级划分并不是以入住家庭人口数量为衡量标准，等级越高的住宅室内功能空间更多，房屋整体的尺寸也随之扩大。20世纪20年代，《申报》"自由谈"上经常可见关于家庭改革和与此相关的居室改良的讨论，从很多文章中可以窥见当时人们心中"理想"住宅的组成部分。一篇名为《到理想家庭的途径》指出"朝廷褒荣之典既没有了，墙门间就可省去。喜庆事有公共场所可借，厅堂也就可废。我们生活上不可缺的就是卧室烹调室读书室休憩室等"[①]。甲种住宅中艺室或儒室的设置也表明了政府希望在住宅中强调人精神文化培养的重要性。

"起居室"也大约在此时出现在中国家庭的视野中，1927年《妇女杂志》刊载文章《住的问题》中提到"livingroom"一词并将之译为客室或坐室，明确指出其功能为"一家人暇时，及饭前饭后多于此处聚谈，叙天伦乐事"，"客人来时也入座此间"；这一时期对于西式住宅的介绍和图例也逐渐以"起居室"代替了传统住宅中的客堂，而这并非仅仅为房间名称的改变：如上文《申报》的文章所说，在此之前，"厅堂"或"客堂"带有着象征意义或展示意义，而家庭中的起居功能多在各个卧室中实现。即这种家庭中心空间的功能亦发生了变化——从注重精神与礼仪表达到关注家庭成员的交往与享受。仅从功能上来看，在甲种平民住宅中，市府试图宣传一种与传统决裂的现代的家居生活，它要求人们注重个性的培养、卫生与健康、家庭成员和睦关系的塑造。

与之相比，乙丙两种平民住宅则取消了起居室，此时卧室同传统住宅的卧室一样再次承担起了就寝、起居等多重作用。从甲种住宅中有两个入口的卧室一直到丙种住宅中综合了室内几乎所有功能的卧室，卧室的私密程度逐渐降低，这也与政府欲推广的体现独立人格的现代生活越来越远。从政府资金不足的角度来看平民住宅的目的仅是为贫民提供容身之所，足以解释为何会出现这种室内功能省略化的趋势；而市府所谓的"等级"也是建立在收入不同的平民的基础上进行划分——从人群划分再到住宅的区别，并不是以相同的救济目的去平等对待所有平民。从后期出现并大量建设的戊种平民住宅来看，此时的甲乙丙三种平民住宅的对象似乎更多的是因市政工程而被迫拆房的广大市民，而造价最低、面积最小、仅可满足基本生活的丙种住宅才是应对房荒问题的贫民住所。

三、"首都计划"与戊种平民住宅的出现

联想到当时严峻的住房问题，贫困家庭的经济能力使之不能自由选择想要的生活方式，谋求一处容身之所成为大部分人的愿望，而平民住宅在租金上的优势显而易见[②]，与此同时，租户与财政局签订的租赁合同提高了可靠性；更为吸引人的是政府的宣传——"该项住宅，建筑精美，取价亦廉"[③]。因此我们会理所当然地认为这批平民住宅会被一抢而空，然而其最初租住情况并非如我们所想象：乙丙两种住宅从1929年2月正式对外出租到同年5月止，仅分别对外出租39间和66间[④]，不及其总量的四成。更不用说甲种平民住宅在未完全建成时便遇到的困难——规模小且造价高，与平民住宅的主旨殊不相和——于是政府决定中途停建并将建成部分出售。

如遵循上文的猜想，甲乙住宅面对的是因修路而拆屋的普通市民，那么政府选址的偏远便对其生活和生计造成不便，同时房屋质量问题也成为其不被接受的主要原因：

① 吴晓初. 到理想家庭的途径. 申报. 自由谈. 1923, 4, 29.

② "若以南京现在规定之房租情形观之，则能赚四十元者，其住屋或须费二十元，或十四元，几占全体收入之五十或三十六、七，能赚三十元者，或须住七元之屋，其费用亦竟达百分之二十三以上，诚可谓全世界之奇观。"《民生报》，1928年，9月17日，第四版；与之相比，"乙种每架（架两间并附设厨房小园），租价每月四元，丙种每架，租价每月二元。"平民住房将落成. 民生报. 1928, 11, 14, 2.

③ 平民住宅正式出租. 民生报. 1929, 2, 1, 2.

④ 王洋. 民国南京棚户区研究（1927—1937）: 59.

"上盖白铁，四筑土墙，夏日阳光逼人，冬天北风凛冽，人力车夫的茅屋都比之冬暖夏凉，其代价还十分昂贵"①。而事实也的确如此，1929年，建成不到一年的光华门乙种平民住宅与武定门丙种平民住宅便出现严重的质量问题。乙种平民住宅破坏漏水之处甚多，且有横梁断裂的情况，"深秋天气阴晴不定，暴雨急风时作，不免房屋破陋不行，不独居民衣物毁损，而且有倒塌之危险。"②非但质量不佳，后期维修亦跟不上。同时住宅配套设施的简陋与缺失也不足以吸引市民的注意。而真正的贫民对丙种住宅的兴趣也远低于租用一处价格更为低廉的棚屋。

此时正值"首都计划"的发布，并在公营住宅研究篇列举了一系列较1928年市政训令更为详细的要求：点明了不同等级住房对应的不同对象应有不同的选址及建造方法；强调公共设施建设的政府责任；同时指出了房间布局（包括开窗、朝向、人均容积和洁污分区）与卫生健康的紧密关系，而讲求卫生也是现代市民最基本的要求；面对市民指出的住房质量问题亦给出了更为详细的建议③，虽"一切从经济出发"，但对比第一阶段丙种平民住宅的建造及材料④，计划中的房屋质量更稳固。

1930年4月，南京市政府正是决议在下关金川门外建筑市民村，计划占地九十亩，以期容纳"丙种住宅一百户，丁种住宅一百九十户，戊种住宅一千户"，该村还拟建造"商店三十间、会堂学校一处，菜场一处，公井十四个，公厕八个，合作社一所，公园一所。""首都市政公报"先后两次以《筹建大规模平民住宅》为题以表示建造平民住宅解决民困的刻不容缓，但由于征收土地、资金等问题最终仅建成271间戊种平民住宅，附筑公厕六所，水井四口。其每月1.5元的资金（甚至在1931年水灾后减半），以及特殊的选址和情况——下关贫民区且刚于商埠街强拆了一批棚户——吸引了大批平民租住。而最受平民关注的质量问题虽未有直接介绍，但其放租之前便遭遇水灾，而水灾后对房屋质量、公厕、沟渠、道路的进一步修缮，使单体住宅到整个住宅区的品质都优于第一阶段的建设。

从戊种平民住宅建设计划来看，政府加强了对公共工程和设施的重视，虽然仅停留在纸面上，但是开始在住宅区中设想由政府指导开展的平民教育、经济生活甚至娱乐项目的设置，从这一点来看已经脱离了1928年训令中的"自治"一说，而是选择了"首都计划"由政府主导的对集中公共活动的要求。

戊种住宅的平面尺度比丙种稍小、形式相似，但是戊种平民住宅将厨房从建筑中移走，取而代之的是前后两间等进深的穿套式房间；卧室不再直接与室外相通，而是成为更为私密的内间，从这一点来看，戊种住宅更像是简化了的甲种住宅；外间并未做功能上的定义，也可见市府对在平民中宣传现代化居住方式的角度已经发生了转变——不再局限于住宅单体平面的"现代化"设计，而是考虑到贫民本身居住条件选择的限制，转而以"住宅区"为单位，推广一种现代化的集体生活，强调了教育、卫生等在现代生活中的重要作用。自此，戊种住宅以其低廉的价格以及承载着的现代生活的推广任务，在1930年以后被大量建设⑤。

四、结语

1928—1930年的两个阶段平民住宅设计分别围绕着1928年市政训令和1929年"首都计划"展开，二者呈现了一种继承发扬的关系，其最大的差别在于对住宅单体平面多样性的追求转到了单一简易住宅平面的推广；对住宅区公共设施的建设从区域自治建设转到了市府直接建设。

---

① 1930年8月市内中正街、升平桥、内桥、珠宝廊等居民住户代表拟就《呈请迅饬南京市刘市长将东西干路就原有路线拆让，并先行按值给价》一文呈至国民政府，其主要目的是抗议市政府（并专指市长刘纪文）拆房修路的铁腕政策。值得注意的是，在这封文件中市民提出了对市府所建平民住宅的不满，认为该住宅不但交通不便且每间面积狭小，直言一般市民均不乐于入住该"平民住宅"。是年9月6日，刘纪文转对此说法作出辩解，认为市民对平民住宅的非议"殊觉失当"，所谓"市府所建之平民住宅早经住满无余"、"住宅简陋"、"地段偏僻"亦均非事实。《南京市修筑马路拆除房屋》（1929—1948年），中国第二历史档案馆：全宗号1，案卷号1605，微缩胶片16J2303。

②《为乙种平民住宅、破坏漏水之处甚多已催群益公司派工即日前往修理并一面派人前来洽商一切函复查照由》，南京档案馆馆藏，档案号：10010020035（00）0015，1929，10，3.

③ 具体做法如下：（1）地面以压实泥土为之，上铺沥青一层，以免超市、积尘诸弊；（2）易生火之建筑物，如木料、芦草等类，以美国发明之避火漆用喷水器厚洒之；（3）墙壁以泥为之，外敷沥青一层，如所施于地面者然；（4）屋顶以锌铁掩盖，上铺厚泥一层，以一种沥青物品涂其上面，或再以锌铁一层盖之；（5）以轻松之三合土质砖块为间格。其以何者为最经济，抑更有其他较经济之方法，皆应详加研究者也。

④ "除两端山墙为砖砌成，上覆白铁，下铺士敏泥，其隔间及前后墙，均用铁网装订，再加粉尘"，《丙种平民住宅竣工后之情形》，南京档案馆馆藏，档案号：10010011801（00）0010，1929，1，15.

⑤ "据统计，1928—1935年间平民住宅建设，在数量上，甲乙丙戊四种类型分别占建设总数的1.5%，18.4%，29.7%和50.4%"。

依笔者看来其最主要的原因是两个阶段对于“平民”一词之定位的偏差，在第一阶段中由于更多面对的是因筑路拆屋而失所的市民，因此政府在平民住宅单体平面设计上带有着对现代家庭生活的想象与宣传，试图通过住宅设计转而进行普通市民的生活设计；而实际上大量需要房屋的群体则是来自社会底层的贫民，他们仅求以低廉的价格承租到一处较为稳固的遮蔽风雨之住所，因此市府改变了最初的策略，转而着重于住宅质量、住区规划、公共设施以及后期管理等方面，通过设计一种集体的住宅区，尽可能地将贫民室内生活交往“移植”到室外，以诉说其想象中平民的现代生活。而这一点也直接影响到1930年以后的平民住宅建设以及棚户区改造建设。

参考文献

[1] 南京市秘书处档案，南京市档案馆馆藏.
[2] 南京市工务局档案，南京市档案馆馆藏.
[3] 萧铮主编.“民国”二十年代中国大陆土地问题资料[C]. 台北：台北成文出版社和美国中文弄资料中心，1977.
[4] 南京市政府秘书处. 首都市政公报（1930—1931），金陵全书[N]. 南京：南京出版社，2011.
[5] 南京市政府秘书处. 南京市政府公报（1932—1937），金陵全书[N]. 南京：南京出版社，2011.
[6] 南京特别市市政府. 南京特别市市政府公报（14-20），金陵全书[N]. 南京：南京出版社，2011.
[7] 国都设计技术专员办事处编；王宇新，王明发点校. 首都计划[M]. 南京：南京出版社，2006.
[8] 申报[N]，1928—1935.
[9] 民生报[N]，1929—1935.
[10] 吕俊华，彼得·罗，张杰. 中国现代城市住宅[M]. 北京：清华大学出版社，2003.
[11] 蔡晴，姚糖. 南京近代城市住宅评述：1930—1949[J]. 南方建筑，2004，05：62-65. 30-1937.
[12] 邢向前. 1927—1937年南京住宅建设问题研究[D]. 南京师范大学，2012.
[13] 唐博. 住在民国：北京房地产旧事（1912—1949）[M]. 太原：山西教育出版社，2015.
[14] 张晓晓. 南京平民住宅问题补正[J]. 近代史研究，2011，03：157-158.
[15] 董佳. 民国首都南京的营造政治与现代想象（1927—1937）[M]. 南京：江苏人民出版社，2014. 6.
[16] 陈蕴茜. 国际权力城市住宅与社会分层——以民国南京住宅建设为中心[J]. 江苏社会科学，2011，6：223-230.
[17] 胡悦晗. 日常生活与阶层的形成[D]. 华东师范大学，2012.
[18] 张斌. 1928—1937年南京城市居民生活透析[D]. 吉林大学，2004.

玉林市玉州区祠堂建筑形制探讨

曾国惠[①] 谢小英[②] 李嘉欣[③] 李 庚[④]

摘要： 本文以祠堂建筑为研究对象，以玉林市玉州区为地缘背景，通过大量实地调研、测绘与资料整理，从平面、构架等角度来分析该地区祠堂建筑的形制与规律。充实当地传统建筑研究体系，为广西祠堂建筑研究夯实基础，促进对传统建筑保护的进程，并对当地祠堂建筑的保护和修缮提供一定的理论参考。

关键词： 玉州区；祠堂；形制；构架

引言

玉林市玉州区处于广西东南部，是玉林市的政治、经济及文化中心。玉林市玉州区历史悠久，文化积淀深厚。

秦、汉之后，今玉林境归属中央政权。南北朝时南朝宋王朝在今玉林境建制统治，中原汉族的官、兵、民前来人数逐渐增多。到元末明初，汉族人数已超过土著民族人数。经过长期共处，原土著民族中的多数，在经济、文化、语言以至风俗习惯等方面，与汉人差别逐渐缩小。[1]从明中期至清后期，大批的移民由于政治、经济、军事等多方面因素，迁移至玉林，[2]开始建基立业，建造祠堂，从此在玉林境内开枝散叶。

本文通过对玉林市玉州区的祠堂进行实地勘察与测绘，获得一手资料，进行总结与分析，从平面、构架等方面来归纳当地祠堂建筑的形制。

玉林市玉州区，实地调研范围：东至茂林镇，南至新桥镇，西至福绵区，北至大塘镇。一共踏勘了37座祠堂，测绘24座，其中22座已录入第三次文物普查名录。调研的祠堂，建造时间跨度：乾隆六年（1741年）——“民国”21年（1932年），跨越近200年。

一、平面形制分析

1. 总体平面格局

玉林市玉州区的祠堂平面形式比较固定，总体平面格局分一路和三路两种，调研过程中发现现存的祠堂大多是一路的，占总数的90%。

一路的祠堂又分二进、三进、四进[⑤]三种，其中一路三进三开间的平面形式占主导地位，占调研祠堂总数的61.8%，其次是一路二进三开间的平面形式，占35.3%。一路四进三开间的仅有两例，即玉州区新桥镇的黎式宗祠和新桥镇郑氏宗祠。

① 曾国惠，硕士研究生，广西大学土木建筑工程学院.
② 谢小英，副教授，通讯作者，广西大学土木建筑工程学院.
③ 李嘉欣，本科生，广西大学土木建筑工程学院.
④ 李庚，本科生，广西大学土木建筑工程学院.
⑤ 依据冯江. 祖先之翼：明清广州府的开垦、聚族而居与宗族祠堂的衍变. 北京：中国建筑工业出版社，2010年11月，对“进”的定义之一，以中路的大门数量来计算。

三路的祠堂发现四座，即茂林镇曾圣扬祠和曾书锦祠、城西街道德山祠及仁厚镇梁氏宗祠，其中梁氏宗祠属宗祠、曾圣扬祠属支祠，曾书锦祠和德山祠均是家祠。曾圣扬祠、德山祠及梁氏宗祠是三路三进三开间式，曾书锦祠是三路二进三开间。一般，三路二进三开间的祠堂是不常见的，因为三路的格局一般用在规模较大的祠堂中，而二进的家祠一般是规模不大的，通常不会采用三路的格局，但由于个体经济的发展，部分富裕人家的二进家祠，也就采用较大规模的三路格局。[3]但总体而言，玉林市玉州区的祠堂总体平面格局的主流方向是一路三进三开间，如图1福绵镇何氏宗祠。

2. 祠堂平面主要构成元素

玉林市玉州区的祠堂平面一般由前厅、中厅、后厅、天井组成。厅与厅之间用天井及两侧连廊连接。以下对上述主要元素逐一分析。

1）前厅

前厅，也可称前堂、门头或门厅，是祠堂建筑的主要出入口，是礼制建筑祠堂的序空间。玉林市玉州区的祠堂的前厅形式有门廊式、凹入式、平门式，就建筑等级而言，门廊式等级最高，凹入式次之，平门式再次之。

门廊式，即前厅设有外檐柱承重，形成外檐廊，入口空间较开阔。

凹入式，即前厅明间内凹设门，无立柱，形成入口的过渡空间，空间形式较单调且较局促。

平门式，即前厅明间设门与两侧暗间在一直线上，仅有挑檐形成单薄狭长的入口过渡空间，不宜驻足停留。

玉林市玉州区调研的祠堂中，前厅主要以门廊式和凹入式为主，其中门廊式占56.7％，凹入式占36.7％，平门式仅占6.7％（图2）。

清中期①的祠堂中，57.9％采用门廊式，36.8％采用凹入式，仅5.3％采用平门式；清后期的祠堂中，55.6％采用门廊式，33.3％采用凹入式，11.1％采用平门式。可见，在清中、后期，门廊式均占主要地位，平门式在清后期出现的频率有所增加。

门廊式全部运用于宗祠或支祠，在家祠中不曾出现；凹入式63.6％出现在支祠或家祠中；平门式全部出现于家祠中。可见，平门式一般用于等级较低的家祠，凹入式主要用于支祠或家祠，门廊式用于宗祠或支祠。这正与前厅形式的等级相对应。

凹入式前厅，又可分无后檐廊和有后檐廊两类。调研中，无后檐廊的占72.7％，居主导地位。但有后檐廊的向内空间更加开敞，与入口较局促的空间形成对比。凹入式前厅设后檐廊的均是乾隆或嘉庆时期的，且仅在宗祠和支祠中出现。

玉林市玉州区的祠堂前厅后跨大多采用一明两暗的形式，只有明间向一进天井敞开，次间为侧室，墙体承重。偶尔使用全开敞式，如文静山祠，建于乾隆时期，前厅三开间全向天井开敞。

玉林市玉州区祠堂前厅形制对照表如表1。

前厅形制对照表（作者绘制）　表1

前厅类型	格局	案例	平面图	照片
门廊式	一明两暗	福绵镇张氏宗祠 嘉庆	侧廊 天井 侧廊 侧室 前厅 侧室	
	全开敞式	城北街道文静山祠 乾隆	天井 前厅	
凹入式	一明两暗（有内檐廊）	城北街道光裕祠 乾隆	天井 前厅 侧室 侧室	
	一明两暗（无内檐廊）	福绵镇何氏宗祠 乾隆七年（1742年）	侧廊 天井 侧廊 侧室 前厅 侧室	
平门式	一明两暗	城北街道友松祠 道光三十年（1850年）	侧廊 天井 侧室 前厅 侧室	

2）中厅

中厅，又名中堂、享堂或祭堂，是举行祭祖仪式和宗族议事的主要场所。

玉林市玉州区祠堂的中厅形制可以分为三大类：

一是一明两暗式，只有明间向前后天井开敞，次间作侧室，大多带前檐廊，明间、次间均由墙体承重。

二是全开敞式，前檐三开间均向天井敞开，后檐次间

① 清代早期：顺治、康熙、雍正（1644年—1735年）；清代中期：乾隆、嘉庆、道光（1736年—1850年）；清代晚期：咸丰、同治、光绪、宣统（1851年—1911年）。

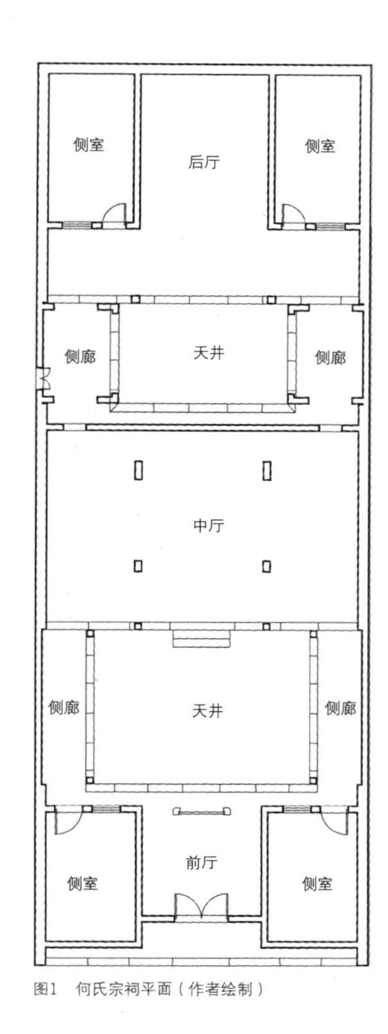

图1　何氏宗祠平面（作者绘制）

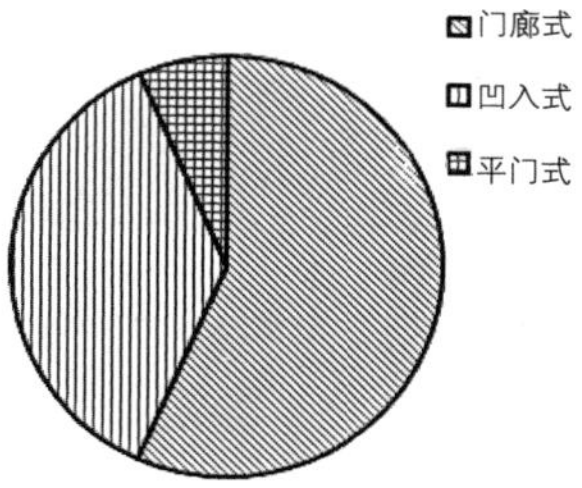

门廊式
凹入式
平门式

图2　前厅各类型的饼状图（作者绘制）

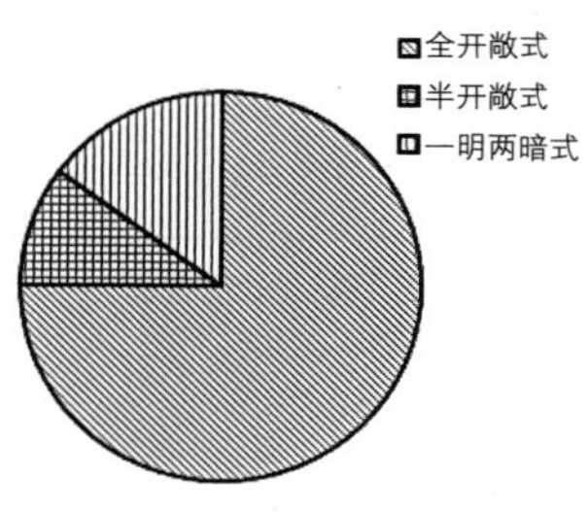

图3　中厅各类型的饼状图（作者绘制）

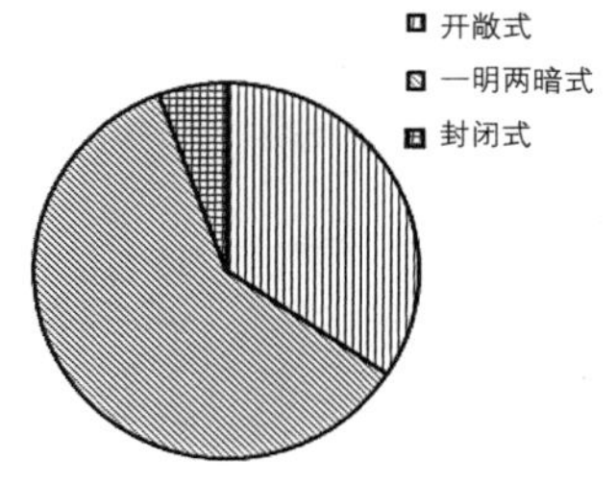

图4　后厅各类型的饼状图（作者绘制）

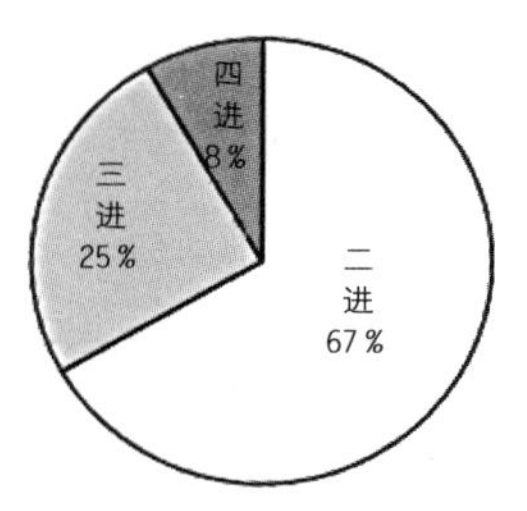

图5　开敞式后厅各类进祠堂比例（作者绘制）

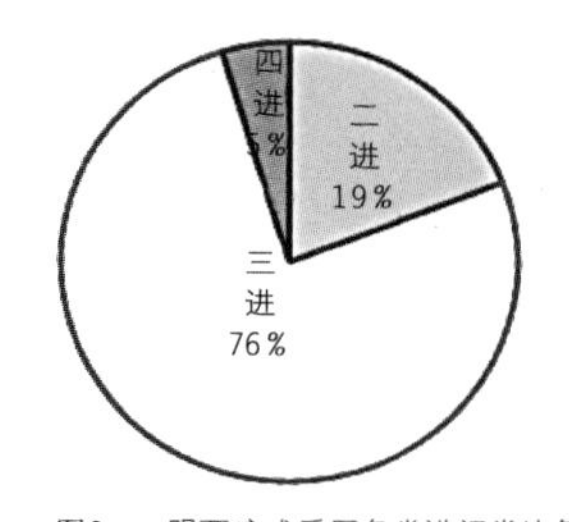

图6　一明两暗式后厅各类进祠堂比例（作者绘制）

设后墙，仅明间向后进天井敞开，明间由两榀木构梁架或木过梁结构①或拱券结构承重，次间直接将檩条搁置在山墙。

三是半开敞式，介于一明两暗与全开敞之间，次间前、后檐均设墙，仅明间向前后天井开敞，但次间不再封闭作侧室，而与明间相连通，中间形成开敞的空间。明间由木构梁架或拱券结构承重。

调研中的祠堂中厅，全开敞式约占75%，一明两暗式约占15%，半开敞式约占10%（图3）。全开敞式和半开敞式主要出现在清中期，一明两暗式则在清中期较迟的时间段和清后期中出现。

全开敞式，60%出现于宗祠，40%出现于支祠，家祠中没有出现。半开敞式，仅在宗祠和支祠中出现，两者比例相当。一明两暗式，67%出现于家祠，33%出现于支祠，宗祠中不出现。

推测，一明两暗式中厅，祭祀空间有限，能容纳的族人较少，故主要出现于等级较低的家祠中；全开敞式中厅，祭祀及活动空间充足，能容纳较多的族人，故一般用于等级较高、族人较多的宗祠。半开敞式与全开敞式相比，更利于遮阳或防风，但中厅空间变得较封闭。玉林市玉州区祠堂中厅形制对照表如表2。

3）后厅

后厅，又称后堂、祖厅、祖堂或寝堂，是放置祖先灵位及神龛，供奉祖先神灵的地方。通常是整座祠堂的末端，后墙封闭不设门。

一般后厅的整体格局较中厅略小、较封闭，庄重、严肃而神秘。玉林市玉州区的祠堂后厅的形制主要有三类：

一是开敞式，约占34.3%，后厅三开间均向前敞开，祖先牌位放置在明间中央，左右次间放些供奉用的物品。现偶尔出现在左右次间供奉观音和寿星公的，如曾定西祠。

二是一明两暗式，约占60%，其后厅明间向天井敞

① 木过梁结构，其形似在墙上开一或多个矩形大门洞，门洞上设梁即木过梁，木过梁承托其上部的墙体及屋面的重量。

中厅形制对照表（作者绘制） 表2

中厅类型	案例	平面图	照片
全开敞式	福绵镇 张氏宗祠 嘉庆	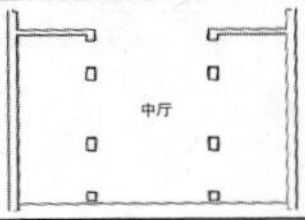	
半开敞式	新桥镇 姚氏宗祠 乾隆十九年 （1754）	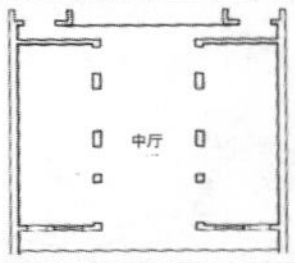	
一明两暗式	城西街道德山祠 光绪葵未年 （1883）	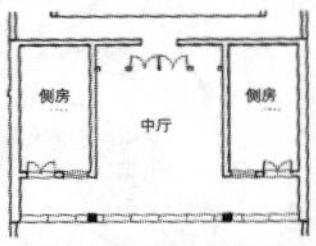	

后厅形制对照表（作者绘制） 表3

后厅类型	案例	平面图	照片
开敞式	城北街道 光裕祠 乾隆	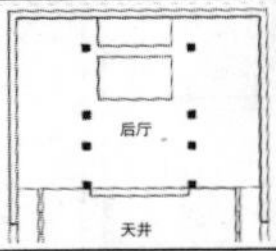	
一明两暗式	福绵镇 张式宗祠 嘉庆	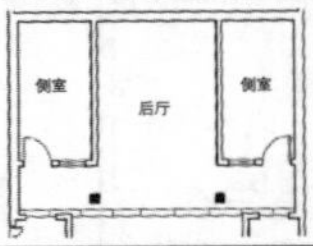	
封闭式	城西街道德山祠 光绪葵未年 （1883年）	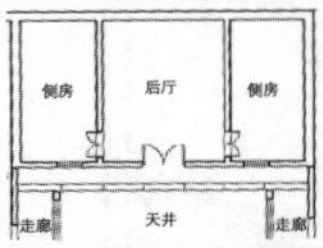	

开，祖先牌位放置在明间中央，两侧次间封闭作侧室，侧室一般在前檐开门设窗，内置供奉用品。

三是封闭式，约占5.7％，此类后厅的明间仅前挑檐廊设门，通过门与天井沟通，祖先牌位放置在明间中央，两侧封闭侧室在明间两侧开门，内部空间昏暗狭小。

开敞式的后厅中，二进的祠堂约占67％。若仅看13座二进的祠堂，其后厅为开敞式的约占61.5％，可见开敞式后厅多用于较小格局的二进祠堂。笔者推测，二进祠堂本身格局较小，但它兼具了享堂与寝堂的功能，祭祀活动需要在后厅中举行，采用开敞式，可让祠堂空间开敞，增加祭拜的空间。

开敞式在清中期和后期出现，仅出现于宗祠和支祠中，两者比例相当。

一明两暗式的后厅中，三进的祠堂就占了76％。一明两暗式，52.3％出现在支祠中，38.1％出现在宗祠中，9.5％出现在家祠中。

总体而言，一明两暗式主要出现于三进的支祠或宗祠中，且主要出现在清中期。

封闭型后厅仅出现两例，均是清后期的，且都是家祠。

玉林市玉州区祠堂后厅形制对照表如图表3。

4）天井

祠堂中，天井两侧一般设连廊，族人祭祀一般会从天井两侧连廊穿过。天井具有采光、通风、排水的功能，宽窄深浅很有讲究，需满足排水要求。

天井宽窄深浅应适宜，满足采光又能藏风聚气，太宽易散气，太窄则厅堂昏暗，故天井宽窄、深浅大多严格控制。一般，厅堂比较宽敞时，天井也相应增大面积，加大深度。[4]

天井内汇聚的雨水，乃天外之水，象征利禄命运，天井不宜积水阻隔气之吐纳，天井排水也不宜直接穿过厅堂明间中央排出，天井要保持净爽不可污秽。但现实，由于祠堂年久失修，调研中发现有些祠堂天井，杂草丛生，积有污泥，下雨时偶有积水。

玉林市玉州区测绘的祠堂中，一般的，一进天井的长宽比①约在0.38~0.77，其中长宽比在0.50~0.75的占83%；二进天井的长宽比约在0.29~0.63，其中长宽比在0.30~0.55的占70%。一进天井的面积大多是二进天井的1.1~2倍②。

笔者推测，一进天井是中厅前的院落，中厅即享堂，是祠堂中各类祭祀、聚会的重要场所，中厅面向一进天井敞开，其功能延伸至一进天井，所以大型的祭祀和聚会活动通常需要利用一进天井。后厅为寝堂，面向二进天井，一般祭祀、聚会活动不在后厅进行，二进天井不需要承担祭拜、聚会的功能，仅是采光、通风、排水等功能。

调研中发现不少天井中间会略隆起，这样有利于排水，避免天井中央出现积水。如城西街道德山祠，二进天井中央比周边高出约9厘米；如新桥镇唐氏宗祠，一进天井中央比周边高出约6厘米。

天井空间属祠堂建筑的虚空间，厅堂连廊属实空间，整座祠堂虚实组合的形式有多种样式，以下是玉林市玉州区几种重要的组合形式，如表4。

① 一进天井指前厅与中厅之间的天井，二进天井指中厅与后厅之间的天井，天井长指进深的大小，宽指面阔的大小。
② 这里仅分析三进祠堂的一进、二进天井，因为二进祠堂没有前后天井对比，四进祠堂数量太少。

祠堂总体平面组合关系图（作者绘制） 表4

平面组合类型	平面简图	天井长宽比例		案例	年代	地址	祠堂类型
一路二进，天井两侧设连廊，平面方整呈回字形		0.38～0.43		陈元德祠	清同治	玉城街道	支祠
				禓让兴祠	清光绪	城北街道	家祠
一路二进，天井两侧无连廊，平面方整呈吕字形		0.39		李氏宗祠	清道光	仁厚镇	支祠
一路二进，天井两侧设连廊，祠堂两侧设辅房和天井，有前凹入式广场		0.43		曾定西祠	清代，具体不详	南江街道镇	支祠
一路三进，天井两侧均设连廊，一进天井略大于二进天井		二进	0.29～0.63	何氏宗祠	清乾隆	福绵镇	宗祠
				姚氏宗祠	清乾隆	新桥镇	宗祠
		一进	0.38～0.77	文光裕祠	清乾隆	城北街道	支祠
				友松祠	清道光	城北街道	支祠
一路三进，在祠堂背后加建独立的一座供奉寒山爷，天井两侧均设连廊，天井均成长方形		加建	0.44	张氏宗祠	清嘉庆	福绵镇	宗祠
		二进	0.50				
		一进	0.45				
三路三进，祠堂天井两侧均设连廊，一进天井较方正，二进天井呈扁长方形		二进	0.37	梁氏宗祠	清嘉庆，光绪重修	仁厚镇	宗祠
		一进	0.77				
平面不规则，前大后小，略显斗状		二进	0.33	曾寿侯祠	清代，具体不详	玉城街道	家祠
		一进	0.54				
		二进	0.40	德山祠	清光绪	城西街道	家祠
		一进	0.59				

5）连廊

祠堂的前、中、后三座厅之间，一般在天井两侧用廊连接，这样可以遮风挡雨，便于族人在祠堂内活动。有少数祠堂不设侧廊的，天井两侧仅有围墙；或者两侧设辅房，挑檐作连廊，如曾圣扬祠二进天井和曾书锦祠一进天井。

一般，连廊会比厅堂低矮许多，对于进深较浅的连廊，降低高度能更有效地遮阳、避雨。祠堂中，连廊作为辅助性的功能，不应遮挡主体或过于抢眼。连廊基本是单坡向内的，有的外侧墙向外开门。

玉林市玉州区祠堂的连廊，大致有三种形制：

一是全开敞式，包括两类，即设廊柱的单坡连廊式和借助辅房挑檐廊做连廊式。连廊向天井全敞开，若下雨时刮风，容易飘雨进廊内。考察调研中，此类连廊约占33.3％。其中辅房挑檐廊做连廊较少，一般易出现在客家祠堂四水归堂式天井两侧。

二是半开敞式，即连廊内侧设墙或片墙或砖砌栏杆，墙上开窗，包括砖砌镂空窗、琉璃或陶制镂空窗，或者与拱券窗结合。连廊不向天井完全开敞。玉林市玉州区的祠堂中，半开敞式连廊占主导地位，约占63.3％。

三是封闭式，即连廊向天井一面砌墙，不开任何窗或拱券，在朝外的内墙上开门洞采光和交通。此类仅有一例，即新桥镇黎式宗祠三进天井侧廊。

玉林市玉州区的祠堂侧廊形制对照表如表5。

侧廊形制对照表（作者绘制）　　表5

侧廊类型	案例	照片
全开敞式	福绵镇 何氏宗祠 仅设廊柱	
	茂林镇 曾圣扬祠 挑檐廊	
半开敞式	新桥镇 姚氏宗祠 一进侧廊 片墙+镂空窗	
	新桥镇 唐氏宗祠 一进侧廊 镂空窗+拱券窗	
	新桥镇 姚氏宗祠 二进侧廊 镂空窗	
封闭式	新桥镇 黎氏宗祠 二进侧廊 封闭，外侧开门	

二、剖面构架形制分析

1．主要单体建筑高度比较

玉林市玉州区的祠堂，从前往后，每座厅堂的地面逐渐抬高，一般，前厅较室外地坪高出约10～75厘米，中厅地坪较前厅的抬高约10～42厘米，后厅较中厅再抬高约9～34厘米，可见抬高的幅度，从前往后呈下降的趋势。从前厅到后厅，总体抬高的幅度在26～140厘米之间，如图8。

祠堂的二进天井也高于一进天井。调研测绘的祠堂中，二进天井比一进天井高出约10～60厘米，其中抬高的幅度主要集中在25～50厘米之间，天井抬高利于组织排水。

祠堂的前厅净高及屋面标高通常比中厅低，后厅室内净高一般也低于中厅，但后厅屋面标高高于中厅，主要依靠地面的抬高。整体上，祠堂呈现前低后高的趋势。这反映了祖先在宗族中的崇高地位，也符合中华民族祖先崇拜的传统（图7）。

图7　祠堂建筑前后高度对比图（作者绘制）

从地坪、天井到屋面，这样前低后高的布局，营造循序渐进、步步高升，而又庄严的空间序列。

2．构架分析

玉林市玉州区的祠堂构架类型比较丰富，同一时期的祠堂出现多种构架类型，一座祠堂前、中、后不同的厅堂可能采用不同的构架。前、中、后厅构架的不同反映了祠堂空间序列属性特征的不同。

玉林市玉州区的祠堂主要构架类型如下：

一是硬山搁檩式，即实墙上搁置檩条，实墙承托屋面的重量。

二是拱券式，即采用拱券结构砌筑墙体，檩条搁置于墙体，屋面重量由拱券结构墙体支撑。

三是木过梁式，其形类似在墙上开一或多个矩形大门洞，门洞上设梁即木过梁，木过梁承托其上部的墙体及屋面的重量，继而由木过梁两端的墙体将重量传至地下；檩条搁置在墙上。

四是沉式瓜柱梁架式，即梁与梁之间、梁与檩条之间由瓜柱连接。瓜柱顶端开竖向深槽，梁从瓜柱顶端沉入瓜柱腰部；瓜柱底端挖弧形槽，留有榫头，抱住下层的梁并将榫头插入梁上；瓜柱顶端与竖向深槽垂直方向斩凿出浅凹槽，用于搁置檩条（图8）。有的最上层梁的中央置驼峰或枕梁木，脊檩由驼峰或枕梁木承托。瓜柱大多呈水滴状，也有圆柱状。

图8　水滴状瓜柱（作者拍摄）

五是驼峰抬梁式，即梁上置驼峰，驼峰上再置梁，如此垒叠向上。有的为了保持驼峰大小协调美观，驼峰上还有大斗或木垫块，檩条则搁置在驼峰、大斗、木垫块或梁上。

六是折角抬梁式，即梁上立截面为方形或圆形的短柱，短柱柱顶与梁端皆斩凿出45°斜面，二者斜面相卯合，形成90°折角样，梁头不再伸出。一般最上层的梁中央置驼峰承托脊檩，有时折角端有大斗，檩条搁置在折角梁上或大斗上。

七是驼峰+斗栱抬梁式，即梁上置驼峰，驼峰承托上层的梁及斗栱，檩条搁置在斗栱上。

八是博古架式，即两柱或墙与柱之间，用博古板及月梁或直梁连接，博古板上直接搁置檩条，博古板由月梁或直梁承托。

九是混合式，即以上两种或多种构架相互结合。

玉林市玉州区的祠堂构架类型对照表见表6。

1）前厅构架

前厅平面分为门廊式、凹入式及平门式。玉林市玉州区祠堂调研中，平门式的前厅全部采用硬山搁檩。73％的凹入式前厅采用硬山搁檩；20％的凹入式前厅采用硬山搁檩+后檐廊的形式，后檐廊均采用折角抬梁式，有的在折角上置驼峰或大斗再承檩条。极少数凹入式前厅采用拱券结构。

门廊式前厅中，90％采用前檐廊+硬山搁檩的形式。前檐廊可分为抬梁式、沉式瓜柱梁架式、木过梁式及拱券式，其中抬梁式占89％。

构架类型对照表（作者绘制）　表6

构架类型	结构示意图	案例	照片
硬山搁檩	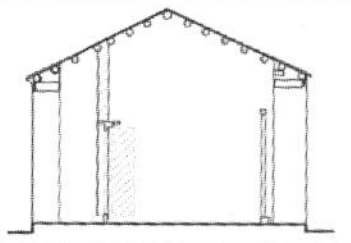	福绵镇何氏宗祠前厅构架	
拱券式	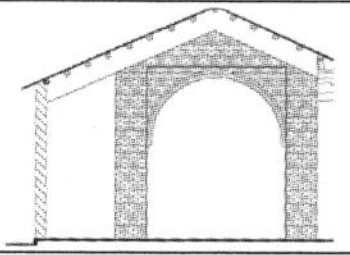	江南街道曾定西祠后厅构架	
木过梁式	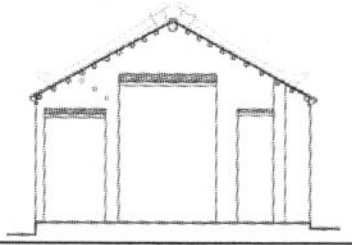	福绵镇何氏宗祠中厅构架	
沉式瓜柱梁架	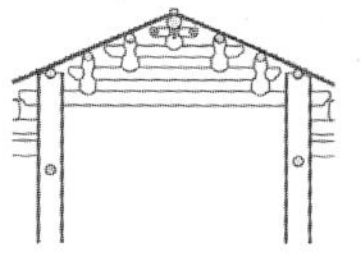	城北街道文光裕祠后厅中跨梁架	
驼峰抬梁式	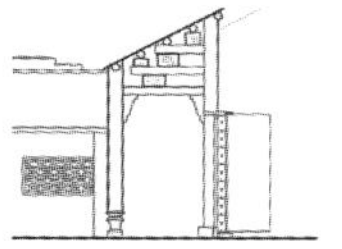	江南街道曾定西祠前厅构架	
折角抬梁式	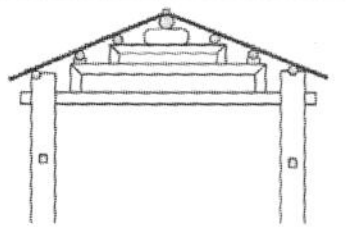	仁厚镇李氏宗祠后厅梁架	
驼峰+斗栱抬梁式	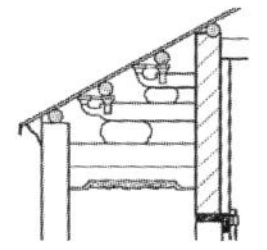	城北街道文静山祠前厅门廊	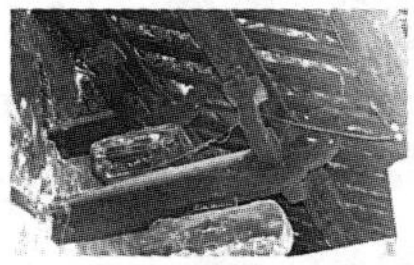
博古架式		城西街道德山祠中厅檐廊	

所以，门廊式前厅中，主流构架是前檐抬梁式+硬山搁檩。

檐廊的抬梁式又可分为四类，驼峰抬梁式、折角抬梁式、折角+驼峰抬梁式、驼峰+斗栱抬梁式。

a 驼峰+斗栱抬梁式占13.3%，均是清乾隆和嘉庆时期的；

b 驼峰抬梁式占46.7%，其中70%是清乾隆和嘉庆时期的；

c 折角+驼峰抬梁式占13.3%，均是清嘉庆和道光时期的；

d 折角抬梁式占26.7％，均是清道光、光绪及之后的。

推测，从乾隆时期到光绪时期，由驼峰+斗栱抬梁式慢慢过渡到折角抬梁式，演变规律：驼峰+斗栱抬梁式→驼峰抬梁式→折角+驼峰抬梁式→折角抬梁式。

带驼峰、斗栱的抬梁式，用材用料较大，驼峰上刻祥瑞图样；折角抬梁式，用材用料较小，且简素无装饰。这样的构架发展是由工艺较复杂、用料大向工艺简单、用料小的一种变化。

2）中厅构架

玉林市玉州区的祠堂，中厅的构架类型较丰富。

中厅构架前檐廊+硬山搁檩式的较少，约占15％，且均出现在道光或光绪时期的家祠或支祠中。前檐廊为驼峰抬梁式、木过梁式或博古架式，其中博古架式为光绪时期的，其余的为道光时期。

中厅构架主要是开敞或半开敞的木构梁架式、木过梁式、拱券式或以上两两结合的形式。

（1）带有驼峰的构架，约占40％，均出现在乾隆和嘉庆时期。可分六种类型：驼峰+斗栱+沉式瓜柱梁架、驼峰+沉式瓜柱梁架、驼峰+斗栱+拱券式、驼峰+拱券式、驼峰+折角抬梁式。从时间上分析，推测发展变化规律可能有：

驼峰+斗栱+沉式瓜柱梁架→驼峰+沉式瓜柱梁架→驼峰+折角抬梁式。

演变的规律，与前厅檐廊变化规律类似，构架由工艺复杂、具有装饰性向工艺简单、实用变化。

（2）设有木过梁的构架，约占35％，43％出现在乾隆时期，57％出现在道光时期，可分为三类：木过梁式、木过梁+拱券式、木过梁+硬山搁檩。

乾隆时期，木过梁的高度较大，梁下设随梁枋，梁的高度大于或等于随梁枋的高度。梁的高度约12～30厘米，随梁枋的高度约8～10厘米，呈现“上层厚下层薄”的形式。梁高度/梁跨度大致在1/11～1/13.5之间。

道光及光绪时期，木过梁的高度减小，一般梁下设随梁枋，梁的高度小于或等于随梁枋的高度。梁的高度约7～16厘米，随梁枋的高度约7～18厘米，呈现“上层薄下层厚”的形式（图9，不同时期的木过梁截面图）。梁高度/梁跨度在1/20～1/40之间，梁的高跨比这样小，但结构仍然安全稳固，可能随梁枋起到了重要的承重作用。

（3）带拱券的构架，约占50％，包括纯拱券式、木构梁架或木过梁和拱券结合的形式。其中50％出现在乾隆时期，10％出现在嘉庆时期，20％出现在道光时期，20％出现在民国时期。

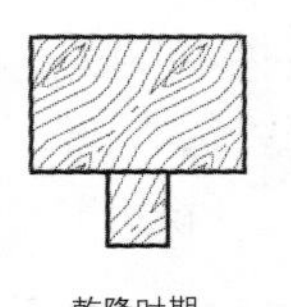
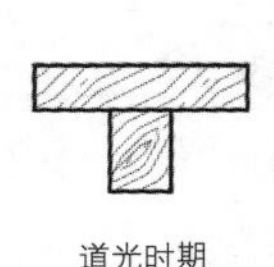
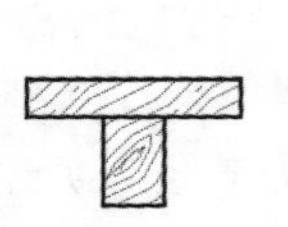
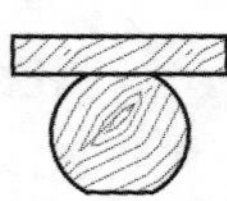

图9　不同时期的木过梁截面图（作者绘制）

每个时期的拱券具有相同点，砌筑方式大致相同：拱券部分，拱券由内向外一层丁一层顺式砌筑一圈，有极少数重复两次的，丁砖垂直顺砖，顺砖有弧度；或者由内向外，一层丁砖长边沿圆拱径向方向，一层丁砖垂直圆拱径向方向砌筑。

不同之处主要是拱券发券处的承托方式：a 直接落地式，即发券处往下砌砖直接落地。从清中期到清后期一直在使用，连续性较好，出现的频率最大。b 石雀替承托式，即在发券处由石雀替承托，石雀替卯入墙体内。主要出现在清中期，清后期也偶有使用。c 砖叠涩承托式，即发券处砌砖叠涩出挑承托拱券。清中期的，叠涩出挑的砖无棱角有弧度，后期出现的带有棱角。拱券示意图见表7。

拱券类型对照表（作者绘制）　　表7

拱券类型	直接落地式拱券	石雀替承托式拱券	砖叠涩承托式拱券
示意图			
照片			

此外，还有一点值得注意的。双重屋面，即前檐屋面降低，立面上呈双重屋面（图10）。双重屋面，仅出现在屋面的前坡部分出现。

图10　姚氏宗祠中厅的双重屋面（作者拍摄）

调研中，出现双重屋面的祠堂共有五座，分别是新桥镇的黎式宗祠、黄祯吉祠、姚氏宗祠、郑氏宗祠和仁厚镇的梁氏宗祠，其中新桥镇的四座祠堂均是清乾隆时期的，仁厚镇的梁氏宗祠是清嘉庆时期的。从时间上分析，双重屋面全出现在清中期。

笔者推测，前檐屋面降低，一是能更好地遮阳避雨；二是可以防台风，前檐屋面越高受风力越大，屋面瓦片容易被托起掀翻，降低前跨屋面可以降低所受的风力，尽量避免被掀翻。如果风力太大，即使前檐屋面被风掀起，中后跨屋面可不受影响，安全性更高些。

3）后厅构架

后厅的平面形制分为开敞式、一明两暗式、封闭式。

a 封闭式后厅仅两座，均为硬山搁檩式，出现在光绪时期。

b 开敞式后厅的构架主要有沉式瓜柱梁架、驼峰抬梁+拱券式、拱券式：

33％为沉式瓜柱梁架，主要出现在清中期，在宗祠和支祠中的比例相当；

17％为驼峰抬梁+拱券式，主要出现在清中期，在宗祠和支祠中的比例相当；

33%为拱券式，均出现在清后期，宗祠和支祠中均出现；

折角抬梁式和木过梁式出现较少，仅出现在清后期。

可见，开敞式后厅构架由沉式瓜柱梁架、驼峰抬梁+拱券式逐渐过渡到拱券式、折角抬梁式和木过梁式。后期的构架结构简洁，工艺简单。

c 一明两暗式，10％为挑檐+硬山搁檩，且均是道光时期的；90％为前檐廊+硬山搁檩。其中，前檐廊主要有木过梁式、拱券式、抬梁式：

木过梁式约占39％，主要出现在清中期，宗祠和支祠中均出现，比例相当；

拱券式约占33％，一半出现在清中期，一半出现在清后期及民国时期，在支祠中出现的数量是宗祠的两倍；

抬梁式约占22％，其中75％出现在清中期，25％出现在清后期。其中，清中期出现的主要是驼峰抬梁式及驼峰+折角抬梁式，清后期的主要是折角抬梁式。这与前厅檐廊抬梁式演变规律相符。

三、结语

本文从平面、构架等角度整理和分析玉林市玉州区的祠堂建筑形制。并以时间为轴，在广泛测绘及收集祠堂时间信息的基础上，总结各种平面类型和木构梁架式、木过梁式、拱券式等不同结构类型及组合方式在时间上出现的规律性，以期让大家更为了解玉林市玉州区的祠堂建筑形制。由于研究范围、时间、精力与篇幅等方面限制，文章仅能作为对玉林市玉州区祠堂研究的一个开端，还有更多更大价值的形制工艺需进一步的检验和深入探究。

国家自然科学基金项目：广西祠堂建筑形制与工艺研究（项目编号51308134）；

质量工程（创新）基金项目：广西来宾地区祠堂建筑形制研究（项目编号T3030098230）；

参考文献

[1] 广西地情网. http://www.gxdqw.com/bin/mse.exe?seachword=&K=c&A=11&rec=66&run=13.

[2] 邵华. 清代广东移民与广西的社会变迁[D]. 广西师范大学, 2007.

[3] 杨扬. 广府祠堂建筑形制演变研究[D]. 华南理工大学, 2013.

[4] 吴庆洲. 中国客家建筑文化[M]. 武汉：湖北教育出版社, 2008.

[5] 赖瑛. 珠江三角洲广府民系祠堂建筑研究[D]. 华南理工大学, 2010.

[6] 冯江. 明清广州府的开垦、聚族而居与宗族祠堂的衍变研究[D]. 华南理工大学, 2010.

[7] 熊伟. 广西传统乡土建筑文化研究[D]. 华南理工大学, 2012.

[8] 谢小英. 广西古建筑[M]. 北京：中国建筑工业出版社, 2015. 12. 01.

[9] 张开邦. 明清时期的祠堂文化研究[D]. 山东师范大学, 2011.

[10] 贡坚, 郭珩. 祭祀制度与祠堂建筑[J]. 山西建筑, 2008, 12: 75-77.

族系“营造”下南北方汉族民居建筑空间比较研究
——以湖南张谷英村和陕西党家村为例

党　航[①]　何韶瑶[②]　章　为[③]

摘要：通过选取南北方典型族系“营造”下形成的传统民居建筑群作为研究对象，基于测绘、影像数据对民居的院落、天井、街巷空间，结合GIS、Depthmap软件进行量化比较分析。张谷英村屋顶相连，街巷界面相对封闭，与其居住功能相适应。党家村民居以院落围合而成的建筑群更具空间的私密性，民居具有很强的地域特色与浓厚的乡土气息。二者都是在不同地域文化的兼收并蓄过程中，在地理环境、生产生活方式、族系制度、族系产业、族系地位等的影响下与多种文化特征相互融合、逐代更新形成的民间瑰宝。

关键词：族系；地域民居；院落；天井；街巷空间；党家村；张谷英村

一、引言

作为中国传统建筑两大体系的分支之一，中国传统民居包含着它从无到有的发展历程、政治制度、经济制度、宗教信仰、建造文化等信息，成为各民族最真实的写照。南北方民居的建造特点因地理气候、自然资源、民族文化等诸多方面的差异，建筑形式极富变化，呈现出多样性、地域性和民族性建筑特色。梁思成先生曾经说过：“不同民族习惯和文化传统又赋予建筑以民族性，它是社会生活的反映，它的形象往往会引起人们情感上的反映[1]。”族系“营造”下的传统民居建筑群不仅是家族文脉的传承，更是当时社会环境下民族建筑与地域文化的典型体现和物化写照。

二、研究概论

韩城党家村是陕西关中地区保存最为完整的传统民居村落，瓦屋千宇、楼、塔、碑、祠与民居相互辉映。反映着北方关中地区汉族民居从明清时期逐渐形成的民居建造方式和文化形态。湖南岳阳张谷英村作为南方地区最为典型的天井式传统汉族民居，由当大门、王家塅、上新屋三个主要建筑群构成，建筑群的布局充分体现着家族和血缘的结构关系，通过其建筑轴线能够清晰地反映家族人口繁衍发展的脉络。

之所以选择陕西韩城党家村与湖南岳阳张谷英村为对象做详细的对比分析研究，主要有以下几点原因：

首先，二者都是南北方地域民居建筑的杰出代表，均为历史悠久的历史文化名村，建筑群整体保存完整，遗留下大量的历史建筑，建筑形式各具特色，是当地历史建筑文脉的再现。其次，二者均为族系“营造”下逐渐形成的汉族传统民居，具有很强的家族营建性，建筑处处体现着封建社会的族系制度。在院落、天井、街巷空间的分布上有着明显差异。纵观以往前人的研究，单独对关中民居和洞庭民居的研究较为丰富，但对南北方典型的民居进行对比研究的文献很少，尤其是族系“营造”下的传统民居研究的文献几乎没有。

比较作为学术方法论，是对不同研究对象的同一性和

① 党航：建筑学硕士研究生，湖南大学建筑学院
② 何韶瑶：教授、博士生导师，湖南大学建筑学院
③ 章为：建筑学博士研究生，湖南大学建筑学院

差异性进行研究的方法，它的目的是掌握研究对象共同的规律性与不同研究对象的特征，以比较作为学术研究的重要手段，历史联系研究也称为“影响研究”，在学术史上，通常称之为历史实证方法，它是影响研究的核心[2]。

研究通过对二者的比较研究，侧重从院落、建筑街巷空间的差异进行分析，笔者通过对二者的地理环境、建筑历史及建筑形态整合研究，做出如下整理（表1）:

可以看出，由于都是家族姓氏民居建筑群，张谷英村与党家村在建造年代、建筑群面积具有很强的相似性，因此当时的社会文化背景在一定程度上影响着二者兴起的模式，气候地理条件影响下的民居建筑在居住模式上既有共同特征的一面，但在建筑布局、形态、形式方面也有明显的差异，这些影响因素也是导致民居建筑之所以呈现丰富多彩、绚丽灿烂的根本原因。

张谷英村、党家村自然条件、历史、建筑特征统计表　　表1

村落		张谷英村	党家村
平面布局		（图片来源：google地球）	（图片来源：google地球）
位置及历史	地理位置	湖南省岳阳市张谷英村	陕西省韩城市党家村
	建筑面积	51000平方米	41000平方米
	气候条件	亚热带大陆季风湿润气候	暖温带半干旱大陆性季风气候
	气候特点	冬冷夏热，雨水多集中于夏	夏季炎热多雨，冬季寒冷干燥
	建造年代	明洪武四年（公元1371年）	元至顺二年（公元1331年）
	兴起模式	迁徙	经商
	民族	汉族	汉族
	建筑数量	206个天井	四合院建筑120多间
	人口数量	1020人	1478人
建筑	形态布局	“龙”形	“葫芦”形
	街巷形态	“丰”字形	“棋盘”状
	建筑形制	中轴对称、家族聚居	四合院中轴对称、家族聚居
	院落形式	天井式	四合院落式
	建造材料	砖木结构、多木	砖木结构、多砖石
	建筑结构	抬梁式、穿斗体系结合	抬梁体系

三、“核”——院落、天井空间比较分析

1．院落、天井空间尺度

党家村的院落多为一进式合院，主房和两侧的厢房围合出“U”形的狭长空间，建筑布局特点是房屋多沿纵轴布置，以厅堂为中心层层组织院落，整体平面呈狭长矩形平面。各个合院也是按照中轴线对称布置，左右对称，围合而成的四合院院落空间具有较强的私密性。

张谷英村是以堂屋为中心，通过天井院落层层递进，形成纵向的天井院落空间，侧面布置用于行人的巷道。内部建筑多以两层为主，从屋顶到建筑体都互连为整体，屋顶中间围合成一个小天井空间，天井与堂屋空间连成一片，递进式的大堂屋与狭小天井空间连续相套，建筑内部的天井接天井，形成了屋脊连屋脊的“蜂窝”状的古建筑群[3]。

在张谷英村的天井空间形成过程中，大屋由多个基本的以天井为中心的居住单元组成，每个基本单元由位于中间的堂屋、天井及两侧的四间厢房组成，各家庭基本上是居住在由位于中央部的堂屋、天井及其两侧配置的四间房所组成的住宅基本单元里，多个居住单元联结起来就形成

张谷英村、党家村院落、天井比较 表2

		张谷英村		党家村
院落形式	天井院落式		合院式	独院式 
				纵向多进式 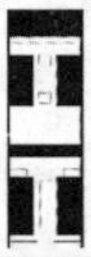
				横向联排式 
				“L”式 
空间尺度	天井尺度	 1 : 1	院落尺度	 D/H=0.55
		 1 : 1		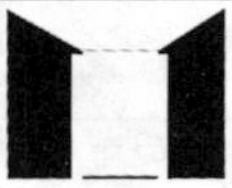 D/H=0.83
		 1 : 2		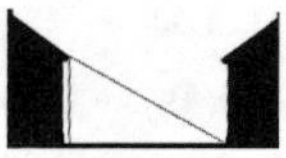 D/H=1.5
布局特点		天井庭院中轴对称，通过在原有“庭院、天井”的基础上延伸扩展		庭院中轴线对称布置，房间主次分明。通过单元庭院的组合形成建筑群
核心元素		堂屋、天井、厢房		厅、厢房、庭院、垂花门

单元群，之间再以巷道联结，构成整个建筑群。

党家村的院落由其最基本的构成单元“间”“厢”围合而成“院”空间，“院”空间经组合形成“合院”空间，“合院”空间的组合又形成院落组空间，院落组与道路的组合形成地块，与街巷的组合形成街坊空间等，最终形成“间一院一合院一院落组”的建筑群[4]（表2）。

2. 院落、天井空间密度

利用GIS分析软件，分别建立张谷英村和党家村的院落、天井点数据库，巷道的线数据库，绘制如图3、图4的密度图，从图可以看出，张谷英村的天井密度是以当大门、王家段、上新屋分别作为三个中心点，围绕中心点延伸，形成规模较大的由内向外放射式布局的建筑群。而党家村的院落密度则是以家族主要的祠堂、书院等多个建筑单体布局的区域为中心，进行院落的布局与排列。

四、“轴”——街巷空间比较分析

1. 街巷空间尺度

党家村各家的民居四合院落、门楼构成了完整的街巷空间组织结构。张谷英村的巷道是大屋的筋脉，布置在整个建筑群的内部空间，建筑内部巷道多一米左右宽，幽深、曲折、四通八达，联络着堂屋与其他堂屋单元。

2. 街巷空间集成度

鉴于二者巷道的丰富性与差异性，本文选用空间句法理论中的轴线分析法对两村的街巷空间进行量化分析，利用影像图通过CAD软件按照轴线分析法的相关要求和原则结合调研现状分别绘制张谷英村、党家村的街巷轴线地图，然后将其导入空间句法软件Depthmap进行轴线运算[6]。

在整个空间系统构形中，必然有一部分轴线的全局集成能力处于支配地位，这部分轴线构成了城市的“全局集成核”[7]。图5中，除了外部的主要道路集成度最高位，百步三桥为其集成度最高的轴线，由于张谷英村的巷道多为内部巷道，因此这些巷道以百步三桥为边线，向内集成度则逐渐降低。党家村街巷集成度见图6，贯穿整个街巷系统最主要的一条巷道即为其集成度最高的巷道轴线，这条巷道在整个街巷体系中具有最强的空间穿透力，其他巷道的集成度则以

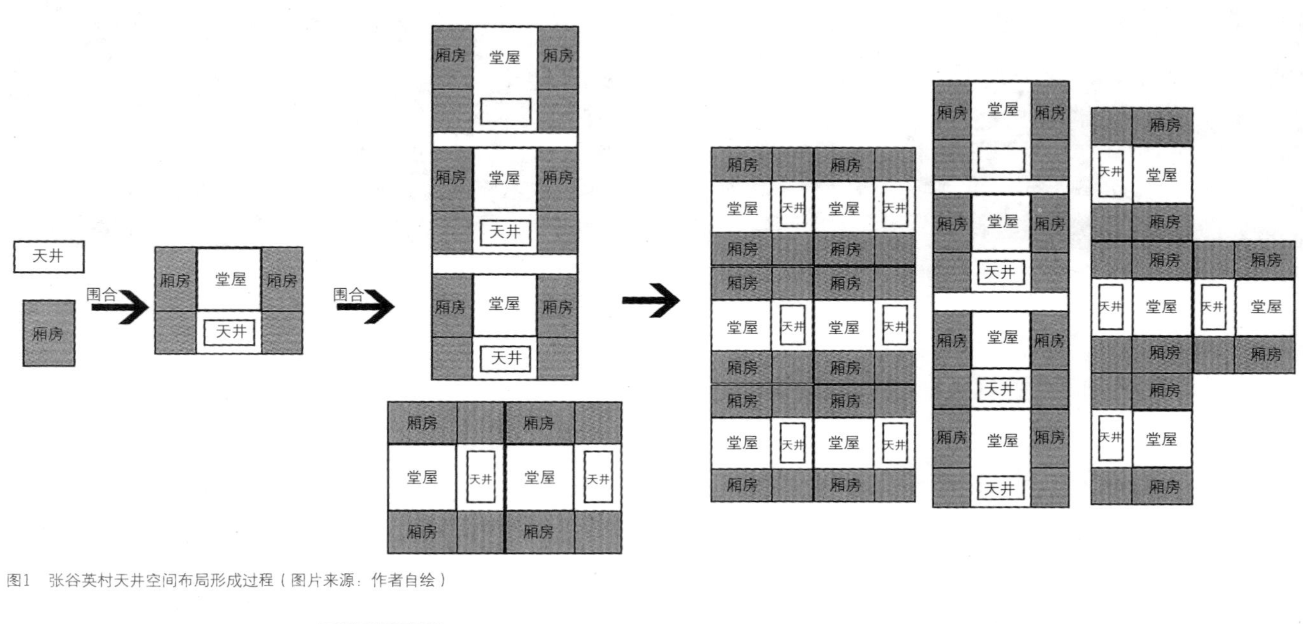

图1　张谷英村天井空间布局形成过程（图片来源：作者自绘）

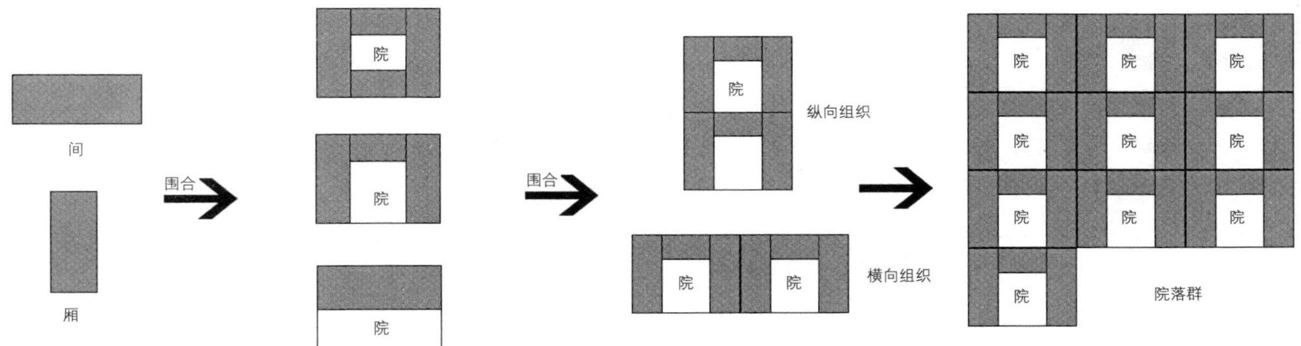

图2　党家村院落空间形成过程（图片来源：作者自绘）

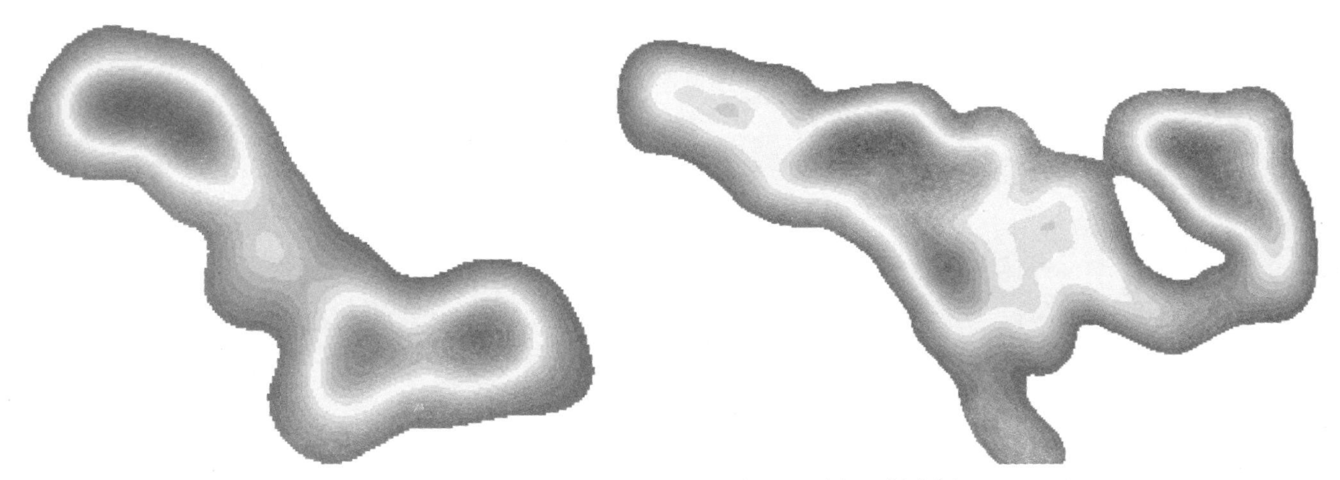

图3　张谷英村天井密度图（图片来源：作者自绘）

图4　党家村院落密度图（图片来源：作者自绘）

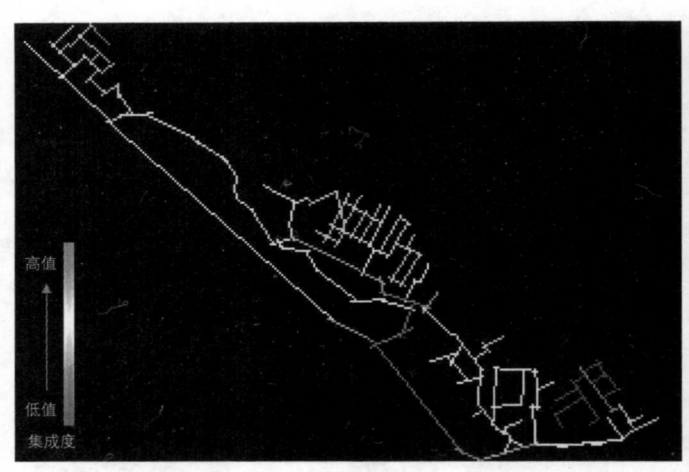

图5 张谷英村街巷全局集成度图（图片来源：作者自绘）

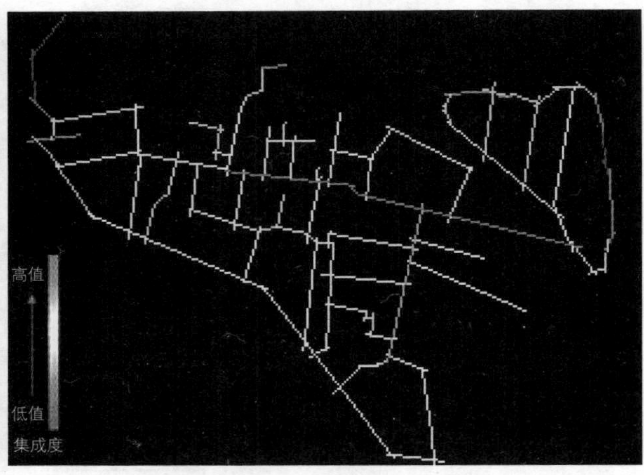

图6 党家村街巷全局集成度图（图片来源：作者自绘）

“全局集成度”最高的区域为核心，由内向两边扩展。

五、结语

通过对家族“营造”下的南北方典型民居建筑的对比研究，张谷英村所代表的南方汉族民居与党家村所代表的北方汉族民居在院落天井、街巷空间中有诸多不同，作为家族代代营建到具有一定的规模的民居建筑群，相比之下，张谷英村由于后代仕途坦顺，因此在原有基础上进行了多次大的营建。党家村主要是由于经商建筑逐具一定的规模，达到其鼎盛时期。张谷英村水资源丰富，街巷多沿水岸布置，具有丰富的亲水空间，同时结合丰富的檐廊空间，形成小片的商业区。党家村的巷道空间更具整体性，与院落空间形成双重交往空间。因此，族系“营造”下的传统汉民居建筑是在多重文化的影响下，考虑当地自然、经济、地域等多重因素下，与家族人口、家族产业模式、家族地位有机融合，逐代更新的结果。

基金项目: 湖南省自然科学基金资助项目（2016JJ4017）

参考文献

[1] 杨帆. 从党家村看关中民居[J]. 福建建筑, 2012, 12: 19-22.
[2] 李沄璋, 李旭鲲, 曹毅. 川西民居与徽州民居街巷空间比较研究[J]. 华中建筑, 2015, 06: 176-180.
[3] 郭谌达. 文化生态学视角下的传统村落张谷英村空间研究[J]. 华中建筑, 2016, 05: 165-168.
[4] 张璧田, 刘振亚. 陕西民居[M]. 北京: 中国建筑工业出版社, 1993: 85.
[5] 直横. “聚族而居”的古建筑群——湖南笔架山下张谷英村[J]. 时代建筑, 1991, 02: 31-38.
[6] 比尔·希列尔, 盛强. 空间句法的发展现状与未来[J]. 建筑学报, 2014, 08: 60-65.
[7] 朱东风. 1990年以来苏州市句法空间集成核演变[J]. 东南大学学报（自然科学版）, 2005, S1: 257-264.

从自然通风技术看湘西传统村落的气候适应性

郑 舰[①] 王国光[②]

摘要： 通过对湘西地区土家族苗族代表性传统村落的调查和现场实测，从规划选址、民居布局、水系和绿化环境营建等方面分析了湘西传统村落自然通风的技术通则，实测了部分村巷和民居建筑群环境原真数值，归纳提出其地域性气候特点，为传统村落保护与乡村生态住宅营造提供借鉴。

关键词： 湘西；传统村落；土家族苗族传统民居；自然通风

一、前言

目前，湖南省已有91个村进入中国传统村落名录，其中大部分传统村落位于湘西，湘西地区共有56个，根据我们参与湖南省湘西的调查，正在申报和准备申报的还有近100个村落。湘西现存传统村落，大多坐落于四面环山的凹地，村落有序依山而建，一般二三百年历史，大多数是始建于清朝末年的苗寨，如吉首市矮寨镇德夯村、中黄村，龙山县苗儿滩镇六合村、惹巴拉村，花垣县排碧乡板栗村。少部分始建于明末清初，如花垣县边城镇磨老村、永顺县灵溪镇老司城村、小溪乡小溪村，龙山县里耶镇长春村。部分村落至今还保留明末清初建筑遗存，如吉首市中黄村重午苗寨、花垣县磨老村、永顺县老司城、王村；还有一些建于民国初年的村落，也有近百年历史，民居建筑保存较好，如凤凰县山江镇黄毛坪村、江镇早岗村、麻冲乡竹山村、山江镇老家寨村、山江镇凉灯村、龙山县苗儿滩镇捞车村、靛房镇万龙村、吉首市峒河街道小溪村、社塘坡乡齐心村、排绸乡河坪村和泸溪县达岚镇岩门村（图1）。

以上湘西地区的传统村落（村域）总占地面积350平方公里，现存清晚期之后的苗族传统民居建筑物1800多栋，1100多间，约32万平方米。房屋、小河、树林、小山等交错，村落空间变化韵味有致，村落内巷道交织、砖墙维护，木雕、石雕、砖雕丰富多彩，民居以木质、石材和黏土砖砌结构建筑为主，除部分现代建筑，现存传统建筑多为清代建筑和民国时期建筑，有苗族建筑工艺特点和苗族文化内涵且很有观赏和研究价值的建筑如：堡寨楼（又称望风楼）、晒楼，书院（私塾）、绣花楼、寨门楼、穿斗式“吞口屋”等。湖南湘西多在武陵山脉之间，地貌以山地为主，属于亚热带季风湿润气候，大陆性气候特征明显。夏季炎热潮湿，冬季寒冷干燥，雨量较充沛，冬夏两季特别分明。主要采取的是自然通风的形式进行散热，而不是采用围护的形式阻止热量进入室内，并且对湿热气候的自然通风采光有其独特的措施。

① 郑舰：建筑学硕士研究生，华南理工大学建筑学院
② 王国光：教授、博导，华南理工大学建筑学院

二、村落规划层面的自然通风技术

1. 规划选址与自然通风

理想的村落选址和建筑群体的格局布置延续了传统的布局形式，背山面水，坐北朝南、随坡就势、负阴抱阳（图2）。其与现在生态学的理论相似，对地形的选择方式，本质上是因为当地良好的自然环境，容易形成生态循环的微气候，充分利用了自然地理环境，是趋利避害的。村落布局和建筑群体的格局，依山就势而建，建筑高低错落，布局自然紧凑，青瓦木板房和小巧的建筑尺度与大山河流融为一体，形成湘西特有的苗乡山寨。河流一般由北向南流经村寨，贯穿整个村寨，由于植被保护较好，水量丰富，形成了丰富多样的自然生态环境。"坐北朝南、背山面水、负阴抱阳"的格局，从自然通风的功能上来说，是十分合理的。背面靠着山，阻挡了冬季北方向的寒风；南面是河，到了夏季，可以接纳东南方经水体降温处理了的凉风；朝阳又可以获得充足的日照。村前的河流、树林和农田形成一个低温地带，村内的建筑群体形成一个高温地带，这样使得村内村外的空气形成一个温度差，从而形成自然通风，使得整个村寨形成了一个生态循环的微气候。

从聚落的空间结构来看，主要采用的是沿等高线布局的形式（图3），村庄建于接近耕地和水源的山脚处，建筑沿等高线自由布置。整个村落的建筑群在空间布置上特别考虑了地形地貌，利用向阳的坡地使传统聚落沿着地形的高低排列，呈现前低后高的排列方式，使建筑的相对高度逐渐加高。同时，在同一等高线上，独栋建筑之间相互错开。这些布置方式，使建筑之间挡风少，尽量不影响后面建筑的自然通风，且又节约了土地。

2. 水体、田林降温与自然通风

水体、农田和山林在选址中占据如此重要的地位并非空穴来风，为了进一步验证"背山面水"型布局结构对通风降温的影响，我们采用计算流体力学（CFD）对吉首市中黄村、古丈县龙鼻村和树栖柯村、龙山县毛坝村和凤凰县黄茅坪村等比较典型的传统村落（图4～图8）进行模拟，模拟结果显示：

（1）当气温升至34.4～38° C，村落内部的温度仅为30～32.2° C，比周围来流空气温度低了近4～5℃。

（2）水面宽度对降温效果显著，中黄村前的比恰河宽仅20米左右，影响最小，古丈县龙鼻村的红岩溪50多米宽，影响次之，古丈县的树栖柯村紧邻罗依溪，宽100～200米，且村落三面被水环绕，降温效果最显著。

（3）水面宽度不变，流动水面较静止水面降温效果显著，另外凤凰县黄茅坪村实测还显示静止的池塘水面较稻田降温效果显著。

从技术验证结果和现存村落基址选择情况来看，湘西民居的实际选址布局先看山水，后看朝向的方法在湘西多山多水的地理环境中更容易营造拥有良好风环境与内部微气候的村落基址，是更加符合因地制宜原则的实用方法。

三、民居建筑群体空间布局层面的自然通风技术

1. 减少建筑间距，建筑互相遮阳，改善自然通风环境

湘西传统村落大多因用地紧缺，且夏季太阳辐射强度大，所以建筑采用密集式布局，这样减少建筑间距，便使相邻的房屋起到互相遮阳的作用。建筑互相遮挡下的阴凉空

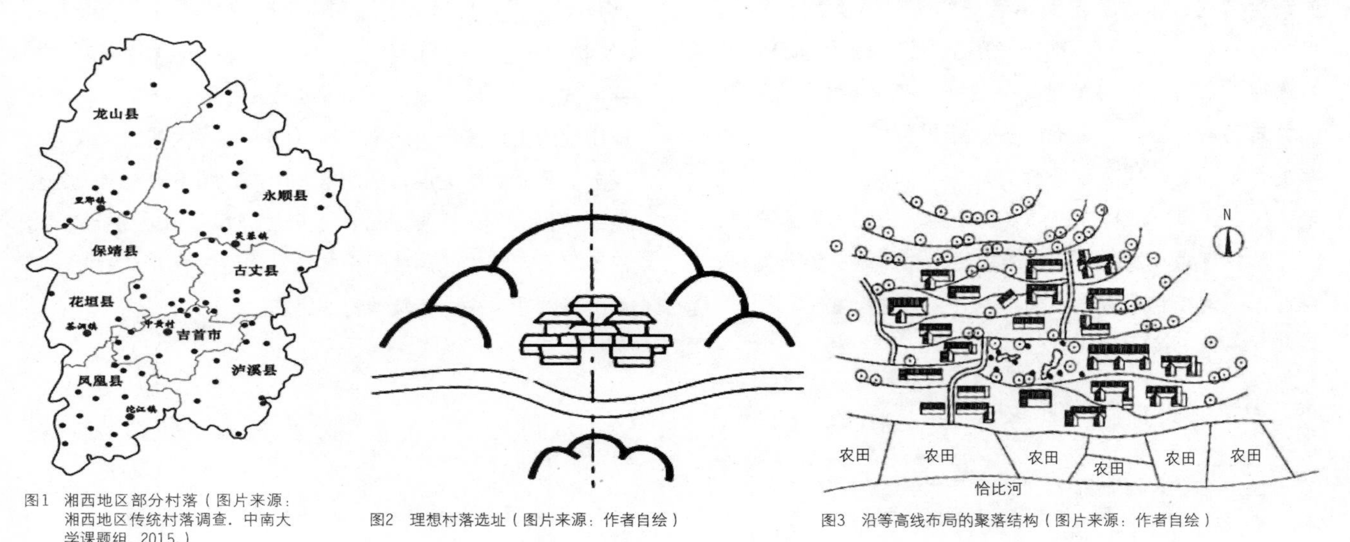

图1 湘西地区部分村落（图片来源：湘西地区传统村落调查. 中南大学课题组. 2015.）

图2 理想村落选址（图片来源：作者自绘）

图3 沿等高线布局的聚落结构（图片来源：作者自绘）

图4 中黄村全貌图

图5 红岩溪镇毛坝片区全貌图

图6 村栖柯村全貌图

图7 龙鼻村老街组

图8 黄茅坪村全貌图（图4～图8来源：作者自摄）

间温度较向阳空地低，因此外部气流源源不断地流向建筑群体内部空间，形成较为舒适宜人的风环境，如图9所示。

我们对吉首市中黄村聚落的风热环境实测显示，当村落巷道与来流风（3m/s）平行时，巷道口因阻力小，风便直接进入巷道，且由于巷道内狭窄从而提高了风速。巷道口风速最高3.33m/s，从而形成巷道风。由于周围山体、村前的比恰河（宽25～60m），河对岸东南方向依次分布三个较大池塘（约6500m^2）以及南面（即村庄正面）广阔的农田降温作用使得村落周边环境气温较低。为验证此推测，我们采用实测+模拟中黄村热环境。由常用的计算流体力学软件CFD模拟中黄村1.5米高处的温度云图（图10）结果显示，虽然村内建筑群形成了一个高温空间（36.8℃），但村落中部出现明显的多条村巷低温带，靠近河流区域1.5米高度处温度为37.0℃，靠近山体和水塘区域1.5米高处温度为35.6℃，因与周边环境产生了冷热温差，从而形成了冷热空气的对流交换，起到了很好的自然降温作用，比设定的来流温度38℃低1.2℃以上。另外，从图11中的1～12实测点24小时观测平均值所反应情况也与模拟结果基本一致，即中黄村周围山体、水体和稻田对村落降温1.5℃以上，从人体的感觉来讲，此时就有凉爽的感觉，详见表1。

观测平均值　　表1

24t观测点	平均最高温（℃）	平均最低温（℃）	最大平均风速（m/s）
1、2	34.9	24.2	5.5
3、4、5	34.2	24.5	2.9
5、6、7	35.2	24.3	3.7
7、8、9	34.1	24.1	2.5
10、11、12	33.4	24.4	4.6

图9（图片来源：作者自摄）

图10（图片来源：作者自绘）

图11 （图片来源：作者自绘）

2. 营造冷巷，改善自然通风质量

湘西传统村落大多因用地紧缺，建筑密集式布局，村道路的宽窄不一，大部是东西向，且较短。建筑之间便是密布的小巷（宽1～2m），这些小巷的高宽比大，通常为3～6m，不仅受太阳照射的面积小，而且时间也短，所以村巷内空气温度较低，从而形成了“露天冷巷”（见图12），即相当于一条条气温较低的通风道。夜间因与“冷巷”联通的各房间内较热的室内空气会向上升腾，排出室外，那么冷巷内较冷的空气就会自然地由下部补充进入室内，起到良好的通风降温作用。另外，这些冷巷的建筑材料多用本山石材，上部用比热容更小的生土砖，我们选择凤凰县黄茅坪村、花垣县高务村和古丈县龙鼻村的村巷进行实测。花垣县高务村24小时气温变化，巷道内北墙温度的折线直到中午11:00才开始缓慢升高但幅度不大，推测北墙开始受到日照。北墙被测点温度在15:00～21:00呈下降趋势，推测可能北墙于15:00开始不接受日照，南墙温度的折线直到下午16:00才开始缓慢小幅波动1～2度，所测量村巷的南北墙材料上部生土砖，下部为片麻岩，地面材料为石板，根据折线图知南北面墙体温度变化幅度整体均较小3～4度，推断是建材的比热容小的原因（见图13）。

图12 （图片来源：作者自摄）

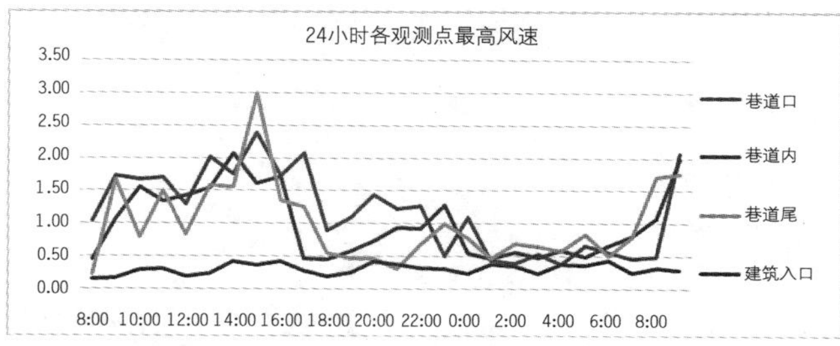

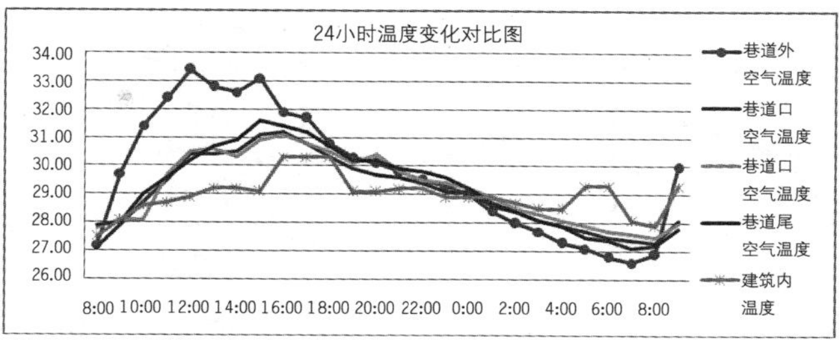

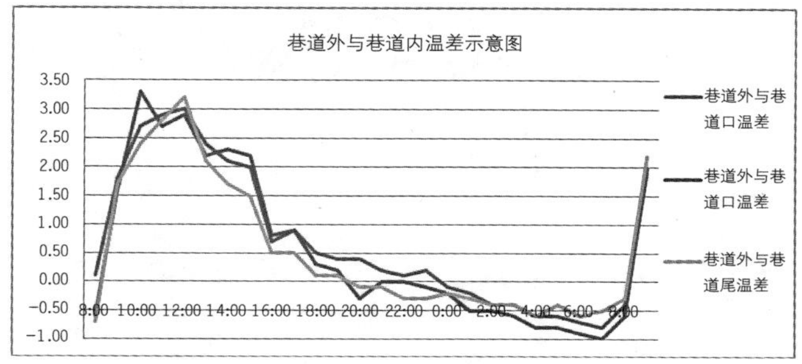

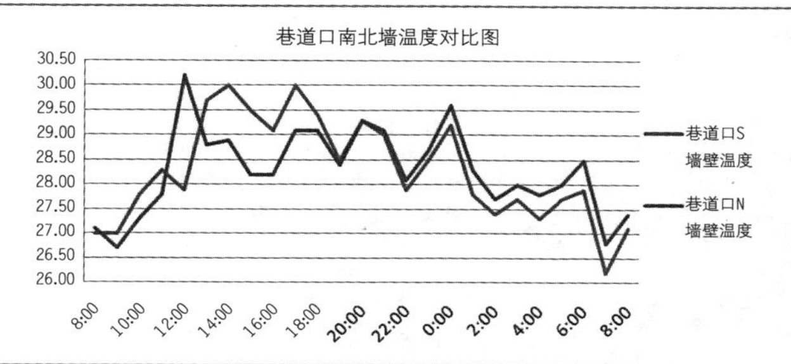

图13（图片来源：作者自绘）

24小时各观测点最高风速以凤凰县黄茅坪村现场实测风速折线图显示，最高风速为3.09m/s，是巷道尾于15:00的最高风速，对照24小时冷巷内外温度对比图时冷巷尾温度在16:00出现的小幅度波动3～4度，推测温度变化与风速的浮动有关。冷巷由于高宽比的限制，没受到日照故依然维持夜晚温度，因此形成对流，引起风速突然变化，推测可能由于地形原因村落周围空气形成局部湍流，加之凤凰县黄茅坪村周围植被覆盖较好，空气下垫层有树林过滤，所以气温变幅波动且偏大。

四、建筑单体设计层面的自然通风技术

1. 天井的自然通风技术

天井的设计是我国传统民居中的一大特色，从建筑功能的层面来说，天井起着空间组织和联系的作用。湘西传统民居的建筑单体往往以天井为核心，围绕着布置卧室，杂物间，堂屋等其他空间，是室内外空间的过渡。作为一个过渡的空间，天井还起到了热缓冲的作用。由于天井被屋檐遮盖，太阳辐射影响小，使得空间内呈现一种阴凉的状态，同时，室内热源热气上升，导致室内外空气的温差较大，所以形成热压通风。（见图14）由于天井的存在，使得整个建筑体内部的热环境得到了显著的调节。

在中黄村的传统民居建筑中，天井运用的十分普遍，与宽敞的庭院相比，天井就显得小巧紧凑。小巧的天井常被认为是由于地形引起的用地紧张所致，其实是由于当地特有的气候所致。中黄村属于亚热带季风湿润气候，夏季温和多雨，空气潮湿，常给人一种"闷"的感觉，这时候，建筑的隔热、通风和除湿就显得格外重要。天井开口越小，房屋内暴露的面就越少，受到太阳辐射的影响就越小，同时抽风效果也越显著。而且天井在平面上也较为自由，其宽窄变化多样，往往还出现凹凸或斜边，对于中黄村这种空间造型丰富的山地建筑来说十分的适用。所以，中黄村的传统建筑中广泛使用开口较小、组织形式自由的天井形式，主要是为了适应高温高湿的气候。

在湘西民居的天井上，往往还有"晒楼"，晒楼将天井围合起来，并且在天井上又增加了一层屋顶，这样天井的内部空间接收的太阳辐射进一步降低，使得天井的内外温差进一步增大，从而使得天井通风效果更加明显。同时，晒楼提供的屋顶空间不仅是居民晚上纳凉休闲的绝佳去处，也丰富了湘西民居的建筑形式，是功能结合艺术的典范。

2. 屋顶的自然通风技术

我国传统民居在利用隔热缓冲层的时候，主要有两种形式。一种是将整个二层作为一个隔热的缓冲层，将主要的活动空间设置在一层。这种形式在徽州民居中十分常见；还有一种形式就是通过抬高屋顶的高度来达到隔热的效果，吉首市中黄村、凤凰县黄茅坪村的传统建筑采取的就是这种形式来调节室内的热环境。具体来说就是将屋顶的高度加高，同时在屋顶的两侧采用大面积的镂空式木架结构来进行通风。整个屋顶从顶部的正脊下形成坡屋顶的

图14（图片来源：作者自摄）

形式（见图15）。由于整个屋顶上部的空间较大，太阳对屋顶的热辐射主要集中在屋顶周围的空气中，同时又因为受热的空气上升，通过透风窗排除室外，热缓冲的作用明显，这样就使得二层的活动空间的温度不至于过高，在湿热的气候下依旧可以清凉宜居。我们对中黄村和黄茅坪村实测正午屋顶1.5米高的空气气温升至35.4～38° C时，二层的活动空间的温度仅为24～26.2° C，比屋顶空气温度低了近10° 。

五、建筑细部的自然通风技术

1. 门窗

湘西民居的门主要采取屏门隔断室内外空间，屏门的格栅一般位于窗扇的上部，有的屏门会设计成活动窗，可开可关，有利于气流流通。湘西民居的门窗格栅主要呈现朴素的方格网状的构成，其雕花形式多以鸟兽虫鱼居多，见图16。

窗在湘西民居中也占据了重要地位，比较有特色的是高窗，高窗有两种，一种位于门楣之上，呈现格栅的形式。这种高窗进一步增加了民居室内空间的进风口，改善了通风环境。另一种高窗为小窗口的形式，多位于卧室大窗上部，窗檐为弧线型，带线脚，颇似舶来品。这种高窗为单一的使用房间提供了更多的进气口，为单独房间创造了更加优良的通风条件，见图17。

2. 室内分隔

湘西民居内部有许多空间隔断比较精巧，既起到了分

图15（图片来源：作者自摄）

图16（图片来源：作者自摄）

图17（图片来源：作者自摄）

隔室内空间的作用，又有足够的空隙使气流流通，以其功能主要可分为两种：一是具有门洞功能的室内分隔，这种室内分隔由于要满足人体尺度穿越的需要，因此开洞尺寸往往比较大，其形制多呈现比较规整的几何图形，多为椭圆形或为倒圆角后的矩形。这种室内隔断往往位于两个使用空间之间，如卧室与堂屋之间等处，为了增强隐私，有些人家会在这种隔断上加上一些视线隔断的物品，如挂帘，布帘等。二是专为通风设置的室内分隔，湘西先民为了强化室内通风环境，在室内的分隔墙上做了许多通风用的孔洞，这些通风孔洞的形制多种多样，有的呈现方格网状，位于门洞或隔墙上方，有的是直接将室内隔墙的上部打通，露出穿斗式的木构屋架。这些留有许多孔洞的室内分隔使得湘西传统民居内部空间不再是一个个阻隔外部气流的“盒子”，而是可以使气流畅通无阻的整体空间。

六、结语

湘西传统村落的选址首重水体与山形的走势，然后才是村落的整体朝向。这种选址方式十分符合当地的气候与地理环境，是因地制宜的典范。村巷和天井在民居群落中起到了促进通风的作用，天井可以有效地改善夏季堂屋内的通风效果，村巷基本与夏季风的流向平行，与冬季风垂直，利于夏季自然通风并减少冬季冷风渗透。高坡屋顶下大面积的镂空式木架结构促进民居通风，同时也可以阻挡冬季冷风的流动。边远传统村落普遍使用比热容较小的建筑材料，如先民用本山石材、生土砖等使本地传统村落村巷的冷巷效果更加显著，也进一步强化村落自然通风。

国家自然科学基金资助项目（51478470）“基于碳流情景模拟的低碳新城空间规划研究”（2015.1-2018.12）资助

参考文献

[1] 张芸芸．湘西传统民居建筑符号及其现代演绎的研究[D]．长沙：湖南大学，2010：34．
[2] 谢浩．岭南古村落风资源利用与当代住区规划的启示[J]．上海城市管理，2010，8（6）：76-77．
[3] 姚芳．湘西土家族传统民居的气候适应性研究初探[J]．四川建筑科学研究，2009，13（3）：244-245．
[4] 王宏涛．湘西地区传统民居生态性研究[D]．长沙：湖南大学，2009：64-66．
[5] 郑彬．传统民居被动降温技术研究——以天井空间为例[D]．南京：东南大学，2011：88．
[6] 肖湘东．湘西民居院落空间特色[J]．江苏建筑，2007，11（1）：15-16．
[7] 张泉等．丘陵地形特征与传统民居形式对自然通风的影响[J]．湖南大学学报（自然科学版），2009，36（7）：19-23．
[8] 中南大学课题组．湘西地区传统村落调查[D]．长沙：中南大学，2015：20-44．

浅析云南传统民居装饰符号的文化表达

骆　纯[①]　杨大禹[②]

摘要：云南传统民居装饰在长期以来的历史发展中，因建筑这个带有交流性质的载体，使传统文化的信息凭借各类具象或者抽象的装饰符号如图案、文字等符号形式得以表达。通过对这些装饰符号类型、表现特征以及背后深层的传统文化内涵等层面的分析，云南传统民居装饰符号所蕴藏的文化内涵深厚，对这些承载着习俗、向往和伦理观念、审美心理等符号形态的借鉴应用，应充分体现其特有的象征意味和相应的文化内涵，以继承和发展传统民居精髓。

关键词：云南传统民居；装饰符号；文化

人类从远古时代就已开始使用图形符号来表情达意，哲学家恩斯特·卡西尔曾经说过，人之所以为“万物之灵”，是因为他能够创造“符号”，他提出符号化的思维和符号化的行为是人类生活中最富于代表性的特征。学者赵毅衡在1993年把符号学定义为：“关于意义活动的学说。”并给出了符号的定义，即“符号是被认为携带意义的感知”由他们的思想可以看出身边各类文化形态，例如民俗、宗教、艺术等都是符号的体现。对于云南传统民居装饰符号，就是人们在运用符号表达对生活的追求、审美的倾向或是自身民族文化的认同等，并以此为交流媒介，传承着地方文化特色。

拉普普认为“人自始就在象征符号上放下比功利的形式更多的心力”。装饰符号作为中国传统文化的载体和表现形式，在民居及其装饰符号的语言上，直接或间接地反映了地方民众的喜好或追求，所表达的审美意识以及所蕴含的历史文化在传统民居及其装饰文化的继承和发扬中是占有重要地位。

一、云南民居装饰符号的类型

云南民居装饰符号是一种直接的视觉语言，以最为直观的形式把工匠们有意识或潜意识对文化传承进行创造，人们把握审美规则，并使之成为一种地域性意义和表现手法。在这里，把装饰符号分为图案符号、文字符号、色彩符号三大类来进行总结。

1. 装饰图案符号

装饰图案符号多种多样，在不同地区也有着不同的分类，大致分为动物类、植物类、几何类、人物类等四个方面，这里就简要说明动物类、植物类、几何类这三种较常见的符号形式在云南民居装饰中的特征。图案最早就是来源于人们在日常生活和生产劳动中对事物简单直接的描绘，具有比较强的视觉冲击力，在长期地方文化及外来文化交融的发展中形成自己具有特殊含义或带有地方韵味的图案。这些图案的类型多样，题材广泛，反映着当地人的

① 骆纯，建筑学硕士研究生，昆明理工大学建筑与城市规划学院
② 杨大禹，教授（副院长），昆明理工大学建筑与城市规划学院

心理，本身他们是对这些习以为常的，但从大的视角来看就是极富地方艺术特色。

动物类的图案渊源可以追溯到早期原始社会，图案经常反映人对自然的喜爱与崇拜等方面。例如在云南白族装饰图案中就存在大量动物形象。这和白族人民与动物的相互依存关系和其崇拜信仰的特点有关。在这些装饰图案中，主要有虫、鱼、龙、凤、象、狮子、马鹿、公鸡、喜鹊、蝙蝠、麒麟、老虎、兔子、白鹤、蝴蝶等，这些在白族民居建筑上有着直接或间接的体现，这些动物图案多为具象形态，以单独形象或者与其他类型图案的组合，以求达到表现他们审美追求的目的。以蝙蝠形象为例，蝙蝠具体形象、蝙蝠几何形象、蝙蝠与其他类型的组合形象（香草蝙蝠纹）（图1-a～图1-c），借助蝙蝠的“蝠”字的谐音与“福”相同，寓意幸福，而组合的形象更加丰富了蝙蝠这个图案元素的类型。剑川的木雕所出现牛、鹿、狮子、孔雀等这些动物，人们把动物的各种美好品性赋予这些灵性化的动物身上，代表权力、富贵、吉祥等，以企盼现实生活中不尽如人意的方面能消除，也是对平安吉祥幸福安康的渴望（图2～图5）。

植物类装饰图案十分常见，如竹、梅、兰、菊、桃、松、牡丹、荷花、萱草等，例如在白族传统民居装饰中将石榴的形象作为繁衍生息的象征，“榴开百子”题材的图案，或将剥皮露出颗粒的石榴果连着枝叶或以石榴花果作为配图。生存和繁衍是人们最基本的需求，是祈求生产顺利和人丁兴旺这种心理诉求的思想来源。石榴有“千房同膜，千子如一”的特点，人们使用石榴这个图案是希望家中的人口如同石榴子一样繁多，这是石榴图案在装饰应用中最为广泛的题材（图6～图8）。

几何类的装饰符号表现是点、线、面的组合运用，如鹤庆的蝴蝶图案，是方形或三角形的点组合成的线与面，整体看来方形的几何图案。几何的美学是曾经西方古典美学重要方面，哲学家亚里士多德的美学思想主张形式的有机统一其实就是内容上内在发展规律的反映。如滇西北藏族的几何图形装饰就体现着社会的属性，其民居装饰包含各种几何题材的构成，在几何构图和变化中可以看到宗教所提倡的和谐与秩序（图9～图11）。

2. 装饰文字符号

何九盈先生在《汉字文化学》中指出：“文字是文化的产物，又服务于文化，促进文化的发展，他自身又是文化的一部分。”文字是承载着文化传播的一种符号，它带有信息与文化的双重身份。如十字、万字、回字、寿字等，单独或复合构成在各个民居的较为显眼的位置（图12、图13）。

3. 装饰色彩符号

色彩给人的视觉与心理感受作用是明显的，其作为装饰符号传达信息的能力并不亚于其他类型的符号。鲁道

图1　蝙蝠具体形象a

图1　蝙蝠几何形象b

图1　蝙蝠具体形象c

（图片来源：《白族木雕图案》陈永发　绘著）

图2　神牛

图3　鹿

图4　狮子

图5　孔雀

（图片来源：图2～图5孟娴，《云南剑川木雕装饰艺术及其传承研究》）

图6 榴开百子

图7 牡丹香草纹

图8 白族民居山墙白莲彩绘

图9 挑花蝴蝶几何纹样

图10 万福捧寿槛窗

图11 几种圆形几何图案

图12 “喜”字图案

图13 照壁淡墨植绘

（图6来自《白族木雕图案》陈永发绘著

图7、9、10、12来自李正周，《大理白族图案视觉语义的解读与运用研究》

图8（来自民间民族工艺图库）

图11（来自李睿，《滇西北藏传佛教影响下的藏族民居装饰研究》

图13新年里画的壁画http://blog.sina.com.cn/s/blog_8ebffa1901011vr8.html）

夫·阿恩海姆在《艺术与视知觉》中说到色彩时有一段论述：“说到表情的作用，色彩却又胜过一筹，那落日的余晖以及地中海的碧蓝色彩所传达的表情，恐怕是任何确定的形状都望尘莫及的。”形象和色彩能直观反映出一个民族的审美追求，它在装饰中构成符号的重要因素，具有象征性、标记性、指意性三个特点。

如“粉壁画墙”是白族民居的装饰特色之一，白族喜白，在白色的墙壁上绘制一些装饰纹样，白墙黑字，蓝色花纹，给人清新淡雅的感受。民居外部装饰色彩主要用黑、白、青三种色彩，如大门多漆青色，两翼的墙面和门两边壁面多以白灰涂抹，门楼中间的灰砖又以白灰勾缝，这些在民居装饰中的图案以及淡墨画中都能见到，素雅大方、清新秀丽，这样的装饰用色彩的对比直接表达了白族人的审美。

二、云南民居装饰的位置

1. 民居建筑外部

1）屋顶

云南传统民居屋顶的装饰主要通过屋顶上的构件，如屋脊、脊兽、檐口、悬鱼或惹草部位的瓦当、滴水等处来表达对吉祥、安定的企盼。滇西北鹤庆地区民居屋顶屋脊上的瓦猫，传说中，瓦猫是用来“吞金屙银”的，只要在瓦屋顶上装了瓦猫，就会把外面的金银财宝吞进肚，屙到主人家里来。所以瓦猫都张着大嘴，肚子是空的造型夸张、大嘴、多为蹲姿，虎气十足，不仅是一种形似猫的装饰瓦件，也是作为镇宅驱邪、免除灾害的瑞兽造型。而到了昆明呈贡，瓦猫的造型就和真猫比较相似，身体小巧，圆眼圆脑，耳朵竖直上翘，形态活泼（图14～图16）。另外，德昂族民居屋顶屋脊上利用稻草扎成的“葫芦”（图17），也是代表当地淳朴人民的对葫芦的崇拜，利用葫芦镇宅保平安祈福。“葫芦”象征女性，孕育生命；象征子孙繁衍，多子多福，万代盘长，绵延不绝。丽江纳西族民居悬山屋顶山尖上的悬鱼、惹草装饰都有水的象征寓意，表达了少数民族人民以水克火、战胜灾害的美好期盼。沧源佤族屋脊搏风板上用“太阳、月亮、星星”图案符号以及象牙等的装饰（图18～图20）。

2）屋身

云南传统民居在不同的地区就地取材，如土、石、木、竹等不同原生建筑材料构成不同的墙体屋身。屋身的美感因此表现出不同的色彩、质感和肌理，再加以各自民族自身的文化象征图案形成特有的装饰美。例如云南中甸藏族地区的“闪片房”是坡屋顶，在山墙处有特殊的装饰，对于屋身的装饰偏爱白、褐、红、绿，成为这个民族地区固定的装饰手法（图23、图24）。

图14　滇西北的瓦猫

（图片来源：http://blog.sina.com.cn/s/blog_68c0bec30100m8io.html）

图15　大理鹤庆瓦猫

图16　呈贡瓦猫

（图片来源：http://shop.bytravel.cn/produce1/592774069E645E8674E6732B.html）

图17　德昂族屋脊上的草扎葫芦

（图片来源：蒋高宸《云南民居住屋文化》）

图18　博风板上的装饰符号

（图片来源：杨兆麟《原始物象》）

图19　大理巍宝山玉皇阁悬鱼惹草

图20　纳西民居悬鱼

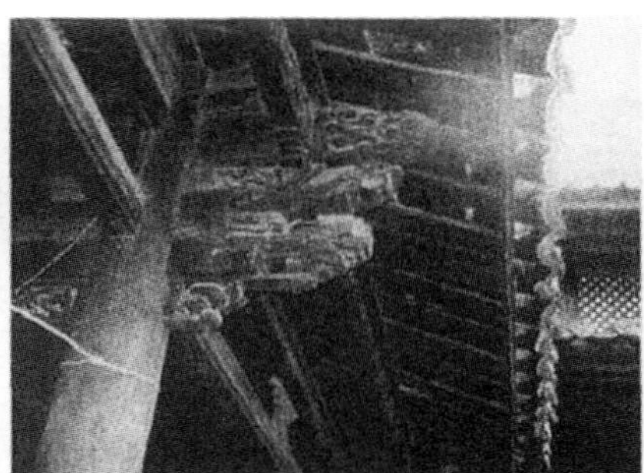

图21　檐下梁头雕饰1

图22　檐下梁头雕饰2

（图19、20来自董理《丽江纳西族民居悬鱼装饰艺术研究》）

（图21、22、25、27-29来自杨军侠，《云南白族传统民居装饰的特点与风格研究》）

图23　小中甸镇传统藏居山墙面装饰画

（图片来源：郝娅楠，《云南小中甸镇传统藏族聚落与民居建筑研究》）

3）梁柱

柱子的装饰多集中在柱头上，用雕刻或绘画，柱身一般以涂色颜料为主，利用柱头和柱身的拼合叠错进行装饰，在柱身上会利用织物进行包裹，梁柱的装饰有梁头，花杨，棺磁等部位。大型民居梁柱等木雕，极为精美，较古老的房屋多雕刻回纹、云纹，鳌鱼、龙凤之类，往后演变成较为生动的龙、凤、象、麟之类，更近期的房屋进而雕成兔子、麒麟、花草等（图21、图22）。

4）基础

云南传统民居装饰符号建构中最为底层的结构就是基础，这部分包括墙基和柱础部分。木柱脚多设有石础，以防潮湿，在柱础多为石制材料，雕刻装饰常常在这里出现。造型多样，有鼓形圆堆、方形堆、方形圆堆等，给人以坚固美观之感。柱础装饰种类繁多，题材广泛，图案以梅、兰、竹、菊、石榴、葡萄、莲花、蕉叶、卷草、缠枝等植物纹样，以及麒麟、鹿、羊、狮、鹤等吉祥瑞兽为主，显示了高超的石雕技艺（图27～图29）。

2. 民居建筑内部

1）天花

中小型民居一般都不对天花进行装饰，在一些经济条件较好的民居中，就会对天花进行装饰。例如白族就有

图24　"闪片房"山墙处的装饰

图25　书房藻井天花

图26　门头雕饰

（图26来自李睿《滇西北藏传佛教影响下的藏族民居装饰研究》）

图27　石础瑞兽纹

图28　石础狮子纹

图29　石础石榴纹

“平棊”、“方井”和“卷棚”三种天花式样，使室内的显得精美而华丽，体现主人的身份地位或是兴趣爱好。（图25）而在滇西北藏民家中，用于一般日常生活的各个房间的天花装饰就显得简单多了，只是在墙面与天花的交接处，一般会以彩绘或线脚进行装饰。

2）门窗

门窗是建筑的口和眼，不仅可以作为进出、通风采光的装置，还是建筑立面形象的重要点，尤其是门，无论是在古代社会，还是在当今社会，门的装饰规模都显示着主人的门第和地位。

在滇西北藏族民居中门面装饰的主要部位，包括门扇、门框和门楣，每一部分都以不同的手法进行装饰，如色彩涂饰、挂装织物、雕刻处理、各种造型处理等。纳西族民居门窗装饰比较统一，一般是六扇格子门窗，窗的组成成双成对，窗的结构形式是以槛框为原型，再在其上和中间部位加上绦环板，下面加裙板并在表面上还涂有褚红色的油漆，与隔扇门、框档门构成一个和谐统一的整体（图26、图30～图32）。

三、云南民居装饰符号的意义

1. 视觉形态

云南传统民居装饰符号，现在已是普遍接受的视觉符号。它突出的特征物质性，其决定性来自符号的本质属性。作为装饰的视觉语言符号，它具有能为人们所感知的特征，能被人们所见、所触。在装饰符号的语言中，图形本身不代表符号语言，而是作为能指的“物质实体”和“形式实体”。“物质实体”一般是指具体物质材料，含图形、文字、色彩及其载体的木、石等建材。“形式实体”则是视觉类的装饰类型，如石雕、木雕、壁画等的方式。在这里，“图形、文字、色彩”等概括的类别要素，组成了云南传统民居装饰符号体系中最为基础的结构。

装饰艺术符号元素经过组合后的形象，并非是这些元素简单的堆叠和拼凑，实际上是有自身的逻辑和约定俗成的法则，尽量表现出人们对客观自然环境的理解、对今后生活的憧憬，因而表达出装饰符号特性。

（1）直观性

云南传统民居装饰符号的形象把直观的事物形象反映在装饰上。对于造型途径和方法，人们将形象思维充分发挥，对民居建筑中适合装饰的部位进行思考分析，把对生活的向往和情感的表达作为最终目的，在所处环境和生活精力中去找到灵感，并把石材、木材或者砖等有可能作为的装饰材料和元素加以运用，不断组合变化最后定型成为固有的形式，逐渐变成地方人们接受并认同的形态。装饰符号形象的直观性作为能指的视觉符号之外，还携带着更丰富的艺术形象，换言之，直观性的艺术形象在连接符号与内涵的同时，唤起对美的审视，这样对人们的生活实际和对美的愿景产生关联。

（2）真实性

云南传统民居装饰符号中众多可以被理解的形象（图8），表达生活的日常和人们情感向往。能被作为装饰符号所呈现出来的大都有“图必有意，意必吉祥”的意义。再经过各种对视觉的修正和调节，与人们生活分不开的物象人兽花鸟等直接或间接地转化成装饰素材形象，表达求福避灾的愿望。

图30　大理剑川的拱券窗

图31　云龙县诺邓村四方格窗

图32　丽江民居门窗

（图30、图31来自刘茜《白族建筑门窗装饰艺术研究》

图32来自《云南丽江》云南丽江纳西族民居建筑http://www.huitu.com/photo/show/20140209/113730364200.html）

（3）独立性

历史是不断演变前进的，云南传统民居装饰符号可以遗留下来，历久弥新，关键点是它独立于自己的形象中。独立是相对的，当基本元素还没有演化为可感、可理解的符号，它们就只是基本的元素，不携带含义，只要这些基本元素和创造者的目的联系起来，并且能够固定下来，就从创造者中脱离出来成为不以个人意志而改变的物质符号。这时符号就有了独立性。人们的理解与再创新，符号的内涵不再局限于个人主观的意识，能够让接受的群体再度去认可，或是受到启发。

（4）表意性

云南传统民居装饰符号所形成的各种形象，注入人们的主观感情和审美期待。艺术形象的最终是表意的，将意义融入寓于形象之内，作为载体能够流传。

2. 意义约定

阿恩海姆认为“视觉不是对元素的机械复制，而是对有意义的整体结构式样的把握”，视觉的显著特点，除了能被感知，更重要的是作为介质反映地方人们的各种信息。

云南传统民居装饰符号在普通人的生活中存在着某种具体意义。在云南传统民居建筑中经常会用回纹作为门窗的装饰，可见的是具体的物质，背后的意义是借回纹这个符号所代表吉祥长久这种传统地方文化，从而使装饰符号的意义清晰。

1）习俗

一个地方的习俗是一种集体约定俗成的选择，它成为约束或是激励这个地方人民的“条文”，成为具有地方代表性的标签。例如，云南不少地区读书风气盛行，考取功名的人才辈出，因此到中原各地做官的人也数不胜数，当这些人在功成名就、告老还乡之后往往会大兴土木，大修门楣，用以光耀门楣、激励宣告世人。同时，在中原及江南地区做官的仕途之人，自然也会把江南比较成熟的木雕砖工等技艺，如浙江东阳木雕等优秀的木雕工艺、技法、风格等引进自己房屋的修建中来。这种习俗使外来人一到这个地方就能感受到这个地方是乐于与外界产生信息交流的。

2）审美

日常的社会生活是装饰技术与艺术的发源，主要作用还包含实用一面，普列汉诺夫曾指出“实用先于审美”，他还指出：“人们最初是从功利观点来观察事物和现象，只是后来才站到审美的观点来看待它们。”

云南民居装饰符号在自我的发展和与外来文化和技术的融合，善于将对比、韵律、和谐等构图规律，基于自然环境背景的基础，有视觉冲击和环境融合，呈现出地方独特的审美。在装饰形式以及表现手法、题材和色彩上，美学与艺术的统一，力求适应多种美学的要求和生活的需要，表现出非常强烈的审美倾向观，同时又烘托出自己民族的气质，像白族恬静淡雅、藏族的热情淳朴，达到了审美与物质的统一。

3）家庭伦理

和许多中国其他地区一样，云南诸多民族对家庭的血亲关系十分重视。在聚居地区域，大的姓氏会建立宗祠，各宗祠也都有自己专门一套族规家法。宗族观念的直接作用促使形成了他们的家庭道德伦理观，融入了日常生活中。祖宗遗训、族规家法、敬老爱幼的践行等是必须遵守的美德，相应地产生的等级、门第等观念是组成这类文化特征，同时也在侧面对建筑装饰形态起作用。

等级观念在民居建筑中是常见的，白族民居是具有代表性的“三坊一照壁”、“四合五天井”，建筑装饰的着重程度体现出在一个家庭中尊卑有序、长幼有别的思想。从建筑尺度上看，正房进深相对其他最大，整体高度也最高，屋脊突出，室内地坪也相对其他侧房高出一截，建筑各个部分装饰无论从复杂程度还是精美程度都看得出所花费的心思更多，体现家庭形式中尊卑等级的不同。

忠孝门第观念在白族人心中是举足轻重的，特别以“学而优则仕”、“科第显盛、士气尚节”为豪。民居建筑的门楼、照壁上常有“科贡世第”、“科甲联芳”、“书香世美”等题字。当地人从孩童起就十分注重教育，愿意子女接受教育。有钱的大户会自愿出钱办私塾，让穷人子弟可以有上学的机会。在民居建筑中则表现为，家族中没有文人或是功名的人即使富裕也没有资格修阔气的门楼、砌高大的照壁，甚至不能使用白色或粉红色装饰四围的墙壁。门楼是大理白族民居最重点装饰的位置所在，无论贫富都十分重视，形式繁多，雕刻精细，斗拱层层向外挑出，给人隆重的感觉。门楼除作为建筑出入口的使用功能外，它还体现家庭门第的显赫和财富。

4）宗教

从一般情况来讲，相对固定的观念是民居装饰文化呈现出历久弥新演绎的前提。某一种观念与特定的审美取向联系起来，演变为一种装饰符号形式融入地方文化，成为能够展现地方精神和民族特征的符号形象。

工匠们之所以长期地反复描摹一个图形，其原因除了其具有审美意义的外形，还包含了愿景和期待，内在意义借以外在表达方式，是“观念的外化”的表现。宗教观念最初大多源于自然崇拜，进而衍生出吉祥的象征意义。

四、结语

云南传统民居的装饰符号，是人民劳动与智慧的结晶，建筑的每个细节都是他们内心的真实反映，都是真实情感的流露，充分反映了云南多样的地域风情。分析和梳理装饰符号的文化表达，对云南地区的民居装饰符号进行分析和归纳，理解各种装饰艺术符号背后的文化内涵、审美趣味，以求领悟云南传统民居装饰符号的文化继承符号的精髓。我们探讨的主体不是图案，而是图案背后所蕴含的民族文化。云南传统民居图案符号凝聚着劳动人民智慧的精华，形态上以异质元素同构的和谐表现为特征，具有高度的秩序美感和传统特质，既有形式也有质的内容，是形与质的高度统一。形式多样、特色鲜明的文化符号，形成了其独特的装饰文化，继承和发扬传统文化的落脚点应回归到其背后的文化内涵而不是简单地把形式符号照搬与拼凑。

如今传统文化遗产不断受到重视，其传承和创新在当前急功近利的改造和建设中，历史文化开始流失，基于传统文化和历史文脉的保护迫在眉睫的背景下，需要找到传承和发展地方建筑文化的切入口，传统民居装饰符号这个极富特色的历史资源，结合新时代的特点进行创作，根植于传统文化的土壤，不断为其注入活力，使地方性建筑文化展现出有生命力的势态。传统民居装饰符号的文化底蕴应通过有形的装饰文化在现代建筑创作中的运用，促使设计师对悠久的人文信息进行充分的发扬与利用，以期更好地延续历史文脉。

参考文献

[1] 赵毅衡，重新定义符号与符号学[J]. 国际新闻界，2013年，6: 6-14.
[2] 何九盈，汉字文化学[M]. 沈阳：辽宁人民出版社，2000: 185-191.
[3] 阿恩海姆R，滕守尧、朱疆源译，艺术与视知觉[M]. 成都：四川人民出版社，1998: 186-190.
[4] 阿恩海姆R，滕守尧译，视觉思维[M]. 成都：四川人民出版社，1998: 398-405.
[5] 李莉萍，朱静文 观念与形象——云南白族民居空间的文化背景[J]室内设计与装修2001，11: 90-93.
[6]（法）安娜. 埃诺，怀宇译，符号学简史[M]，天津：百花文艺出版社，2005. 01: 85-92.
[7] 孟娴，云南剑川木雕装饰艺术及其传承研究[D]. 昆明：昆明理工大学，2009: 33-40.
[8] 陈永发，白族木雕图案[M]，大理州城乡建设环境保护局编，昆明：云南美术出版社，1995. 07: 52-57，65.
[9] 李正周，大理白族图案视觉语义的解读与运用研究[D]．昆明：云南艺术学院，2011: 10，29-30.
[10] 李睿，滇西北藏传佛教影响下的藏族民居装饰研究[D]. 昆明：昆明理工大学，2008: 55-56，65，93-95.
[11] 王子璇，云南纳西族民居建筑装饰细部研究[D]. 哈尔滨：哈尔滨师范大学2011: 28-30.
[12] 杨军侠，云南白族传统民居装饰的特点与风格研究[D]. 昆明：昆明理工大学，2007: 22，55-57.
[13] 郝娅楠，云南小中甸镇传统藏族聚落与民居建筑研究[D]. 西安：西安建筑科技大学2015: 76-84.
[14] 刘茜，白族建筑门窗装饰艺术研究[D]. 昆明：昆明理工大学，2009: 65-70.
[15] 郭鸿编，现代西方符号学纲要[M]. 上海：复旦大学出版社，2008: 30-34.
[16] 蒋高宸，云南民居住屋文化[M]昆明：云南大学出版社，1997: 60-77.
[17] 董秀团，白族民居[M]. 昆明云南大学出版社. 2006. 11: 14 .
[18] 杨知勇，云南民居体现的民族心态[C]，载任兆胜主编《中日民俗文化国际学术研讨会论文集》. 昆明云南大学出版社，1999: 387.
[19] 董菊英. 云南民间镇兽艺术[J]. 装饰，1998，4: 14-16.

浅析青岛里院建筑的保护与传承

马运凤[①] 张 云[②]

摘要：里院建筑是青岛本土形成的特色居住建筑形式，是青岛城市地域性特征的重要体现，然而在现代化城市建设过程中，里院建筑特有空间与文化不断地遭到破坏甚至被拆除。保护好里院建筑，传承里院建筑特色和复兴里院文化，正成为人们迫切需要解决的问题。运用归纳和类比的方法，从多种层面对其保护与传承模式进行研究与论述，以实现里院建筑在多元的建筑和文化中的可持续发展，进而促进青岛城市历史文脉的延续。

关键词：里院建筑；保护；传承

由于受历史背景和西方建筑风格的影响，青岛有着其他城市难以媲美的历史价值和精神文脉。然而伴随着城市化的进程，作为青岛市“平民文化”缩影的里院建筑，却正在逐渐消失，遗存下来的里院建筑也逐渐呈现破败之势，其保护与传承现状令人担忧。

一、里院建筑概况

1. 里院建筑发展概述

青岛里院建筑的发展在一定程度上受到了当时的时局、政策等社会因素的影响。1897年德占青岛，伴随着商业、居住的大量需求，里院建筑诞生并迅速发展起来，形成了最初的形态。1914—1922年日本侵占青岛，日本军政当局限制了华人商业的发展，里院的建设活动由此也陷入低潮。1929年南京国民政府收回青岛，青岛的政局开始稳定发展，里院建筑也由此进入了又一个黄金发展时期，这一时期的里院的形态也较多地呈现了当时的特点。1938年青岛再次被日本占领，直至1949年新中国成立，在此期间各项发展几乎都处于停滞状态，里院建筑的发展也没能获得幸免。在此后60余年的社会主义改造和改革开放发展的进程中，越来越多的里院建筑形制开始被内容更丰富的“街里”空间所取代。直至今日，随着城市化进程的加速，最具青岛本土特色的里院建筑形制仍然在遭到破坏。

2. 里院建筑特点

1）建筑的特点

作为青岛独有的“中西合璧”的建筑形式，里院建筑融合了地理、环境、气候的精华，是青岛历史时期在传统文化、社会制度、经济发展状况与外来文化碰撞交融的城市居住类型。青岛里院在一定程度上具有中国传统居住空间的内向型特点，其合院格局大致呈现“口、日、目、凸、L”及斜角梯形的形态（图1）。作为下层劳工使用的建筑形制，里院建筑大多呈底商上住的模式，建筑多为1～4层，单侧布置，每户可直接与室外进行联系。在建筑细节上，花岗岩、青砖或红砖多用于建筑基座、转角或装饰上；在立面处理上，多采用黄色色彩，在窗口或檐口

① 马运凤：山东建筑大学建筑城规学院，硕士研究生
② 张云：山东建筑大学建筑城规学院，硕士研究生

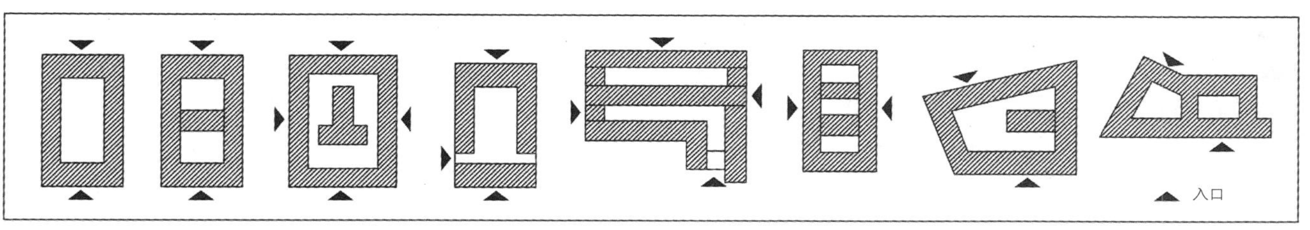

图1　里院建筑空间格局图（自绘）

等部位上也较常使用欧式山花装饰；在对于屋顶的处理上，一般上覆红瓦，其上又时会布置老虎窗和烟囱。建筑屋顶及建筑结构支撑柱一般采用木结构，作为联通各房间的连廊一般也采用木料材质。在楼梯的设计上，一般有外置和内置以及两种结合的建造方式，其建造材料也有木质、铁或混凝土三种形式可供选择。

2）文化特点

里院建筑的最突出的文化特征便是"里文化"，"里文化"主要来源于邻里之间的和谐相处，以及融入建筑中的市井元素和草根情结。狭窄的里院建筑院落空间，使得住户之间快速地相互熟悉，"熟悉产生了信任与默契，促进了邻里关系的和谐"，继而增大了居住者的归属感、认知感；同时院落空间也为公共活动的举办提供了合理的场所，故说书、唱戏、卖艺、电影、百货等商业集聚在此，非常繁华，商贩过来置办货物，川流不息。

二、里院建筑现状分析

事物的发展总是具有两面性，城市进程不断加快，在一定层面上也加速了里院住区的衰败。拥挤、破败的里院建筑无法再适应新形式的进程，大批的里院建筑被拆除，遗留下来的里院建筑现状也令人担忧，存在过多的显性和隐性问题（图2）。

1. 显性现状问题

1）风貌区面积急剧缩减

城市化进程的快速发展，使得人们对于居住条件的诉求也愈来愈高，越来越多的里院建筑正在被人们所遗弃；由于里院建筑年久失修，不再适用于居住，导致越来越多的里院建筑已经或者正在被拆除；同时为了跟随城市的发展进度，破败的里院建筑也成了决策者们需要考虑拆除的部分。一系列的现存问题迫使里院建筑整体区域面积不断缩水，城市传统居住风貌区不断被破坏。

2）空间形态上的乱搭乱建

狭窄、拥挤的里院建筑现状，迫使居住者们为了获取更多的建筑空间，开始私自搭建或者出挑房间，严重地侵占破坏了院落空间及其形态；迫使居民为了获取更多的采光与通风，在建筑立面、屋面位置上随意开窗，或者随意改变窗户样式。严重破坏了里院建筑的院落与建筑空间形态，影响了里院建筑的风貌。

2. 隐性现状问题

1）安全隐患

由于里院建筑建造年代久远，使用、维护不当加速了房屋的老化，建筑结构开始松动，墙体表皮出现开裂、破损，木结构也存在腐烂、老化现象；同时，由于年代久远，当年建设的配套设施也已经无法满足现代居住者的需

图2　里院建筑现状图（自摄）

求；院落活动空间狭小，公共卫生间环境恶劣，没有独立的厨房，没有暖气供应，缺乏无障碍设计，排污管线破败以及没有足够的消防设施，乱扯电路现象较为普遍等。居住者们的生活品质及生命财产安全正受到这一系列安全隐患问题的影响和威胁。

2）里院文化消失

在经济发展的大趋势下，越来越多人开始搬离里院，居住人员结构开始呈现复杂化，人与人之间的感情开始变淡，对于住区的认知感、安全感和归宿感也在逐渐降低；同时里院的商业功能也呈现了逐年减弱的态势，商业文化气息减淡；走街串巷的艺人也消失不见，越来越多的习俗也不再被提及，里院文化正在走向衰落。

三、里院建筑的保护与传承

1. 保护与传承的必然性

1）居住者的需求

根据大量的文献阅读以及实际调研总结，里院建筑普遍存在居住面积过小、基础设施不完备以及建筑自身年久失修等一系列问题，这使得里院建筑不再能够为人们提供舒适、便捷的生活居住环境，也使得居住者们愈发迫切需求居住环境的改变。

2）建筑保护的需求

建筑自身结构遭到破坏以及建筑功能布局单一，使得里院建筑的使用率逐年降低，甚至出现了空置现象。通过对里院建筑进行保护改造，完善其生活基础设施建设，从而提高里院建筑的使用率，在留住人的前提下，留住里院文脉，从而维持里院建筑的生命力，促进其持续有力的发展。

3）社会经济条件、文化发展的需求

随着经济的发展，以及政府、人们对物质文化保护意识的逐年提高，越来越多的具有多元价值的历史建筑的保护与发展开始受到关注，其相关的规划也开始提上日程。作为青岛传统民居建筑的典型代表，里院建筑的保护与传承更是决策者及人们的共同诉求，是延续青岛传统文脉的当务之急。

2. 保护与传承的原则

作为具有特殊的殖民色彩的建筑形制，里院建筑不仅在建筑、文化、艺术、科学、社会、精神等领域有重要的研究价值，在经济、旅游等方面也同样具有潜在价值。在对里院的保护与传承中，应最大化地保护里院建筑的历史价值，充分发挥其潜在人文价值。在里院建筑的保护与传承过程中应遵循以下原则：

1）传承历史风貌原则

作为青岛历史风貌街区的重要组成部分，里院建筑的保护与传承会对街区的整体风貌会产生牵一发而动全身的影响。新旧城市肌理的相容，以及新旧未知空间及精神场所的共生，形成了具有文脉延续性的城市新风貌。因此在其保护与传承的过程中，应最大限度的沿袭里院历史街区的风貌，这也是在其保护与传承过程中应遵守的最基本的原则之一。

2）可持续发展原则

作为青岛城市历史文化发展的重要资源，里院建筑的可持续发展成为其动态保护的目标。不仅仅要保留其原有的形态，更应注重于时代的结合，将新的建筑血液注入里院建筑中。新的开发与利用模式在一定程度上能够带动历史街区活力，带动区域经济发展，最终实现经济、文化、社会、环境等的良性循环。

3）以人为本原则

里院建筑的“平民性质”决定了在改造与传承的过程中它的建筑尺度应具有人性化的设计，同时也应能够反映街区和使用者的需求。

4）多元化共生原则

由于里院建筑所处的地理位置、环境以及其自身形态等的不同，保护与传承的方式应体现多元性，结合建筑本身现状情况，采取适宜的保护与传承模式，如商住一体模式，居住模式，商业模式等，使其回归多元化的生活状态；同时，由于里院建筑自身具有如历史价值，文化价值、经济价值等多元性的价值，以上多类型价值的保护与传承也应在考虑范围之内。

3. 保护与传承的模式

多因素的不同，引导着里院建筑保护与传承的多元化发展，而多元化的发展，在一定程度上又为里院建筑注入新的活力。在借鉴相关实践案例的基础上，选择较为适宜的保护发展模式应用于日趋破败的里院建筑。

1）建筑功能的保护与传承模式

（1）商业模式

商业价值是里院建筑具有的较高价值之一。对于位于中心城区的里院建筑来说，其拥有较高的土地价值，可效仿上海石库门改造，坚持多元化发展原则，改变建筑整体空间格局以及适度的增加结构设备来适应办公、商业、居住、餐饮、娱乐等现代生活功能需求；同时调整其院落空间尺度，形成主要为现代商业或文化功能空间服务的现代外部空间，以此达到延续里院建筑商业文脉的目的。对于里院建筑群，也可效仿中山路劈柴院的开发模式，以修旧如旧为原则，将破败的老建筑改造成传统与现代相结合的繁荣的商业区。商业模式的保护开发模式，放弃了传统居住功能，混合入新的商业和文化功能，一定程度上可迎合区域内多方面发展的需要，满足多种人群活动的需要；也可创建新的区域经济及文化发展基础，实现老城有机复兴，从而促成城市文脉的传承。

（2）居住模式

里院式住宅最根本的功能便是居住功能，在保护与改造中延续其原有功能将会是最理想的保护方式。以博山路44号里院住区为例，居住人群主要是中老年人群以及外来务工人员。针对这一现状，从以人为本的原则出发，对里院建筑的居住现状进行重新配置。作为经济快速发展的青岛，每年都有大量的外来务工人员来到青岛，同时里院建筑面积一般约为10～30平方米，也较为适合改造成小型公寓模式。廉价及适宜大小的公寓租住模式在一定程度上能够发挥里院建筑的居住市场潜力，同时能够解决这外来人住房难的问题。对于老年人需求人群来说，其本身就是里院场所精神的一部分。在居住模式的保护开发中，对内部功能空间进行整合利用，加固结构等，从住户的角度考虑，保障居民的正常生活起居；同时加强基础设施的建设，全面系统地考虑满足人们日常生活所需的各项建设，如水暖、线路等方面；同时应考虑特殊人群，如老人的无障碍设计需求等。这使得以居住功能为基本诉求的开发模式能够充分发掘蕴藏在里院建筑中深层次的精神实质。

（3）商住混合模式

延续商住一体的模式既能改善居民的生活条件又能保留里院建筑特色，在一定程度上也是对里院建筑“上宅下铺”传统模式的尊敬。原有模式基础上的再开发，在秉承可持续发展的保护与传承原则的基础上，实现了资源的高效利用，保持了街区的里院气息，还原了原有的建筑特色，促进了原有文脉的可持续发展。

2）文化功能的保护与传承模式

（1）民居博物馆模式

随着山东省“乡村记忆”工程的开展，越来越多的具有浓郁地方特色、具备传统文化特征的民居建筑得以保留、保护和维修利用。在工程的推进过程中，省文物局着重引入了民俗生态博物馆、社区博物馆、乡村博物馆等新概念，对其加强了保护与传承。作为青岛本土形成的特色居住建筑类型，其中心院落空间以及适宜规模的建筑空间可结合生产、生活、遗物、遗迹（建筑）等的展示，形成集传统建筑和传统民俗为一体的综合性、活态化的文化建筑。如山东建筑大学的民国老别墅、海草房、石头房等民居建筑开发形成的展馆。这些以民居建筑为实体的博物馆，在一定程度上，较为鲜活地展现了传统民居的建筑特色。

（2）文化创意模式

文化在历史建筑的保护与传承过程中具有不可估量的作用，以上海田子坊为例，将文化产业纳入历史建筑中，同时与旅游业相结合，进而极大限度地发挥历史建筑的经济价值以及使用价值。文化创意园区常采用的灵活的布局方式，也能够很好地保护原有的建筑空间形态，从而达到空间的最大化利用。较小尺度的改动，及文化的融入是保护历史建筑的最有效的方式之一，也是老城区文化氛围营造的最佳途径之一。

四、结语

青岛里院建筑彰显着青岛深邃的历史文化特征，是其他建筑无法替代的。我们需在遵循一定的原则的基础上，采取有效的保护发展模式对其进行合理的应用与传承，这不仅可以改善人民的居住环境，更可以传承青岛传统建筑文化，是城市文化可持续发展的一种有效资源。

参考文献

[1] 王润生，崔文鹏．多元共生-浅议青岛里院建筑的重新建构[J]．工业建筑，2010，40（5）：59—61．
[2] 张慧华．青岛里院建筑的保护与更新初探[D]．青岛理工大学，2011．
[3] 陈青，李静．从功能置换角度浅谈青岛里院建筑的更新[J]．城市建筑，2014（12）：265-265．
[4] 陈青，青岛里院建筑的改造再利用研究[D]．西安建筑科技大学，2014．
[5] 于红霞，黄宝玉．青岛里院建筑保护与更新模式研究——以安庆里为例[J]．青岛理工大学学报，2015，36（3）：32-38．
[6] 黄宝玉，张林．旧貌换新颜-浅析里院建筑的重构[J]四川建筑，2015（5）：56-58．
[7] 杨倩，徐飞鹏．里院建筑对青岛现代居住设计的启示[J]．青岛理工大学学报，2016．

浅谈昆明近代建筑的保护策略

黄靖淇[①]

摘要：昆明近代建筑保存现状根据建筑等级不同有较大差别，其中部分官僚名人故居作为文物保护单位和文化景点向游人开放，保存条件最好，而且不定时会进行建筑维修；另外一些现在作为单位办公用房的建筑也因所属单位进行了修缮而获得一定程度的保护，使用情况较好；但此外大部分建筑都处于无人管理使用或废弃状态。

关键词：昆明；近代建筑；保护

笔者在调研昆明近代建筑的同时，也不可避免的接触到了近代建筑的现存状况。客观来讲，昆明现存的近代建筑，除极小部分被列为文物保护单位的，得到了相对较好保护外，其他建筑的保存情况都不尽人意。除使用老化等原因外，没有经过人为破坏而保留了原貌的实属凤毛麟角，绝大多数都在建成后或使用过程中被新的使用者无计划地破坏和改建，使有些建筑的原貌都难以辨认。对于记录了昆明近代建筑发展历史的这部分优秀实物来说，确是很令人痛心的情况。本文将在调研中实际遇到的昆明近代建筑保存不利影响的情况，做出如实地归纳与陈述，并结合现有的近代建筑保护提出一些建议。

一、昆明近代建筑的现状

昆明近代建筑保存现状根据建筑等级不同有较大差别，其中部分官僚名人故居作为文物保护单位和文化景点向游人开放，保存条件最好，而且不定时会进行建筑维修；另外一些现在作为单位办公用房的建筑也因所属单位进行了修缮而获得一定程度的保护，使用情况较好；但此外大部分建筑都处于无人管理使用或废弃状态。相对而言，正在被使用建筑的保存情况要稍优于未被使用的建筑，处于荒废边缘的建筑保留情况最差，随时都有遭到拆除的命运。

1. 建筑荒废程度严重

现存的近代建筑中，保存状况最差的就是处于荒废或半荒废状态的建筑，这样的建筑随时都可能被拆除，而一旦拆除，其恢复的可能性几乎为零，面对一些有历史价值建筑或建筑群现在满目疮痛、残破不堪的状况，让人不禁为它们能否继续保留而感到深深的不安。

2. 建筑随意改建严重

原有建筑的立面被随意改建，这是昆明市现存近代建筑中最普遍的现象，也是最无奈的保存现实。相对于荒废半荒废的建筑来说，建筑还处于被使用的状态已经是比较好的保存情况。笔者认为，适当的建筑改造不但不会破坏建筑原有整体性，还能帮助克服建筑老化等缺点，是建筑保护中不可缺少的一项措施。但建筑改造一定要在有监督的状态下进行，否则毫无计划性、控制性的改造不但不会改善建筑状况，反而会加速建筑毁坏。

① 黄靖淇：讲师，湖南科技大学建筑与艺术设计学院

近代建筑改建本身就具有一定灵活性，可以改造成其他类型建筑使用，但前提是改造必须是有监督、有计划的，不能破坏它原有的建筑结构。在有计划的情况下为了延长建筑使用寿命而进行的良好改造是近代建筑保护中有效措施之一，某些建筑成功地改造后能够以较好的状态保留到今天就充分证明了这一点。

成功的建筑改造能够帮助近代建筑更好地保留，但能够获得良好改造的建筑数量是极为有限的，调研中大部分接触到的正在使用的近代建筑基本都是处于被使用者任意搭建改造的状态，特别是现在作为一般建筑使用的情况更加恶劣，其现状可以用混乱来形容，这也是近代建筑使用中的通病。

建筑使用者无视原有建筑基本环境，在无监督、无计划的情况下自行改造原有建筑的情况包括：任意破坏建筑外立面及原有门窗式样；随意改变建筑结构，破坏建筑结构层等。因为现存比较优秀近代建筑是在符合当时的审美意识和使用要求下建造的，其审美习惯和使用要求必然与今天有差别；加上其建筑规模一般较大，使用密度明显加大；另外，近代建筑本身由于建材和使用年代过久等原因也容易出现建筑老化现象，没有经过修缮的建筑的老化程度更是严重到影响使用，这些都是近代建筑中存在的问题，也是使房屋居住者改造建筑的主要原因。近代建筑的使用者出于解决实际问题的需要，为了自身使用要求而对建筑进行一定程度改造，在适当的情况下是允许的，但这并不意味着使用者就能够任意处理近代建筑。鉴于现在建筑管理中存在的漏洞，在缺少约束的情况下，一些只看重眼前利益的使用者将近代建筑随意改造、搭建，破坏建筑原有配件，甚至破坏部分结构层的行为愈演愈烈，最终导致很多优秀的近代建筑混乱不堪，这些都是对近代建筑的保护缺失。

近代建筑任意改造对建筑破坏的严重性十分明显，长期任由其发展将肯定会对现存建筑造成不可挽回的破坏。但相对于已经荒废或半荒废的建筑，它们存在更大的修复可能，只要能够引起有关部门的足够重视，被改造的建筑还是有复原希望的。因此，在做好房屋居住者教育工作，约束他们行为的同时，也需要政府管理部门加大管理力度，做好近代建筑保护管理工作。只有房屋居住者与政府部门的共同努力，才是解决近代建筑中无控制改造的根本方法。

3. 以保护之名改建

在昆明翠湖周围，湖畔的每一幢建筑都藏着故事。以云南大学为辐射，王九龄故居、袁嘉谷故居、卢汉公馆、陆军讲武堂等，都见证了昆明的历史。但这些名人故居有的变成了茶楼酒肆，熙熙攘攘；有的闲置着，门可罗雀，没有得到很好的保护和利用；有的成为展览馆，在艰难中支撑着。以商养文？以文养文？文物保护与商业利益激烈冲突，文物保护路在何方？昆明多数名人故居变身餐馆，专家称毁坏不容忽视。

围绕翠湖湖畔，北门书屋、王九龄故居、袁嘉谷旧居、卢汉公馆、陆军讲武堂等都是云南近代历史的见证。北门书屋（图3）位于北门街68号～70号，是著名爱国民主人士李公朴先生居住过的地方。翠湖湖畔的王九龄故居始建于1925年，是民国时期云南的重要人物王九龄的故居。袁嘉谷是云南文化名人，是云南唯一的状元，在云大执教十余年。云南大学正大门斜对面就是袁嘉谷曾在昆明的旧居，袁嘉谷故居曾一度为云大教师宿舍。卢汉公馆位于翠湖宾馆旁，是卢汉的住宅，现在处于闲置中。

寻访到北门书屋时，这里已经成了饭馆，门楼迎宾介绍道："这里以吃饭为主，兼饮茶、看电影"。饭店外侧写有"重点文化遗产保护"并介绍了北门书屋的历史渊源。饭店内油烟弥漫，长此以往，让人不得不担心建筑被损坏。王九龄的故居，据云大资产管理处负责人称，这是云南大学的资产，但早就用作了餐馆——翠湖1923。据门

图1　文明街22号

（图片来源：作者拍摄）

图2　昆明老街现状

（图片来源：作者拍摄）

图3　北门书屋现状

（图片来源：作者拍摄）

图4　李鸿谟府邸现状（图片来源：作者拍摄）

厅服务员称，餐馆已经开了近三年，生意很不错。

昆明类似于此的饭馆茶楼还有很多家，如位于景星街的“懋庐”，开饭馆已近十年；马家大院也开起了餐馆，龙云公馆现为灵源别墅，用作茶楼兼餐馆。在寻访中发现，相关文物和历史文化受到保护的程度不一，有的经营者甚至不知道自己的经营场所还有历史。

不可否认，这些开在名人故居或老房子里的餐厅，把美食、服务、环境、文化等各种元素糅合在一起，让人们不仅满足了口腹之欲，也获得了亲近历史建筑、了解历史建筑的机会。

就文物建筑保护与利用之间的关系，云南省文物考古研究所文物建筑保护研究设计部专家李炳南认为，按国家文物保护工作“抢救第一、保护为主、合理利用、加强管理”的总体方针，文物建筑或者有的老建筑、古建筑、民居维修保护以后，也要做一些合理的利用、有效的保护，光保护不利用也不利于整个文物保护事业的发展。合理利用文物建筑产生的社会、经济效益，更有利于文物建筑的保护。

云南民族民间文化遗产保护与开发协会会长刘伟说：“对文化遗产古迹进行适当的开发宣传，让更多的人了解历史、体验历史是必要的。但文物保护与商业利益孰重孰轻还是要多加衡量。名人故居不能单纯与商业结合，餐馆也不一定要搭文物的车，最后徒有虚名。而且开餐馆肯定会对文物造成一定毁坏，同时也有很大的安全隐患，特别是木质结构古建筑容易导致火灾”。

二、昆明近代建筑的改造

近年来，在中国的各城市对近代建筑改造活动相当频繁，每年各地政府的工作计划往往都列有此类工程，颇具中国特色。这些现象往往都是有着形象工程的印记。俗话说“建筑是石头的史书”，每一个近代建筑都带有其历史的信息，如何对近代建筑进行改造，而又不失其历史文脉价值，是个很重要的问题。

建筑的改造的俗话叫“外观装修”，在建筑界目前比较时髦的说法叫作建筑更换。准确定义为建筑结构，建筑功能，建筑空间等方面的大的格局保持不变，更换建筑。可分为与建筑形式紧密结合的修饰和附加的，独立的两种类型。

慎重对待昆明近代建筑改造首先应从原有建筑的环境、体型、色彩等方面分析，先确定风格特点，再确定改造方式。例如南屏电影院的改造，我认为应当尊重原建筑风格特点，维持其原有的建筑、外形特点，而着重于更换饰面材料，从而使之焕然一新，同时又不失历史文化价值。

以此为例，近代建筑改造大概可以总结为以下几种方式：

1．更换墙体饰面材料

这种方式适应于对建筑形象改变较小的建筑。这种方式不改变建筑的墙体和洞口的位置，也不改变建筑的构成形式。但可以通过饰面材料结合方式的差别，在一定程度上调整建筑立面的视觉形象。例如基督教青年会的改造，只是对饰面材料进行更换，原建筑形象不变，但通过竖向线条组织强化了立面形象。

2．外包立面

外包立面是在原建筑立面再加一层建筑立面。这种做法多数情况下是出于建筑形象的要求，与建筑的功能和空间要求无关。在一定程度上切断了建筑立面与其构件的逻辑关系，适用于一些原建筑立面需做全面改变，追求完全的视觉效果。新昆明电影院改造方案大都运用外包构架和外墙系统使原建筑立面焕然一新，为建筑注入了时代感和时尚性。

3. 建筑立面完全更换

建筑立面完全更换不仅使建筑立面的形象发生了根本变化，而且是建筑的立面与原有建筑支撑结构，建筑功能组织的相互配合，而这往往是建筑内外装修同时进行的情况下运用的一种方式，也常用于填充墙结构的建筑立面。例如李鸿谟府邸结合外装，建筑内部同时也进行了全面改造，使建筑整体符合了中西餐厅的功能要求。

以上几种方式有时也需根据建筑不同部分要求，相互结合运用。

三、昆明近代建筑的保护

随着中国国内经济的发展、社会的进步，近代建筑的保存与再利用已日益受到重视，并开始付诸实践。作为建筑学领域中一项基础研究工作的中国近代建筑史研究，在现代化城市建设中正在表现出指导作用，其重大的现实意义正在逐渐为人们所理解和认识。在当今我国城乡建设迅猛发展、旧建筑不断遭到拆除和破坏的时候，提出近代建筑的保存和再利用问题，尤为重要且具有十分迫切之感。

同国计民生关系密切的科学技术史分支学科的基础研究，特别是有关近代建筑历史方面的基础研究，如果不能面向现实、对当前的城市建设产生作用，就难免会同于“象牙之塔”，曲高和寡。对于昆明近代建筑史研究而言，通过研究历史、了解今天与过去的联系，其最终目的还是为了自觉地把握今天的行为。

至于在现代化城市建设迅速发展的情况下，近代建筑或拆除或保留或保护与再利用的问题，其正确处理的关键所在，是准确定位“历史建筑”的价值。有没有价值，是决定其拆除或保留的前提；价值大小，则决定了如何对其进行保护与再利用。

对于近代建筑的保护与再利用应持历史主义的观点。既要注意其所存在的近代的历史条件，也要注意其后发生的变化。在其周围建造的现代建筑，如果是优秀的创作，对现代建筑史进程产生一定的影响，那么需要正视它，在规划设计中统筹考虑、全面规划。

对于近代建筑的保护与再利用应持积极的态度。所谓积极态度，一是积极进行学术研究；二是积极参与保护再利用的社会实践。较为可靠、较为直接的方式，就是研究者积极参与到保护再利用的社会实践中去。

四、结语

历史，使我们成了建筑的保护者。开放、兼容、多元成为当前城市的文化性格。我们应对所有艺术家和建设者所取得的成就感到自豪，创造和形成一种保护城市文化品位的和谐氛围。在加强管理的同时，严格按区域划分保护和修复具有珍贵美学价值的建筑物，争取有更多的近代建筑能得到更好地保护和发挥近代建筑的文物价值，使这些铭刻历史的近代建筑，成为我们这座年轻城市的一种积淀、一种文化象征。

参考文献

[1] 蒋高宸. 中国近代建筑总览——昆明篇. 北京：中国建筑工业出版社, 1993: 10.
[2] 朱向东, 申宇. 历史建筑遗产保护中的历史价值评定初探. 山西建筑, 2007: 335.
[3] 刘学主. 春城昆明·历史现代未来. 云南美术出版社, 2003: 24.
[4] 朱成梁. 老昆明·金马碧鸡. 江苏美术出版社, 2001: 11.
[5] 龙东林. 王继峰著文. 昆明旧照——一座古城的图像记录（上下）. 云南人民出版社, 2003: 45.

浏阳沈家大屋平面布局特色及其伦理观

廖　静[①]　伍国正[②]

摘要： 浏阳市龙伏镇新开村的沈家大屋，集中国传统文化、建筑艺术、审美情趣等精华于一体，是保存较完整的晚清江南民居标本，地区建筑特色明显。文章分析了沈家大屋的选址和建筑空间布局特点，论述了沈家大屋的建筑平面布局特色及其所蕴含的宗法伦理思想。研究有利于对其保护和更新。

关键词： 沈家大屋；空间布局；建筑特色；伦理思想

一、概况

1．简介

沈家大屋，又称法源寺，位于湖南省长沙市浏阳龙伏镇新开村捞刀河西岸。新开村位于长沙通往鄂东南、赣西北的古道上，为历代用兵之途，战事多有波及，因此民风较为彪悍。元末，当地人随陈友谅起义，沈氏祖先义重功高，以沈九郎最为英烈，被千秋纪念。由此，沈氏家族开始壮大、繁荣。据沈氏家谱记载，沈抟九公孙三代有四人曾诰受诰赠为奉政大夫（正五品），两个奉直大夫（从五品），沈氏子孙身居要职，家族显赫。

清同治四年（1865年），沈抟九膝下的六个儿子筹资新建沈家大屋主体建筑——永庆堂。同治末至光绪年间又陆续建有师竹堂、德润堂、三寿堂、筠竹堂和崇基堂等建筑。大屋坐东朝西，依山傍水，砖木石混合结构，小青瓦屋面，由17间厅堂、20口天井、30多条长短巷廊、20多栋楼房、200余间房屋、多面照墙组成。沈家大屋原有完整的关闭系统，至今主体建筑保存完好。

2．建筑选址与布局

1）选址特点

崇尚自然，讲究天地人和，集中体现儒家的“天人合一”的思想，是中国自古以来的传统。沈家大屋坐落在捞刀河畔，四面皆是青山环绕，地势前低而后高呈围合之势（图1）。这种山水环绕、深藏远瞩、冬暖夏凉、水旱无忧等建筑理念，体现了人与自然的和谐统一。同时，沈家大屋的建造极其注意建筑的方位以及与大自然之间的和谐关系，例如屋主在建造永庆堂槽门时，将其偏北14° 朝向捞刀河上游，谓“进水槽门”，意寓招财进宝（图2）。

2）建筑空间布局

沈家大屋主体建筑永庆堂为屋主沈抟九膝下六个儿子所共有，坐东朝西，三进式院落，包括槽门、前院、大门、前厅、中门、过亭、后厅、东西横厅以及巷道天井等，6厅3过亭组成“十”字结构，厅高9米，南北面阔75米，东西进深48米，大小房屋近百间（图3）。师竹堂和德润堂并列坐落于主体北侧。其中师竹堂由上、下厅堂，二茶堂，四过道和厢房等组成，而德润堂由上厅、天井、茶

① 廖静：硕士研究生，湖南科技大学建筑与艺术设计学院.
② 伍国正：硕士生导师，湖南科技大学建筑与艺术设计学院副教授.

图1　沈家大屋现存建筑鸟瞰图

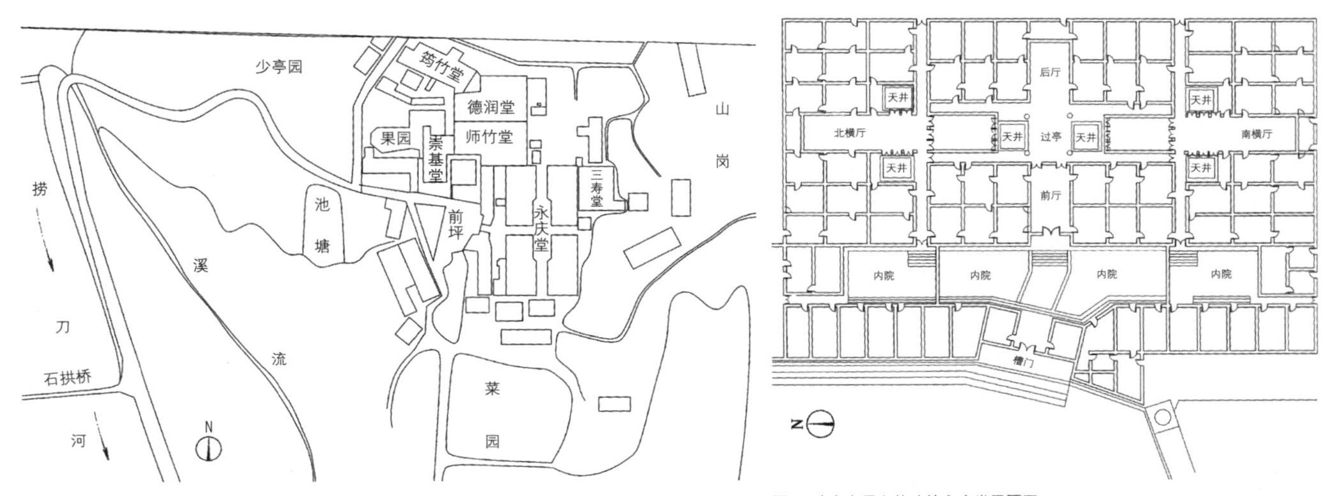

图2　沈家大屋总平面图

图3　沈家大屋主体建筑永庆堂平面图

堂、厢房、二过道、一巷道组成，通巷连接天井和十大间仓房。筠竹堂坐落于主体的西北侧，由德润堂长天井向北侧槽门左拐便进入筠竹堂，筠竹堂坐北朝南，由厅堂、天井、照墙、茶堂、过道以及厢房等组成。崇基堂坐落于主体前坪北侧，坐东朝西，前为果园，后与师竹堂相接。崇基堂由厅堂、天井、过道和厢房等组成。

沈家大屋建造时充分运用当地建筑材料，因地制宜，就地取材。例如大屋的大门框和墙基均为当地开采的红砂岩条石，并雕刻有多重吉祥图案。

二、沈家大屋建筑平面布局特色

1．中轴对称

“择中”的意识在中国传统“礼制”的发展历程中，很早就已经形成了。从“择天下之中而立国……择国之中而立宫”可见一斑。而且，在“东、西、南、北、中”五方学说中，“中”也最为尊贵。人处于苍穹之下，大地之上，即天和地的中间，由于潜意识就是以自己为中心的，因此人从具有思维开始就对几何形态的中心表示出特别的崇拜与尊敬。根据这一现象，就形成了以主体建筑为轴线对称布局的空间形态。这样一方面可以衬托出主体建筑神圣、庄严的地位（权利空间化）；另一方面也使空间布局具有一种形式美。

在沈家大屋建筑群中，有明显的纵横轴线，纵轴为主轴，横轴线为次轴，主轴线上的建筑为一组正堂屋（永庆堂），正堂屋是整个大屋的中心，是主体建筑。横轴上的建筑为“附属”建筑，且呈左右两侧对称分布而垂直于正堂屋的若干组侧堂屋（师竹堂、德润堂、三寿堂、筠竹堂和崇基堂）。且沈家大屋的正厅、横厅、十字厅、巷道、天井、走廊等都是中轴对称布置的，主体建筑永庆堂正厅高出槽门地基0.8米，高达9米多，其余建筑高度大多在8米左右，使永庆堂正厅处于一个俯瞰和统领全局的地位（图4）。由此可以看出沈家大屋运用中轴对称和抬高主体

图4 永庆堂过亭（由内向外看）

建筑的手法烘托主体的崇高地位，利用建筑空间布局来体现血缘宗族间的内在秩序。

2. 严谨的等级次序

沈氏子孙在兴建房屋时遵循着当时的建房礼制规定，“皇室家族，七井七进以上；……一般地主平民，不超过五井五进”。永庆堂建于清同治年间，为三进式院落结构。其余建筑在清同治末至光绪年间扩建，横轴上不超过三进（最多为三进），之后的子孙则需另外寻地居住。沈家大屋的厅堂位于主轴线之上，且住宅的朝向与厅堂是一样的，由此可以看出厅堂在大屋中的崇高地位。随着主轴的由近及远，厅堂的重要性和私密性也会逐级递增，在沈家大屋中，位于主轴的前厅是用来招待和接见客人的，而后厅和南北横厅则是家族集会的场所，而在后厅和南北横厅的后方的堂屋是最为重要的，布置有神龛，用来供奉祖先。

永庆堂的居住布置是以永庆堂中心为中心点，东厢为长辈的居住用房，而晚辈则布置在西厢，男性家庭成员居住在外院、女性则居住在内院。其他亲属的家庭住房也严格遵循传统礼制思想布置，以“先东后西，先左后右、北屋为尊”的尊卑关系来部署家庭成员的居住房间。

3. 以“族系”为单位营造建筑空间

在沈家大屋中，因为血缘关系呈现出一种向心性及凝聚力，同时也因为血缘的亲疏关系，在建筑群的布局中，出现了实体空间的拓扑变形。沈家大屋以永庆堂为核心点，按照血缘亲疏关系，层层推进构建成一个平面的血缘亲疏关系网络。血缘关系越近的成员，认同感越强，其住宅就离中心越近，有的甚至是屋内相连，即不需要通过巷道联系，只需要穿过住宅内部通道就能到达彼此的家中。而血缘关系较远的成员，住宅就会相隔一段距离。通过对沈家大屋进行分析可以发现，地位最高的长者最靠近建筑群的中轴线，体现在宗族秩序中他们所拥有的最高统御力，然后以此长者为基准，通过血缘亲疏关系进行排列分布，与长者血缘关系越密切，则离中轴线越近，地位相对也较高；呈现出随着血缘关系的亲疏，住宅逐渐远离中心，屋主地位逐级变低的层级关系。主横轴线清晰明确地反映出了人口繁衍发展过程中血缘亲疏及等级的关系。沿主轴上依次递进发展，主轴尽端是存放神龛、举行祭祀、宗族会议等活动的祖堂或上堂，祖堂两侧的厢房居住着最年长的老人。各个支系后代沿横轴衍生，按照血缘亲疏沿横轴向外发展，在横轴的近端同样布置着祖堂或上堂，放置神龛，在其两侧是支派长辈的居住地点。在横向轴线上的同一平行的方向上为同辈不同支的家庭居住场所。

在这样一个家庭中，以家长为核心与其他人等按亲疏关系构成了一个用平面展开的人际关系网络。家庭成员在住宅空间中被安排得井然有序，在传统伦理的框架下创造了一种“和睦”的气氛。显现出人与人、人与自然的和谐共生。

4. 以“家”为单位的空间组合形制

院落式布局是中国传统住宅的最主要的形式之一，通过对一组住宅中的堂屋、正房、厢房、倒座等房屋的安排，满足了大家族众多人口的居住问题，同时又贴合了中国伦理礼制对父子、子女、夫妻、兄弟等人与人之间的要求。大户人家基本上都是以这样一组建筑（堂屋、正房、厢房等）为母体，以一家人为基本单位，前后左右对称铺开，向外生长。与此同时在建筑空间向外生长的同时，为了解决中国历史条件下产生的比“家”更为复杂的人际关系，从而出现了等级的划分，通过对建筑的分级来满足各种复杂的人伦关系。同时对各个等级的建筑从体量、形式、用材、装饰等方面的有所差别。这些差别并不都是建筑的功能所决定的，更多的是伦理型文化的产物。

沈家大屋建中轴线上的堂屋又称主堂，是主体建筑所在，同时也是整个建筑群的中心。两侧对称地伸出一个横向分支，即“横堂”。主堂、横堂是由多个单元组成。每个建筑单元，是家族的每个小家庭的住所。主轴正堂屋一般由族长及其直系亲属居住，两侧的分支横堂则由分支家族居住。大屋建筑群以家为单位，以院落、天井来组织空间。院落、天井作为建筑平面的组成部分，室内外空间融为一体，以房廊和巷道作为过度。院落与周围建筑互不独立，相互联系，注重人与生活，人与自然的和谐关系。

三、建筑形态中蕴含的伦理观

中国传统伦理文化是由儒道文化要素为主组合而成的，其中以宗族伦理为核心，其他各种文化要素深深地烙上了伦理道德的印记，并使之具备为伦理道德的需要而服务的精神。中国传统民居无论是空间形态、规模组成、功能布局以及其他形式的表现都是伦理道德的产物，且服务于伦理道德。

1. 建筑布局体现尊卑秩序

沈家大屋中的建筑功能布置严格遵循传统礼制思想。大屋内的公共空间依主轴和横轴布置，且空间的私密性随着主轴的由近及远逐渐增加；亲属的家庭住房则以“先东后西，先左后右、北屋为尊”的尊卑关系来部署家庭成员的居住地点。以身份尊卑为依据进行人员居住用房的分配，由此形成明确的长幼次序、尊卑贵贱的内在网络关系。这种虚实相间的形态，形成上下、主从、长幼层次分明的秩序，富有浓厚的宗法礼制意识。家庭成员之间依靠“嫡庶之分、长幼尊卑、男女有别”的伦理等级秩序形成稳定的内在结构，使之和谐相处、聚族而居。

2. 空间形态体现宗法伦理思想

沈家大屋的总体布局，依南北纵轴线对称，总体格局内向，与外界相对隔绝。通过这种住宅结构，可以体会到“择中”的形成并非是几何重心所致，它包含着深刻的哲学观点和人们对人间秩序的伦理观念。

沈家大屋中以主体建筑“永庆堂”为轴线的对称布局的空间形态，以及抬高主体建筑的手法，烘托出主体建筑的崇高地位，将宗族关系中的权力等级空间化。使建筑布局形态不再是简单的几何形态的空间组合，而是宗法制的建筑体现。在沈家大屋中主体建筑处于一个俯瞰和统领全局的地位象征着居住在此的族长在其宗族中有着至高无上的权利来管理宗族中其他家庭成员。这些无一不体现在严明的建筑布局结构中，体现着是宗族内在的秩序，中国传统民居结构严谨的建筑空间布局是中国传统宗法礼制的产物。

3. “宗-房-家”严明的空间聚居礼法

中国传统文化的伦理中心是以宗族伦理为核心，“宗法”是以血缘关系为纽带，按照血缘远近以区别亲疏的制度，用于调整家族内部关系，维护家长、族长的统治地位和世袭特权的行为规范、是一种宗族之法，也称之为族法。沈家大屋以“族系”为单位营造建筑群空间，以“家”为单位建造居住单元，是传统聚居礼法的体现。

四、结语

沈家大屋是湘东北地区极具特色的传统民居建筑群，其建筑形式、装饰色彩等都具有湘东北地区的普遍特征。沈家大屋的平面布局和空间形态极具中国传统民居的特色，从选址到布局都深受中国传统文化的影响。中国传统文化中的“天人合一”、崇尚自然、礼制思想和三纲五常的宗法伦理思想均对沈家大屋的平面形制产生了决定性的作用。

沈家大屋集中国传统文化、建筑艺术、审美情趣等精华于一体，集中展现了晚清时期湘东北地区的民居特色，极具保护价值。沈家大屋对研究湖湘文化和地区建筑文化都具有重要的理论意义和现实意义。

参考文献

[1] 伍国正. 湘东北地区大屋民居形态与文化研究[D]. 昆明：昆明理工大学, 2005.
[2] 伍国正, 刘新德等. 湘东北地区“大屋”民居的传统文化特征[J]. 怀化学院学报, 2006, 25 (10) : 5-7.
[3] 伍国正, 吴越. 传统民居庭院的文化审美意蕴：以湖南传统庭院式民居为例[J]. 华中建筑, 2011, 29 (01) : 84-87.
[4] 刘锐. 礼制・宗族・血缘与空间[D]. 长沙：中南林业科技大学, 2014.
[5] 刘婷. 中国传统建筑布局中的伦理体现[D]. 武汉：武汉理工大学, 2008.
[6] 孙一帆. 明清江西填湖广移民影响下的两湖民居比较研究[D]. 武汉：华中科技大学, 2008.

云南“一颗印”民居室内热环境实测与分析

杨冬兰① 张豫东 谭良斌

摘要：一颗印历史悠久，是云南传统民居中的典型建筑。云南一颗印以昆明为代表，多聚集于此。随着经济的发展，传统的一颗印面临被改被拆的局面。但传统一颗印民居有很多适应气候的特点值得新建建筑借鉴。因此，分别对老一颗印和新建一颗印的室内热环境进行测试。经过新旧对比，进一步揭示新旧一颗印的优缺点，为传统一颗印的保护和改造提供科学依据。

关键词：一颗印；热环境测试；新旧对比

引言

昆明位于中国西南云贵高原中部，海拔1895米，年降水量1035毫米，年平均气温为16.5℃，属于温和地区。年温差较小，四季如春，夏无酷暑，冬无严寒，日温差较大，常年吹西南风。昆明地区的“一颗印”式民居，正是适应该种自然气候和环境而产生的具有个性的一种建筑形式[1]。典型“一颗印”传统民居是自然的馈赠与限定、社会的参与和调整，以及人为的选择和调试的结果，并且表现出与地域环境很强的适应性[2]。因此对一颗印的热环境进行测试，具有重要的实际意义。

一、建筑基本情况

1. 平面布局

本次测试的一颗印，位于云南省昆明市呈贡区万溪冲村。万溪冲村自明代建村以来，建筑形式一直保持一颗印的传统形式。发展至今，村中已无传统的三间四耳的传统一颗印。本次测试的一颗印是1973年按三间四耳的一颗印改建成的三间两耳的一颗印，由于地形限制，无倒八尺。测试的一颗印两边耳房以中轴线对称分布，一楼到二楼的楼梯为单跑楼梯，位于正房进门左侧位置，沿着单跑楼梯既可到耳房二楼，也可到正房二楼。中间天井为长方形。天井位置最低，其次为耳房，正房位置最高。新改建的一颗印也为三间两耳式，中间水井为正方形。正房与耳房一样高。一楼到二楼的楼梯为双跑，楼梯位于一侧耳房，沿着楼梯先至二楼耳房，再沿内走廊至二楼正房，才能到另一侧的耳房。

2. 外部形体

老一颗印的外形方正、严谨封闭。在正房背面设四个小窗以供有限的通风、采光之需。正房屋顶为对称的双坡顶，耳房为外短内长的不对称双坡顶。一层层高为2.7米，二层层高为3.3米。新改建的一颗印外形方正。但更显开放，开窗更多更大，几乎每个房间都有开窗，屋顶样式与老一颗印类似。一层层高为3.2米，二层层高为4米（图1～图6）。

---

① 杨冬兰：在读硕士研究生，昆明理工大学建筑与城市规划学院

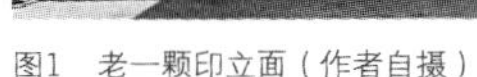
图1　老一颗印立面（作者自摄）

图2　新一颗印立面（作者自摄）

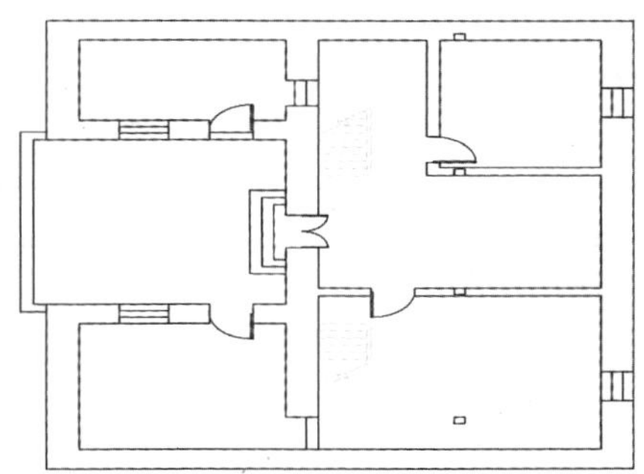

图3　老一颗印的一楼平面图（作者自绘）

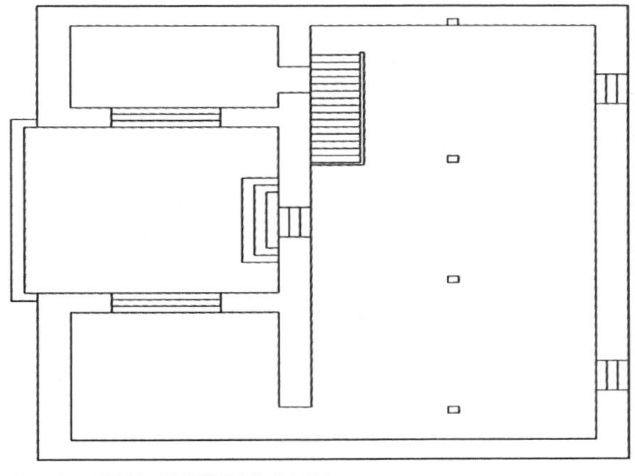

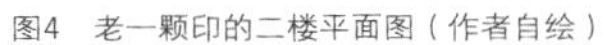
图4　老一颗印的二楼平面图（作者自绘）

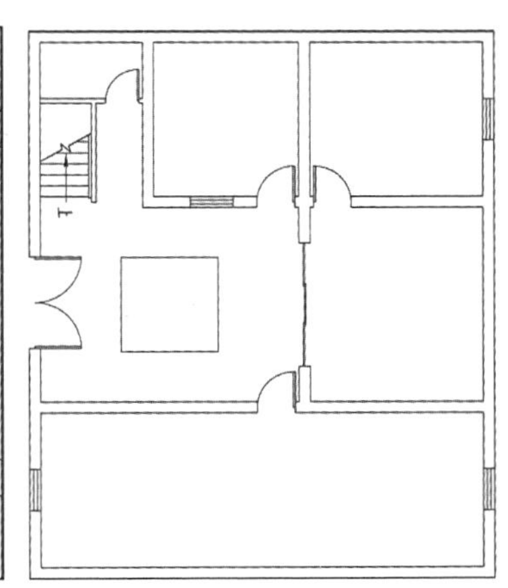

图5　新一颗印的一楼平面图（作者自绘）

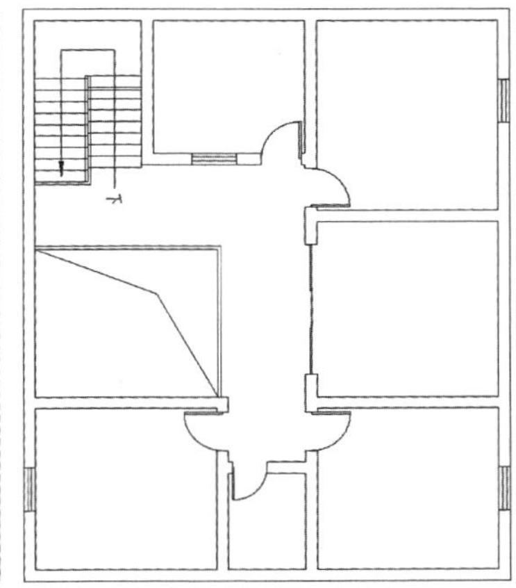

图6　老一颗印的二楼平面（作者自绘）

3. 材料构造

传统一颗印为土木结构，新建的一颗印为框架结构。各部分构造见表1（由外到内）。

二、测试方法及测试仪器

为了使测试具有对比性，本次测试选取了朝向一致的新老一颗印，均为东南朝向，两栋建筑均为自然通风建筑。测试时间为2016年6月4日17:00到6月5号17:00，6月4日夜里下了小雨，第二天一直晴。测试期间的天气能够代表云南夏季多雨的气候特征，测试时对热环境也进行了测试。测试参数为室内外风速、温湿度、围护结构壁面温度。其中温湿度测试连续测试了24小时，其他参数连续测试了9小时，从6月5号9:00到17:00，所有参数的测试时间

新老一颗印材料构造　　表1

部位		老一颗印	新一颗印
外墙		10水泥，土坯墙，10抹灰。上厚600，下厚630	5厚陶瓷砖，240厚红砖，10抹灰
屋顶		青瓦（下板瓦，上筒瓦）	青瓦（下板瓦，上筒瓦），100钢筋混凝土楼板，10木条
地面	一楼	夯实土壤，水泥	水泥，10陶瓷地板
	二楼	25厚松木板	100钢筋混凝土楼板，10陶瓷面砖
天井		夯实土壤，水泥	水泥，10陶瓷面砖
门		客厅门10松木板（高1350，宽1000）	客厅门单层玻璃（高2700，宽2400）
窗	卧室、厨房	木框单层玻璃窗（高900，宽2000）	钢框单层玻璃窗（高1800，宽1500）
	正房背面	木窗（高700，宽500）	钢框单层玻璃窗（高1800，宽1500）

间隔都为一小时。测试仪器见表2。

测试仪器　　表2

测试参数	测试仪器	测试方式
室内外空气温湿度	L92-1温湿度黑匣子	昼夜连续记录，间隔为1h
室外风速	TES叶轮风速仪	昼间人工记录，间隔1h
室内风速	TES热线风速仪	
围护结构壁面温度	红外测温仪	

三、测试结果及分析

1. 院内温湿度

老一颗印的院内温度一天的平均值为21.75℃，新一颗印的为21.5℃。老一颗印的温差比新一颗印大（图7）。因为老一颗印天井尺寸比新一颗印大，新一颗印的建筑整体高度比老一颗印高一米多，所以白天有太阳时老一颗印院内能接收到更多的太阳辐射，空气温度就会比新一颗印的高。太阳落山之后，院内开敞，热量散发的就更快。新老一颗印室外院内湿度变化趋势大体一致，受温度的影响，老一颗印的相对湿度就比新一颗印的相对湿度低。

2. 室内温湿度

（1）正房一楼客厅

老一颗印的正房一楼测试期间温度的平均值为20.96℃。新一颗印的正的为22.87℃。老一颗印温差更大（图8）。老一颗印的正方一楼的室内温度一直比新一颗印的室内温度稍低，特别是正午以前，老一颗印的温度比新一颗印低3-4℃。原因如下，老一颗印墙体材料为土坯，隔热性能好，相比之下，红砖墙隔热性能较差。不但老一颗印客厅门的尺寸比新一颗印小很多。而且老一颗印的堂屋门为木门，导热系数比较小。新一颗印的客厅门为玻璃门，导热系数大，所以但老一颗印的温差比比新一颗印大。说明了老一颗印的室内热稳定性不够好，分析原因为老一颗印屋门气密性太差，两扇门间，门与墙间的缝隙大，室外空气容易进入。相应的，正房一楼室内的相对湿度，老一颗印的就比新一颗印的高。

（2）正房二楼

老一颗印的正房二楼测试期间温度的平均值为21.44℃，新的为24.39℃，老一颗印的温差比新的大。老一颗印的正房二楼温度比新一颗印的低（图9）。特别是在太阳落山之后还没出来之前。也就是说夜晚时，老一颗印温度更低。虽然老一颗印二楼只开了两个小窗，用的是土

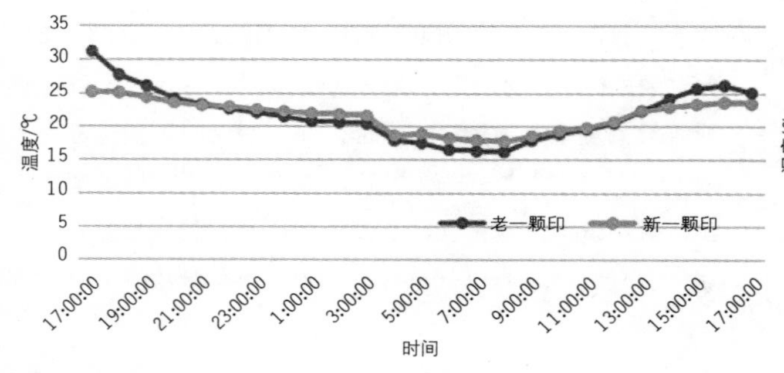

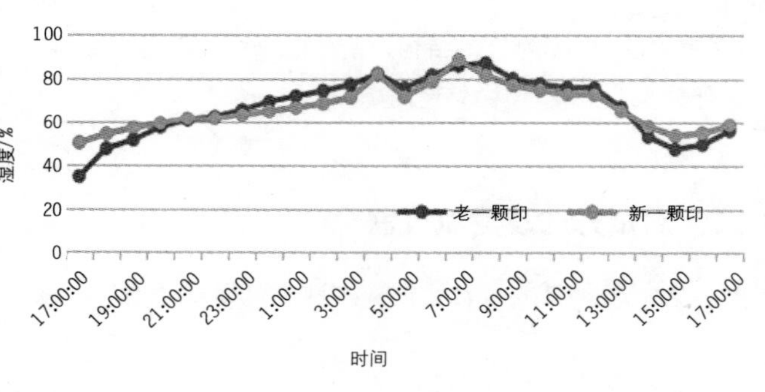

图7　院内温湿度对比（作者自绘）

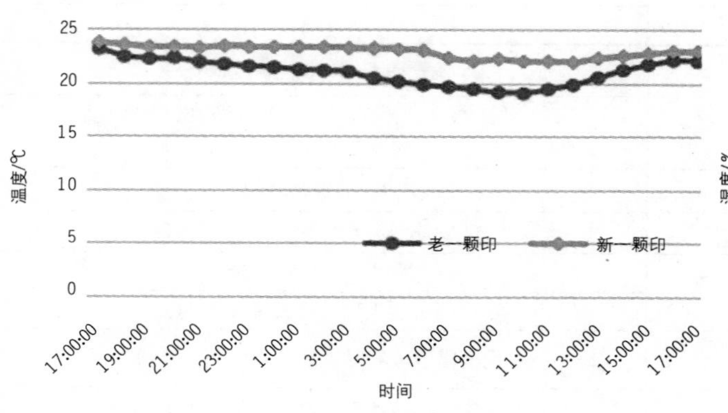

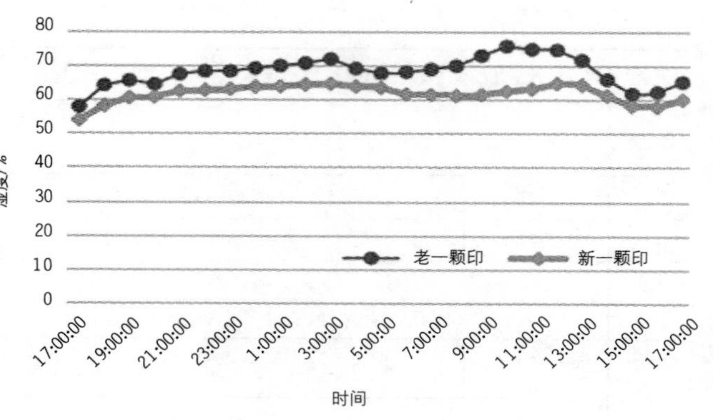

图8　正房一楼温湿度对比（作者自绘）

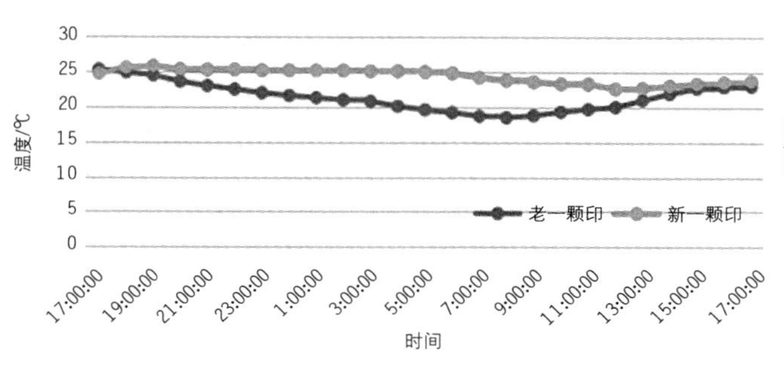

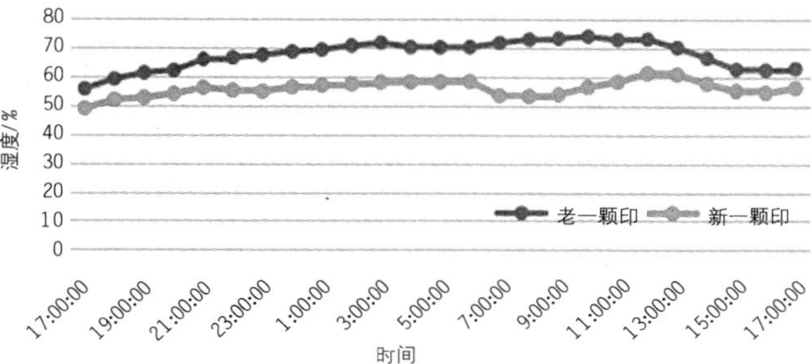

图9　正房二楼温湿度对比（作者自绘）

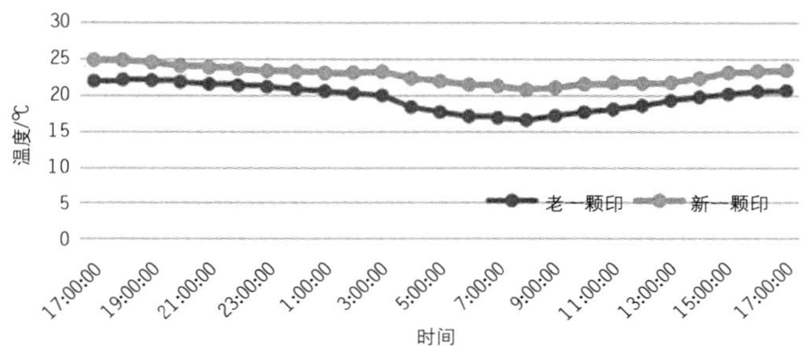

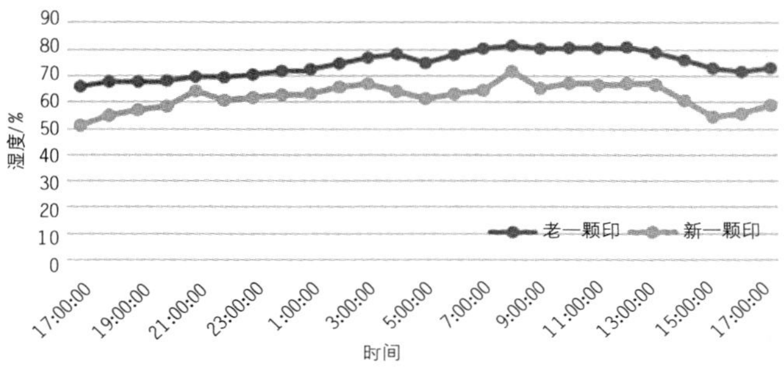

图10　耳房温湿度对比（作者自绘）

坯墙，隔热性能好，但屋顶只用瓦片覆盖，总热阻小，散热较快，所以太阳落山之后温度降低得也快，接近室外温度。太阳出来之后，气温回升，正午之后老一颗印的室内温度已经与新一颗印的一样。瓦片屋顶散热快，导热也快，导致正房二楼昼夜温差大。相比之下，新一颗印屋顶瓦片之下还有钢筋混凝土楼板和木条，所以，总的热阻较大，热惰性也大，所以室内温度稳定。相应的，老一颗印的正房二楼室内相对湿度比新一颗印的高。

（3）耳房一楼

老一颗印的耳房一楼测试期间温度的平均值为19.62℃，新一颗印的为22.74℃，新老一颗印耳房一楼的温度平均值，新的比老的高。但老一颗印的室内温差比新一颗印大，老一颗印的土坯墙厚度远大于新一颗印的红砖墙，而且保温隔热性能好，白天隔热夜晚保温（图10）。但老一颗印耳房开窗面积大，而且窗户密闭性极其不好，所以室内温差比新的一颗印大。相应的，老一颗印的耳房一楼的空气湿度比新一颗印的高。

3．壁面温度

老一颗印地面温度平均值为20.29℃，新一颗印的为22.64℃，新一颗印的地面温度平均值高于老一颗印（图11）。两者的温差差不多，老一颗印地面温度一直低于新一颗印。老一颗印屋顶温度平均值为23.82℃。新一颗印的为22.96℃，老一颗印的温差远大于新一颗印，老一颗印屋顶温度在十一点之后高于新一颗印，老一颗印屋顶只有青瓦，热阻较小，热惰性小，屋顶内表面温度受太阳辐射影响大，温度波动大。新一颗印的屋顶总热阻大，热惰

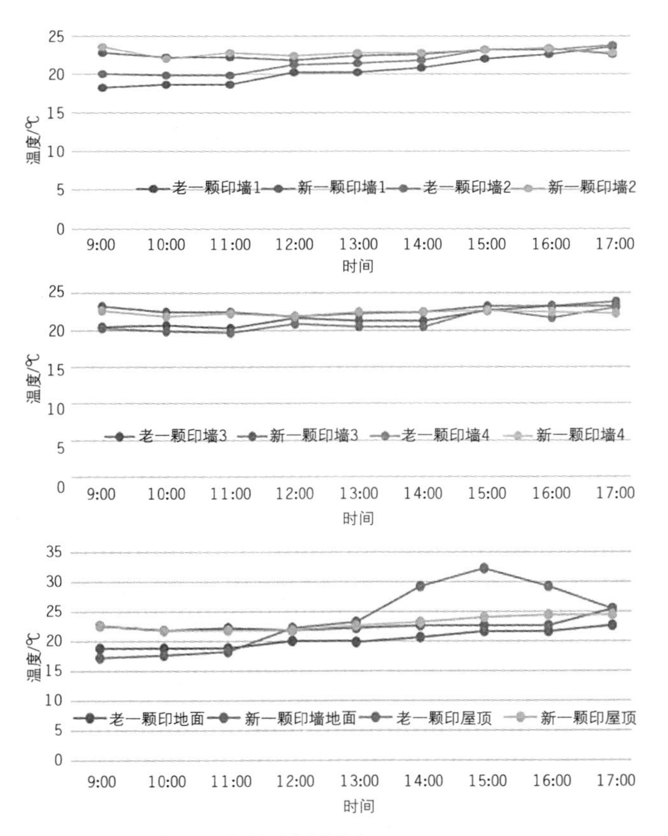

图11　壁面、地面和屋顶温度对比（作者自绘）

性也大，所以新一颗印屋顶内表面的温度一直较稳定。

4. 室内外风速

新老一颗印的院内风速都远小于整个建筑外面的风速，进一步证明了一颗印封闭的外形可以有效抵挡室外大风的入侵。在室外风速不大，低于0.4m/s时，新老一颗印的院内风速大小差不多。在室外风速大于0.4m/s时，老一颗印的院内风速和室内风速都大于新一颗印的院内和室内风速（图12）。老一颗印的建筑总体高度低于新一颗印，而且老一颗印院内更加开敞，所以，在室外风速较大时，老一颗印的院内风速大于新一颗印的院内和室内风速。老一颗印室内单跑楼梯起到了一定的拔风作用，所以室内风速较高。

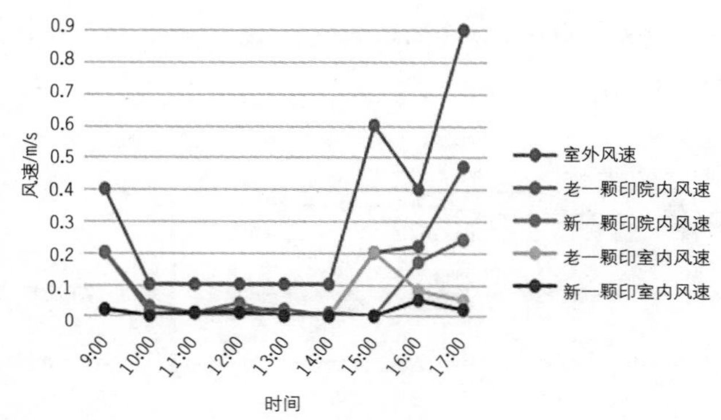

图12 室外院内风速对比（作者自绘）

四、结论

通过对新老一颗印的建筑热环境进行测试，得出以下结论。

1．对于天井内的温度，昼间由于太阳辐射的影响老一颗印比新一颗印高，夜间比新一颗印低。湿度相反。原因是老一颗印建筑总高度比新一颗印低，老一颗印天井也比新一颗印宽敞。

2．对于室内温湿度，老一颗印的室内温度比新一颗印的室内温度低。湿度相反。原因是土坯墙的隔热保温性能好。老一颗印的室内昼夜温差比新一颗印大，一方面是因为老一颗印的室内密闭性不好，另一方面是因为土坯墙的蓄热性能更优。

3．壁面温度：四点半之前老一颗印的四面墙体的壁面温度都比一颗印的低。老一颗印地面温度一直低于新一颗印。原因是老一颗印的土坯墙热惰性大，室外温度波经过墙体之后衰减较大。老一颗印屋顶温度在十一点之后高于新一颗印。原因是老一颗印的瓦屋顶总热阻小于新一颗印的瓦加混凝土楼板屋顶。不管是室内温度还是壁面温度，老一颗印温差都比新一颗印的大。分析原因是认为门窗密闭性差，屋面瓦片单薄，密封性也极差，甚至存在漏水的情况。

4．新老一颗印的院内风速都远小于整个建筑外面的风速。在室外风速大于0.4m/s时，老一颗印的院内风速和室内风速都大于新一颗印的院内和室内风速。原因是老一颗印的建筑总体高度低于新一颗印，老一颗印院内更加开敞，老一颗印还有直通二楼的单跑楼梯，增强了拔风效应。

根据李哲颖[3]等分析的昆明地区的建筑气候设计策略，昆明地区在进行建筑设计时，在建筑布局方面要考虑平面布局，采用紧凑型建筑布局比较合适。新老一颗印布局都比较紧凑，在改造墙体时考虑厚重墙体，老一颗印的墙体更加厚重。屋顶考虑轻质保温屋面，由于老一颗印瓦屋顶热阻小，室温温差较大，建议改造时在老一颗印的屋顶下设保温层。杨柳[4]等对昆明地区热舒适的研究，夏季室内温度为25℃左右时，大多数居民觉得舒适，室内温度适宜。而且他们总结出，昆明地区的热中性温度的范围应控制在13.4～24.9℃之间。因此，新老一颗印室内温度都比较适宜，但新一颗印温度偶尔会超过25℃，老一颗印印证了“夏凉”的特点。但是土坯墙的性能还需改善，存在强度不够，易受水侵蚀等缺点，改建的时候建议使用新型的强度高且保温性能好的土坯。传统民居由于其气候适应性，所以其建筑形式和构造都有一定的气候适应原理。所以在改造或者新建时，不应盲目模仿其形式和构造，应该剖析其背后的原理，结合现在的新技术，根据现代的功能需求，将其改造为宜居又美观的新居。

参考文献

[1] 杨安宁，钱俊．云南一颗印——昆明地区民族建筑文化[M]．昆明：云南人民出版社，2011．1：1-10．
[2] 陈庆懋，何俊萍．“一颗印”民居的变异模式及其适应性探析[J]．昆明理工大学学报（社会科学版）．2011．02：72-79．
[3] 李哲颖，谬升，祝海燕．建筑气候分析与节能设计策略初探[J]．建筑节能．2012：20-24．
[4] 杨柳，杨茜，王丽，等．温和地区人体热舒适气候适应模型研究[J]．建筑热工与建筑节能．2010：213-217．

浅析明清移民对于湘西土家族传统民居平面形制的影响

唐志伟[①]

摘要： 湘西土家族在汉人进入湘西之前以渔猎生活为主，随着汉族移民的不断进入，特别是明清以来，土家族民居建筑在融合本土文化和汉文化的基础上得到了极大的发展。本文旨在探讨明清汉族移民对于湘西土家族民居平面形制形成的作用与影响。

关键词： 明清移民；土家族；传统民居；平面形制

一、湘西移民综述

湘西地处不同经济发展地区的交界点上，具有引东拓西的地域优势，与南面的百越文化体系、东北部的汉文化体系以及西南少数民族文化体系处于矛盾冲突、交流融合之中。自古以来，湘西就是多民族的聚居地，主要是土家族，苗族，侗族和瑶族等少数民族在这里生息繁衍。湘西土家族是湘西少数民族中人数最多的民族，主要分布于湘西北的龙山、永顺、保靖、桑植和古丈等县。目前关于土家族的族源问题还没有达成定论，存在巴人说、多元说、土著先民说、氐羌说、江西迁来说、乌蛮说、濮人说、蛮蜒说、东夷说、毕方兹方说、僰人说、"僚人"说、"三苗"说等十余种说法。国家民委编委会出版的《土家族简史》认为"土家族源于楚、秦灭巴后，定居在湘鄂渝黔接壤地区的巴人，但在巴人活动记载之前，这里就有古人类活动"。另一个受到学术界普遍认可的"多元说"则认为土家族是古代巴人融合当地土著及其他民族逐渐发展形成的。湘西本土学者提出了"濮——僚——仡佬——土家人"这样一个全新的土家族源之初见。随着近二十几年来武陵山区现代考古学上的不断新发现，2004年柴焕波先生从考古学的角度出发，发表了《武陵山区古代文化概论》，进一步全面地、明确地证实了这一新的观点。笔者更倾向于土家族多元说的观点，引用湖南吉首市文化馆研究员（教授），著有《土家织锦》的土家族学者田明的观点表达对于土家族来源的想法："土家族是一个以武陵山区的原始居民与古代濮僚（仡佬）融合后的'土著'，与历史上先后进入武陵山区的巴人、楚人、客家人等强宗大姓经过长期的融合，产生了共同的文化适应性，在唐宋以后相对稳定的数百年间逐渐形成的民族复合体。"

湘西与外界的联系，就迄今所知，最早是西周末至春秋时期与楚人的交往。周慎王五年（公元前316年）秦惠文王遣张仪、司马错伐蜀，灭之。"仪贪巴苴之富，因取巴，执王以归，置巴、蜀及汉中郡。"至此，巴子国即告灭亡，随之板楯蛮巴賨也就四散了，他们中的主体部分后来逐渐同化于汉族之中。但其中的一支，不愿臣服的则转向西南山区。更有一批将士，跟随秦人南征，后来在武陵山区留居下来，成为当地的蛮夷之长，即以后的田、覃、向等大姓。

唐朝末年，农民起义风起云涌，各地藩镇也纷纷割

① 唐志伟：建筑与土木工程硕士，湖南科技大学建筑与艺术设计学院

据。溪州（今湖南湘西永顺、龙山、保靖一带）彭氏的势力此时开始逐渐壮大。民国《永顺县志》载："彭瑊，江西吉水人，父辅为（唐）懿宗朝进士，官至金紫光禄大夫，生五子：彬、珏、璋、玕、瑊，因杨行密与黄巢战，兄弟皆流散，时马殷据湖南，瑊至依之，以功授辰州刺史……为永顺土司之祖。"939年，溪州之役在溪州彭瑊之子彭士愁与楚王马希范之间展开。彭氏虽然兵败，可其政治地位和管辖地域却得到楚的认可。彭士愁仍为溪州刺史，合法的地位和领地成为彭氏在湘西八百年统治世业的基础。这一时期的湘西引入了大批的汉人从业人员，对于湘西的发展起到了极大的促进作用。据《永顺县志》记载，江西汉人酋豪彭缄归楚，为溪州刺史后，湘西地区出现了"仓廒禀庚，储伺丰盈，含哺鼓腹，乐享升平"的繁华景象。

宋元以后，湘西境内再次形成了移民浪潮，湘西汉民族人口内部结构又发生了一次大变化（图1）。与此前历代移民浪潮大多由北而南流动不同，这次主要是从东往西迁移，即史称的"江西填湖广"。由于江西田无旷土，民无闲人，南宋时期，江西人口开始迁入湘西。江西移民首先聚集在以长沙为中心的湘中东地区，然后分水陆两路进入湘西地区。水路则首先进入洞庭湖地区，沿沅水一路西行至酉水流域，进入广大的湘西地区。陆路则沿着湘黔古道从长沙经过宝庆（今邵阳市）到达洪江，再往北到达湘西。

元末明初朱元璋统一长江流域之后，于洪武年间下令组织人多地少的江西人迁往湖南、湖北，推行移民屯垦政策，江西移民再次迁入湘西。曹树基先生认为："湘西土著是个令人困惑的问题。湘西具有少数民族血统的土著数量之多，为湖南其他各区瞠乎莫及。湘西氏族中土客蛮汉混淆之复杂，也为他区所不见。但即使如此，湘西也接受了大量的江西移民。宋代及十四世纪对湘西的移民是极其重要的，尤以明初时间短而移入多显得最为重要。湘西江西移民后裔估计至少占湘西移民后裔的60％以上。洪武年间湘西地区的移民中有很大的一部分是军人。如永定县，洪武年间是一个卫的名称，尚未置县，其时迁入的氏族，多为卫所的将士及其家属。以至于当地一些蛮姓，也因为军籍而自称为汉人"。

单位：族

时代＼原籍	湖南				江西				苏浙				其他省				合计
	石门	永定	溆浦	靖州	石门	永定	溆浦	靖州	石门	永定	溆浦	靖州	石门	永定	溆浦	靖州	
北宋	—	—	—	—	—	—	3	—	—	—	—	—	—	—	—	1	4
南宋	—	—	4	—	2	—	13	4	—	—	1	2	—	—	1	4	31
元	1	1	8	—	6	1	11	4	—	—	—	—	4	2	1	2	41
洪武	2	—	11	2	20	7	5	5	—	7	1	5	5	11	—	4	85
永乐	—	—	1	—	2	2	5	—		—	1	1	1	1	10	—	24
明中后	3	—	12	—	18	1	6	1	—	—	1	2	5	2	1	4	56
清前	1	—	42	—	7	1	12	—	—	—	—	—	14	—	1	1	79
清中后	—	—	29	—	1	1	3	—	1	—	—	—	1	—	—	—	36
合计	7	1	107	2	56	13	58	14	1	7	4	10	30	16	14	16	356

图1　湘西地区氏族的迁入时代和原籍

清代沅水中上游地区的人口增长更为迅速，改土归流后的移民迁入带来了原土司地区人口的大幅度增长。《龙山县志》卷十一云"改土后，客民四至，在他省则江西为多，而湖北次之，福建、浙江又次之。在本省则沅陵为多，而芷江次之，常德、宝庆又次之。"《溆浦县志》记录了116个姓氏的来源，有44个姓氏是从江西迁入的（包括辗转经江西迁入的），迁入的时间在宋元明清期间。32个姓氏是从江西迁出后先到湖南其他地区后再迁入溆浦，迁入溆浦的时间大多在清朝。移民每到一处，就会兴建地方性会馆，湘西境内江西会馆随处可见。据光绪《龙山县志・县城图》，县城有江西会馆、辰州会馆、常德会馆、宝庆会馆、星沙会馆，这在侧面也反映外省汉族移民对于湘西的影响之大。

二、土家族民居演变原型及特点

"南巢北穴"是对我国原始居住方式的普遍认识，考古发掘的大量资料表明，居住在湖南境内的土家族先民历经了相当长的一段由穴居转为巢居再到干栏建筑的时期。现存湘西土家族苗族自治州博物馆及张家界市博物馆的很多旧石器时期人类活动的石质生产工具，便是在沅水、澧水及其支流沿岸的洞穴中发掘的。20世纪80年代，在新晃县发现距今5万年的旧石器时代遗址，石器多发现于河边的台地上，周围无山洞可以栖身。据此，专家推测，在据今4万～10万年的沅水流域及其支流附近，原始土著中已有人在原始森林巢居生活。据光绪《龙山县志・山水志・八面山》中记载**"民居中数十家，或架树枝作楼，或两树排比作门户，至崖尽则万树葱茏，环拥于外，若栏栅然"**。我们可以发现直到光绪年间，湘西土家族地区都还存在巢居的现象。

因为土家族传统民居保留至今的大多数是清代及以后的，对于清朝以前的土家族民居形制我们只能从古文献及考古发现的土家族先人居住地的遗址中窥探一二。根据湖南省文物考古研究所关于不二门的《湘西永顺不二门发掘报告》，我们发现在永顺不二门遗址发现商周时

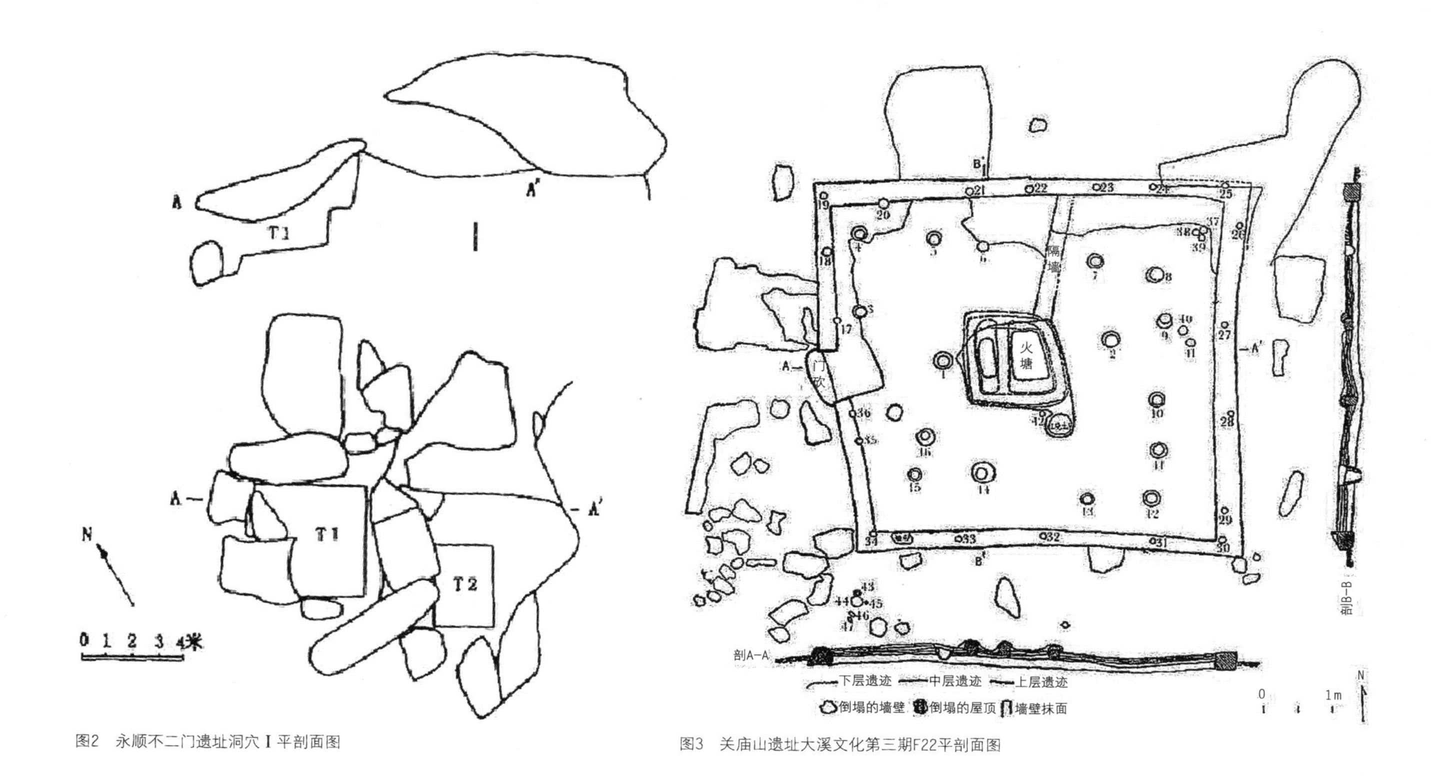

图2　永顺不二门遗址洞穴Ⅰ平剖面图

图3　关庙山遗址大溪文化第三期F22平剖面图

期的洞穴遗址多个。如洞穴Ⅰ（图2），由两块5米见方的大山岩和若干小岩石组成。内分上下两洞，中以一缝连通，各有南北出口。上洞呈椭圆状，活动面积约15平方米，地面较平坦，净高最高2米；下洞呈长条形，长10米有余，宽约3米。并发现岩石垒成的火塘，基本处于居住空间的中心。另据清雍正八年永顺知府袁承宠《详革土司积弊略》第4条记载："男女混杂坐卧火床"，"中若悬磬，并不供奉祖。半室高搭木床，翁姑子媳联为一榻。不分内外，甚至外来贸易客民寓居于此，男女不分，挨肩擦背"。乾隆七年永顺知县王伯麟《禁陋习四条》也有类似记载："永顺土民之家不设桌凳，亦无床榻，每家惟设有火床一架，安炉灶于火床之中以为炊爨之所。惟各夫妇共被以示区别，即有外客留宿，亦令同火床"。

从上述文字我们可知，再参考处于鄂北的土家族聚居地、地面建筑遗存保存较完好的关庙山遗址（图3），我们现在可以发现：直到清初，土家族民居平面形制都是相对简单，基本上是以火铺为中心的单一空间，屋内也并不供奉祖先牌位，内部空间也并没有按照长幼尊卑的礼制制度划分。

三、明清移民对土家族民居平面形制的影响

1．移民对于平面布局中心的影响——从火塘到堂屋

改土归流后，随着土司制度的瓦解，针对居民的各种禁令得以解除，同时社会经济随着大量江西等外省的移民在此经商得到了极大的发展，民居形制也获得了巨大的发展。受移民汉文化影响，尤其是知县王伯麟颁布的《禁陋习四条》中明确规定："现今归流渐人尔等土民读书应试，俱查点烟户，见尔等土家尚未尽改，合再刊示。禁除嗣后务须仿照内地民俗，长幼有序，男女有别，不得仍用火床，坐卧混杂，自丧廉耻。如违查出重责不贷。"在文化影响和制度压迫的双重作用下，土家族民居内部空间开始划分，出现了卧室，堂屋等功能性空间，原本以火铺为中心的单一空间划分为以堂屋为中心、卧室在堂屋两侧的"三开间"的民居平面形式（图4）。

2．移民对于空间配置的影响——从混居到按着长幼有序，以左为尊的礼制配置空间

根据永顺知县王伯麟《禁陋习四条》的记载我们可以得知：在改土归流前，土家族民居"阖宅男女，无论长幼

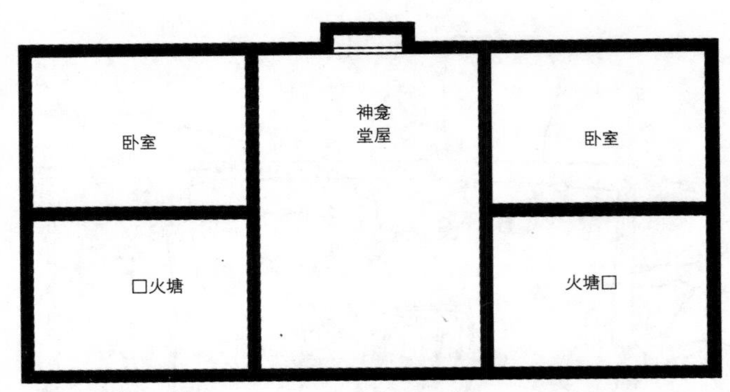

图4　土家族典型民居平面

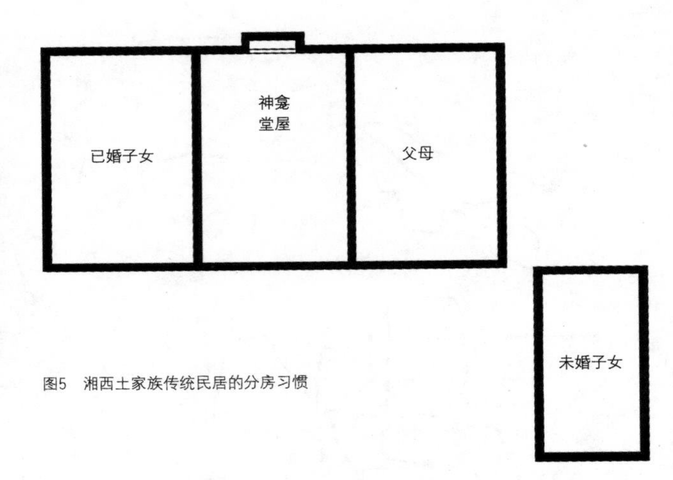

图5　湘西土家族传统民居的分房习惯

尊卑，日则环坐其上，夜则杂卧其间”，并没有长幼尊卑的礼制限制。所以传统民居的空间也是自由奔放，不拘一格，空间也完全是根据需要配置，一般情况下都是混合使用。随着改土归流制度的推进，土家族地区受到汉文化的影响越来越深，民居建筑也开始融合汉文化的一些要素。受到汉族文化的影响，土家族民居在平面形制上也开始体现长幼尊卑的传统礼制（图5）。作为供奉祖先牌位的堂屋布置在房屋的最中心位置，然后依着以左为尊的习惯，父母或老人住左侧“大里头”，儿媳住右侧“小里头”。有兄弟则兄长居左，弟居右，父母住堂屋后。另有一些附属房间，如厕所、牲畜棚等，由于卫生条件原因，常与正屋保持一定距离设置。厕所为旱厕，与牲畜棚紧临，便于人畜粪便同时清理作农肥。

3．移民对于空间组合的影响——从单一空间到中轴对称发展

移民的到来给湘西土家族地区带来了新的血液，也极大地促进了土家族民居的进步，土家族民居平面形制从最初的以火塘为中心的单一空间结构，发展成为以堂屋为中心的对称三开间形式。三开间的平面布置，应该是古代北方民族创造的一种居住形式，这种形式通过中原汉人的不断的迁移而带至各地，随后进入湘西土家族地区与当地土家族民居融合，最终形成了以堂屋为中心、左右对称布置卧室和火铺的三开间平面形制。

湘西土家族传统民居的空间形式组合在汉族移民进入之后开始从单一的空间发展成为中轴对称式的线性组合为主，这和汉族住宅的发展基本上是保持一致的，汉文化强调中轴对称，不管是城市建设还是民居修建，往往沿着轴线垂直发展或者轴线对称左右横向发展。

尤其是改土归流后，随着湘西彭氏土司制度的瓦解，以及大规模商业移民的进入。湘西相对于改土归流前，变得高度自由而包容，社会的经济状况和人民整体的生活水平得到质的飞跃。在这段时期内，湘西土家族民居也得到了空前的发展。湘西土家族传统民居在“一明两暗”形的基础上，以堂屋为中心，左右对称发展成为五开间、七开间甚至九开间的形式。进深上以二进为主，但是在家庭成员变多或者实际使用需要而地势又受限制的情况下，会选择平行发展的方式。以永顺县龙西湖村彭继礼宅为例。根据图6可以知道，在200多年前，彭继礼宅平面形制是典型的“一明两暗”型，后来由于实际需要在主屋后面增建了一进，现在的彭继礼宅主屋的平面形制是五开间三进的形式。个别富裕家庭甚至开始修建四合院形式的住宅，湘西永顺王村黄府，就是清代从江西经商到王村后修建的一座四合院民居。

湘西土家族传统民居的空间的垂直组合往往体现在

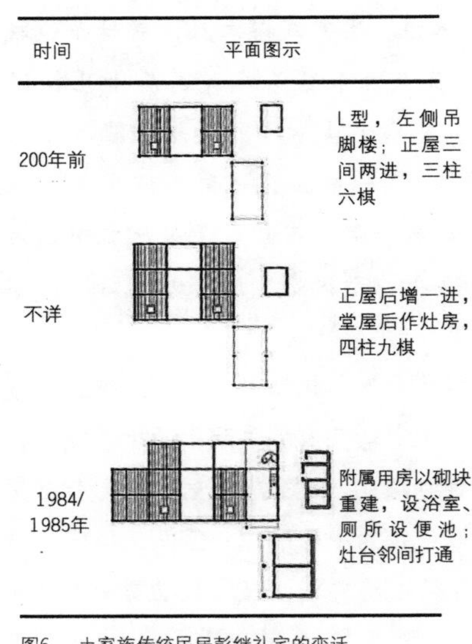

时间	平面图示	
200年前		L型，左侧吊脚楼；正屋三间两进，三柱六棋
不详		正屋后增一进，堂屋后作灶房，四柱九棋
1984/1985年		附属用房以砌块重建，设浴室、厕所设便池；灶台邻间打通

图6　土家族传统民居彭继礼宅的变迁

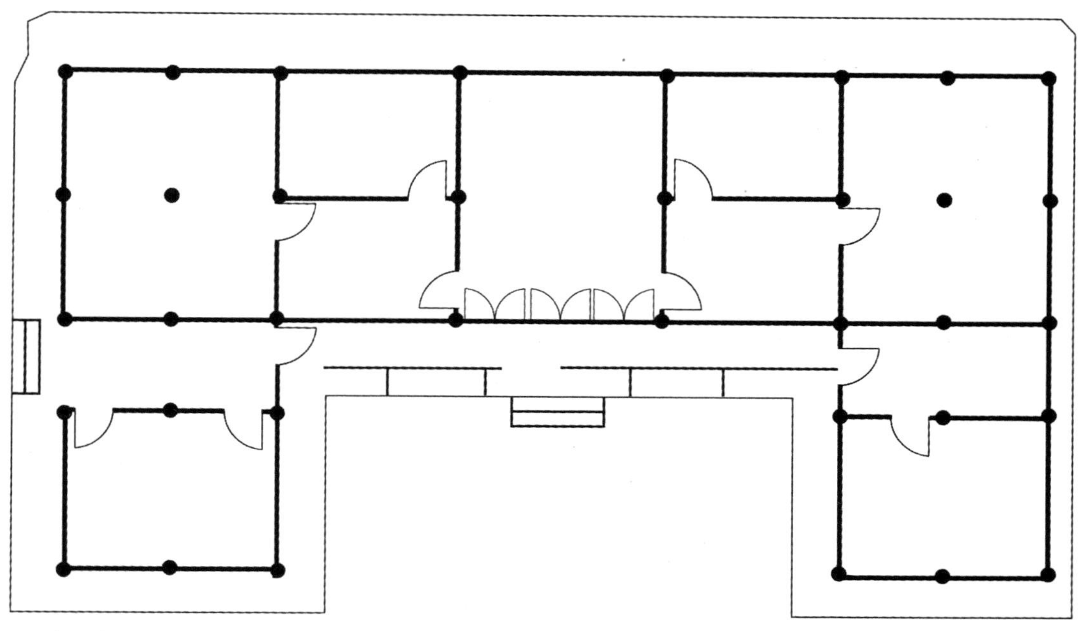

图7　利比洞涂宅平面图

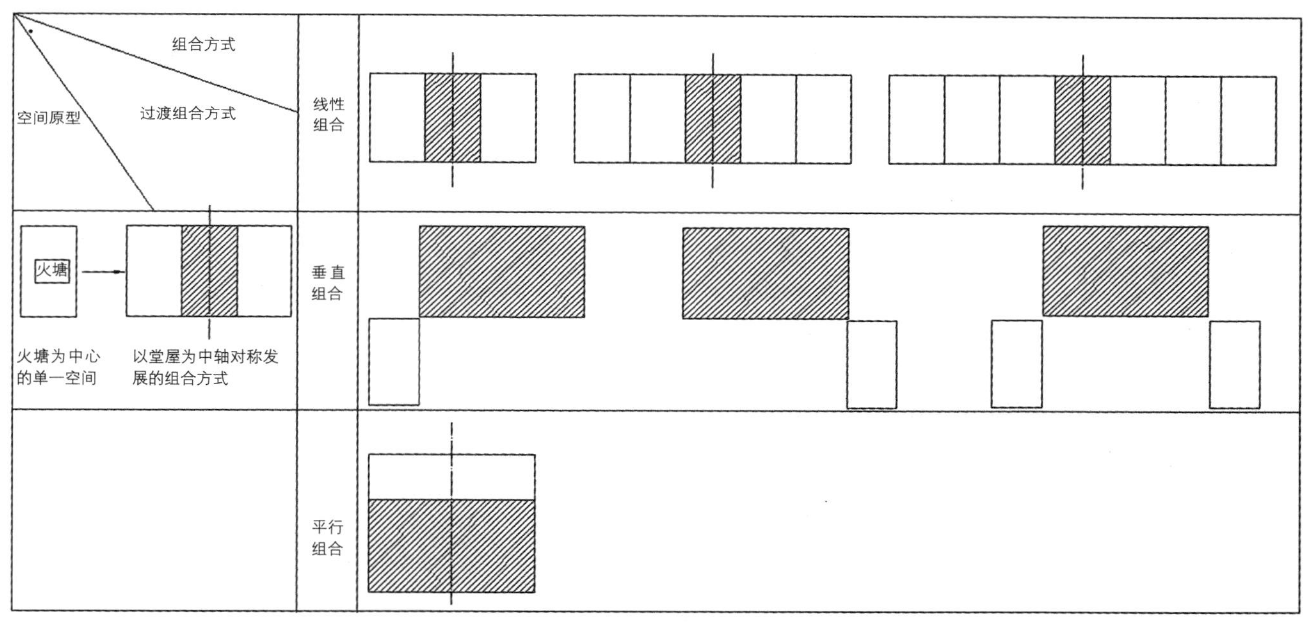

图8　土家族民居空间组合形式的变迁

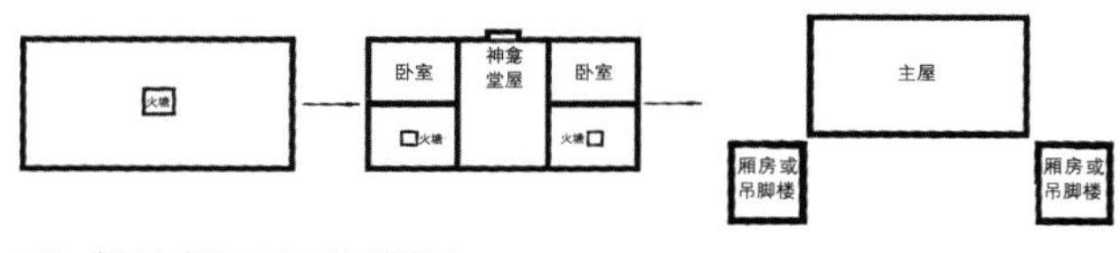

图9　湘西土家族民居平面形制演变

两侧厢房的修建上，土家族民居往往在主屋一侧或者两侧设置垂直于主屋的厢房，形成“L”或者“U”的平面形式（图7、图8）。

我们大致可以确认，清代中后期湘西土家族民居两侧厢房的大量出现，在一定程度上是受到明清移民带到湘西土家族地区的汉族住宅修建理念影响的。

土家族民居平面形制的从以火塘为中心的单一居住空间，到划分内部空间，再到以堂屋为中轴对称发展的变化（图9），更多的是体现土家族民居对于汉文化的融合和吸收。

结语

土家族民居建筑在经历了相当长时期的封闭建设后，随着汉族移民带来的先进科学技术与文化的进入，渐渐发展成成熟的土家族建筑。同时融合本土建筑文化，现在已经形成了极具特色的土家族建筑文化。然而土家族建筑历史悠久，博大精深，并不是区区几千字能能够阐述详尽的，本文虽然浅谈了民居平面形制与移民之间的关系，但是对于土家族建筑文化的研究远远不够。而且研究的方法主要是通过阅读文献获得信息，下一步研究重点应该结合更多的实例进行研究，在这里也只能抛砖引玉。

图片来源

图1：1. 民国《石门县志稿·氏族志》；2. 宣统《永定县乡土志·氏族》；3. 民国《溆浦县志·氏族志》；4. 宣统《靖州乡土志·氏族》。

图2：湖南省文物考古研究所. 湘西永顺不二门发掘报告. 湖南考古 2002（上）. 长沙：岳麓书社. 2004：72-125.

图3：李文杰. 大溪文化红烧土房屋研究[J]. 中国历史文物，2012（06）：6-14.

图4、图5：笔者自绘.

图6：周婷. 湘西土家族建筑演变的适应性机制研究：以永顺为例[D]. 清华大学，2014.

图7：笔者自绘

图8、图9：笔者自绘

参考文献

[1] 周婷. 湘西土家族建筑演变的适应性机制研究[D]. 清华大学，2014.
[2] 唐坚. 湘西土家族民居调查研究报告[J]. 南方建筑，1998（2）：86-89.
[3] 柳肃. 湘西民居[M]. 北京：中国建筑工业出版社，2008：42-46.
[4] 曹玉凤. 湘西土家族聚居区传统民居变迁的文化传播学研究[D]. 湖南大学，2009.

青海传统民居庄窠的绿色更新

——以湟源县日月藏族乡农牧民住宅设计为例

杨青青① 谭良斌②

摘要：传统民居是我们的宝贵财富，但在社会不断发展的同时，它们也存在着很多不适应现代人生活方式的弊端。如何利用新材料、新技术与传统民居相结合，创造出可满足当代人使用要求的可持续建筑，使传统民居在发展中得到继承？作者通过“ecotect软件”（可持续建筑设计及分析工具）分析模拟，分析传统庄窠气候适应性，总结庄窠式民居在当前所面临的问题，并以青海湟源县传统庄窠式民居的绿色更新为例，提出可改善当地居民生活水平的绿色设计策略。

一、引言

众所周知，中国传统民居具有很高的历史价值、文化价值，除此之外其实民居还蕴藏着很多绿色智慧。传统民居虽然没有空调等现代耗能装备，却能依靠其本身的被动式节能设计，创造宜人舒适的室内外环境。中国的传统民居自古就是寓于大自然中的，自然和城市共生、农业和城市共生、经济和文化共生、历史和未来共生。人为生物圈中之一物，人与自然，人与植物、动物、其他物种共生共荣，天人合一。[1]

然而，随着社会的发展，传统民居的地位岌岌可危。许多民居因其贫穷的风貌或设施陈旧、不能满足现代人的生活方式、不符合大众的审美等原因而被选择弃置拆除，或者不加思考地用新的建筑材料，导致传统建筑风貌遭到破坏。传统民居在当代新的生活方式、新的建筑材料的冲击下该何去何从？是刻板地全盘保留，或者全盘铲平重建所谓新的建筑？还是让民居随着社会的发展人们的进步而共同成长？笔者首先对庄窠这种民居对于青海气候的独特适应性予以分析，然后借助于ecotect模拟软件分析适应于青海气候下的被动式设计策略，最后以位于青海湟源县日月藏族乡兔尔干村民居设计为案例，进行庄窠民居绿色更新设计。在提炼保留先人智慧的基础上，结合现代绿色节能技术，创造出更舒适的民居生活环境。

二、青海传统庄窠民居的气候适应性分析

在青海各少数民族民居形式中，每个民族共有的民居形式就是庄窠。庄窠亦称作“庄科”，“庄”即是庄园、田产的意思，“窠”则是巢穴的意思，是青海地区最具有代表性的、特有的建筑形式。[2]青海东部农业地区，沿湟水和黄河一带的湟中、湟原、大通、互助、西宁、乐都、民和、化隆、循化以及大通河中游的门源等县市，居住着汉、藏、回、土、撒拉等民族。庄窠就是这些民族几百年来在同大自然的斗争中创造出的居住形式。由于民族差异，各民族的庄窠也有所差异。庄窠这种民居形式因为青海地区特殊的自然条件和地理位置使得它侧重于经济实用。庄窠墙体其主要原料为生土，不但方便获得而且具有很好的蓄热能力，冬暖夏凉，隔声防噪，是典型的生态建筑。

① 杨青青：硕士研究生，昆明理工大学建筑与城市规划学院
② 谭良斌：博士、副教授，昆明理工大学建筑与城市规划学院

青海属于典型的高原大陆性气候，大部分地区处于高海拔地区，大约在3000～5000米之间。具有气温偏低、昼夜温差较大、降雨少、日照长、太阳辐射强等以高寒干旱为总特征的气候特点。[3]

随着生活水平的提高，室内热湿环境的舒适度被越来越多的人重视。舒适的热湿环境是维护人体健康的重要条件，也是人们得以正常工作、学习、生活的基本保证。[4]针对青海地区独特的气候，用Ecotect软件模拟得出的图1可知：青海地区建筑被动式策略中夜间通风、直接蒸发、间接蒸发等措施对于提高室内舒适度效果并不明显；墙体蓄热与被动式太阳能策略在全年时段内作用都较为明显；综合各种被动式设计策略可提高全年舒适度三倍时间以上。

而庄窠作为青海地区的传统民居，有其对当地自然气候、地理特征的独特适应性，看似浑然天成的建筑形式中本身即蕴含着被动式设计策略。从传统民居中汲取绿色智慧，将其应用到民居的绿色更新中，对保护传统民居具有重要意义。下文即从庄窠的选址、建筑形式、建筑材料三个方面对庄窠民居对青海地区的气候适应性予以分析说明。

1. 选址

我国幅员辽阔，拥有多种不同的气候和地理环境。而不同地区，因其气候的差异，传统民居的选址也有较大差异。比如，南方炎热多雨地区，村落选址多选通风较好，邻近水源又尽可能避开洪涝灾害的位置；而相比炎热的南方，寒冷的北方村落喜欢选址在避开寒风的山体背风面。

庄窠，就是青海当地各个民族为了适应青海省干燥寒冷风沙大的气候条件而创造的。当地居民为了避开严寒、狂风、多震等不利气候因素，一般喜欢将家安置在靠山避风的山坳之中，或者选择有地下暗河或河渠的地方。山坳可以形成天然屏障，躲避寒风侵袭的同时，也可以很大程度上减轻风沙的危害。而邻近有地下暗河或者河渠的地方，择水而居，则使村民的生活更加方便，更加适应青海干旱少雨的气候。

2. 建筑形式

最典型的庄窠院坐北朝南，以户为基本单元，一户一庄窠，面积一亩左右，平面呈正方形或长方形布置庄窠多为院式。周围一圈厚重的夯土墙，由下往上逐渐收分，墙厚0.9米以上。夯土墙多高出院内建筑1米左右，并且四周不开窗，大门多开在南墙正中央。如图2所示：

居室用木构架承重，通过檐廊使院落与房屋连为一体，院内有车棚、草料棚、畜料棚、菜院等。家里的上房一般坐北朝南，三间，里经八、九尺左右，一明两暗，上房的屋内设备比其他各屋好一些，是长辈的住房，一般由爷爷奶奶住。[5]

青海传统民居庄窠，像许多北方传统民居一样，选择了院落的形式。这种较为封闭的院落一方面可以对外抵御恶劣的寒风和风沙侵袭；另一方面则可以对内形成一个内向院落，加上种植一些植物，可以营造一个相对宜人内向的院内小环境。同时，其规整的建筑形体体形系数较小，可以在寒冷漫长的冬季尽量保持室内热量，减少散热。

3. 建筑材料

因地制宜，就地取材是庄窠式民居很大的优点。青海地区有丰富的黄土资源。庄窠最大的特点在于其厚实的庄窠墙、院墙以及用木柱支撑平梁搭建的平房顶。在建造过

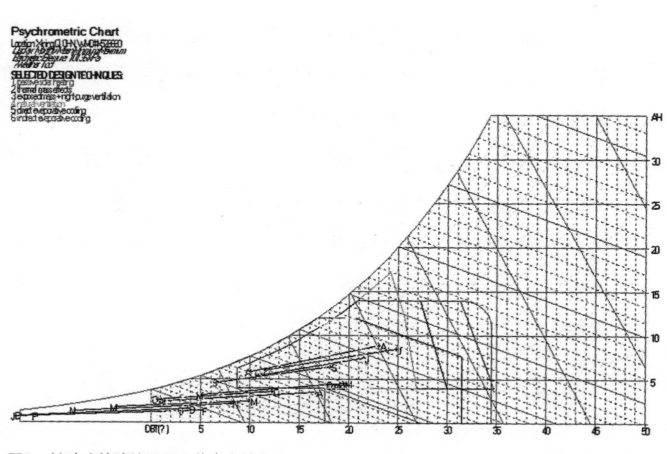

图1　被动式策略焓湿图（作者自绘）

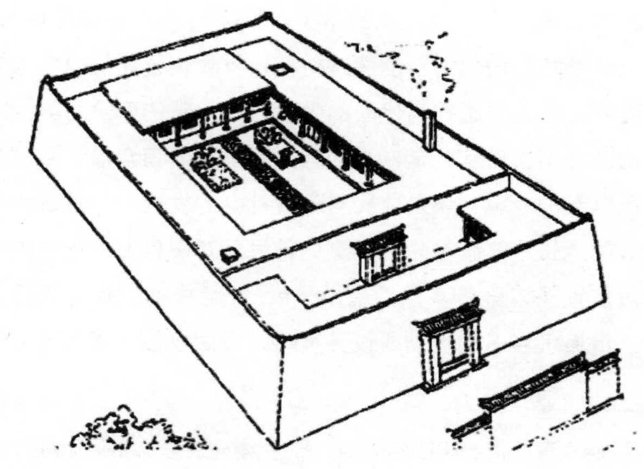
图2　庄窠院鸟瞰（来源于《青海民居》）

程中，通过铺上厚实的土层夯实并且墁光，用反射来吸纳白天太阳光照射的能量，夜晚时，再通过土坯释放热量，这样白天室温不会快速上升，夜晚不至于快速降温，起到调节昼夜温差的作用。这样既可以避免大风的侵害，又可以享受到充分的阳光照射。

1）夯土墙

庄窠夯土墙的建造不利用现代盖房的砖、瓦、水泥等物，而是将墙基夯实后，在墙板之间装入湿土，栽入夹杆，人为光脚在板槽内来回踩踏，再用杵具夯实。待下一层夯实后，再取出墙板翻架在上层，依此类推建造的。这样做的方法不但墙体结实，而且非常的环保。[6]

夯土墙是既天然环保，又能创造舒适室内环境的天然建筑材料。寒冷的冬季夯土墙白天蓄热，晚上则释放出热量，室内较为温暖；夏季则依靠其厚重的外墙，将热量阻隔在墙壁外面，使室内凉爽适宜，如图3所示。

2）草泥屋面

民间有这样一句谚语，“山看脚，房看顶”，这充分说明屋顶在建筑中具有重要的意义。青海常年干燥，雨水很少，这也是青海庄窠平屋顶产生的一大原因。在屋顶上用草泥，用小碌碾压光，坡度很缓，既不会排水不畅，也不会让雨水冲走黄泥，晴天时还可以晾晒东西或作为活动场所。其平屋面形式与草泥材料的使用，体现出庄窠对当地气候的适应性。

3）庭院植被

庭院绿化的种植也是庄窠院的一大特色。青海地区全年干旱少雨。在庭院内种植果树等树木，在作为经济作物之余，一方面可以做装式庭院，作景观绿化之用；另一方面则可以增加庭院内部的湿度，调节院内的小气候。此外，在炎热的夏季，庭院内的树木可对南向的房间起一定遮阳作用，降低温度；而在冬季，叶子落了，就可以不影响冬季的日照采暖需求，可谓益处多多。

图3　传统庄窠墙（自摄）

三、传统庄窠民居的缺陷、改进建议以及绿色更新方案

1．传统庄窠民居的缺陷

随着社会经济的发展，人们的生活水平的提高，人们对建筑环境的质量要求和舒适度要求也不断提高。传统民居固然有其值得称颂和保留的价值，然而，在社会生活日新月异的今天，传统民居也需要做适当调整来满足人们不断变化的需求。下文便通过分析总结，提出关于青海庄窠民居几点弊端：

（1）庄窠夯土墙的建造上的不经济性与不易操作性。传统庄窠的夯土墙比较厚重，自上而下收分明显，底部墙厚超过1米。建造过程需要看天气，参与操作人员也众多，不具有随时操作的可能性。

（2）传统庄窠的草泥屋面，虽然绿色环保，但保温性能有待提高。并且草泥屋面需要时常修理，至多3年必须得重新加以修正，寿命较短。

（3）虽然传统庄窠采用院落式布局，可以阻隔风沙，储存热量，让院内维持一个相对稳定的小环境。但是，室内的温度也差强人意，冬季需要火塘采暖，也就是说庄窠的保温性能需要提高。

（4）青海地区太阳能丰富，传统民居对太阳能的利用可加以改善。可考虑将其转化成热能等予以利用，环保经济，符合可持续发展建筑的理念。

2．传统庄窠民居的改进建议

经济社会的迅速发展，带给我们许多可以利用的高新科学技术。这些技术可以让我们用在建筑中，用来改善室内外舒适度，代价则可能是高耗能和大量资金的投入。而在太阳能丰富的青海，我们不需要过高的资金投入，如果能把庄窠中体现出来的优点和一些简单易操作的技术结合起来，一样会产生很好的效果。一些确实可行的操作措施总结如下：

（1）针对夯土墙的不经济性和不可操作性，提出以新材料——生土砖来代替。生土砖主要成分为生土加植物如麦秸等纤维，具有原材料丰富易得，绿色环保，可批量生产，施工方便不受天气影响等优势。

（2）针对庄窠中草泥屋面的保温性能低和寿命短的问题。提出以现代建筑材料（比如挤塑型聚苯乙烯泡沫塑料板、模压型聚苯乙烯泡沫塑料——普通泡沫板）等予以替代。

（3）针对庄窠冬季的保温需求，采取被动式太阳能方式，结合传统庄窠加建太阳房，充分利用当地的太阳能，提高热工性能，使居民居住条件更加舒适。

（4）采用主动太阳能热水器等装置，充分利用当地太阳能，结合庄窠传统民居的建筑形式予以总体设计。在予以人们更多方便的同时尽可能地不破坏传统民居的风貌。

3. 庄窠民居的绿色更新策略的应用

作者选择青海省湟源县日月藏族乡兔尔干村西侧为基地，根据上述设计策略，并结合当地传统藏民的生活习惯，设计了农牧民住宅的户型（本设计方案在“2016唯绿网绿色建筑设计大赛”中获奖）。设计中采用了Trombewall（特郎伯墙）、太阳能光电板、太阳能热水器、沼气池等绿色设计策略，尽可能地利用当地丰富的太阳能资源等其他可再生能源。以下对方案设计核心绿色更新策略予以说明：

（1）方案设计中尽可能地保留传统庄窠中气候适应性良好的庭院以及围墙元素。并根据当地藏民现代化的生活习惯设置一层晒台及二层使用房间。如图4所示：

图4 庄窠民居的绿色更新案例鸟瞰图（作者自绘）

（2）青海地区全年太阳能较为丰富，且其冬季较为寒冷。据此，方案设计中采用新技术Trombewall（特郎伯墙）与传统庄窠相结合，利用其墙体蓄热功能为当地居民改善冬季室内热环境。其作用原理如图5所示：

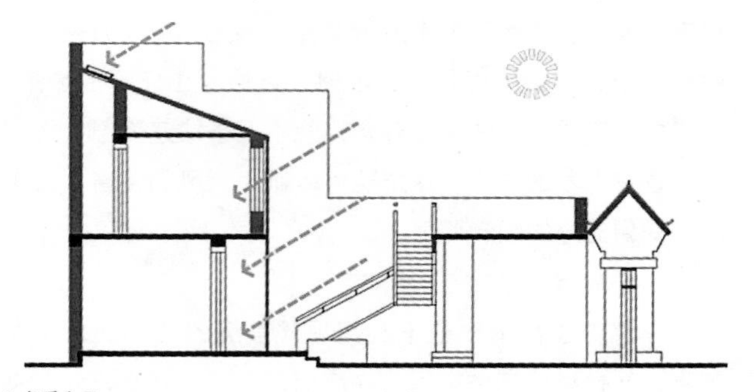

1.冬季白天

窗户关闭。通过阳光房直接接受热量，并储存在蓄热墙中。

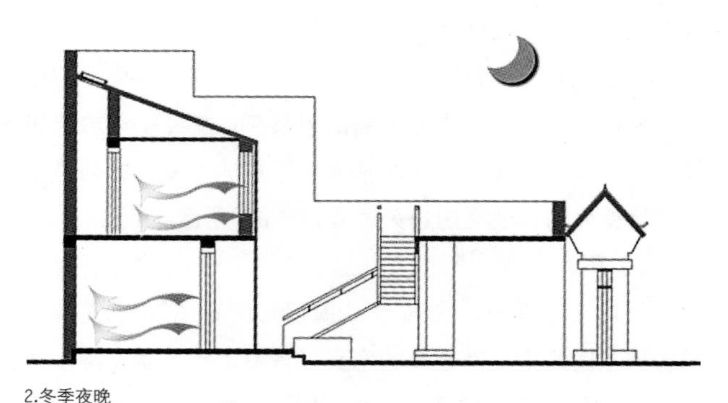

2.冬季夜晚

窗户关闭。白天储存在蓄热墙中的热量散到房间内，使室内温度提高。

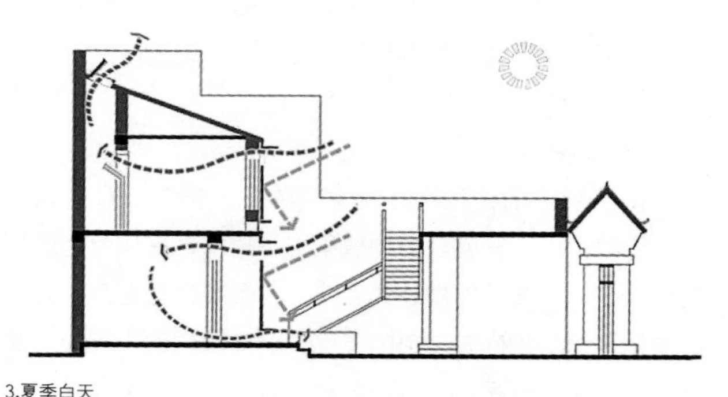

3.夏季白天

窗户打开（包括天窗）。使风能自由流通。同时阳光房的玻璃幕开户遮挡百叶，遮挡一部分辐射。

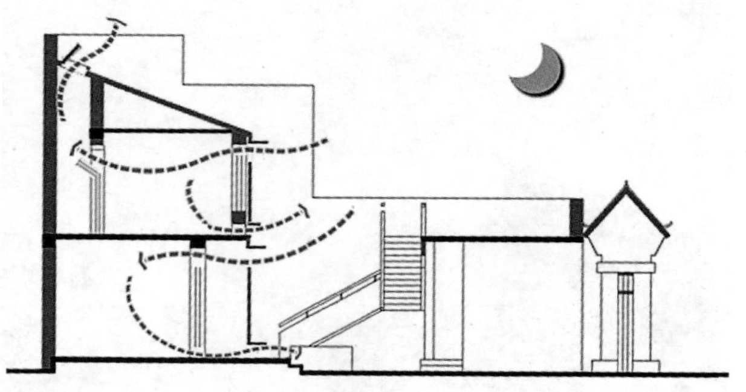

4.夏季夜晚

窗户打开（包括天窗）。使风能自由流通，带走部分热量。

图5 Trombe wall（特郎伯墙）作用原理图（作者自绘）

（3）当地多为游牧民族，饲养牲口较多。据此，利用人畜粪便产生沼气以供日常炊事、采暖之用，变废为宝，值得推行。在平面布局上将卫生间与牲口棚设置较近，厨房也毗邻旁边。功能分区上洁污分明，也便于生产与利用沼气。如图6所示：

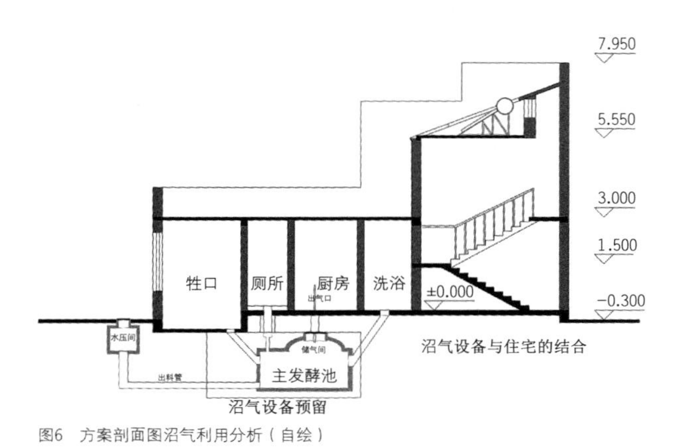

图6　方案剖面图沼气利用分析（自绘）

四、结语

青海传统式民居庄窠，是西北地区人民智慧的精华。充分反映了我国人民在恶劣气候环境下做出的智慧建造方式。反映了“天人合一”“人与自然和谐共生”等多种自然观。正如，麦克哈格所言，观察世界和它的进化过程，我们最好当成是这世界无时无刻地渴望进化，在这个背景中环境是适宜的，并且愈来愈趋于适宜。[7]随着时代的进步人的需求也在变化。建筑也并非一成不变，也需要结合新的材料和适宜技术使其不断成长，以便于更适宜我们居住。在不断更新中为我们所继承，我们的传统才会源远流长。

文章提出的关于青海传统民居庄窠的几点绿色更新建议，并由此针对湟源县日月藏族乡设计了适应于当地气候的更新设计方案。同时希望其能作为传统民居有机更新的成功案例，呼吁对于传统建筑，当其功能也不再适合我们居住的时候，我们能对其有选择的保留，适应当代人的生活习惯进行改造更新，让它们随着我们共生共长，一代代流传下去。

参考文献

[1] 荆其敏，张丽安. 中国传统民居（新版）[M]. 北京：中国电力出版社，2007：15-16.
[2] 王军. 西北民居[M]. 北京：中国建筑工业出版社. 2009：67-68.
[3] 庚汉成，白宗科. 太阳能与青海民居建设[J]. 建筑节能. 2009（4）.
[4] 刘加平. 建筑物理（第四版）[M]. 北京：中国建筑工业出版社. 2009：2.
[5] 王其钧. 中国传统民居建筑[M]. 台湾：南天书局，1993：18-20.
[6] 车姗. 青海庄窠式传统民居建筑研究[D]. 青岛：青岛理工大学，2012：66-68.
[7] Lan Lennox McHarg. Design With Nature. Tianjing: Tianjin University Press. 2006: 66.

柳州市柳南区客家祠堂初探

李　震[①]　谢小英[②]　刘少琨[③]

摘要：本文以柳州市柳南区为地缘背景，以客家祠堂为研究对象，通过大量文献收集、田野调查、测绘走访、资料整理，梳理该区客家源流，深入分析该区客家围屋类型、祠堂建筑形制、祠堂附属建筑，进而归纳总结地域性特点。研究结果不仅是对地方传统建筑历史理论构建的补充，也在城市遗产修缮再利用与传统文化传承创新方面起到了一定作用。

关键词：柳州；客家祠堂；建筑形制

客家民系发源于中原地区，历史上数次南迁途中与其他民族互相影响同化而逐渐形成了自身独有的宗社精神与文化。广西是客家大省，全广西的客家人口为560万，占广西总人口的1/10[1]。迁桂的客家人，主要来自广东嘉应州（今梅州市）、惠州府（今惠州市）、潮州府（今辖汕头市等）和福建汀州府（今龙岩地区），也有少数从江西、湖南迁来[2]。他们大规模入桂并确定迁居地是在明清时期，这一阶段一个突出的特征是大量客家祠堂的建立。广西客家祠堂以围屋为载体从建筑的角度反映出外来汉民适应与融入本地土著居境的过程及百来年发展中物质上精神上的诉求，丰富了广西民居形制与营建技术，具有重要的地域社会历史价值、科学价值、艺术价值。本文地理范畴界定为柳州市柳南区，笔者通过查阅文献、实地调研测绘、走访，获得较为翔实的资料并进行总结分析，从围屋类型、祠堂建筑形制、祠堂附属建筑三个方面来归纳该区客家祠堂的特点，以期补充柳州地方传统建筑研究的缺失，促进广西客家建筑研究体系的完善，并推动传统建筑文化遗产的保护与利用。

一、柳州市柳南区客家源流分析

清代顺治、康熙、雍正三朝在广西皆实施宽松的屯垦政策，因此吸引大量湖南、广东等外省人员的垦殖、经济移民前来，其中广东的客家人是进入柳江流域政治、军事中心——柳州府治马平县的移民主力军[3]。而今柳州市区明清时即属柳州府治马平县辖管。以客家人为主的外来移民，构成了清乾嘉时期马平县的汉人主体社会[3]，这时期亦是客家人入柳的最高峰，道光之后，移民现象显著减少。据访问与族谱调查，柳南区的客家宗系几乎都在清乾嘉时期从广东嘉应州兴宁县迁徙而来（表1）。迁徙原因多为避难与寻求土地。迁入初期土客矛盾很深，凉水刘家大院祖公厅内有匾刻道：“……村邻人等，欺藐我单家独住，村人商议，不许让卖田地，……故强盗常来偷窃，乡人亦多随害……”。但日久经年，生活与经济的往来逐渐使两方交好、融合，迁柳客家人物质水平得到提高，加之其“耕读传家”的价值取向让部分迁柳客家人踏入仕途帮宗族谋保障，为兴建或新修客家围屋打下了基础。如基隆刘氏第三代“奉政大夫”刘华琼便为凉水刘氏的开基始

① 李震：在读研究生，广西大学土木建筑工程学院
② 谢小英：副教授，广西大学土木建筑工程学院
③ 刘少琨：在读研究生，广西大学土木建筑工程学院

祖，修建了刘家大院。

柳南区客家源流分布表　　表1

宗系	迁出地	迁出时间	迁居地
刘氏宗系	广东嘉应州兴宁县	清乾隆年间	基隆村
潘氏宗系	广东嘉应州兴宁县	清乾隆中年（1760）	帽合村
吴氏宗系	广东嘉应州兴宁县	清乾隆年间	门头村
吴氏宗系	广东嘉应州兴宁县	清嘉庆六年（1801）	长龙村
曾氏宗系	广东嘉应州兴宁县	清代	门头村
练氏宗系	广东	清乾隆年间	文笔村

二、柳州市柳南区客家围屋类型

客家民系为求在战乱、异乡中自保，形成了聚族而居的居住传统，体现在其防御性与围合性极强的民居建筑上，如土楼、围子、围龙屋等，统称围屋。又根在中原，注重宗法礼制，强调长幼尊卑，以家族为中心，敬祖崇本。而不断地流离失所、奔波辗转则让客家人思怀故土、不忘祖宗的情结更浓更深。所以，我们看到，“祠宅合一”的模式是客家民居区别于其他传统汉族民居的一个重要特点，本区多数围屋即被本地居民称之为“××祠”，功能上包括宗祠、支祠。其中祭祀空间部分必有堂号、祖龛、堂联，处于中心，生活空间则在其两侧或四周，强化了各宗族的向心力、凝聚力。

粤兴梅地区常见的客家围屋形式有围龙屋、堂横屋、围楼。堂横屋类型的客家民居在全国的客家地区也是分布最广泛的，几乎在我国每个客家地区都可见到这种类型的客家民居[4]。围龙屋与堂横屋除可能在转角设立的碉楼外为单层建筑。堂横屋分为堂屋和横屋两部分，整体是左右对称格局。中轴线上的一路为堂屋，配套有堂间，合为祠堂，两侧为横屋，供族人起居用，横屋可按需向外继续扩建。围龙屋与堂横屋的不同之处在于围龙屋在堂横屋后多建了围屋。而围楼除了祠堂部分单层外其余为多层建筑。

迁入柳州的粤兴梅客家人把祖地的建筑式样一并保留了下来。柳南区内现存的传统客家围屋基本上为堂横屋，由于经济水平有限，规模都不算大，最多三堂两横，其中一些带有碉楼（表2）。这些围屋照原样保存完好的仅有两座，即帽合村潘氏宗祠和竹鹅村刘家大院。剩下的因年久失修而有不同程度的损毁，尤其横屋部分，除帽合村潘氏宗祠外已无人居住，并多数坍塌，但中路堂屋均能延续使用，照常祭祀议事。区域内重新翻建的客家建筑已不包含生活功能，只留堂屋部分祠堂的形制不变，这也从侧面表现出由于时代进步，社会开放多元化，各民族共同繁荣，客家人不断向外谋求更好的发展机遇，不再需要抱团式的宗亲联系，但不变的是一颗对祖先充满感怀的心。

柳南区堂横屋类型示意表　　表2

类型	平面图	其他实例	合计
两堂两横式	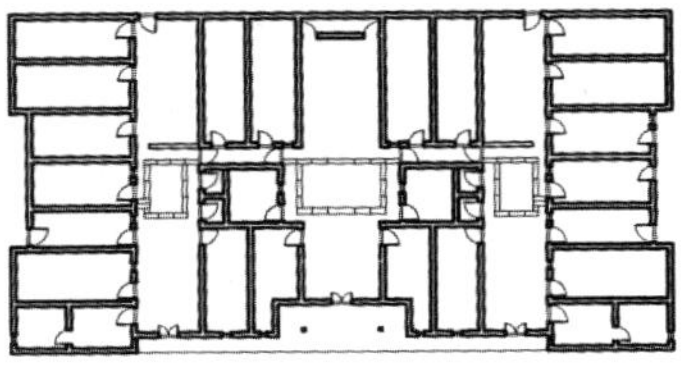 帽合村所好屯潘氏宗祠（带碉楼）	长龙村吴氏支祠 文笔村练氏宗祠	3
三堂两横式	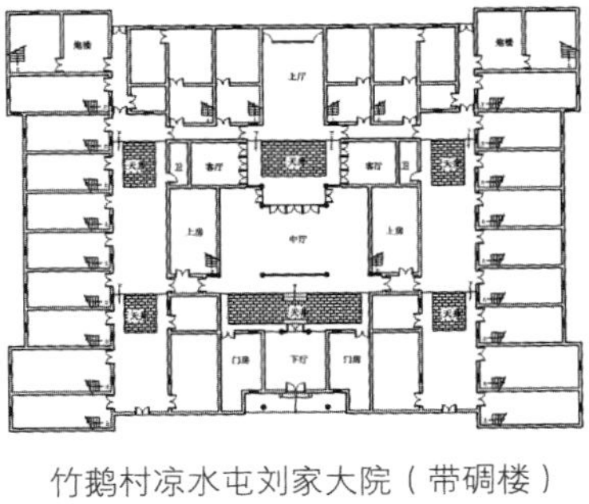 竹鹅村凉水屯刘家大院（带碉楼）	门头村桥头屯吴氏宗祠 基隆村刘氏弼一公祠	3

三、柳州市柳南区客家祠堂建筑形制分析

客家人视宗法为本，从来“敬祖不敬神”，而祠堂是宗法制度的直接载体，象征着“礼”与秩序。本区围屋中最重要最核心的堂屋部分即是祠堂，祠堂中线为整座建筑的中轴线，功能主要为祭祀议事、会客请宴、节日上灯等。按堂屋数量划分有两堂式、三堂式，比例各占一半。两堂式由下堂、上堂组成，三堂式由下堂、中堂、上堂组成，不管何式，下堂为门厅，上堂为祖公厅，各堂之间均设有天井。

1．平面

下堂是祠堂的入口空间。下堂前檐下若有柱子支撑，形成廊道，则为门廊式。若无柱子支撑，仅心间向内凹进，便称之为凹斗式。凹斗式等级低于门廊式，本区内只有文笔村练氏宗祠一处实例，其余均为门廊式。但此心间凹入后的入口尺度并不会让人感觉空间狭窄、局促，建造时应该考虑了来客的暂留，也可能是柳州高温多暴雨的气候带来了遮阳避雨的需求。本区内下堂另一个特点，如果是两堂式，屋主财力不足，下堂通往天井处不设门，如果是三堂式，下堂通往天井处设屏门，形制都为四柱三间（表3）。屏门除具有阻挡视线、丰富建筑空间层次的功能，又能表达内外有别的礼制诉求[5]。不过现已无屏门实物遗存，只余木框架，其中一些还能看到双重地栿，上层为木地栿，下层为石地栿。

祠堂下堂平面形制比照表　　表3

下堂类型	格局	案例	平面图	照片
门廊式	设屏门	基隆村刘氏弼一公祠		
	不设屏门	帽合村所好屯潘氏宗祠		
凹斗式	不设屏门	文笔村练氏宗祠		

中堂在柳南区见于三座围屋内。中堂在三堂式祠堂中起过渡作用，主要供族人议事讲训、办红事白事、祭祀前安置各种物品等之用。因其人流量大、使用频繁，故而面阔为三堂之首。本区内中堂均为三开间制，且两前檐柱与山墙间的两次间装有隔扇门。不过仅门头村吴氏宗祠还残存着部分隔扇，根据访谈及现有遗存推测，每个次间原应有四扇（图1）。隔扇不仅能够起到一定的遮挡作用，增加私密感，也美观、利于通风。此中堂隔扇门形制未在广西其他客家建筑中出现。两前檐柱间不设门，但两后金柱间设屏门，同样无实物遗存，仅余地栿或地栿卯口。基隆村刘氏弼一公祠中堂屏门上居中悬挂有“弼一公纪念堂”牌匾，两侧后金柱贴有颂扬对联，由于从中路在视线、空

图1　门头村吴氏宗祠中堂次间隔扇门

图2　刘氏弼一公祠中堂屏门

图3　刘家大院中堂侧门

祠堂中堂平面形制示意表　　表4

案例	平面图	照片	同类实例
基隆村刘氏弼一公祠（无前金柱）			竹鹅村凉水屯刘家大院
门头村桥头屯吴氏宗祠（有前金柱）			无

间上隔断了上堂，人们的注意力更易汇集于此，加强了开基祖在族人心中的印象，提高了归属感（图2）。后金柱与后檐柱或后墙间对称设侧门，加屏门平时一道从各角度封堵了与上堂之间的联系，凸显了祖先的崇高地位和内外等级分明的宗法秩序（图3）。三个中堂中也仅门头村吴氏宗祠内的中堂有前金柱（表4）。

上堂又名祖公厅，放置祖先牌位、神龛、香案，是供奉祖先之地，亦是祠堂空间序列的终结。本区上堂均为单开间，沿进深方向分为两进，以神龛所嵌入的墙体为界限，向天井方向为前进，向后墙方向为后进，前后进间有左右对称或单边设置的平门相通，后进最多深1米，储放祭祀杂物用。

若是两堂式，下堂与上堂面阔相当，进深上堂显著大于下堂。若是三堂式，下堂与上堂亦面阔相当，都显著小于中堂面阔，进深下堂最小，中堂和上堂则数值不定。而本区客家人所迁出的现称粤东梅县地区，做法为“中厅最宽，上厅收小，门楼厅（堂）最小”[6]，对比之下，形制还是有些许变化的。

联系各堂的天井四周为一圈挑檐廊，是主要的交通空间。由挑檐廊可到达天井左右两侧的堂间，堂间与下一堂之间有一条通往一侧横屋的廊道，廊道一侧设有房间，但这些房间今已都无人使用。

2. 构架

从下堂至上堂接近祖宗牌位的过程中，地坪是不断被抬高的，两堂式上堂比下堂高一个约15厘米的台阶，三堂式上堂比中堂高一个约15厘米的台阶，中堂又比下堂高一个约15厘米的台阶，彰显了空间等级、序列感的逐步提升与重要性的不断增强，实用性上还便于排水。下、中堂后坡檐口与两侧堂间檐口等高，而中、上堂前坡檐口则略高于两侧堂间檐口，即各堂的正脊亦符合地面标高变化而渐进上升。两侧堂间挑檐檩与下、中堂后坡挑檐檩垂直相接，两端头插入前后堂之外墙，形成连系结构。也有特例，门头村吴氏祠堂中堂后坡挑檐檩插于一瓜柱内，瓜柱上端承托侧廊挑檐檩，下端立在从中堂后檐柱插出的联系上堂的牵枋上（图4），这样可以省去侧廊的檐柱，既可节省木材，也可避免廊部檐柱易受雨水侵蚀的问题。

下堂以大门所在的墙体为基准，大门外为前跨，大门内为后跨，大门设在前挑檐檩向脊檩方向数第四根檩条下，即前跨小于后跨，前浅后深。本区内凹斗式下堂两跨均为硬山搁檩式木构架，心间前后坡出檐用挑枋承托，前檐檩下加施一额枋以提高面阔方向的拉牵强度，该额枋除两端部外，枋底削平刻纹，枋背中部向上隆起，呈梭状。门廊式下堂前进面阔三间，心间采用插梁式木构架，次间采用硬山搁檩式木构架。心间前檐廊下双步梁一头插入门墙，一头插出前檐柱且继续延伸承托挑檐檩，延伸出的部分形式与挑枋一致。双步梁上立一瓜柱承檩，用一折线形扁作单步梁与墙体相连，扁枋前端高度降低，穿过此瓜柱（图5）。前檐柱间，前檐柱与两侧墙体间设面阔方向的额枋，三段不联通，每段均呈梭状（图6）。后跨都是硬山搁檩式，若为三堂式，脊檩下方加施一檩，称为“子孙梁”，两堂式没有。两堂式后坡出檐无挑枋承托，三堂式则有（表5）。

中堂面阔三开间，次间硬山搁檩，心间使用插梁式木构架，等级为围屋内之最。心间沿进深方向三跨，有两种形式。第一种例如门头村吴氏宗祠，前檐柱与前金柱间为第一跨，前金柱与后金柱间为第二跨，后金柱与后檐柱间为第三跨。第一跨前廊部分与门廊式下堂前廊形制相同，只是双步梁与扁作单步梁的尾部插入的是前金柱。第二跨前后金柱间施七架梁，其上依次是由瓜柱承托的五架梁和三架梁。三架梁正中立一短瓜承托脊檩，脊檩下短瓜间施“子孙梁”，其侧设梁枕木扶持。中跨的梁为梭状。瓜柱底端直径略微大于顶端，出榫插立于梁上，且底端面向心间一侧一般做成类似苏式童柱雷公嘴的嘴式，直包至梁底，另一侧则在梁背处削平。除刘氏弼一公祠中堂里的瓜柱外其余与此均为一系，这种形制目前在广西内仅见于本区。梁柱呈从下往上层层缩短的态势。第三跨与第一跨类似，但双步梁不从后檐柱伸出，后檐柱间不设额枋（图7、图13、图14）。本区其余两个中堂都是第二种形式，即第

图4　门头村吴氏宗祠中堂后坡檐部构造

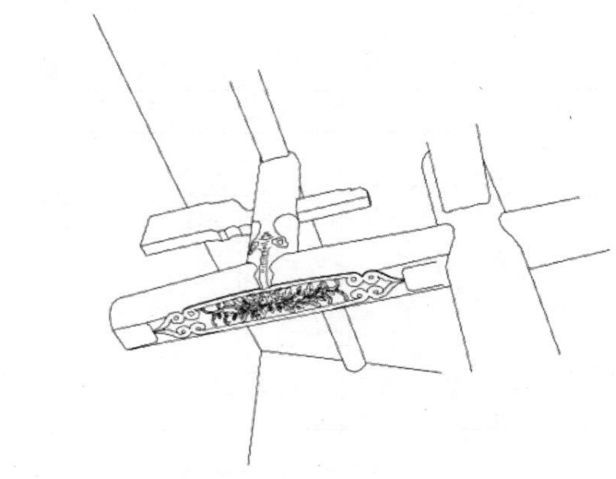
图5　门廊式下堂前进心间插梁式构架示意

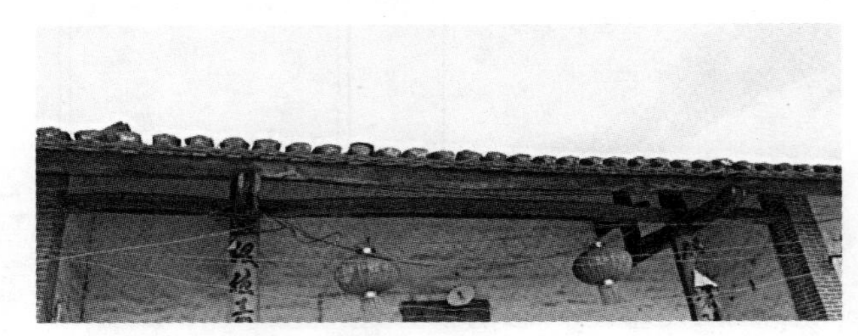
图6　潘氏宗祠下堂前檐檩下梭状檩条

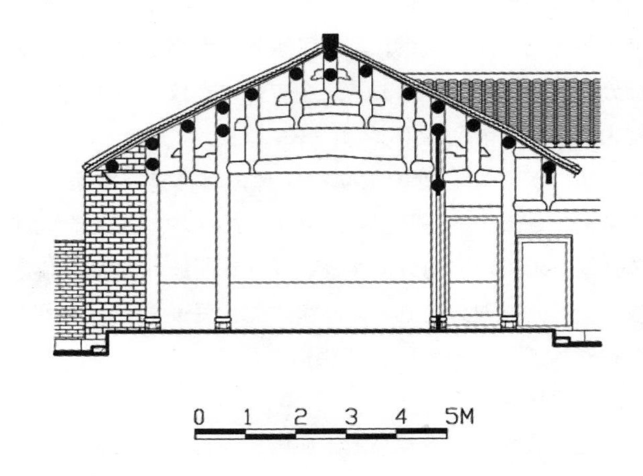

图7　门头村吴氏宗祠中堂剖面

祠堂下堂剖面形制示意表　　表5

祠堂类型	案例	剖面图	照片
两堂式	帽合村所好屯潘氏宗祠	0 1 2 3 4 5M	
三堂式	基隆村刘氏弼一公祠	0 1 2 3 4 5M	

一跨是轩廊，轩椽下沿椽形设花板，既加固两轩檩也起到装饰作用，花板底部约与中跨大梁底部齐平。基隆村刘氏弼一公祠轩棚与前檐间还设一块遮板，板上绘有花叶及帘幕纹样。遮板后，心间两前檐柱间作匾额，与桂北建筑扁作月梁形式一致，其上亦有花叶纹（图8）。中跨施九架梁（基隆村刘氏弼一公祠）或八架梁（凉水屯刘家大院），但特别的是其承脊檩的瓜柱并不立于中跨梁架的中央位置，即中跨脊檩前侧（靠前檐端）为四或五步架，但脊檩后侧（靠后檐端）仅为三步架，打破了对称，形成前低后高的格局。正是由于前低后高，中跨中间的大梁，尾端可插进后金柱，前端不能插进前金柱，只能靠底部大梁上施瓜柱来承托。脊檩前侧瓜柱低于后侧，也使中跨梁架具有了"磕头"意象（图9、图10）。

上堂单开间，两跨，采用硬山搁檩式木构架，前后出檐都有挑枋承托。脊檩下方，设子孙梁，从脊檩向前檐檩方向数第三根檩条下方设一根灯梁，前檐檩下方设一牵枋，均呈梭状，加强了山墙间的拉结作用。

3. 装饰

受总体经济水平的制约，本区祠堂整体装饰风格是朴素而简洁的。工匠或为同一人或出自同一系，大体处理手法一致，细部略有差别。现就独有的特色部分作详细

图8　刘氏弼一公祠中堂前檐遮板

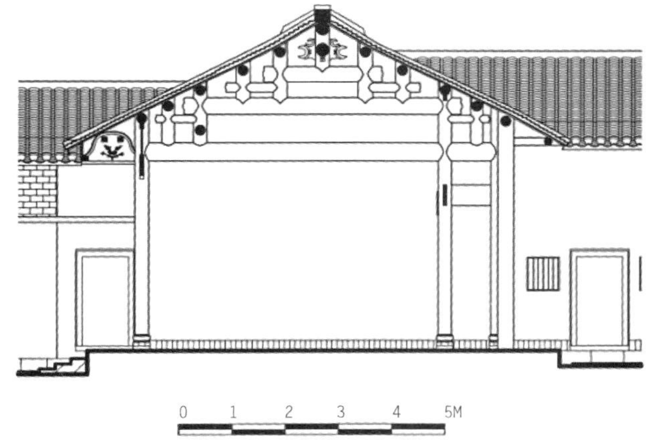

图9　刘氏弼一公祠中堂剖面

分析。

1）梁/枋底

各类梁中仅单步梁底无刻纹。下堂前檐的额枋，以及中堂、上堂的“子孙梁”、“灯梁”等下都有刻纹。采用技法均为浅浮雕，纹饰均为同一系列，且笔者暂没见到柳州地区外这类纹饰的其他实例。其框形类似佛门八宝之一的盘长，无始无终，连绵不断，象征长久不息，吉祥万年。框内底漆绿或蓝色，框内纹饰依构件等级与重要性有所不同。一类梁枋底框两端接框刻带流苏的花结样，以“子孙梁”底的最丰富，花结数最多，正中的矩形纹并不出现在其他构件中，可知其最受本区客家人重视。一类梁底的框内则不刻结，素平或内饰藤蔓植物，以中堂内槽大梁的最丰富（图11、图12、表6）。

2）瓜柱

瓜柱除刘氏弼一公祠中堂内的都有纹饰，且都在面向心间一侧，从柱身下半段一直铺陈到嘴端。柱身下半段主要是左右对称双云纹，形式大致相同但具体纹路各祠堂又略有差别。双云纹内除潘氏宗祠瓜柱有夹弧线纹与圈纹外其他均不夹纹样。双云纹底至包底嘴端段内为普通竖向双线纹，个别在嘴端头处再加花纹，在装饰之余也起到了强调作用（图5、图13、图14）。

3）门枕石与柱础

门枕石为方形，设在横屋与祠堂的入口处，仅祠堂入口处的门枕石一面作雕刻，以示其重要性。纹式主要部分均为铜钱，一是广东重商文化的影响，二是客家人期许在异乡能寻觅到好的财路（图15）。柱础出现在二堂式祠堂下堂前檐柱，三堂式祠堂下堂、中堂各个立柱下，均为鼓座式。仅帽合村潘氏宗祠下堂前檐柱下柱础还保存有雕刻完整的暗八仙纹与花叶纹，值得注意的是，整个南面都是暗八仙纹，而整个北面都是花叶纹。除下堂

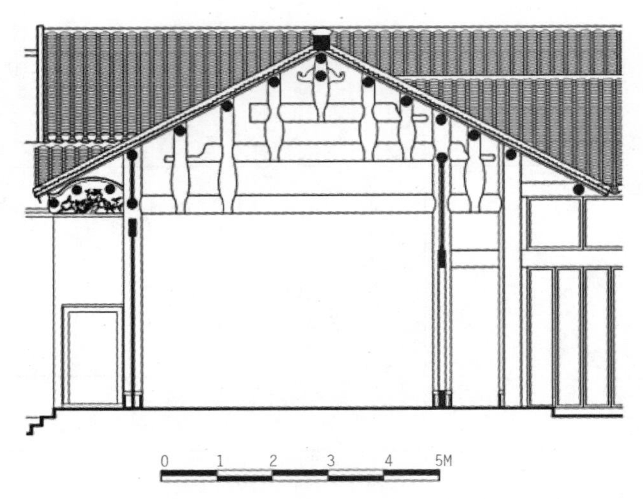

图10　刘家大院中堂剖面

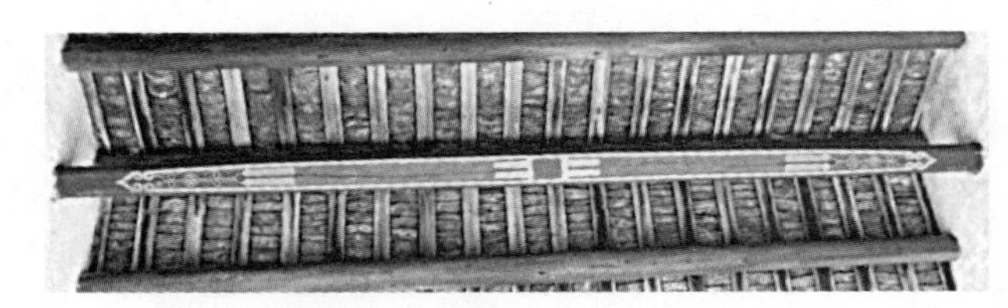

图11　潘氏宗祠上堂子孙梁梁底雕饰

帽合村潘氏宗祠底雕一览表　表6

位置	照片	位置	照片
下堂前跨心间段额枋底		上堂牵枋底	
下堂前跨次间段额枋底		上堂“灯梁”底	
下堂前跨双步梁底		上堂“子孙梁”底	

图12　刘氏弼一公祠中堂梁底雕饰

图13　本区瓜柱正面示意

图14　本区瓜柱背面示意

前檐柱外的柱础高宽比都接近1：1。下堂前檐柱柱础高宽比接近2：1，也即只有下堂檐柱柱础为高柱础，但出现了在同时期建造的柱础一个大于2：1（凉水屯刘家大院1906），一个小于2：1（帽合村潘氏宗祠1906）的情况（图16）。

图15　本区铜钱纹门枕石正立面示意

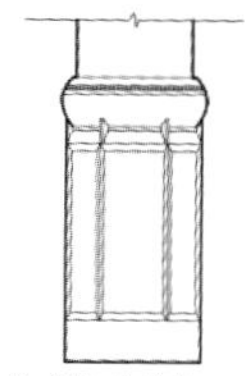

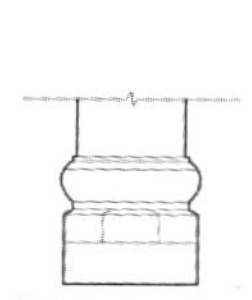

鼓式柱础式样一（刘家大院 1906）　鼓式柱础式样二（刘氏弼一公祠 清乾隆年间）　潘氏宗祠下堂前檐柱（雕饰暗八仙与梅兰竹菊纹 1906）

图16　本区柱础示意

图17　潘氏宗祠下堂前檐下挑枋

4）挑枋枋头

祠堂全部使用同一种挑枋，不因建造年代的不同而发生变化。从侧面看，枋头上下端之间由平滑的弧曲线相连，上端较下端突出。从正面看，分为对称的三个部分，左右侧部分向内稍稍凹入，使中部呈弧状突出，且漆墨黑色（图17）。

5）封檐板

封檐板是南方传统民居常见的木构件，钉在檐椽或飞椽的端部，遮雨遮阳遮风遮灰，延长椽板和檩条的寿命。祠堂内各檐口均设封檐板。下、中堂后坡檐口与两侧堂间檐口等高，但两封檐板并不直接相交，而是布置一块斜向的转角檐板作为过渡，且仅转角檐板带有装饰功能，全都制成“倒蝠”形状，同横屋的“倒蝠”板形式相同。不同的“倒蝠”纹状有所差别，象征“福到家门”（图18、图19）。

图18　潘氏宗祠下堂后坡檐口转角檐板

图19　刘氏弼一公祠中堂后坡檐口转角檐板

四、柳州市柳南区客家祠堂的附属建筑

1．居住横屋

横屋是围屋内的生活空间，内向封闭且数量众多。因各宗族后代不断外迁，横屋缺乏管理维护，逐渐损毁，本区内遗存极少，绝大多数已不能看出原貌，只知均为两横式。保留较为完好的只有帽合村潘氏宗祠和凉水屯刘家大院内的房间，仅潘氏宗祠还有老人居住。空间格局为通廊式，即主要横屋与堂屋间是一条通畅无阻的过道，横屋朝向正对堂屋排布在过道一侧，过道部分设有天井，规模越大天井越多，如刘家大院内的就有两个天井，比潘氏宗祠的多一个。由此可见，本区内的横屋并不强调私密性，客家人“有大家无小家”的宗族主义再次得到了体现。

2．碉楼及其山墙

碉楼是围屋内防御性质最强的部位，四面实墙封闭，只余枪眼或炮眼以利击敌。本区内帽合村潘氏宗祠、凉水屯刘家大院都在围屋角部建造了碉楼（图20、图21）。不同的是，潘氏宗祠碉楼的位置在正立面两个角，刘家大院的在背立面两个角，但碉楼的墙体总是在围屋外围围墙的最外侧，目的则是为消除巡视的死角。已有学者研究指出，在客家人从闽粤山区南迁的过程中，基地平缓化使碉

图20　潘氏宗祠碉楼

图21　刘家大院碉楼

楼的制高性不断被重视。本区碉楼受此影响，层数为三层，显著高于其他部分，主要是防御土匪流寇的劫掠。碉楼山墙面朝向正面，有两种形式。一种是直带式人字山墙（潘氏宗祠），即从建筑物的侧面（山面）看，两条垂脊的上部相交于山墙的顶端，形成一个近似三角形的立面，与正脊的关系是各自完全独立的[7]。一种是水形山墙（刘家大院），属“五行山墙”类，“由三个圆弧构成，像水波般起伏”[8]，可衍生为“多弧形及各种曲线变化”[8]，寓意避火、生财。水形山墙上饰有竹节雕，象征主人对高洁品格的追求。另外，不止碉楼山面，刘氏弼一公祠的横屋山面亦为水形，并刻有铜钱纹（图22）。

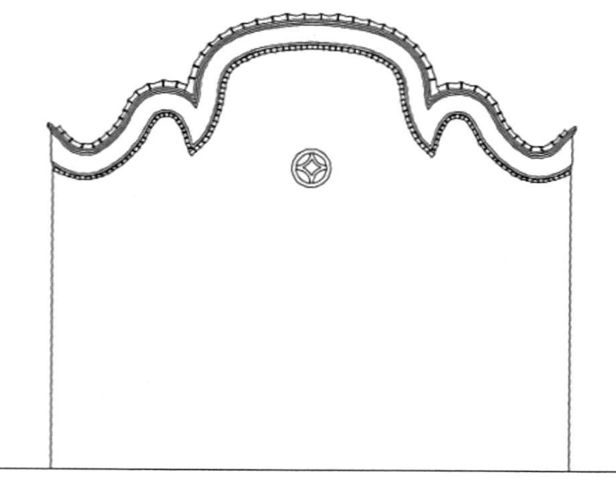

图22　刘氏弼一公祠横屋山墙

五、小结

本文从柳州市柳南区客家源流、围屋类型、祠堂建筑形制、祠堂附属建筑四个方面来梳理柳州市柳南区客家祠堂的基本特征。地理气候、社会文化、物质基础等的不同导致粤兴梅地区客家祠堂入柳后的差异化发展，表现为源形制与地域适应特色的混合，研究及保护的价值很高。由于时间和篇幅的限制，文章仅能作为第一阶段的探索总结，更多背景内涵、形制工艺还有待于更进一步的了解和讨论。

国家自然科学基金项目：广西祠堂建筑形制与工艺研究（项目编号51308134）；

广西自然科学基金项目：广西桂江流域传统建筑形制及其保护研究（项目编号2015jjAA60093）。

参考文献

[1] 钟文典. 广西客家[M]. 第二版桂林：广西师范大学出版社，2011.

[2] 熊守清. 略论广西客家的源流、分布及其特点[J]. 广西师范大学学报（哲学社会科学版），1996，32（4）：26.

[3] 何丽. 明清柳州“城一郭”民族空间的分布与演化[J]. 广西民族研究，2012（3）：140、143.

[4] 潘安. 客家民系与客家聚居建筑[M]. 北京：中国建筑工业出版社，1998：64.

[5] 杨星星. 清代归善县客家围屋研究[D]. 广东：华南理工大学，2011：128.

[6] 肖旻,林垚广. 梅县民间建筑匠师访谈综述[J]. 华中建筑，2008（8）：157.

[7] 张一兵. 飞带式垂脊的特征、分布及渊源[J]. 古建园林技术，2004（4）：32.

[8] 孙智，关瑞明，林少鹏. 福州三坊七巷传统民居建筑封火墙的形式与内涵[J]. 福建建筑，2011（3）：54.

二、传统聚落的生存与发展

土家族传统商业街区活力复兴的思考

赵 逵[①] 马 锐[②]

摘要：本文以恩施市宣恩庆阳坝和利川纳水溪作为比较对象，运用平行比较法，研究它们的类同关系，并从两者的差异性进行比较。通过研究商业街街道的空间形态与当地居民生活来探讨商业街历史街区与活力之间的关系，为今后此种类型的历史街区活力复兴提供更多的借鉴。

关键词：土家族；传统商业街；活力复兴；庆阳坝；纳水溪

历史上庆阳坝和纳水溪商业街作为当时各自地区的最重要的贸易交易市场，商贩整日川流不息，驼群马帮成群结队，当地的居民也整日穿梭在聚落的大街小巷，逢节日时外地山民集体过来赶场购物，活力十足。如今同为历史古街，庆阳坝街区虽然没有往日熙熙攘攘，但还是人来人往，生机勃勃；而纳水溪却是一副衰败景象，街上只有几栋老房子里住着孤独的老人，其他的都已经人去楼空，被荒废在那里。通过研究他们的类同以及比较差异性，来分析导致两个传统商业街区活力差异如此之大的一些深层原因，探寻一种保护土家族商业街活力复兴的方式（图1～图4）。

一、两个街区的类同性

1．街区历史起源

清中叶对少数民族实行“改土归流”后，鄂西南地区

图1 庆阳坝凉亭街a（笔者自摄）

图2 庆阳坝凉亭街b（笔者自摄）

图3 纳水溪凉亭街a（笔者自摄）

图4 纳水溪凉亭街b（笔者自摄）

① 赵逵：建筑系教授，博导，华中科技大学建筑与规划学院
② 马锐：建筑系研究生，华中科技大学建筑与规划学院

经济得以发展，集市贸易应运而生，并逐渐扩大。两次“川盐济楚”在“川盐古道”上形成了很多因为产盐或运盐而兴起发展的古镇。“行盐”贸易和物品流通交换的需求，逐渐发展成为周期性的村落商品经济的基础市场，并最终成为固定形式的聚居村落。宣恩庆阳坝和利川纳水溪的商业街都是在这个时期有了最初的雏形，商业街集市开始兴盛，聚落的核心部分集中于这条历史商业街，街上依地就势地排布着各类琳琅满目的商铺、赌行、作坊等，成为古村落里社会活动的主要空间场所，自此以后庆阳坝和纳水溪的商业街在百年来，一直是当地的政治、经济、文化中心。

2. 街区地理环境

鄂西南土家族传统聚落的一大特点是因地制宜，依山抱水。庆阳坝和纳水溪聚落分布总体趋势都是顺应地势、地貌特点，避开陡峭的山体，建于平缓的山脚或坡地，临近溪水河流，形成一种四面环山，镶嵌于群山中的特征。结合丰富的地形高差，商业街道空间产生起伏错落的变化，与山体、流水、建筑有机融合形成顺应地形、沿等高线平行排布的空间格局。两个历史街区主街一分为多条街巷，顺应河流山体的走势，而商业街侧两旁的商业建筑为呼应小段地势高差形成土家吊脚楼的形制，对自然适应性的总体布局构成传统聚落独特的内部空间关系。

3. 街道类型

庆阳坝和纳水溪都缘起于“川盐古道”，都是以商业贸易而发展兴起的聚落形态，属于典型的业缘型传统聚落。聚落空间通常呈带状条形分布，沿附近水体走势形成蜿蜒的主街空间，主街连接起贸易交通的古驿道，同时也与山体呼应起伏、融于自然。聚落主要空间具备明显的“外向型”特征，与外界沟通往来频繁，具有典型的模糊的聚落边界特点以及显现的中心商业空间的特点。以凉亭街这条商业主街为核心的空间形制成为盐道上的交易场所，两侧建筑为迎合商业功能而形成店宅合一的建筑形式，建筑挑檐深远，形成独特的“风雨街”形式对主街起到遮阳避雨的功能，成为业缘型聚落，在鄂西南地区具有明显土家族特色的空间特点。同时庆阳坝和纳水溪商业街巷空间是其中最有活力的部分，它不仅丰富了人们的物质生活，也富含了精神生活。

二、两个街区的差异性

1. 交通条件改变对于商业街影响

（1）道路交通改变对于商业街影响

20世纪80年代前后，原有的狭窄的石板商业街道已经不能满足现在的运输条件，随着古驿道的废弃，交通路线发生变更，于是在原有的街道附近或者穿过街道会重新规划新建更宽阔的水泥道路，新的道路交通势必会对原有聚落的商业街产生影响。

庆阳坝商业街区新建的交通道路紧邻历史商业街区，所以商业街区的交通条件依然很便利，以前村落里面的居民仍然生活在这片历史街区内，街道空间仍保持着原有的形态，基本能够满足当地的居民生活条件所需，而且还能吸引外地游客的参观，附近的居民还会过来购物，远处的游客还会参观旅游，当地的居民惬意地生活在老街区，使庆阳坝这个传统街区到今天仍是人来人往，一直延续着这条街区的活力（图5）。

纳水溪村新建的公路远离了古村落，离原有的商业街大概有两百米路程，由于公路交通对村民生活和经济等方面的吸引力，现在纳水溪村中新建的居民住宅几乎全部

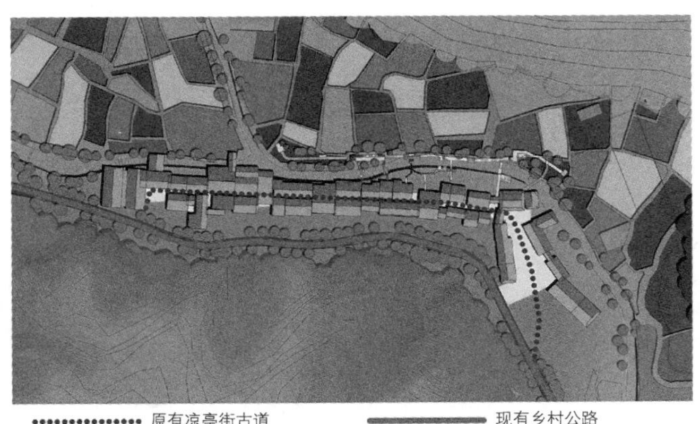

图5 庆阳坝交通分析（笔者自绘）

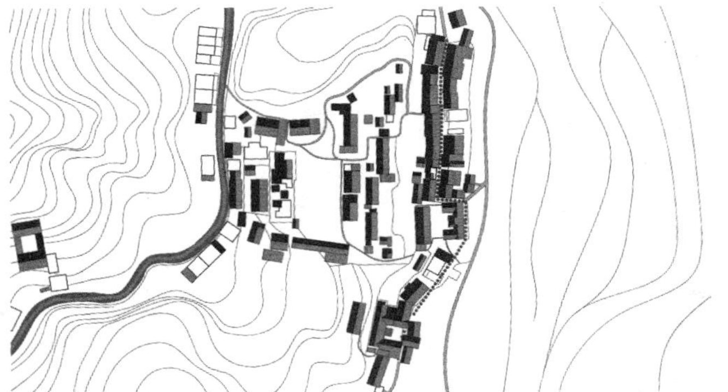

图6 纳水溪凉亭街交通分析（笔者自绘）

是沿着村后新修公路的两侧排列的，村落整体形态出现新的“线”状自然生长态势。失去往昔的地理区位优势，整个历史街区商业主导功能逐渐衰退，村落曾经的“繁荣景象”一去不复，村落只剩下孤独空洞的老建筑。商业街上的石板大道很少有人走过，附近村子的人也不会再来此地赶场，外地旅游的客人也很少再留下足迹，所以纳水溪历史商业街失去了往日的活力（图6）。

（2）河流改道对于商业街影响

传统民居聚落无不以水为命脉，聚落的选址一般都是逐水而居，聚落沿着水系的流向分布和存在。人们对于居住环境的选址，要求有方便的水利条件，特别对于以农业生产为主的农耕制度来说，聚落的存在和发展与水系的位置有着密不可分的关系，居民的饮水、农业的灌溉、生活用水等都是不可缺少的考虑因素，传统民居聚落的形成和发展，恐怕都与水有不解之缘。庆阳坝自商业街形成开始，河道一直紧邻街道，溪流自西北流向东南方向，分别由两条支流土黄坪溪和鹿角坡溪流至老寨溪，由于河道位置便利，当地的居民取水方便，饮水，灌溉都很便利（图7）。而纳水溪的水域原来也是紧邻着商业古街，后来由于山体的崩塌、道路的改变导致原来纳水溪改道，河道远离了商业街，所以给当地的居民生活造成了很多不利的影响，人们更愿意搬到交通条件更好的大路边上（图8）。水利条件的变更，逼迫人们寻找更加便利的地方来生活，人们远离了原有的古村落，势必会使历史街道荒废。

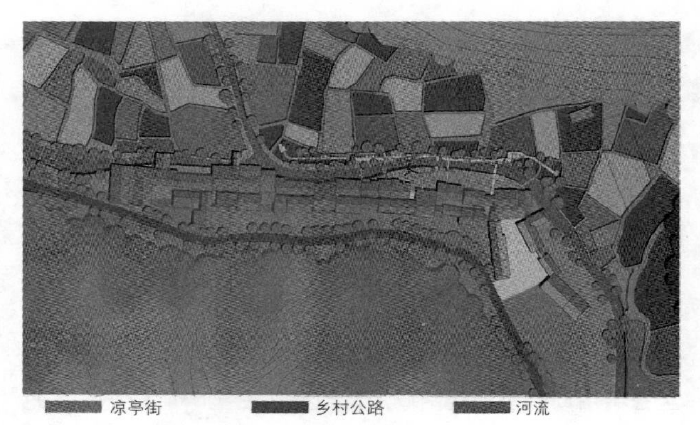

图7　庆阳坝水系分析（笔者自绘）

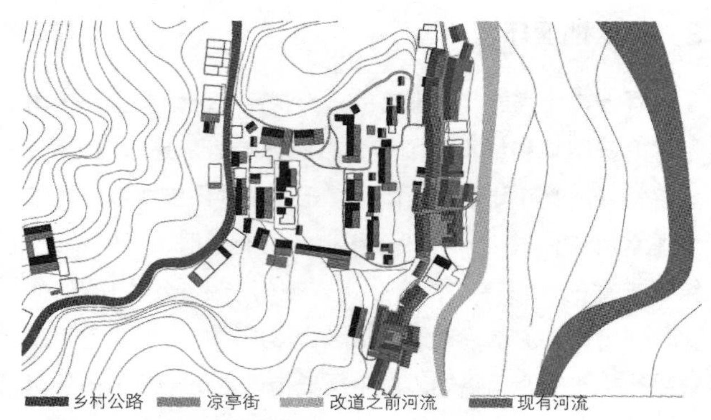

图8　纳水溪水系分析（笔者自绘）

2. 特色商业衰落对于商业街影响

作为古驿道繁华时期的庆阳坝和纳水溪的街道，就是凭借着街道两侧的商业带动附近居民消费，也使当地的居民有了很重要的一部分经济来源，所以这个地方能在几个世纪都人流攒动，活力十足。庆阳坝有一家民国政府直属的更生茶厂，所生产的炒青绿玉茶多销往当时的民国政府陪都重庆。作为当时附近的商业中心，依托庆阳坝本地生产的绿茶、宜红茶而闻名于世。庆阳坝一些老的商业形式在消失，但是这个茶厂建筑的形式和功能依旧保持原来的面貌，只有少量的地方做改变以适应生活的需求。因此，可以在保护这种制茶艺和茶厂建筑的基础上，将其开放给游人参与其中，让游客观茶园，品茶香。庆阳坝还保存着酿造加工业，依托古老的商业中心，庆阳坝商业街有很多糟房生产酒类，位于商业街头的曾家就以酿酒而出名，现在的曾氏老宅吊脚楼即为糟房酒厂。有了一些特色商业的保留，不仅带动了当地的经济，留住古镇多数中青年的劳动力，还可以吸引外地人前来投资、购物、旅游，进一步为商业街注入活力。

古时的纳水溪历史古街区，店宅建筑是数量最多、种类最多、形式最丰富的，多数建筑平面布置为前店后宅或下店上宅的形式，经营着多种特色商业，酒坊，油坊，织布坊，店铺林立，首尾相连，每到赶场的时期，附近的山民聚集在这里，人山人海，好不气派。古驿道的废除，交通优势的消失，使得当地的原有的商业大大地减少，店铺被改造成住宅或者废弃。随着商业的减少，这里的中青年都外出谋生路，留下的只剩老人小孩的空心街道，附近的山民也很少前来购物，随着村民的搬离，这里的活力进一步降低。

3. 商业街特色空间对于商业街影响

（1）街道形制

街道的形制与当地的居民出行轨迹与生活状态息息相关。庆阳坝凉亭街长约五百米，宽二十米左右，临街建筑为木构瓦房的“燕子楼”造型，临溪面为吊脚楼形式。商业街呈现“三街十二巷”的带状格局，由两条大街道组成，一条呈“Y”字形的主街道为东南至西北走向，与另一条东北至西南走向的街道夹角而列。由于西边地面较东端宽敞，商业街西行时一分为二，成为三条街道。商业街区分为“干街”、“湿街”两个部分，“干街”即为覆顶的街道空间，为赶集的村民遮风避雨，地上基本保持干燥状态故称为“干街”，其部分覆顶材质为透光的玻璃亮瓦；“湿街”没有覆盖的屋面，在天晴时能够更好地利用自然的采光，通风也较好。干湿街两类不同空间交替使建筑显得丰富多变；满足了晴雨天气及不同店铺需要；且干湿街交汇空间成为人流集散地，过渡灰空间提供给赶集村民休憩歇脚的场所。纳水溪村的主要街巷空间集中于北面与古驿道重合的商业交通空间，这条主要街道平行于等高线布局，整条商业主街约有三百米长。纳水溪村的商业主街分为“上街”与“下街”两部分，作为中心的关庙成为“上街”与“下街”的分界点。除去商业主街，其余的生活街巷空间贯通整个聚落，随山势变化的街巷布局自由随意，街道系统简单明确，联络起各户村民。

在庆阳坝商业街“Y”字形的主街道行走，会有从宽敞街道到狭窄街道、从阳光直射的明街到隐隐有些光亮的暗街、从干街到湿街的体验。街道空间的变化引起行人体验不断变化，那么同样的街道空间丰富的庆阳坝肯定比笔直单一的纳水溪更能引起人的兴趣。

（2）街道节点空间

街巷节点是其空间发生交汇、转折、分叉之地，常常也是贸易的发生地与人流集中地，节点具有连接与集中双重属性。鄂西南土家族业缘性聚落代表性的特征鲜明的节点可分为廊桥与凉亭桥、广场空间及祠庙等类建筑。节点空间是人流以及人气的聚集地，一条街道有几个空间节点，人们在街道上行走的时候，随着走近不同的节点空间，视线不断地发生改变，人们的感受也是不断地变化。

庆阳坝广场位于街区入口处，作为商业街的第一个空间节点，广场作为街巷空间里交叉口的后退空间。非有意而为之，而是由建筑进深、面宽而引起的空间变化。通常是提供村民进行公共活动的户外空间，例如闲聊、打棋牌、休息等。第二个重要的空间节点是风雨桥，它作为聚落的入口空间，起到引导作用。凉亭桥不仅是人流的集散空间，疏通聚集赶场的人流，而且也是村民的公共交流娱乐场所。桥这个节点使鳞次栉比的商业建筑空间过度为休闲场所，由于桥头连接着各种集市场所，桥头附近区域通常是人们进行各种活动交流的集中之地。风雨桥是作为商业街巷中人流集散的交往空间。第三个节点空间是商业街上的过街楼。在商业街西头近中点处，这段横跨街面的“过街楼”，木结构穿斗式，中柱高达二丈余，用“减柱法”和“移柱法”做成底层中堂开阔、高大的空间，不仅可以连接前后的交通，还可以连接上下的交通，在这个转折的交通空间人们可以交流、疏散。

纳水溪现存只有一个节点空间，原有的广场已经被其他的建筑所替代。关帝庙作为仅存的一个空间节点，其建于明朝，作为纳水溪村的标志建筑，是宗教和民俗活动的核心地带。关庙坐北朝南，为三进院落，中轴对称布局。因关庙位于商业街的中心位置，成为上街与下街的分界点。每逢赶场，关庙侧门开启供大量人流往来。从功能构成来看，关庙具有宗教仪式活动、集会、文娱、商贸这四重功能。但是它作为一个仅存的空间节点，而且因保护力度不够遭到一些破坏，所以在这条街道上行走游玩，空间体验性没有庆阳坝那么丰富，其也有可能是纳水溪商业街空间活力不如庆阳坝商业街的另一个重要的因素。

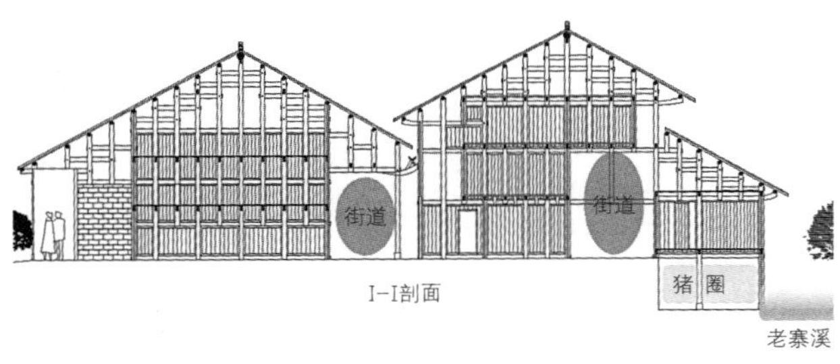

图9　庆阳坝商业街空间（华科2007测绘）

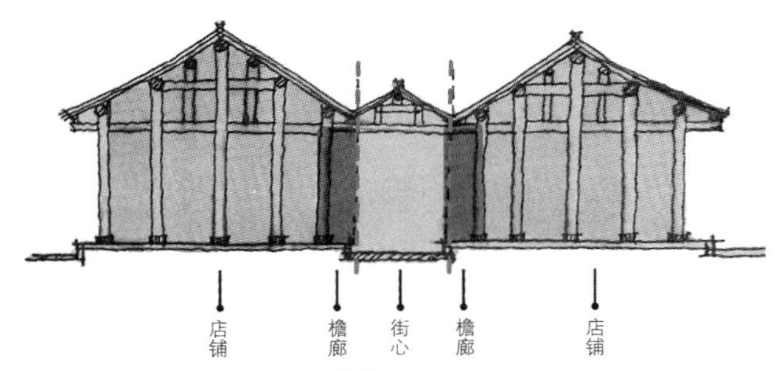

图10　纳水溪商业街空间（华科2007测绘）

三、结语

由于交通条件的改变、特色产业的丧失以及对历史街区建筑的保护不善，导致一些街区居民不断地搬离，慢慢地走向了衰落，活力急剧的下降，大量极具地方特色的历史商业街在迅速地消失。而这些古老又有着厚重历史感的街区对于后代研究历史与传统又是难得的珍品，所以我们想保存住这些历史街区，必须要把人留在街区。历史街区要想延续其活力或者重新复兴往日的活力，首先必须充分考虑交通条件，新的道路必须尽可能离街区更近、有更好

图11 庆阳坝风雨桥（笔者自摄）

图12 庆阳坝过街楼（笔者自摄）

图13 纳水溪关帝庙（笔者自摄）

的可达性；其次必须保持住原有的河流，保证居民的生活用水；同时还要尽可能保持传统的特色商业，保留原有的有特色的历史建筑、原有的街道空间形态，特别是吸引人的一些空间节点。如果注意到了这些跟保持传统商业历史街区活力息息相关的一些点，那么历史街区必能延续或者恢复往日的活力，保持历史街区所特有的魅力。

参考文献

[1] 赵逵，川盐古道—文化线路视野中的聚落与建筑，[D]．武汉：华中科技大学，2007，52-59.
[2] 唐典郁，鄂西南土家族传统聚落类型与空间形态研究，[J]．武汉：华中科技大学，2013，37-58.
[3] 范向光．鄂西传统商业街空间形态研究-以庆阳坝椒园凉亭街为例：[J]．武汉：华中科技大学，2012，24-29.
[4] 周卫，源于比较，超越比较，新建筑，2003，6：56-57
[5] 武静，张斌，杨霖，鄂西纳水溪古村落景观及其变迁研究初探，华中建筑，2008，12：229-233.
[6] 武静．鄂西纳水溪古村落景观及其变迁研究：[J]．武汉：华中农业大学，2008，21-22.
[7] 阮仪三．湖北宣恩县彭家寨-国家历史文化名城研究中心历史街区调研．城市规划，2009，8：75-76.

传统村落保护发展的“大理模式”

车震宇[①]

摘要：大理州境内传统村落众多，近十多年来，大理各市县在传统村落保护发展方面都做出了各种不同的案例，如大理市喜洲镇、双廊镇，鹤庆县新华村，剑川县沙溪镇，云龙县诺邓村。这些村落虽属大理州，但村落保护发展各具特色，没有固定模式，而是综合形成了“各显其优、多元并存、内外受益”的“大理模式”。本文将对“大理模式”的特点进行总结，并分析其影响机制。为其他地方的村落发展提供借鉴。

关键词：传统村落；保护发展；大理模式

近30年来，随着经济的发展许多农村房屋盲目模仿城市房屋而新建，加上农村建筑师的缺位和遗产保护的忽视，许多房屋都是砖混“方盒子”，千村一面，万屋一统，传统村落大量减少。从2012年起，国家层面正式开始注重传统村落的保护，2012—2014年，全国有三批次2555个村被住房和城乡建设部、文化部、国家文物局、财政部等7部局陆续列入中国传统村落，其中，云南省大理州共有94个中国传统村落，此外，大理州还有许多保护发展较好但尚未列入名录的村落。大理能取得这么好的成绩，不是短期内突击而来的，而是在2000年后不断探索、反思、借鉴、实践而形成的。本文将结合大理州相关案例进行分析。

一、大理传统村落典型案例分析

1．喜洲案例

喜洲镇位于大理市西北苍山向洱海过渡的平坝区，镇政府所在地为喜洲村，南距大理市区34公里，西北距著名的旅游点“蝴蝶泉”6公里。喜洲是一个有千年历史的白族历史文化名镇，喜洲镇白族民居建筑群2001年5月被列入国家级重点文物保护单位。

1992年起，因特色民居和紧邻蝴蝶泉，喜洲村成为大理风光一日游的一个固定景点，村内的“严家大院”成为团队游客的定点参观点。此后，喜洲经历了3～4户重点民居的各自开发，到2004年后喜洲古镇呈现旅游开发公司与个体开发并存的局面，现在游客除游览3户重点民居需要购票外，游览镇区内不需要购票。

1999年大丽二级公路未开通前，喜洲距离大理市区较远，是大理市北部的一个自组织结构完善的中心地重镇。当时整体空间形态呈不规则的团形，四面为田畴。1999年后，由于交通完善和企业竞争改革，喜洲许多企业逐步没落或消亡，企业房屋被拆除或另作他用。2004年以来，随着旅游开发深入，老民居被保留，而许多公共设施被搬迁到镇区外围。大丽公路周边出现了许多旅游设施和商业设施，出现了安置区和地产开发区，镇区内部如供销社等被拆除后开发为民居风格的旅游设施。喜洲在保存着原古镇区域格局时，整个镇区在逐渐扩大并主要向西部扩展。

在近20年的保护发展中，喜洲镇区各地块变化不尽

① 车震宇：昆明理工大学，博士、教授，云南省昆明市呈贡大学城昆明理工大学建筑与城市规划学院

相同。老镇区由于政府出台了保护措施及相关管控，整体风貌变化不大，有少量新建民居建筑高度过高。整体风貌变化较大的区域集中在大丽路沿线，多建为旅游及商业建筑新建；大丽路以西的新区域因位于大丽路和214国道之间，是近几年建设最多的区域，变化较大。

喜洲镇村民借助旅游业但不依赖旅游业，目前村民从旅游业直接受益的只是少数人。镇区80％以上的商铺都是为村民服务，喜洲村个体商贸和建筑业发达，形成了以农业、商业、建筑业、旅游服务业、交通运输业、养殖业为主的经济结构。人均纯收入为9889元。

2. 双廊案例

双廊镇位于大理市洱海东北岸山地滨水区，距大理市区50公里。村落要素齐全，是云南省省级历史文化名镇，素有“苍海风光第一镇”的美誉。双廊镇政府所在地为双廊村，东西短窄，南北狭长。从自然场所的精神来看，双廊亲水性较好，是洱海浪漫气氛和古典村镇空间的结合，属于复合式地景，这是双廊有别于其他大理村镇的重要特点。

1998年起双廊西边的金梭岛开发为南诏风情岛，纳入大理一日游的团队路线，但游客很少深入到镇区游览。2004年后，著名表演艺术家杨丽萍、三宝等知名人士入住提升了双廊的知名度，2010年的大理洱海开渔节进一步吸引了人气。

2004年前，双廊村和南部大建旁村是相隔的，2004年后，镇区处于一个渐变拓展的过程，2007年，双廊村65％以上的民居还是土木结构的白族民居。2011年环洱海公路全线贯通后，大量游客纷至沓来，村民从旅游中获得了较大的经济利益，催生了许多老民居的推倒重建，加上该镇缺乏严格的建房管理，新建客栈多为4～6层，改造客栈多为3层，仅2013年，双廊镇新增餐饮、客栈达139家，比2012年增长91％。从个体到群体，民居和村落空间发生了重构，村落形态快速突变，双廊村和大建旁村连接为一体。

双廊经营客栈的投资经营者占60％以上是大理州外的，来源多个省份，形成了一个十分杂糅的群体。从立面风格上看，多数的转型民居对传统建筑装饰元素保留较少，取而代之的是杂糅的建筑立面风格。这样的转型更容易满足外来游客自己的价值判断和生活习惯。如游客在选择客栈时会选择卫生条件更好，装修风格更特别的客栈。

双廊居民原主要以农业、渔业为主，居民经济来源相对单一，经济收入较低。2008年后，家庭经济以经营旅游设施或帮外来投资者打工为主，农活也退居其次。村镇集体和村民的收入都明显增加。2013年双廊村农民人均纯收入为5553元。

3. 沙溪案例

沙溪镇位于大理州剑川县东南部，北距县城40公里。处于一个青山环抱的坝子，镇政府所在地是寺登村。寺登村是个有千年历史的茶马古道贸易集散地，是一个集寺庙、古戏台、商铺、马店、古巷道、寨门、本主庙于一身的古村。2001年10月沙溪寺登村四方街区域被列入世界建筑遗产，2006年5月，寺登村四方街旁的兴教寺被列入国家重点文物保护单位。

2001年寺登村出现了第一个家庭旅馆——古道客栈，此后，旅游设施逐渐增加，在2013—2015年间，新增客栈等较多，特别是2015年年初大理至剑川高速路开通后，游客增加较快，至2015年，已有14家酒吧茶室，68家客栈（含酒店、宾馆），本地人开客栈的约占1/3。

2002年起，剑川县人民政府与瑞士联邦理工大学共同组织实施“沙溪复兴工程”。2003—2004年，共同完成复兴工程一期项目。2005年，沙溪一期复兴工程获得联合国教科文组织《亚太地区文化遗产保护奖——杰出贡献奖》。至2015年，沙溪镇借助五期沙溪复兴工程的实施，使沙溪逐步恢复了昔日的繁华，在历史文化的保护与当地经济社会的可持续发展上取得了良好的效果。

经历15年保护发展，沙溪核心区建筑都保持着原有格局与风貌，虽有改建但多为内部改造，对整体风貌影响较小。和喜洲类似，老镇区内的公共设施搬迁至外围（原地块改建为旅游或商业设施），镇区外围新建了许多的行政办公、医疗教育、集市、住宅、商业建筑。镇区建设向北部、南部两个方向纵向发展，北部与下科村相连，南部与鳌凤村相连。同时，近5年受旅游影响，许多村民对自家住房拆旧建新，或在村中原有的零散空地上建房，或在自家农田建房，建房混乱。新建民宅多为2～4层不等的砖混结构，具有一定的白族元素，对村落的整体风貌影响相对较小。

沙溪镇区居民原主要以农业为主，居民经济来源相对单一，经济收入较低。2004年后，一部分家庭经济以经营旅游设施或帮外来投资者打工为主，全村外出务工人员占12％～15％。近5年来，村镇集体和村民收入都明显增加。寺登村人均纯收入为7598元，明显高于周边其他村。

4．新华案例

新华村是大理州鹤庆县西北部草海镇的一个行政村，西依凤凰山而建，包含南邑村、北邑村和纲常河村三个自然村。南距鹤庆县城5公里、东距大理—丽江公路2公里，是大丽黄金旅游线上的重要驿站，是一个集湿地田园风光和铜银手工艺加工为一体的白族村寨。2006年鹤庆新华村被云南省评为“云南十大名镇”。

1997年7月，新华村才开始发展旅游。1999—2002年，经营管理多次变更，收效甚微。2003年6月，盛兴集团和鹤庆县政府签订协议，拥有新华村70年的旅游经营权。2003年10月，盛兴集团按国家4A级景区标准对新华村进行开发建设。2009年6月，新华村被评为国家4A级景区。2010年，盛兴集团全面启动5A级景区创建，开始建设许多旅游设施。

新华村旅游开发主要围绕南邑自然村及周围湿地而建，在2003年盛兴集团负责经营后，征地建设了大型旅游商品交易市场、度假酒店、会议中心、凤凰山药师大佛、延寿寺、寸氏庄园等。由于在征地补偿方面存在矛盾，村民建房处于失控状态，村民在村内外新建了大量房屋，层数3～6层不等，建筑体量较大，有的甚至占地400多平方米，有的甚至出现一些欧式风格建筑，这严重影响了新华村的传统格局和风貌。2014年与1999年相比，村落建成区在原有村落上扩展1.7倍，扩展的多为旅游设施用地和居住用地。

新华村靠近大丽黄金旅游线，加上盛兴公司善于旅游营销，因此到新华村的团队游客较多。游客参观村内5个景点需要买套票，游览村内其他区域不需要购票。新华仅是一个行政村，公共设施较少，在新华村主要道路和黑龙潭边的银器店占总商铺的70.4％，而与居民生活相关的超市只占总店铺的8.4％，为居民服务的店铺较少。

新华村居民大都具有铜银民族手工艺的传承，技不压身，或外出创业，或本地开店，经济借助旅游业但不依赖旅游业，普遍人均收入要高，2013年人均纯收入为10966元。

5．诺邓案例

诺邓是大理州云龙县城诺邓镇诺邓行政村的一个自然村，距县政府所在地诺邓镇7公里，距大理市165公里。诺邓村四面环山，有一条车道和外界中国通，村落民居顺山坡层层分布，村落最低处海拔为1900米，最高处诺邓玉皇阁海拔为2100多米，高差较大。该村矿藏丰富，历史上曾盛产食盐。2002年1月被评为“云南省历史文化名村”，2007年5月由建设部、国家文物局评为了“中国历史文化名村”。

2000年10月，《云南日报》登载“南诏遗村——云龙诺邓”一文，11月副省长陈勋儒就一文的真实性专程到云龙考察，此后开始了诺邓村旅游的探索。但从2000年年底到2005年年初，当地许多同志对诺邓村究竟能不能做旅游一直心存疑惑。2003年云龙县与昆明国旅合作把诺邓推向法国，到2004年年底就开始有大量欧美游客走进诺邓，从而引起省州领导的关注。2005年6月后诺邓旅游开发正式进入县委重要议事日程。此后，慕名前往诺邓的国内外游客逐年增加，法国游客尤其看好诺邓村。目前还没有旅游公司负责经营该村。

近十年来，除在村落入口修建了入口广场和少量旅游设施外，诺邓风貌基本未因旅游发生改变，山村民居景观依旧，原生态保存完好，是目前滇西地区保留得最完整传统山地民居群落。县政府对诺邓村建设管控比较严，投入3000多万修缮古建筑，投入6000多万扩建道路、修建基础设施。村民建房对村落风貌的影响较小。

诺邓属于山区，适宜种植玉米等农作物，农民收入主要以养猪为主，参与旅游开发的村民较少。2013年农民人均纯收入4879元。

二、大理传统村落保护发展特征总结

大理州传统村落的旅游资源价值、历史文化价值、民俗文化价值、建筑文化价值等丝毫不逊色于国内其他地区。大理传统村落类型多样，分布面广，规模较大，特色鲜明，要素齐全。结合以上实践案例分析，大理州传统村落保护发展特点可归纳为以下几个方面：“各显其优，多元并存，内外受益”。

1）各显其优。大理传统村落有平坝型村落、山地型村落和滨湖型村落等；按照性质来划分，大理传统村落有因集市而产生的（如喜洲）、有因交通而产生的（如云南驿村）、有因某种产业而发展的（如诺邓）、有纯粹的渔业村落（如双廊村）等。在保护发展过程中，各村都能利用自己的优势资源，彰显自己的优势特色，如双廊的滨水氛围、新华村的铜银器加工等。

2）多元并存。除以上重点案例外，各县还有其他保护发展较好的传统村落，如祥云县的云南驿村、洱源县的西湖村、巍山县的东莲花村（回族）等。各村对保护的认识、理解、实践虽各有差异，但村落保护效果要比其他州市的好。各村的开发经营主体、开发模式不一样，但都能让各村发展出特色。这形成了传统村落保护发展“多元并存”的局面。

3）内外受益。不论各村旅游开发的情况如何，所有村落都有当地村民居住，没有出现太明显村民外迁的“空心化”现象。不论是本地人还是外地人经营村落旅游，大家（含村民）都受益，大家的经济收入都得到了明显提高，但同时村民收入并未完全依赖旅游业。

三、大理传统村落保护发展影响机制

为何会出现以上特点，这受到多种因素的影响，但主要受到以下三个方面的影响：

第一是民族特性的影响。自古以来，大理是中原通往缅甸等国的交通枢纽，不同的文化汇集在此。白族在其形成和发展过程中，亲邻善仁，吸取各种文化的精华，融会贯通，形成了白族独具特色的以本主信仰为主体，儒教、道教、佛教、基督教、伊斯兰教并存的多元文化。如从明朝起，大量汉族人民进入大理地区。在明、清两代长期的融合中，大理白族借鉴了内地汉族合院式民居的风格，结合当地的地理环境、民族文化，创造了颇具特色的白族民居。在国内的一个州市范围内，一个民族拥有这样多的多原文化是很少见的。这种多元文化也延续至今，影响了当地人的工作、生活、生产观念。

第二是文化自信的影响。文化自信，是一个地区、民族对自身文化传统的充分肯定。只有对自己文化有坚定的信心，才能在多方面焕发创新创造的活力。在元朝以前的唐、宋两朝的500余年，大理地区一直是云南的政治经济文化中心，它使云南形成了一个稳定的政治统一体。这个深厚的底蕴奠定了大理文化自信的基础。至今，大理形成的“历史、民族、风光”三位一体的文化自信是大理持续发展的源泉和动力。这使得大理各地能以一种兼容并蓄的心态来面对外来游客、外来投资者等，并且在保留自身文化基础上又产生了新的文化转型与嫁接。

第三是村落保护的长期管控。1987年喜洲村白族民居建筑群被列入云南省重点文物保护单位后，人们开始认识到传统村落和民居的价值。在此后十余年，政府管理部门对重点村落（如大理市的喜洲村、周城村）的重点民居保护比较重视。1998年起，大理州、大理市就开始重视主要交通沿线、洱海沿线、主要风景游览点、重点村落的建筑风貌保护与整治，并出台了相关政策，编制了白族民居方案图集等。特别是从2008年起，大理州政府决定全面实施苍洱田园风光保护及白族民居建筑风格整治，制订了相关管理条例，取得了良好效果。自2015年起，大理市对所有农村住房建设项目全部实行现场公示，公示内容包括建设业主、施工单位、建设规模、审批图纸、监督方式等详细内容。历时近20年，这些措施，对大理州其他县的村落保护发展带来了好的示范效果。

结语

大理传统村落资源丰富，由于大理民族特性的本质影响和长期的重视村落保护，使得现今的大理传统村落保护发展出现与国内其他地区不同的“大理模式”，以大理市村落保护为先，出现了全州村落保护的“辐射效应”，出现了以点串线、以线带面的良好效果。这些效果，在习总书记考察大理时也得到了认可，习总书记视察的大理古生村就是明证。

国家自然科学基金项目：云南民族乡村地区旅游小城镇形态演变过程与机制研究（项目编号：51168019）；
国家自然科学基金项目：云南乡村旅游小城镇空间生产与重构研究（项目编号：51368023）；
国家社科基金重大项目：中国西南少数民族传统村落的保护与利用研究项目（项目编号：15ZDB118）

以社区营造为推动荔枝窝村永续发展的可能性

甘家伟[①] 林明翰[②] 罗纪瑜[③] 游慧瑜[④]

摘要： 数百年以前，香港以渔农业为主要经济基础。当时以客家围村村民从事农业，疍家从事渔业为主。时代变迁，农业式微，客家围村也因年轻一辈外迁移居而没落，甚至荒废，位于香港西贡国家地质公园保护区内的荔枝窝村便是其中一例。社区营造是亚洲一种由住民主导的社区保存发展的方法，在过去六十多年发展出不少成功案例，在国际学术界也渐被认为是可持续发展的方案之一。住民是永续传统村落文化最重要的元素。本论文将探讨以社区营造方法推动荔枝窝村发展的可能性。

关键词： 永续发展；社区营造；客家围村；香港；荔枝窝村

数百年以前，香港以渔农业为主要经济基础。当时以客家围村村民从事农业，疍家从事渔业为主。在香港，"围村"可说是见证了传统村落文化及"文化景观"发展的历史轨迹。经济环境改变，村民已经不靠农业为生，而周边地区治安的改善，使昔日用作保卫家园的围墙也日渐失去其原有功能。不少"围村"甚至拆了围墙，辟地兴建更多村屋，令不少乡村失去了一大传统特色，也破坏了其文化景观。"文化景观"一词早于1925年由美国人文地理学家索尔（Carl Sauer）提出，并将其定义为"由自然景观通过文化族群的作用而形成，文化是动因，自然区域是载体，文化景观是呈现的结果"。住民是永续传统村落文化最重要的元素。本文将以香港西贡国家地质公园保护区内的荔枝窝村为例，研究以社区营造形式来保留其文化景观及永续发展的可能性。

一、香港围村文化价值

香港新界乡村地区，至今仍保留着许多古老的围村，它们大致可分为"本地围"和"客家围"两类。这些古围村多建于明末清初，当时海贼猖獗，村民为了保护生命财产，在村外围建高墙深沟作防御。

据《新安县志》中载的香港围村数量的记录，由康熙年间19条增加至嘉庆年间已有29条，还有一些未被记录的。据近年的调查研究中，香港新界等地有131条乡村，当中共有71名为"围"[⑤]。这些乡村基本上都有修筑围墙，而所居住的不是一家人而是同族人。

围村的布局都有一些共通的建筑元素，包括围墙、围门、更楼等。村内有明显中轴线，在中轴线有庙宇或祠堂。规模较大的围村四角还设有炮楼。每家有独立的住房，主要是砖木结构的一进或两进民居（图1、图2）。

① 甘家伟：硕士，香港大学建筑文物保护，工作单位：凝思文化，文化推展人
② 林明翰：硕士，香港大学建筑文物保护，工作单位：凝思文化，文化推展人
③ 罗纪瑜：硕士，香港大学建筑文物保护，工作单位：古物古迹办事处，文物主任
④ 游慧瑜：文化管理硕士，香港中文大学，工作单位：香港大学专业进修学院，文化遗产管理课程统筹
⑤ 香港围村调查报告．萧国建，沈思，叶庆芳，卫奕信勋爵文物信托赞助．1995，5

图1　荔枝窝村及典型华南地区村落元素分布

图2　荔枝窝村鸟瞰绘图

图3　荔枝窝村内现况（2016）

二、荔枝窝村的困境

荔枝窝村属于沙头角庆春约七村之一①，是一条位于香港北面的围村。村民主要靠种植稻米为生。村的后方有一个树林，四周有丰富的自然生态和环境，是香港其中一条现存乡村布局最美、最完整的围村。②

时代变迁，农业式微，客家围村也因年轻一辈外迁移居而没落，甚至荒废。荔枝窝村正面对不同问题：文化景观方面农田荒废超过30年，而且欠缺相关的条例保护，未能有效防止周边文化景观被恶意破坏；在村落建筑方面，土地业权不清、维护费高昂；村落传统文化方面，村民迁移，村民年代青黄不接，以致传统智慧及氏族文化难以承传；乡村欠缺有效的行政管理和决策制度、难以联结村民厘定乡村的永续发展策略，等等。此外因荔枝窝村被纳入中国香港世界地质公园范围，虽有游客短暂参观，却对村落的永续发展没什么助力（图3）。

为解决上述困难，荔枝窝村现正与香港大学嘉道理研究所、香港乡郊基金、绿田园基金、长春社，共同合作举办“永续荔枝窝：乡村社区营造训练计划”（以下简略“永续荔枝窝”），招募各界人士参与复耕及复村工作，共同筹划及建设荔枝窝的永续未来。“永续荔枝窝”有以下五个主要目的：以集水区区域管理概念进行生物多样性保护，以环境友善的农法恢复、活化荔枝窝的农业活动及景观，重新发掘荔枝窝的社区资产及适度地加以利用，发展荔枝窝成为乡村永续发展的教育基地，推动更多元、符合荔枝窝永续概念的经济模式及工作机会。③

从上述目的及实际情况所见，“永续荔枝窝”计划重点放在生态、环境及其相关的非物质文化遗产的复原，但对于传统聚落的基础，即聚落社区和乡村聚落生活模式可

---

① 庆春约七村包括荔枝窝、梅子林、三桠、锁罗盆、蛤塘、小滩及牛屎湖（现称牛池湖）
② 香港大学生物科学学院及嘉道理研究所侯智恒博士
③ 香港大学嘉道理研究所“永续荔枝窝：乡村小区营造训练计划”网页

图4　荔枝窝的农业活动（2016）

以怎样在现代社会进程下重新建立，却未见考虑（图4）。

三、社区营造为可持续发展方案

社区营造是一种源自亚洲由住民主导的社区保存发展的方法，在过去六十多年发展出不少成功案例，在国际学术界也渐被认为是可持续发展的方案之一。以社区营造方式运作的目的很广泛，可牵涉的范围包括文化遗产保育及社区经济模式转型等，都分别有成功案例可作参考。本文采用日本兵库县家岛群岛为案例，演绎社区营造如何成功地使该社区经济转型及生活模式可持续地发展。

四、社区营造案例——日本兵库县家岛群岛

家岛位于日本本州岛西面距离姬路市大约30分钟船程的群岛岛屿，最大及最多人口的岛屿叫家岛，因此群岛组成的村镇也取名为家岛町。家岛町多年以来以采石业及捕鱼业为生，社区营造案例开始进行时，整个家岛町人口约8000人。随着日本经济转移，此两项主干业务衰退，町内人口正经历急剧减少，致使到家岛町不能再如以往自给自足，如这状况持续下去将会危害到整个村的存活。

在进行社区营造实地考察及研究时，学者及义务学生团队与当地居民一同探索家岛町有什么优越的条件可发展成新的经济主干业务。在考察过程期间，各方都认为家岛町有发展文化旅游的可能性，但双方对于家岛町的特点却有不同的意见。当地居民认为最具吸引力的地点，城市来的学生觉得并不独特，要吸引城市人周末特地而来有一定程度的难度；反之城市学生觉得最具魅力的，对家岛町居民来说却平凡不过。意见的落差使得当地居民怀疑推广又平凡又不显赫的地点作文化旅游是否可行。

为使当地居民接纳学生的建议，参与社区营造的团队把队员分成城市组及当地组，请他们以相机拍下各自认为最有趣的地方，而后从众多相片中甄选30张印制成岛境明信片去推广旅游。部分明信片放在附近城市如姬路市及大阪市等的公共空间任由路人索取。结果，最受欢迎的明信片都是平凡家岛的景象。这个以明信片所作的小实验，让当地居民了解现实情况——对外来的人来说最具魅力的就是家岛的独有生活方式。如果想要村落继续生存，就必须接受现实和作出改变，并与现代社会接轨。

当家岛町开始推广旅游以后，到访家岛町的旅客日渐增加。当地居民讨论是否有需要以及如何设立设施去应付旅客的需求。如果游客继续增多，是否要兴建一些新住宿设施呢？经过社区营造参与方式讨论后，当地的社群认为保留现有的环境至为重要，而且恐怕兴建新建筑物会损坏现有的文化景观，所以决定把民家改建成周末民宿。这决定既可保留现有景观，又可以为留宿的旅客提供最地道的旅游经验。先动用村里的闲置空间至饱和的时候才去考虑加建设施，既具经济发展原则，亦可减低浪费钱财的风险，还可以利用旅客带来的经费来资助较高昂的维护费，修补现有的建筑物。

文化旅游的成功产生很多有利于村落发展的经济机会。当地居民随后组成非牟利机构，把渔民的鱼货制成当地盛产的食用商品售卖。生意由早期的周边城镇，拓展至网购、邮购和全国售卖。网购邮购的成功，使家岛町除了旅游事业以外，多增一项可持续的经济来源。这类经济主干业务发展有效地减轻了家岛町人口流失的问题。

住民是永续传统村落文化的核心，传统聚落存活最大的挑战是要解决住民因城乡的差距而离去，为了聚落生存，了解现代社会的情况和顾及城市人的要求和想法是必需的。日本家岛町的例子值得荔枝窝参考，因为它的发展是由文化的承传人——聚落住民共同决策和执行，在认知到城乡的异同下，社区商讨出可接受的改变和发展规模和方向。因此家岛町才得以保留村落的文化氛围、具历史文化建筑风格的房屋，同时兼顾现代发展的需求（图5）。

图5 日本的社区营造案例，负责人向新住民介绍村落历史

五、荔枝窝的机遇

荔枝窝的境况，是香港的过去、现在及未来的写照。香港由一个以农业及渔业为主的社会发展至今成为经济贸易主导的城市。全球逐步趋向城市化引申种种社会问题的同时，许多已发展的城市却又同时趋向回归自然、探讨本土的传统，提倡自给自足的经济生活。香港的农业亦有可能因此再度复苏。荔枝窝村的村民四散，必须有新村民的加入才能重新建立村落社区以维系村落的生命。社区营造方法可能是这村其中一个可行的全方位发展策略，让新旧村民可以将历史与现今囊括在社区的思维，共同谋划和决定村落将来发展，重建现代荔枝窝村的乡土人情。

图片来源

图1 荔枝窝村及典型华南地区风水村落元素分布：作者罗纪瑜自制.

图2 荔枝窝村鸟瞰绘图：作者罗纪瑜.

图3 荔枝窝村内现况：作者罗纪瑜.

图4 荔枝窝的农业活动：作者罗纪瑜.

图5 日本的社区营造案例，负责人向新住民介绍村落历史：作者甘家伟，林明翰.

参考文献

[1] 山崎亮. 社区设计：重新思考"社区"定义，不只设计空间更要设计"人与人之间的联结"[M]. 台湾：脸谱出版，2015: 98-131.

[2] 侯智恒. 永续荔枝窝：乡村社区营造训练计划[M]. 香港：香港大学生物科学学院及嘉道理研究所，2016.

[3] 萧国建，沈思，叶庆芳. 香港围村调查报告[D]. 香港：卫奕信勋爵文物信托赞助，1995.

[4] Katie Chick. Lecture note from Introduction to Cultural Landscape[M]. Hong Kong: The Kadoorie Institute, The University of Hong Kong, 2016.

[5] Sustainable Lai Chi Wo, The Kadoorie Institute, The University of Hong Kong. [W].

[6] http://www. kadinst. hku. hk/sustainablelcw/, 2016.

秦巴山区传统乡村聚落空间更新模式研究

李 钰[1] 徐洪光[2]

摘要：秦巴山区传统乡村聚落生活环境大多相对闭塞，经济比较落后，人口流失严重，聚落呈现逐渐废弃的态势。然而新时期下，人们的旅游目的地逐渐由传统景区景点过渡到这种原始程度比较高，自然环境秀美，人文资源特色鲜明的乡村。因此，秦巴山区传统乡村可依靠自身的自然资源和原真性文化优势进行乡村旅游目的地开发。并且利用全域旅游的理念有效整合聚落内的各类资源、要素，从而实现传统聚落的空间更新。

关键词：秦巴山区；乡村聚落更新；聚落空间；全域旅游

秦巴山区是指汉水上游的秦岭大巴山及其毗邻地区，地跨甘肃、四川、陕西、重庆、河南、湖北六省市，其主体位于陕南地区。该地区自然资源丰富，地形地貌复杂，动植物种类繁多。由于多山地，交通不便的原因，秦巴山区自然生态受外来干扰程度小，并且当地传统的文化习俗也得以保留，这些原本不利的因素如今却是乡村发展的潜在优势。该区域内聚落受地形的影响，布局过于分散且无序，主导产业主要以农业为主，经济效益低，人口流失严重，聚落逐渐被废弃。因此，亟须探索一种在新时期、新形势下适合欠发达山地区域聚落的更新模式。

一、秦巴山区传统聚落的空间特征及存在问题

1. 秦巴山区传统聚落的空间特征

秦巴山区传统乡村聚落的空间格局是在特定的自然地貌和历史文化条件下形成的，总体布局特点是建筑根据自然地形而建，背靠山体，依山就势，呈带状或自由团聚布置。聚落空间分布主要有集中团块型、松散团聚型和散点布局型三大类。秦巴山区乡村聚落主要是以散居为主，这是由于山区地形复杂，土地有限，一定区域内的耕地不足以维持大量人口生活，因此聚落布局比较分散。为了留出更多耕地，房屋一般建在半山腰，沿等高线分布，规模不大，也很难形成集聚型聚落。

2. 秦巴山区传统聚落存在的问题

秦巴山区传统乡村聚落空间存在的主要问题包括以下几点：由于受自然地形地貌的影响，该地区大大小小的聚落分散在低山丘陵中，各类用地的界线划分不是很明确，并且各类用地分布很分散，因此用地整合困难；聚落选址对于居住安全、生产生活方式和聚落景观需要方面考虑欠缺，大多是根据村民意愿随意选址，造成大量土地浪费，自然灾害的防御能力比较差，并且公共服务设施无法集中布置；聚落布局分散，规模小，因此各聚落功能不完备，基础设施建设水平低下；分散的聚落布局方式不利于各类基础设施的建设，比如垃圾、污水等难以收集和处理，造成聚落周围的山泉河流和地下水被污染，生态环境越来越恶劣，人居环境条件逐渐变差。

---

① 李钰：建筑学博士、副教授，西安建筑科技大学建筑学院。
② 徐洪光：建筑学硕士，西安建筑科技大学建筑学院。

二、传统聚落典型的更新模式和适用性分析

1．传统聚落典型的更新模式

现有的乡村聚落更新主要可分为两种主要思路：一种是大拆大建的城市更新观，另一种是渐进式的有机更新观。而聚落空间的更新模式主要有以下几类：渐进式的自我更新，新农村建设政策影响下的乡村聚落更新，产业更新带动聚落空间的更新，旅游开发带动的乡村聚落更新。

（1）渐进式的自我更新

渐进式自我更新指的是由于聚落人口的增加、建筑寿命有限以及居民收入提高等因素对增加建筑面积改善居住环境提出了要求，这一更新模式，一般是循序渐进的更新，从单体建筑的更新逐渐到院落的更新，然后随时间的推移新建建筑逐渐在村落内复制，最后实现整个聚落的更新。渐进式自我更新强调的是村民根据自己的意愿进行聚落的更新，能够较好地保存原有聚落的形态和社会群体关系。

（2）新农村建设政策影响下的乡村聚落更新

这一政策影响下的聚落更新模式主要包括：一是大致保留原有村落肌理，对村落进行绿化美化、道路硬化和墙面粉刷等；二是整体开发拆建模式，主要针对具有优越的区位条件和市场价值的村落，由政府出资进行征地补偿，然后进行房地产开发，村民作为回迁户按照一定比例获得改造后的房屋，实现聚落的更新；三是将地质灾害地区、生态环境恶劣的偏远地区搬迁到安全经济实用的安置房中。搬迁按照集约节约用地原则以集中安置为主，其中有搬迁到城镇和搬迁到新建社区两种搬迁方式。

（3）产业更新带动聚落空间的更新

主要指传统聚落由于生产力和劳动效率的提高，人们不再局限于第一产业，各种第二产业和第三产业开始在乡村聚落中出现。乡村聚落中的生产生活活动发生了新的变化，不断丰富并向多元化发展。传统乡村聚落的布局、空间结构、交通等均不满足现代生活生产方式对聚落空间的需求。如原有道路组织无法满足现代交通工具的通行，传统的院落布局无法应对产业结构的新变化，应该增加加工生产车间，商业门面等。因此聚落空间随着新出现的生产生活需求不断更新。

（4）旅游开发带动的乡村聚落更新

近年来乡村旅游的发展如火如荼，在乡村旅游的带动下，聚落空间也在不断地进行更新。旅游开发对于聚落空间更新比较有利的一种开发方式是保护性开发。完整保护原有村落内的传统建筑、自然风貌、聚落结构、道路网络和水系等。在此基础上新建旅游辅助设施，如在聚落中心修建游客中心、广场，在村口修建停车场等。此模式下的聚落更新具有有机更新的特点，最大限度地减少了对原有聚落生态、文化等方面的影响，保持了传统聚落的乡土性和原真性。

2．传统聚落典型的更新模式的适用性分析

对于以上所列举的集中更新模式，下面结合实例来探讨几种更新模式在秦巴山区乡村聚落中的适用性以及局限性。以安康市石泉县麦坪村为例。

麦坪村距镇区约10公里，平均海拔1025米。村内多低山深谷，峰峦叠嶂，地形复杂。居民点分布比较分散，村落内大量传统的民居院落被逐渐废弃，其中不乏几十年、上百年的古建筑。随着人口的外迁村落甚至会逐渐地消失。对于麦坪村这类秦巴山区偏远乡村聚落来说，以上探讨的聚落更新模式有一定借鉴意义，但是由于此类聚落自身的特点，以上所列的更新模式并不完全适合其更新发展。比如该类聚落人居环境差，经济落后，因此对于人口的吸引力不足，缺乏内生的动力进行自我渐进式更新；而对于整体搬迁来说，虽然能够在硬件上改善居住条件，让居民住上更为舒适的安置房，但是集中安置之后，首先，没有足够的耕地和从事农业生产生活所需的空间，其次，很难建设足够的工业园区来提供足够的就业岗位，可能会导致人们既不能从事原有农业生产，又没有更好的就业岗位，并且住进安置房后各种生活开销提高，导致居民总体生活质量没有提高，甚至不如以前。

三、秦巴山区传统聚落更新发展的机遇

以麦坪村为例，村域内拥有良好的自然资源，秀美的风光，质朴原始的民俗文化，开发乡村旅游的潜力巨大。近年来，随着人们逐渐转变旅游理念，越来越多的城市居民选择“忆乡愁，回老家”的乡村度假游方式，乡村旅游发展的如火如荼。并且石泉县在2016年被国家旅游局列入全国首批创建“国家全域旅游示范区”名单，在此背景下，麦坪村将作为全域旅游的一个节点，打造为高山民俗旅游村。这将是带动村落产业升级和聚落空间更新的全新发展机遇。

全域旅游的理念是将区域内所有资源进行整合，总

体开发，全要素参与其中。而原有聚落空间布局分散、无序，与各类旅游资源结合不紧密，并且由于地形地貌复杂，对于个居民点的整合十分困难。因此，应该利用全域旅游的发展契机对原有聚落空间进行更新，使其符合新时期的要求，促进乡村的发展。

四、秦巴山区传统聚落更新发展的策略

结合全域旅游的理念，综合分析区域内的居民点位置和自然资源的位置，合理规划交通网络，通过利用现有道路和新修道路将各类旅游资源串联成一个整体，将聚落的骨骼搭建起来。在这过程中，要谨慎的规划好道路的宽度和数量，尽量减少对原有生态环境的影响，保持聚落的原始和质朴。因为居民点也是良好的人文景观、资源，因此在规划过程中应当将居住人口相对多的组团与其他旅游区域串联起来，这样既保证了整个旅游系统的完整性和丰富度，也降低了村民搬迁重建的成本。

对于地处偏远，原理村落发展中心和区域组团的居民点，应当对其进行搬迁。过于分散的聚落布局不利于基础设施的建设，在开发过程中难以进行整合。将分散的居民点搬迁到交通便利，靠近旅游资源的区域。形成“分散+组团”的空间布局模式，五六户为一组团，组团与组团有相对比较分散，通过道路将居住组团和旅游区域串成一个整体，最终形成居住点与旅游资源区互相穿插、融合，整个区域成为一个旅游区（图1）。

这种聚落空间布局符合多山地区可建设用地狭小的特征，将过于分散的聚落一定程度的进行集中，有利于基础设施建设，提高聚落的生活环境。同时避免了统一集中布置所带来的各种问题。通过将居住组团和各类旅游资源区域的穿插整合，实现了整个聚落空间的有机更新，良性更新。

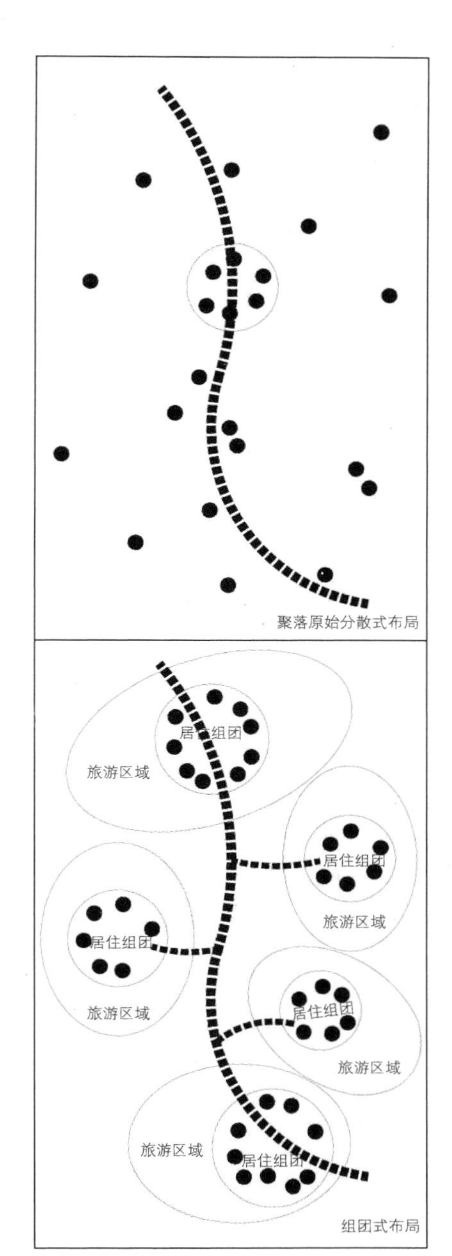

图1 （作者自制）

五、结论

全域旅游的发展理念为秦巴山区传统乡村聚落空间的更新提供了新的思路。其强调区域内全要素融入旅游开发，强调人人参与“大旅游区”的建设。通过旅游业的主导作用对聚落内的各类资源进行有效整合，使得传统乡村聚落的空间布局、产业结构实现更新和优化升级。在村落更新升级过程中通过提高居民的主动性和参与度，最终实现居民的经济收入增加，居民的生活环境得以改善和传统乡村聚落的就地城镇化。

参考文献

[1] 欧阳勇锋. 乡村旅游规划的共生与有机更新途径[J]. 旅游论坛, 2009, 8（4）: 198-212.
[2] 李翅. 乡村旅游开发与渐进式村落更新模式[J]. 小城镇建设, 2005（12）: 98-99.
[3] 向达. 青海藏族地区传统聚落更新模式研究[J]. 中外建筑, 2011（5）: 72-73.
[4] 许娟. 秦巴山区乡村聚落规划与建设策略研究[D]. 西安: 西安建筑科技大学, 2011. 12.
[5] 张向武. 集聚与重构——陕南乡村聚落机构形态转型研究[D]. 西安: 长安大学, 2012. 6.

基于聚落名称的胶东海草房文化特征分析

王瑗瑗[①] 高宜生[②] 黄春华[③]

摘要：村名是聚落特征提纲挈领的标志，它不仅是单纯的文字符号，更承载了一定的历史信息和线索。胶东海草房聚落名称往往带有历史和文化的综合考量，它以高度概括的语义特征反映了村庄周边地理环境、村内历史环境要素、姓氏组成、军事建制、村庄产业等显著信息，并且与村庄成因、分布特征、营建方式、家族荣兴、村庄迁徙等的文化特征形成隐性关联。

关键词：海草房；村名；文化特征

一、胶东海草房村庄命名特征

胶东海草房主要分布于威海荣成市，在牟平、福山、芝罘湾、蓬莱、龙口、长岛、莱州、海阳、文登、乳山也有少量分布[1]。对村庄命名方式选取了最为典型的四类进行分析，分别是以村庄周边地理环境命名、以军事建制或海防设施命名、以村庄产业命名和以村民姓氏命名，案例均选自威海荣成市。

1. 以村庄周边地理环境要素命名

在村庄命名方式中，选择以村庄周边地理环境要素命名是一种常见方式，如借助与村庄整体形态相互依存的地形地貌、山形水系以及古树名木等历史环境要素对村庄命名。

以地形地貌因素命名的村庄有宁津街办洼里村和俚岛镇初家泊等。以水系命名的如荣成市宁津街道西南部的村

以村庄周边地理环境要素命名的村落　表1

命名因素		村名	得名原因	建村年代	所属镇/街办
地形地貌		洼里	地势低洼	明永乐年间	荣成市宁津街办
		初家泊	地处泊地	明万历年间	荣成市俚岛镇
山形水势	山	巍巍村	周边环境山峰巍峨	元大德年间	荣成市港西镇
		英西庄	地处英子山以西	明嘉靖年间	荣成市俚岛镇
	水	大岔河村	村处大岔河岸畔	清康熙年间	荣成市宁津街办
		渠隔	水渠将村庄分为两段	元至正年间	荣成市宁津街办
古树名木		东楮岛村	楮树遍布全岛	明万历年间	荣成市宁津街办

① 王瑗瑗，城乡规划学硕士、工程师，山东建大建筑规划设计研究院古建筑保护设计分院，乡土文化遗产保护国家文物局重点科研基地
② 高宜生，硕士、副教授、基地秘书长，山东建筑大学建筑城规学院，乡土文化遗产保护国家文物局重点科研基地
③ 黄春华，硕士、副教授，山东建筑大学建筑城规学院，乡土文化遗产保护国家文物局重点科研基地

庄渠隔，现状拥有海草房民居160余户，因建村伊始有条水渠将村庄分为南北两段，虽然现在村庄中由明渠变成了暗渠，但可以通过村名探寻村庄特有的历史印记；载入大岔河村则是因地处大岔河畔命名，现存80户海草房民居。与周边山脉有关的如港西镇巍巍村，地处山峰巍峨的风草顶山北麓，现存海草房民居356户；英西庄地处英子山以西，现存海草房民居92户。东楮岛村，拥有海草房民居140户，是以楮树命名。

2. 以军事建制和海防设施命名

荣成市拥有丰富的海岸线资源，自古为兵家攻守之地。在荣成市有“十里一墩、八里一寨”的说法，墩堡即烽墩，当倭寇袭扰时，点燃烽火以狼烟传递信息，作用相当于现今的哨所和观测站。屯寨则始于元末，后明又修建。在明朝形成了卫（成山卫、靖海卫）、所（宁津所、寻山所）、屯寨为序列的军事防御线[2]。屯田戍卫、亦兵亦农的生活方式对当地海草房村落的形成产生了极大影响，尤其是清初裁卫设县后，大量的海防兵户弃军从田，留下来安居乐业，发展了很多村庄。

如成山一村都体现了明代卫所成山卫与海草房的联系；宁津所周围存在大量以所命名的村庄，如现存110户海草房民居的所东王家、现存海草房90户的所东张家、现存海草房160户的所东钱家等村落；屯寨类的村庄如项家寨，因村临古兵寨而得名，村内仍尚存84户海草房民居，其他如建于元朝至元年间的草岛寨和清朝道光年间的小寨等；墩堡类的则如现存124户海草房民居的东墩、142户的东烟墩和246户的烟墩角，东烟墩曾因临近琵琶寨而以寨命名，后又因地处烟墩山东麓，更名东烟墩。

图1 巍巍村周边自然环境（图片来源：网络www.weihaiphoto.com）

图2 东楮岛村中的楮树（图片来源：作者拍摄）

以军事建制和海防设施命名的村落 表2

命名因素		村名	得名原因	建村年代	所属镇/街办
军事建制	卫	成山一村	成山卫	清雍正年间	荣成市宁津街办
	所	所东王家	宁津所	明隆庆年间	荣成市宁津街办
	寨屯	项家寨	村临古兵寨	明宣德年间	荣成市俚岛镇
海防设施	墩堡	东墩	墩堡	明嘉靖年间	荣成市宁津街办
		东烟墩	墩堡/临琵琶寨	明万历年间	荣成市俚岛镇
		烟墩角	墩堡	明崇祯年间	荣成市俚岛镇

3. 以村庄产业命名

沿海地区，村庄主导产业为渔业和盐业的村庄更为突出，如荣成寻山街办爱连湾西侧的嘉鱼汪村，因村南海口盛产嘉吉鱼（真鲷）因而得名，现有海草房民居170余处，占村居的80％以上，是胶东地区海草房保留最完整的村居之一；再如青鱼滩则是因为村北盛产青鱼（黄海鲱）而得名。胶东制盐业具有得天独厚的优势，历代统治者均在胶东地区设盐官，招收灶户。主导产业为盐业的村庄多以灶、皂、滩命名，如大、小盐滩，南、北盐滩、灶户、黄家皂、杨家滩等[3]。其他以产业命名的村庄如荣成市宁津街办马栏耩村，原为宁津所官兵建栏养马之地，现状保留海草房民居190户，此外东山镇万马邢家，祖先以牧马为业。

以村庄产业命名的村落　　表3

命名因素	村名	得名原因	建村年代	所属镇/街办
渔业	嘉鱼汪村	盛产嘉吉鱼	明万历年间	荣成市寻山街办
	青鱼滩	盛产青鱼	明嘉靖年间	荣成市寻山街办
盐业	小盐滩	临近盐滩	清雍正年间	荣成市俚岛镇
牧业	马栏耩	官兵养马之地	明天启年间	荣成市宁津街办
	万马邢家	祖先牧马为业	明嘉靖年间	荣成市宁津街办

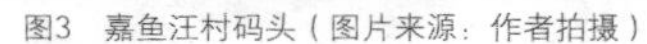
图3　嘉鱼汪村码头（图片来源：作者拍摄）

图4　马栏耩村街景（图片来源：作者拍摄）

4. 以村民姓氏命名

以姓氏命名的村庄不一定是单姓村，还有可能是杂姓村或以某种姓氏为主的主姓村，但可以从村名中小探宗族构成，分析家族荣兴的转折点或是对某位祖先的深切认同与敬意。

以村民姓氏命名的村庄通常有三种情况，一种情况是建村始祖的姓氏且为村庄主姓，如金角港和大疃李家，目前村内分别保留有78户和58户海草房民居。另一种情况是村庄后期主姓已不是建村始祖姓氏，甚至村内没有始祖姓氏，但仍保留原有村名如项家庄为项始祖建村，明末村内已无项姓周氏成为主姓，八河孔家雍正年间建村，到清乾隆年间王姓迁此定居，孔姓外迁，但仍保留原村名。第三种情况则是后期迁入姓氏变为主姓的情况，如尹家庄原名王家庄，但尹姓后期迁入，更村名为尹家庄，现状保留海草房民居100户。

以村民姓氏命名的村落　　表4

命名因素	村名	得名原因	建村年代	所属镇/街办
建村始祖且为主姓	金角港	金氏建村	明天启年间	荣成市俚岛镇
	大疃李家	李氏建村	明嘉靖年间	荣成市俚岛镇
后期迁入其他姓氏但村名保留	项家庄	项氏建村 主姓周氏迁入	明万历年间	荣成市宁津街办
	八河孔家	孔氏外迁	清雍正年间	荣成市石岛镇
后迁入主姓村庄易名	尹家庄	尹氏迁入	明洪武年间	荣成市宁津街办

二、胶东海草房村庄成因探析

1. 地理环境对海草房聚落形成的影响

胶东半岛为海洋性气候，冬暖夏凉、风大、雾多、雨水充沛，尤其夏季台风频繁，降雨量大，因而从外地迁徙而来的居民在留下来形成村落的时候，会非常注意当地生存条件是否良好。如“留村”村名起源是因为程氏祖由河南省洛阳迁徙至此定居，因此地依山傍水，盼后裔世代留居此地，故名留村[4]。明初为了防止倭寇进犯，实行了严格的海禁政策，使得交通环境相对封闭的沿海地区人民生活更加窘迫，加深了对海洋经济生活的单方面依赖。以海为生，靠海而活的沿海居民因地制宜地利用海草易取得且富含胶质不易松散损坏的特点以及花岗岩耐风雨侵蚀的特点[5]，建造了屋顶高耸的海草房民居。

2. 明代海防建设与海草房聚落形成的影响

胶东半岛地处海防前哨，明初为防倭寇入侵，在山东沿海设11卫，14所，20巡检司，243烟墩，129堡寨，形成了以卫、所、屯寨为序列的军事防御体系。宁津所村南的海草房军户一条街，以及周边的海草房均借用了明代护城墙的“大砖”，印证了卫所兵营也广泛使用海草房。在明代设置的11卫和14个千户所，基本上在历史上都曾经出现过海草房。屯田兵户的存在使得兵营与民居形成了良好的结合，特别是兵营划分清晰而整齐的格局，对海草房布局与特色形成产生了很大的影响。相邻的房屋高度须保持一致，后建房屋不得超出前屋高度，左邻右舍不得随意提高或拓宽房屋的建筑尺寸。

明代卫所与海草房分布关系　　表5

地级市	县级市/区	卫	千户所	是否有海草房	
				历史上	现状
青岛市	市南区		浮山所		
	胶州市		胶州所		
	胶南市	灵山卫	夏河寨前所	有	有
	即墨市	鳌山卫	雄崖所	有	有
日照市	岚山区	安东卫		有	无
	东港区		石臼所		
潍坊市	青州市	青州左卫		无	无
烟台市	芝罘区	登州卫	奇山所	有	有
	蓬莱市	登州卫		有	有
	莱州市	莱州卫	王寨前所	有	有
	福山区		浮山所	有	无
	牟平区	宁海卫	金山左所	有	无
	海阳市		大山所	很少	无
威海市	环翠区	威海卫	百尺崖所	有	有
	荣成市	成山卫	寻山所	有	有
		靖海卫	宁津所		
	乳山市	大嵩卫	海阳所	有	有

3. 渔民盐民对海草房聚落的潜在影响

根据《荣成民俗》介绍，精明的渔行老板先盖好一些简单的海草房住宅，然后大量招收无依无靠的渔民，这些

图5　明代海防卫所分布图（图片来源：即墨丰城镇雄崖所村保护规划）

渔民缺乏海洋作业工具，也没有土地和住房，通过给渔行打工做工抵账。渔行老板平日采取挂账的手段，到年底才将酬劳与房屋租赁费一同结算，渔工在扣除口粮和房租后所得很少，对渔行依赖性很强，由此恶性循环，长久被渔行老板剥削而久居下去，逐渐形成了大片海草房村落。也正是有了海草房，才能使渔民"据海之滨，渔海之利"。

据《山东盐法志》载，"荣成境内自北至南环海布滩灶13处，共有灶舍59处"，许多外地居民加入"灶籍"，为国家煮盐，并利用当地自然资源修建住所，形成许多盐民的海草房村落。此外，宋元以前煎盐一直是制盐的普遍做法，明代起晒盐才在山东地区集中推广。比如东墩村正东、黑泥湾正北的内海滩即是盐田，建村的始祖烧海水成盐，直到嘉靖末年才开始筑盐池晒盐。煎盐意味着需要消耗大量的木柴和茅草，尤其是在材料稀缺、地理位置偏僻的胶东半岛，使得海带草成为一种就地取材、相对容易获得的营建原料，盐民们因地制宜在近海滩涂获得房屋苫顶的原料。

三、结语

名字是聚落特征提纲挈领的标志，海草房的村名也不只是单纯的文字符号，而且承载了很多历史印记。本文基于荣成市的海草房聚落名称案例对几种常见的村庄命名方式进行分析。聚落名称以高度概括的语义特征反映了村庄周边地理环境、历史上的军事防御建构、村庄产业、家族荣兴等显著信息，并且与村庄成因形成隐性关联，是我们研究村落历史信息时不能错过的重要线索之一。

参考文献

[1] 刘志刚. 探访中国稀世民居海草房[M]. 北京: 海洋出版社, 2008. 1: 1
[2] 孔德静. 明清山东海防建筑遗存研究[D]. 青岛: 青岛理工大学, 2012. 6: 19
[3] 杨俊. 胶东半岛海草房营造研究[D]. 南京: 东南大学, 2010. 6: 29-30
[4] 荣成市地方编纂委员会. 山东省荣成市地名志. 山东: 山东省地图出版社, 2007. 4: 474
[5] 丛盛. 大海的盘髻[M]. 山东: 山东友谊出版社, 2009. 3: 38-39
[6] 吴天裔. 威海海草房民居研究[D]. 山东: 山东大学, 2008. 6: 13

重绘乡香市集

——以浙江景宁县大漈乡公共空间规划与建造为例

魏　秦[①]　卢紫荷[②]

摘要： 乡村老龄化、空心化所滋生出的社会问题及乡村社区公共设施的缺失，加剧了乡村居民与社区公共空间的疏离，丧失了传统乡村社区原有的活力。本文以浙江省景宁大漈乡村落规划与乡村集市空间设计为例，通过对乡村村民的行为分析与乡村集市形态研究，探讨乡村集市空间对乡村产业与社区文化复兴的价值，重新定义当代乡村集市公共空间具有的贸易、文化展示、社区文化互动等多元化的功能构成，活化乡村集市公共空间，实现对乡村产业的推动与社区文化的复兴。

关键词： 乡村市集；公共空间；产业推动；社区文化复兴

一、课题缘起

近年来，随着美丽乡村建设的推进，乡村配套公共基础设施得到很大程度的改善，同时对风貌劣化的乡村建筑进行整饬，但乡村原有的肌理结构与社会网络空间的重构也导致不少乡村问题与矛盾显现。

首先，乡村社会组织弱化，大量农村青壮年劳动力流入城市，乡村老龄化严重。老年人的知识储备、体能以及传统生产和经营方式已不能适应发展现代农业的需求，因此农村经济社会发展活力严重不足。其次，乡村生产业态过于单一，传统农业生产对青壮年缺乏吸引力，流失的劳动力甚少回流乡村，从而导致乡村空心化甚至凋敝日益严重，乡村传统的社会组织与空间结构解体。第三，传统居住条件与当下生活需求的不同步，加剧了乡村青壮年劳动力的流失；乡村社区公共空间及设施与村民需求的不同步，加剧了以老年人为主导的乡村居民与乡村社会生活网络、社区空间的疏离，乡村空心化使得传统乡村社区原有的活力消失殆尽。

目前不少以政府为主导的乡村建设仍处于高成本被动式的更替阶段，推广难度相对较大。乡村建筑更新多以自发性营建为主，并且营建过程中在一定程度上无视当地传统建造技术与材料，因此导致乡村资源被过度消耗，新旧更替造成村落风貌断裂感加剧。

二、追溯市集与功能

乡村市集，是对乡村定点交易的一种指称，以约定俗成的时间为集日，多以自然村落为市集地址，从而进行综合性物资商品的交换。市集，北方多称为“集市”，南方谓“墟市”或“圩”，西南称为“场”[1]。

原始社会末期，生产水平的提升从而产生剩余劳动产品，物物交换的部落间物品交换行为产生[2]。正如《周易・系辞下》中所记载：“引廛于国，日中为市，致天下之民，聚天下之货，交易而退，各得其所.”这种定点于交通位置便利之处且有固定交易时间的市集贸易正式形成，并且交换的范围不断扩大，为市集后续发展奠定基

① 魏秦：副教授（副系主任），上海大学美术学院建筑系
② 卢紫荷：上海大学美术学院建筑系硕士研究生

础。自西周起，坊市制推行。所谓坊，即居民住宅区，市则为商业交易区。依据当时律法，所有的买卖交易只允许在市内进行，市外不得有交易。正所谓“市，朝则满，夕则虚，非朝爱市而夕憎之也，求存故往，亡故去。”[3]因此市集地点被框定在城镇区域。随后秦汉时期由于水利灌溉事业的修筑，对于农村经济的发展起到了极大的推动作用，农村居民的交换需求日益加大，因此市集逐步向农村扩散。唐宋时期，商品经济的繁荣带动了农村市集的规模的扩大。这种市集繁华的场景在张择端所绘制的《清明上河图》中有着形象的描绘，并一直延续至今，仍具有强大的生命力。

市集不仅局限于交易场所，在物资交换的过程中，人们的思想、信息、知识、文化、习俗等非实体物质也在进行一定的交流与分享[4]。因此市集上所进行的交换活动并不是单纯的经济活动，而是一种集社会交往、文化传播、交易于一体的多元活动。市集的功能也主要以产业、商业活动以及社区文化为主，因此市集作为人类最早的文化存在场所以及社会交往场所，也是习俗文化的发源与传承场所[5]。

三、多元化的现代乡村市集

1. 大漈乡乡村公共空间的问题反思

大漈乡位于浙江省景宁县中南部，距景宁县城48公里，辖区总面积56.9平方公里，有8个行政村、22个自然村，总人口为3214人。大漈属典型的中高山盆地，素有“浙南第一高山盆地”之称；整个盆地方圆5.9平方公里，平均海拔1030米。因海拔较高，故具有凉爽湿润的高山气候特征，山中时常云雾缭绕，被冠以“云中大漈”的美誉。

通过在当地进行田野调查与调查数据的统计，从图1、图2得知，村民的日常活动及其对乡村市集的认同度：逛当地乡村市集成为当地居民主要休闲娱乐方式；现有的乡村公共空间已无法满足当地居民的需求，如儿童缺少游戏场地，老年人缺少棋牌娱乐的场所；同时随着人们健康意识增强，对于身体锻炼及运动场地需求也逐步增多，因此现有的乡村公共空间已远无法满足村民社会生活需求。

从以上乡村调查我们能够发现我国乡村问题主要体现在经济、社会文化及空间环境三个层面（图3）：

（1）传统产业逐步消解：随着社会的发展，乡村原有传统产业逐步消解，乡村经济缺少增长点，发展活力严重不足。

（2）空心化带来的邻里关系单薄：乡村空心化导致人口减少使得乡村社会生活网络疏离，乡村社区活力下降。

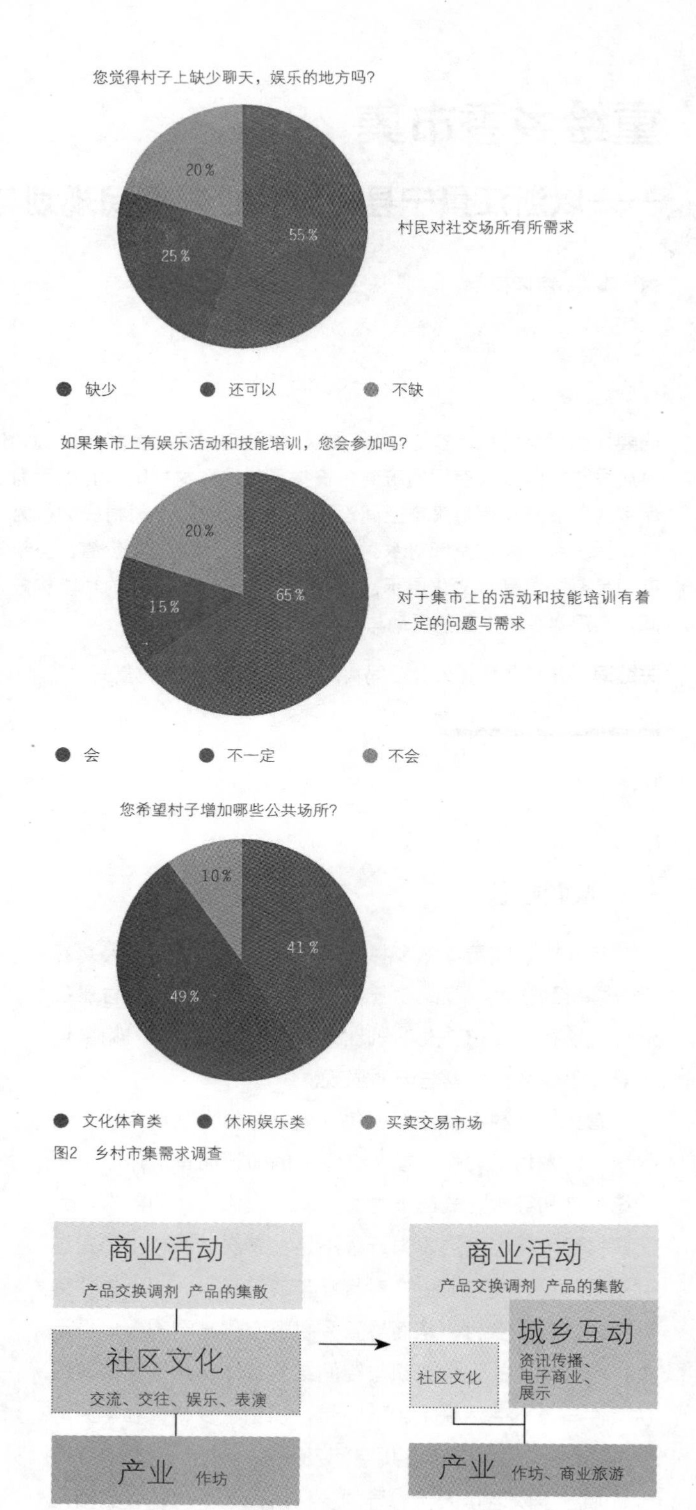

图2 乡村市集需求调查

图3 传统市集与现代市集功能对比

您常选择消费的地点

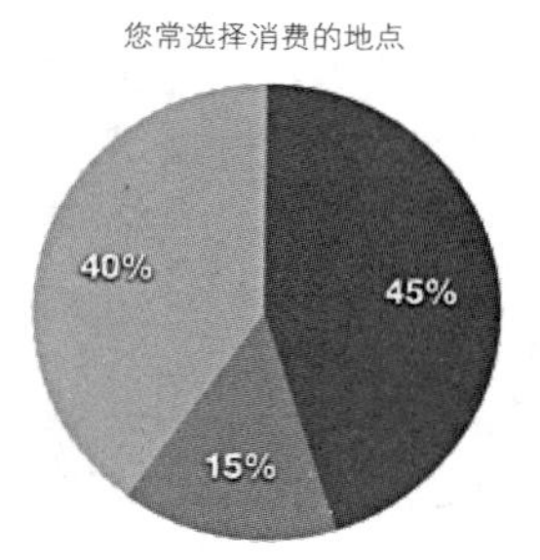

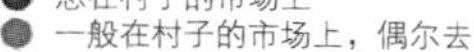

您家需要从集市、商店买回来用的东西

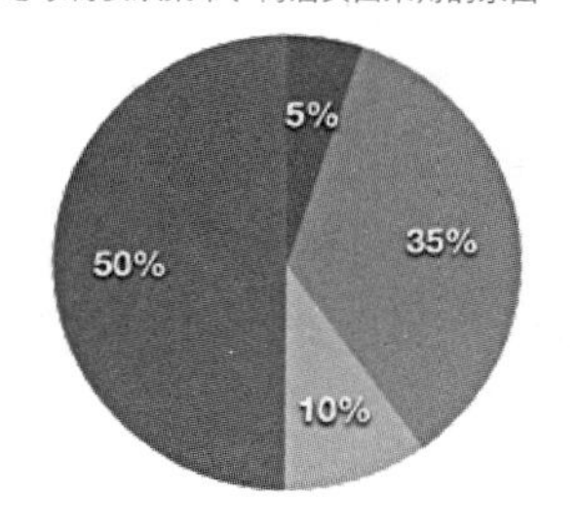

集市上现有业态符合人们需求

很少　一般　有点多　很多

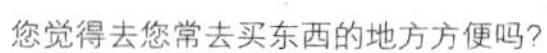

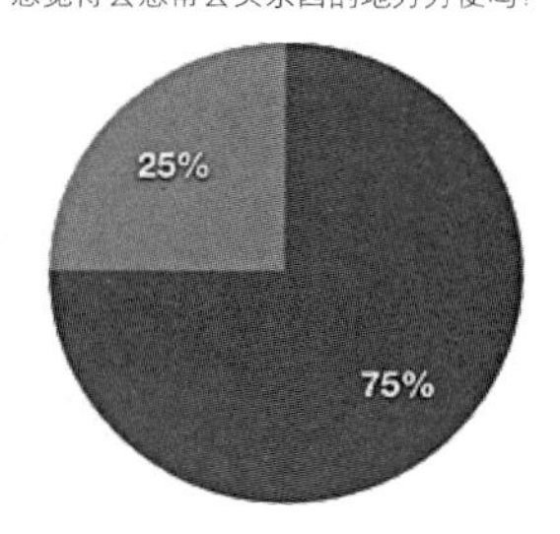

现有集市的地理位置符合人们需求

一般　不方便

您喜欢到集市买东西吗？您需要集市吗？

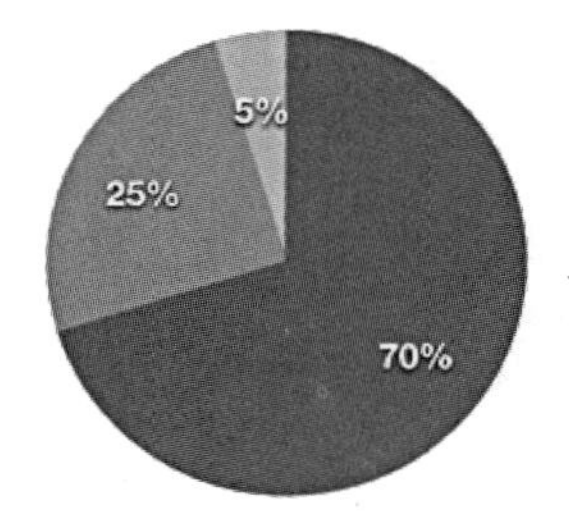

人们对于集市有着特殊情感与强烈需求

喜欢，需要　一般　不喜欢，需要　不喜欢，不需要

您到集市去卖过东西吗?

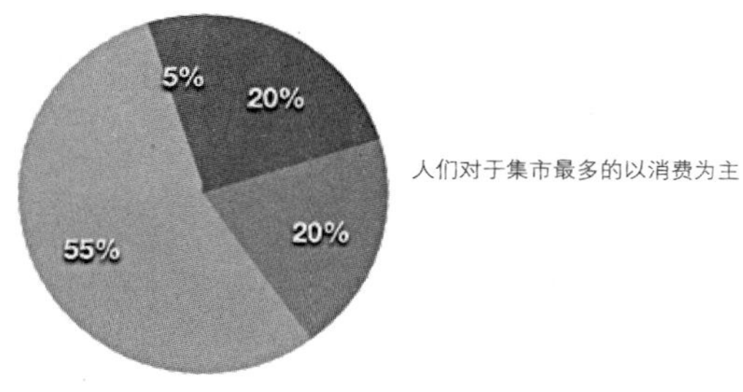

我把家里种（养）的东西拿到集市去卖
我开了个店卖东西
我没有去卖过东西
我家种（养）的东西有对口的企业来收购

购买东西时，您会：

15%
30%
55%

消费观念仍以市场为主

选择亲友、熟人的店子　选择经常去的那家
喜欢就买，不管是谁开的店子

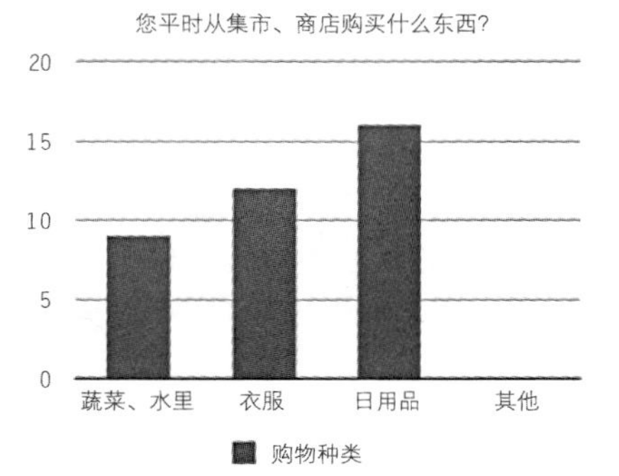

以日用品需求最为大

您去集市购买东西时会和店主以及熟人聊天吗

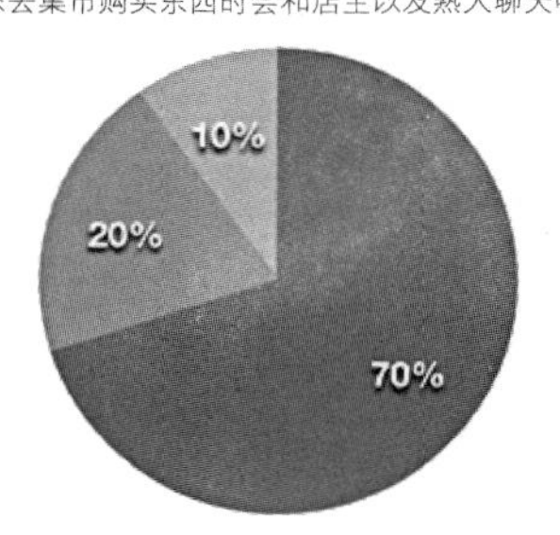

市场具有部分社交功能

会　不会　有时会，有时不会

图1　乡村市集认知度的需求

（3）乡村本土文化的传承缺失：乡村庙会仪式、民间艺术等本土文化在乡村中传承缺乏相应配套设施辅助，使得乡村优秀文化传播与传承遇到瓶颈。

作为在地的社会生活场所，乡村市集是乡村居民社会生活和文化生活的载体，既是乡村文化存在场所以及社会交往场所，也是在地文化的发源与传承场所。因而作为现代乡村的触媒，乡村市集能够推动乡村经济、复兴社会文化、改善空间环境，吸引青壮年人群回归，重构乡村社会生活网络，激发乡村原始活力并且持续健康发展。

2．“互联网+”背景下的现代乡村市集

传统乡村市集主要由以下三种功能组成即商业活动、社区文化、产业。商业活动主要为产品交换调剂及产品的集散等行为。但市集上所进行的交换活动，不只是一种单纯的经济活动，而是一种典型的社会交换与社会互动行为。同时这种交换行为也在市集社区文化功能上有所表现，例如社区交流及交往，娱乐表演等。传统乡村生活娱乐方式单一，市集中表演与展示功能在乡村居民娱乐生活中有着举足轻重的重要意义。由于乡村生产水平与技术的低下，传统市集产业模式主要以个人家庭作坊为主，生产规模小且生产效率低并以粗加工为主（图3）。

随着现代社会发展，电子商务、资讯传播等行为逐步增多，城乡互动更加频繁。在现代市集功能中，社区文化比重逐步减少，城乡互动功能出现。多元市集将传统市集中落后的粗加工作坊功能削弱，将与现代化生产水平相同步的精细化现代产业引入乡村，改变乡村目前生产业态单一现状，刺激其经济的多元化并且使得生产方式能够形成多元化，借以达到产业的复兴。同时通过将具有多元化空间形态及功能的公共空间植入乡村，重构符合乡村现代生活的网络，利于当地传统文化传承，激活乡村社会生活（图4）。

四、浙江景宁县大漈乡乡村市集的概念规划

1．链接市集公共空间

场地存在以下矛盾与问题：停车场为原有市集主要场地，车辆停放凌乱无组织且流线混沌。沿街店铺杂乱，对乡村整体风貌破坏严重。将停车场、茭白交易市场转变为商业和社区交往的核心空间。通过自由市集廊道将其链接，形成以社区交往活动中心、茭白绿色工场以及商业店铺与自由市集廊道为主的乡村市集空间。

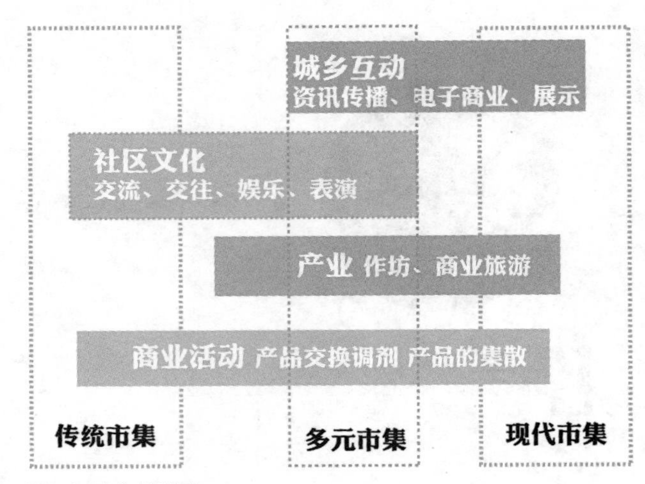

图4　多元市集功能模型

2．复兴传统茭白产业

现存的茭白交易市场占地过于庞大，利用率低下等。将闲置的茭白交易场地转变为对产业有力的集约化、精细化的绿色特色农产品生产加工工厂，使其成为新的绿色产业生长点。

3．建立市集公共空间的中心点

经过规划并且结合场地功能的设计，原有停车场空间被植入新的功能，原有建筑改造成为商业与社区交往活动中心（图5）。

五、乡村市集公共空间

1．重构乡村社区生活网络——乡村社区活动中心设计

基地原有老建筑（图6）经过不同时代的改建与加固，形成了一种相对杂糅的形式。但该此选择在地的建筑语汇与再生方式，在原有市集场地上进行建造，保留原有空间记忆，激活乡村原有场所精神，同步乡村需求则是乡村建造的主要方式。

建筑不到历史保护建筑级别，因为满足当下乡村居民的生活需求，向原有单一菜场内植入商业、娱乐、表演、阅览、观演、交往活动、展览等新的功能。利用建筑多元化的灰空间营造出一个观赏表演的空间，室外大舞台则提供表演展示场地。侧面廊道营造出通透的自由的活动空间，主体建筑围合形成内院作为流动性市集的展示与交易

图5　规划概念示意图

图6　原有建筑

图7　社区交往活动中心

图8　茭白中心现状与茭白绿色工场

空间。主体建筑一层为室内观演与市集交易空间，二层为展示与棋牌娱乐空间，三层为展览空间（图7）。以乡村居民的需求为切入点，创造出多样化的市集空间，使得公共建筑能真正为人们所用，成为激活乡村生产、生活的新元素，对社区文化生活起到积极作用。

2．复兴传统产业——茭白绿色工场设计

大漈乡当地盛产高山茭白，但当地茭白产业存在一系列问题，如茭白加工处理粗放化，生产水平低下，商业资讯不发达以及交易市场长期闲置等。通过创造一个集生产、乡村旅游与教育展示于一体的公共空间来改善提升特色产业（图8）。

茭白绿色工场分为培育研发与展示空间、生产与展示空间两部分。其培育研发与展示空间采用当地竹材做围护结构，形成全自然条件下的培育与展示空间。在茭白工场中参观流线与研发流线相互分开，互不干扰。研究人员可以在研发区域完成具体实验操作，种植与研发，内部员工进入加工制作区域，被加工制作好的产品由垂直货梯运输到加工包装区，装车运输。绿色茭白工场成为集种植、参观、收获、展示、研发、加工等多元场景于一体的公共空间，推动特色产业以及休闲旅游业的发展。

3．多功能的乡村公共空间——自由市集廊道设计

通过在拆除违章搭建房屋的场地上搭建自由空间廊道，引入市集场景，塑造出具有展示、交易、观演、交流等多元功能的公共空间。多高差的景观建筑小品将市集与乡村农业景观联系起来。自由廊道内设置的生态厕所为村民生活提供方便，并且减少对环境影响。架高的处理手法减少土方施工，降低对当地生态环境的破坏。通过自由市集廊道这一线性空间形态将商业核心与产业生长点相互连

接，使得乡村公共空间联系密切。

六、畲族绿色营建技术

1. 传统畲族民居的建筑语汇

畲族传统民居蕴含不少丰富生态营建语汇，对当地气候与环境具有很强的适应性。景宁畲族自治县当地传统畲族民居结构多为木构与夯土混合承重，且木构多为穿斗式结构，空间布局多为一字型布局，开敞通透的平面布局有利于自然通风与自然采光。

灰空间——气候缓冲层：在夏季可以将穿堂风引入，帮助降低室内温度与湿度。作为室内外的缓冲空间，灰空间可以较好地阻隔热空气，同时巧妙利用披檐、门窗等建筑构件调整建筑室内阳光辐射面积。

空间布局——一字型布局：开敞通透的平面布局有利于自然通风与自然采光。主要以交通功能为主的廊道，为人们提供遮阳避雨的活动空间，因为各部分接受太阳辐射热的不同导致气温差形成热压通风。

屋顶形式——不等坡悬山屋顶：出檐深远既可遮阳挡雨，同时提供灰空间活动场所。屋盖为分离式屋盖，内部隔墙顶部与屋盖之间留有空间，有助于通风散热。

畲族传统民居在利用当地材料的营建技艺方面以及适应当地气候与地势等外部自然环境的被动式生态设计方面具有宝贵的生态营建经验。若提取畲族民居中被动式生态技术经验，并与乡村建筑营造方式相结合，辅以现代绿色建筑技术，形成符合绿色建筑原则在地绿色营建技术。

2. 适宜性的畲族营建技术

将传统畲族民居中这些建筑语汇进行提取，转化并应用在商业与社区交往活动中心的建筑细节的设计中。

（1）利用内庭院组织建筑空间布局以加强风压通风。

（2）不等坡屋顶的设计，增加通风竖井，加强热压通风。通过加大披檐、增加连廊、设置挑台以及沿用分离式屋盖等设计方式营造出丰富多样的灰空间以提升通风隔热效果，保证室内空气的新鲜及温度的适宜。出挑的屋顶与可调式立面百叶有助于改善建筑遮阳，有利于改善建筑室内内环境舒适度。

（3）主动式生态技术进行辅助。在经济允许的条件下，借助主动式生态技术进行辅助以提高建筑能源利用率。在双层屋面上方设置太阳能集热板，有效利用太阳能资源。后院通过易渗透地面铺装与屋面雨水收集装置形成被动式雨水收集与主动式雨水再利用系统，雨水经过适当处理后作为中水进行使用，真正做到“物尽其用”。

七、结语

通过浙江景宁县大漈乡市集的规划与公共建筑设计，重新定义当代市集所应具有的多元功能构成，通过复兴产业，重构乡村生活网络与改善空间环境等手段活化公共空间，激活乡村社区活力，激活乡村产业链，在复兴乡村特色产业的同时推动乡村休闲旅游业的发展，留住乡村的那片青山绿水，那份乡愁，重绘美丽乡村市集的新愿景。

参考文献

[1] 胡波. 岭南墟市文化论纲[J]. 学术研究, 1998（01）: 65-69.
[2] 公风华. 现阶段农村集市的文化功能探析——以鲁南蒙阴为例[J]. 新西部, 200（16）: 197-198
[3] 傅筑夫. 中国古代经济史概论[M]. 北京: 中国社会科学出版社, 1981: 11-23
[4] 李剑农. 魏晋南北朝隋唐经济史稿[M]. 北京: 中华书局, 1958: 20-41
[5] 杨毅. 文化认同与生活主体——经济人类学视野中的集市聚居形态研究综述[J]. 规划师, 2005, 21（11）: 89-93

历史街区线性空间的视觉环境分析
——基于阿恩海姆建筑空间观的认识

林志森[①] 郑 炜[②]

摘要： 阿恩海姆在物理空间观的基础上结合心理学，提出心理学上的空间观念。他的建筑空间观认为建筑空间除了物理属性，还有视觉和知觉属性。文章以阿恩海姆的建筑空间观念为基础，将其空间理论推导至街道空间。并且以福州南后街为例，从视觉艺术的角度出发，对南后街的街道空间和街道的视觉连续性进行视觉环境分析。试图探索街道环境与视觉连续性、街道视觉空间与人情味的关系，进而阐释街道的空间意蕴。

关键词： 历史街区；街道；视觉环境；阿恩海姆

引言

街道是人们生活的重要载体，是能够体现城市文化和个性的重要元素。人们对一个城市最直接的印象来自于街道。街道中的景物是视觉的艺术，街道空间是知觉感受的场所。

一、阿恩海姆的建筑空间观

1．建筑空间观的形成

对于空间的界定，传统观念认为空间是自然生成的。这种观念认为空间先于所盛物体而存在。物理学观念认为“空间是物质实体的延伸或相互比邻的领域”。[1]在这一领域中，空间由不同物质实体间的距离量化而成。阿恩海姆认为传统的空间观缺少现代物理知识，同时缺乏在心理学层面的理解和描述。因此，阿恩海姆在否定传统空间观的基础上，借鉴了现代物理知识中的空间观念，推理并提出心理学上的空间观念。他认为“空间的感知只有知觉到事物的存在才能产生”。[2]即空间存在的前提是感知到事物存在，而事物之间的相互关系能够产生空间感知。就建筑而言，建筑空间是建筑主体之间、建筑主体与建筑各部分之间的关系，这种关系包含着视觉动力。

2．建筑空间与街道空间

街道的形成与发展依赖于建筑的产生与发展，多个建筑单体进行有序排列便组成了街道。街道空间由建筑外表面围合而成，街道两侧的建筑立面既是建筑的外表面，又是街道的内表面。所以，街道与建筑是整体与单体的关系。

阿恩海姆认为建筑空间充满活力，如同物理空间充满能量一般。影响建筑空间活力的因素与建筑之间的距离以及建筑的高度有关。街道的宽度和街道两侧的建筑高度能够表现出街道的特性。建筑距离太近或建筑高度过高，街道显得狭窄；反之街道显得宽阔。“……如果街道太窄，彼此相对的建筑就会踩对方的脚趾，……如果街道的宽度延伸超出建筑所创造的视野之外，那将会是‘空’……”[3]由此观之，不同的街道空间尺度会带来不同的空间感受。

---

① 林志森：副教授，福州大学建筑学院
② 郑炜：硕士研究生，福州大学建筑学院

正如芦原义信在《街道美学》[4]中的观点：街道宽度D与建筑高度H存在一个适当的比值，拥有合适高宽比的街道会给人以舒适感。故街道空间与建筑空间有关，建筑围合形成街道空间，街道两侧的建筑距离和建筑高度决定了街道空间大小。

二、街道空间与视觉的关系

1．街道环境

街景是当人站在或行进在街道中所观赏到的街中之景，是视觉艺术。街道中的环境会给人带来不同的感受。街道两侧的建筑、形式、装饰、广告牌、绿化植被、商品展示窗等，是街道环境的体现。这些视觉对象之间存在一种动力，都能在视觉上吸引行走在街道中人群的眼球，带来强烈的视觉感官刺激。和谐的街道环境能够带来良好的视觉感知和享受。

目前城市街道视觉环境存在街道无人情味、缺乏视觉连续性等问题。对于令人舒适和谐的街道，以欧洲为例，在欧洲中世纪的街道中（图1），街道与建筑紧密相连，街道空间尺度宜人，同时具有向心力，体现着秩序感。行走在此街道中，能让人们持续地充满意外的视觉刺激，同时不断产生和激发着人们的心理。相反，对于缺乏人情味的街道，以福州茶亭街为例，改造后的茶亭街道路拓宽，更多地注重街道两侧建筑的立面改造，缺少对街道空间的考虑，因此失去了宜人的街道尺度，导致街道的向心力薄弱（图2）。置身于这种环境的街道中，会让人感到空旷、迷茫、缺乏舒适感。所以，为了更好地体验街道，街道环境显得十分重要。

2．视觉距离

阿恩海姆认为视觉是一种知觉力，视觉距离由建筑产生的知觉力的行为来衡量。[5] 视觉心理与视觉距离有关，视觉距离的变化能够引起视觉心理的变化。两栋建筑逐渐靠近，建筑间距D与建筑高度H的比值D/H减小，当D/H＜1时会让人感到压抑（图3a）。当建筑间距与建筑高度相同即D/H=1时，会让人产生均衡之感（图3b）。相反，当两栋建筑逐渐远离，建筑间距与建筑高度的比值D/H＞1时，会让人产生疏远感（图3c）。若从动力的角度看待建筑的靠近与远离，便与吸引力和排斥力有关。两栋建筑相互接近D/H＜1，显示出相互排斥，希望二者远离。两栋建筑相互远离D/H＞1，显示出相互吸引。建筑的靠近与疏远会让人们产生不同的心理感受，人们日常交往的空间距离体现心理和社会方面的内涵，人们相见时的距离取决于他们的人际关系。

3．街道体验

所谓“视觉体验”，生理性的眼睛“进化”成为能够进行选择、抽象、演绎和形式化的“视觉”，它以各种视觉现象的心理机制，以及心理作用下的进一步的视觉行为发展为基础，从而使人们对物象进行观察、感受、分析和认知，人们以视觉思维方式的不同角度与层次进行“看”的体验。[6]当人们在街道中，对其中的环境进行观察，这一观察过程是人们对外界事物进行视觉体验的过程。与此同时，在心理因素和物理因素的作用下，视觉体验变为知觉体验，并产生一系列视觉反应。不同的街道元素会给人们带来不同的视觉体验，如街道两侧的建筑、铺砖、植被以及小品等。不同的街道空间也会给人们带来不同的视觉

图1　佛罗伦萨的街道（源于网络）

图2　福州茶亭街（源于网络）

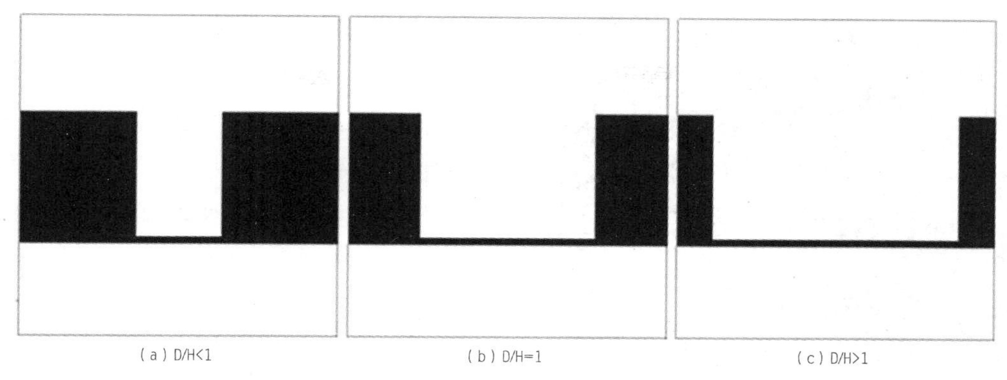

图3　建筑间距与建筑高度的比值示意图（自绘）

体验。“建筑并不等于能从某些外部特征去确定建筑物所属的风格，只看建筑物是不够的，必须去体验建筑”。[7]街道也是如此，只有置身于街道之中，通过观察街道两侧的建筑、街道中的小品，感受街道空间，才算是真正意义上的体验街道。

三、福州南后街的视觉环境分析

1．街道的视觉连续性

街道两侧的建筑、街道中的绿化、公共设施等要素需要统一考虑。街道环境的视觉连续性与街道的环境有关。“道路只要可以识别，就一定具有连续性”。[8]杂乱无章的街道视觉感弱，甚至不存在连续性。如香港旺角的街道（图4），两侧建筑均被垂直于店面而向街道延伸的广告牌所覆盖，街道的第一轮廓线，即建筑原本的外观形态被广告牌遮挡严重，令人眼花缭乱，产生扑朔迷离的视觉印象，影响人们对街道的识别，从而无法产生视觉上的连续性。为了正确知觉物体，物体的力场需要被尊重。“事物周围的力场范围不仅与物体的体积和高度有关，还与它外观的清晰度和丰富性有关”。[9]可以将此理论类比之后推广至街道中。街道由两侧建筑所围合而成，存在街道的力场。街道的力场除了与两侧建筑的高度和街道宽度有关，还与街道外观的清晰程度有关。若要正确观察和知觉街道，街道需要保持第一轮廓线的清晰。否则街道难以形成整体连续的印象。

南后街是一条明清风格的直线型商业街（图5），大致为南北走向，全长约634米。两侧建筑满排，形成相对封闭空间，街道两侧的建筑立面具有连续性和一定的韵律感。街道第一轮廓线清晰，无广告牌遮挡建筑立面。行走

图4　香港旺角街道（源于网络）

图5　福州南后街（自摄）

于南后街，可以清楚地观察到街道两侧的建筑立面形态。（图6）两侧建筑以木构为主，展现材料的固有色，在视觉上给人以色彩连续之感。建筑立面相同的风格、相似的色彩、整齐的开窗、清洁的街道，形成聚集效应，为南后街增添了活力。同时沿街店面开间尺寸小于街道的宽度，形成比街宽小的店面反复出现的格局（图7），使街道显得有生气。同时反复出现的店面在视觉上具有一定的韵律感。

图6　南后街立面（自摄）

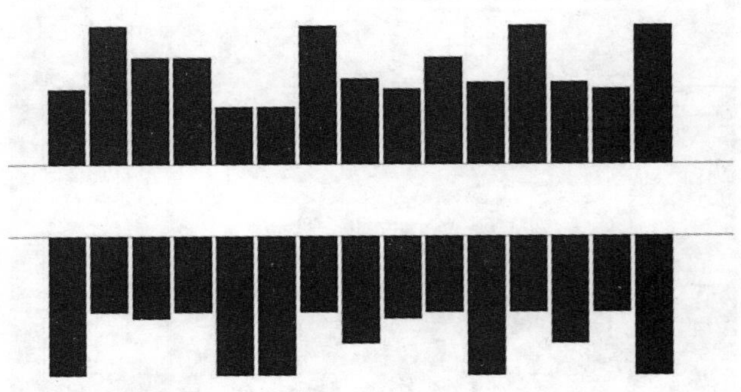
图7　街道店面示意图（自绘）

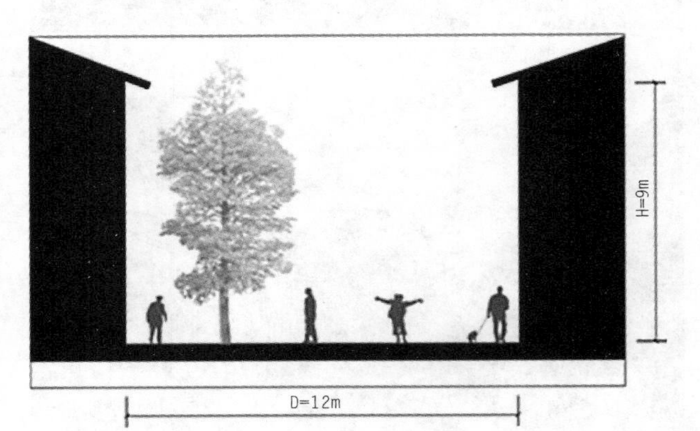

图8　高宽比示意图（自绘）

2．视觉空间与人情味

南后街道路宽度约为12米，其两侧建筑为二层，建筑高度控制在10米左右，平均建筑高度约为9米。道路宽度与建筑高度的比值D/H约为1.3（图8），根据芦原义信的街道高宽比理论，这是尺度适宜，能够让人感到舒适的街道空间。而这种舒适感用阿恩海姆的建筑空间观的说法，是街道两侧建筑的相互关系让人们产生空间感知。由于建筑高度与建筑之间的距离都保持合适的尺度，街道既不显得狭窄又不显得宽阔。因此人们处于该空间下，通过视觉所感知到的空间是符合人体尺度的舒适空间，给人一种宜人的尺度感。

受传统里坊制的影响，胡同、里弄等具有和社区相似的功能，住在街道两侧的居民大多沿街开店。于是街道成了他们的生活、娱乐、休憩的主要场所。街道从交通空间提升为人们生活中必不可少的交往空间。改造前的南后街沿街设店（图9），店铺直接开向街道。店前的人行道上放置的躺椅能体现街道的生活气息。改造后的南后街保持原有的店面开启方式，建筑与街道紧密相连，并且在街道中布置有座椅等街道设施（图10），为人们提供交谈、休憩的空间，南后街的人情味和氛围由此显现。“街道空间里的人情味就像阳光、空气和绿地一样不可缺少。”[10]南后街从商业空间和交通空间变为能够为人们提供面对面接触的中心场所，是富有人情味的街道空间。

南后街有着丰厚的历史积淀，生活在其中的居民通过生活活动与所处的环境形成了相对稳定的结构，空间物质环境转换成人文环境。置身于南后街中，感受到的不是难以接近的空旷感，也不是人造的高贵感，而是蕴涵人情味和丰富生活内容的亲切感。

图9　改造前的南后街（源于网络）

图10　街道中的公共设施（自摄）

四、结语

阿恩海姆对建筑空间的阐释，提供了一种解读建筑空间的新视角。在街道空间中，街道的宽度能够直接反映出街道的特性。而街道两侧的建筑高度依赖于街道宽度，所以建筑高度对街道的特性有间接的影响。当一条街具有合适的宽度时，它能成为自带矢量场的视觉物体，并且能够积极抵抗来自另一侧建筑的力量。[11]街道空间中的动力由此产生。

人们在街道中的视觉体验和审美活动，与街道两侧的形态、街道的空间形式有关。街道不同的空间比例和街道两侧的建筑的形式、材料、色彩都会给人们带来不同的视觉感受和心理感受。南后街虽然是简单的直线形街道，但其适宜的街道的尺度和街道的空间比例令人感到舒适。街道两侧和谐的建筑风格、统一的色彩装饰、清晰的轮廓线，都展现出良好的视觉环境。适宜的人体尺度，良好的视觉环境，对于营造具有人情味的街道空间有积极的意义。

国家自然科学基金面上项目（51378125）；国家自然科学基金面上项目（51278122）

参考文献

[1] 鲁道夫 阿恩海姆. 宁海林译. 建筑形式的视觉动力[M]. 北京: 中国建筑工业出版社, 2006: 1. 2. 57. 16.
[2] 同上.
[3] 同上.
[4] 芦原义信. 街道的美学[M]. 天津: 百花文艺出版社, 2006.
[5] 宁海林, 马明杰. 阿恩海姆的建筑空间观[J]. 城市问题, 2006 (3) : 86-88.
[6] 陈力, 王炜, 关瑞明. 赖特展示建筑中的视觉体验及其设计手法[J]. 福州大学学报 (自然科学版) , 2012 (05) : 628-633.
[7] S · E · 拉斯姆森. 刘亚芬 译. 建筑体验[M]. 北京: 知识产权出版社, 2003: 23.
[8] 凯文 · 林奇. 方益萍 何晓军译. 城市意象[M]. 北京: 华夏出版社, 2001: 40.
[9] 同[1].
[10] 姚晓军. 城市街道的视觉特征研究[D], 2011, 青岛理工大学: 64.
[11] 同[1].

“流空间”视野下沅水中上游传统集镇空间体系初构

余翰武[①] 伍国正[②]

摘要：本文介绍了沅水中上游区域历史发展背景，分析了区域内传统集镇地理空间分布，并以“流空间”为理论基础，以沅水中上游为区域，以驿道为通道，选择保护级别和现存规模及质量为节点来构建沅水中上游传统集镇的空间体系，旨在保护和利用当地的历史文化资源，延续地域文脉，促进当地经济的可持续发展。

关键词：空间体系；传统集镇；沅水中上游；流空间；文化资本

一、前言

沅水中上游主要为可常年通航的㵲阳河和清水江流域，涉及湖南怀化市、湘西土家族苗族自治州（以下称湘西州）、贵州黔东南苗族侗族自治州（以下称黔东南州）和铜仁地区。清水江为沅水上游，㵲阳河是沅水支流中通航能力最强，西联最远的支流。这一区域在地理上北为武陵山脉、东为雪峰山脉，南为苗岭，形成一个相对独立的自然带。

由于地理、历史等原因，沅水中上游区域经济、交通等发展相对落后，也正是如此，保留了大量的传统集镇和建筑，它们是该区域一段重要的历史积淀，具有较强的地域性和民族性；已成为了该区域经济、文化的重要的物质载体，也是我国重要的民族文化遗产和不可再生的人文景观资源。如何保护、利用好这些宝贵的资源具有很强研究价值和现实意义。

二、沅水中上游传统集镇历史背景及分布

1．区域集镇历史发展简略

濮僚和百越是生活在该流域的最早先民，而后是苗蛮和巴蜀先民。我国历史上曾有“放欢兜于崇山以变南蛮”[1]“高辛氏以女配神犬盘瓠入五溪”[2]和“巴五子居五溪而长”[3]的记载，说明该流域的早期先民是一个多民族共同体，他们在共同繁衍生息和开发的过程中，萌发出原始的商品生产和社会交换，形成了“日中为市，交易而退，各得其所”的原始墟市。

公元前704年，楚王命庄跻入滇，“开濮地而有之”[4]。后秦、楚双方为争夺该地展开了长期的战争。这一时期，伴随着军事屯守出现了一批城镇：如：沅陵的窑头古城等。

秦时，凿通了从今宜宾到昆明的“五尺道”，使中原至滇黔多取道巴蜀，而非沅水流域。至南北朝，该区域周边已处于封建王朝的版图之内，出现了今沅陵、辰溪、泸溪、麻阳、芷江、黔城、镇远、黎平等城镇；而清水江流域及㵲阳河中段仍处于“孤岛”状态（图1）。

唐宋时期是中国封建社会的鼎盛阶段，对该区域加强了统治力度，其周边出现了一大批城镇，初步形成了州县制的城镇体系，但王朝权力仍无法深入腹地（图2），滇黔入中原仍主要经巴蜀。到了宋后期，甚至出现了“五溪郡县弃而不问”[5] 的局面。期间形成了沅水中上游与下游

① 余翰武：副教授，博士，湖南科技大学建筑与艺术设计学院
② 伍国正：副教授，博士，湖南科技大学建筑与艺术设计学院

的分治，在沅水中上游水陆交通发达的地方，出现了因贸易、物资流转因素而形成的集镇，如：浦市、洪江等。它们的出现，标志着沅水中上游集镇体系的初步形成，并走出了单纯以政治和军事为目的城镇营建活动，出现了以工商贸易为主的集镇。

元王朝于1290年，修通了一条从常德通向昆明的驿道[6]。其后，“明定鼎金陵，用事滇、黔”[7]，加强了驿道建设，对该地进行了大规模的移民屯垦。在卫所领属之下，大量的军屯户移入，沅水流域迎来了历史上的开发高峰。元、明、清三代定都北京后，以运河连接江南，使得滇黔地区与江南和北京的联系多采用取道沅水，东出洞庭的走势，沅水流域成为滇、黔东出的门户，从而带动了该流域的商贸发展，商贸集镇也如雨后春笋般繁茂起来。此时，㵲阳河已全线通航，清水江也出现了若干集镇（见图3）。现保留下来的传统集镇大多是这一时期的繁荣商镇。

鸦片战争后，流域内大量种植鸦片。“匪赖烟以存、烟赖匪以生”[8]。一时间，依靠鸦片的种植和贩运走私，带来了该区域的畸形经济的繁荣。另外，该流域崇山峻岭，盛产“苗杉”，贵州的王寨（今锦屏）、茅坪、卦治，湖南的洪江、托口成为苗杉交易的中心市场[9]；而另一贸易物资——洪油（该地产的桐油），其产量和交易量居全国第二，占全国出产总量的30％以上，明、清时已畅销江浙一带，甚至出口到东南亚、澳大利亚、西欧等地[10]。抗日战争爆发后，国民政府迁至重庆，具有天险的沅水流域，成为抗日战争大后方。一时间大批难民涌入，许多机关、工厂和学校也随之迁入，该地迎来了短暂的繁荣和发展。

新中国成立后，随着公路、铁路的快速发展，水运已失去了昔日作为主要运输通道的优势，使得该区域内城镇格局发生了较大的改变：怀化由一个人口不过两千，街长不足一里的小镇，一跃成为湘西重镇，成为地级市，被称为“火车拖出来的城市”，黔东南州的凯里亦属于此类情况；而偏离公路、铁路交通中枢的沅陵、镇远、黎平、洪江（湘西最早的建置市）则由原来的州（市）治降格为县治；凤凰、旧州、浦市等也同样失去了往日繁华，城镇发展相对较为缓慢。

2. 主要驿道线路走向

元18年，朝廷开通了中庆（今云南昆明）经贵州、湖广至大都（北京）的“通京大道”。其走向为自中庆（今云南昆明）经杨林、马龙、曲靖、普安（今贵州盘县）、罗殿（今贵州安顺）、贵州（今贵阳）、新添（今贵州贵定）、平越（今贵州福泉）、清平、兴隆（今贵州黄

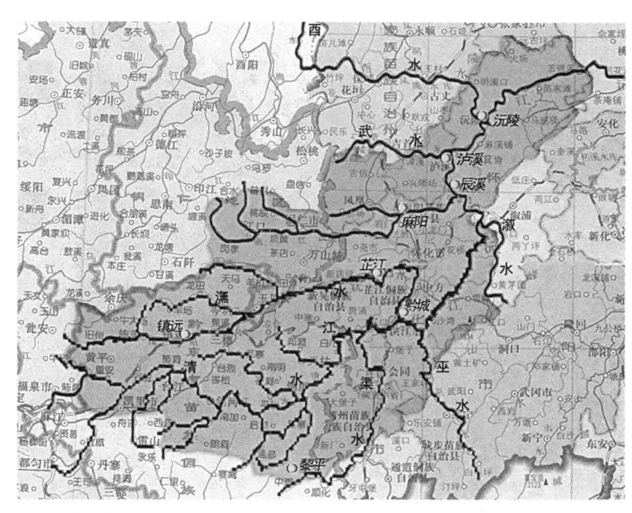

图1　唐宋前主要城镇分布图

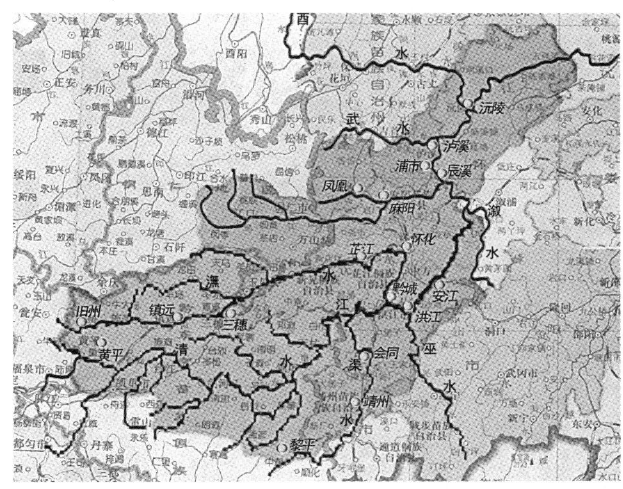

图2　唐宋时期主要城镇分布图

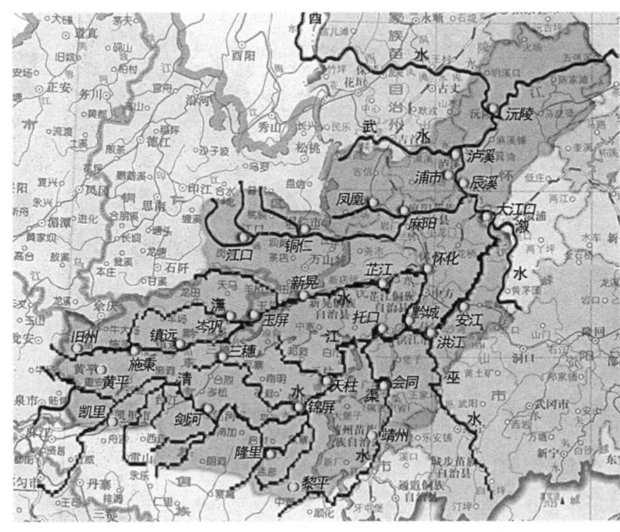

图3　明清时期主要城镇分布图

平)、偏桥(今贵州施秉)、镇远[11]、晃州(今新晃)、芷江后分水路和陆路;水路经黔阳、洪江、安江、辰阳(今辰溪)至浦市;陆路经麻阳北上直至浦市,遂接通辰州(今沅陵),沿水路可至常德、岳阳而通全国。此线路在黔东南州东部进入沅水流域,到内地"比走入川诸道捷近两千余里,且新道路径平直,具有较大的客流量,沿途又出健马,开通后迅速成为云贵各省联系内地的主要交通线",明人亦言"黔者滇之门户,黔有梗,则入滇者无途之从矣"。《滇志》指出此路是"黔之腹心,滇之咽喉"[12]。可见此路线为元后西南丝绸之路在内陆的重要延伸,也成为联系中南亚的"贡象之路"。

3. 传统集镇地理空间分布分析

该区域上述道路开通以后,交通繁忙,"明清两代,数百万内地人口沿此路蜂拥入滇"[13]。元在镇远至岳州(今湖南岳阳)的沅江水道上设立24处水站,置船125艘,水夫803人,赴京进贡的少数民族和赴内地的官员多至镇远后,乘船北上,"实为便当"[14]。

由于水系发达,溪河众多,境内山脉错列,大小山间盆地星罗棋布,水路曾是主要的交通方式,起着主导作用。此间形成的各大小城镇多位于各大小干支流的交汇处,干支流的大小和通航条件决定着其发展规模。当时沅水干流与几大主要支流交汇处的沅陵、泸溪、辰溪、洪江、黔城、托口以及干流沿岸的浦市、安江、镇远、茅坪等几乎都是当时这一流域内最繁华的城镇。这些城镇保留了大量的历史建筑及街区,具有珍贵的历史文化价值和地域性特征,成为该区域宝贵的人文景观资源。

三、"流空间"概念及特征

关于"流空间"的研究开始于20世纪80年代末,最早由社会学家曼纽尔·卡斯特(Manuel Castells)于1989年相对于"场空间"而提出的。传统区位理论认为:不同性质(或称为职能)对于不同区位的市场竞价曲线是配置城镇空间的基本力量,其对代价距离(Cost Distance)很敏感,地貌制约与贸易模式倾向于互相强化,职能代替竞争,以距离单元作为绝对空间的测量单位。城镇空间体系倾向于首位城市,单一、向心、等级性强,"场"中心特征明显。"流空间"脱胎于传统的"场空间",其动力机制可以抽象为节点和通道、引力和势能。"流空间"改变了的传统的城镇之间的地缘联系,构建的是以节点为基点的多维点轴体系。节点的差异性导致"流"的引力和势能产生,在职能上更倾向于弹性分配。可见,其具有两个较明显的特征:①去"中心"向"节点";②网络区位取代地缘区位[15],表现为区域的一体化,并以时间单元作为相对空间的测量单位。

四、"流空间"与地方文脉观

尽管"流空间"产生于当今全球化的信息社会,但并未削弱地方性,相反更强调地方特色和个性。因为地方性是由当地自然、历史和人文长期积淀而成,地方性越强越彰显其价值,越能产生"流"的引力和势能。传统集镇代表了当地历史长河中积累的地方文脉,这是人为策划、设计、包装无法产生的,只能通过挖掘、保护、提炼来发扬;而具有历史文化特征鲜明的传统集镇正是因为拥有传统的地方特色而区别于一般的城镇,即以地域文化的独特性成为永续使用、可持续的价值生产场所。这些城镇重要的历史人文区域除了能够带来眼前的经济利益之外(如发展旅游经济),它更是历史的见证和人文精神的继承,是城镇未来发展的永恒动力[16]。

五、沅水中上游传统集镇空间体系初构

1. 体系构建原理

传统集镇空间体系不同于区域城镇体系,不应按现行的行政区划的城镇设中心城镇来构建等级体系,其格局也应从保护和再利用的角度,按集镇现存传统街区及建筑规模、质量及历史文化价值等因素,综合考虑该流域的传统集镇的分布特点及今后的发展来考量。上述传统集镇之间没有"中心"之说,它们之间应是平等互融、交流依托的关系。引入"流空间"作为构建沅水中上游传统集镇空间体系的理论基础可以解决这两个问题:①减弱不具有传统风貌而目前又处于区域中心的地级市的影响,而使文化"流空间"作为引导传统集镇发展的动力和机制;②能进一步保护和利用传统街区和建筑的历史文化价值,改善其生存条件,提高传统集镇的活力。

2. 体系构建基础

(1)物质基础

明、清以来,该区域被大规模的建设开发:移民屯

田、城镇商贸、朝贡贸易乃至民族冲突等活动或事件络绎不绝，大量的社会、经济和文化交流呈现于此；如开边过程中的筑城活动，商贸过程中的争江事件，改土归流引发的一系列事件冲突等。这些无疑是当时该区域政治、军事、社会、经济、文化等活动的集中反映，而当时各处的集镇作为其物质载体至今仍保留了许多遗迹，有的还较为完整。在已公布的前五批中国历史文化名城名镇名村中，属于本研究范围的有：黄平旧州、镇远、浦市、隆里、凤凰；省级历史文化名城名镇有黔城、芷江、新晃、沅陵、黎平德凤镇、茅坪镇、铜仁市中南门历史街区；洪江为国家重点保护单位。另外，还有如托口镇、新店坪镇等以商贸为主的传统集镇（见图4）。这些具有传统风貌的集镇无疑成为构建该体系的物质基础。

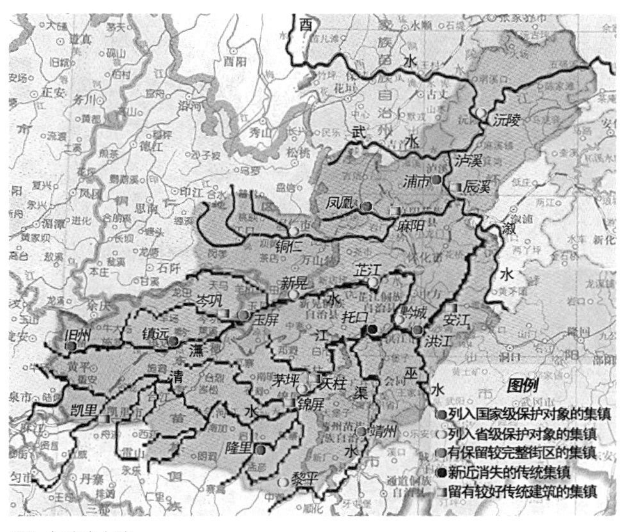

图4　沅水中上游

（2）文化基础

就文化而言，这一流域是楚巫文化、巴蜀文化、苗侗文化以及中原文化交融互动的区域，具有多元文化交融的特点，具有极强的区域文化价值。这种文化的多元性易于文化“流空间”的产生，而意识形态、价值取向、生活习俗以及宗教信仰等已成为该区域传统集镇群体化的文化表征。1989年，英国艺术委员会在《城市复兴艺术在内城再生中的作用》一文中指出：“文化艺术是巩固经济增长与推动社会环境发展的必要组成部分，它能够激发旅游业，创造就业机会。更重要的是，它是区域全面复兴的主要促进因素。它是社会群体的自豪感和社会认同的焦点”[17]，其可以形成一种特殊的资本——文化资本。戴维·思罗斯比（澳大利亚麦克里大学经济学教授）认为“有形的文化资本的积累存在于被赋予了文化意义（通常被称为文化遗产）的建筑、遗址、艺术品……而存在的人工制品之中。”[18]，并指出具有悠久历史文化的城镇和区域往往因为独特的空间表征而形成以旅游业为核心的经济发展模式。

这种资本具有无形性、无限使用性、地域差异性、消费精神性和易变性的特征[19]，既具有外向表征又富含深厚的历史文化价值；其表现出强烈的地域特征，构成独特的文化差异性。这种文化价值成为本体系的非物质基础和产生引力和势能的基础。

3. 体系构建要素

构建该体系有三个基本要素：区域、节点、通道。在体系建立的过程中，区域是载体，节点的选择和通道的建立是构建体系的重要手段。

①区域：区域体现的是其所特有的地理形态和所承载的地域文化及其表征。

②节点：节点并非区域中心，而是构成体系的实体要素。实体要素的活力与质量决定着“流”的大小和趋势的强弱。

③通道：通道既可以是实体的交通运输线路，也可以是各种信息设施，甚至可以为虚拟网络空间；其引导着人流、物流、信息流、资金流、技术流等各种生产力要素的流动。其体现方式是多样的，反映的是一种导向和趋势。

4. 网络空间体系的构建

对于构建沅水中上游传统集镇的空间体系，应以传统集镇的历史性及其文化价值的重要性来选择和区分节点：即以保护级别高和保存较完整的传统集镇作为主要节点；以保护级别较高和保存质量良好的传统集镇作为重要节点；其他为辅助节点（表1）。各类节点因引力大小、趋势强弱分别形成主要通道、重要通道和辅助通道（见图5）。但此类通道是以“流”为导向，是多维的、网络状的，视“流”量的大小而选择，进而决定交流形式和快捷程度。

这种体系可以打破行政区划壁垒，以节点间内在驱动性形成网络式的流通方式，更利于市场化。对于传统集镇来说，由于承载着悠久的历史文化脉络，表现出鲜明的地域文化特征，极易从均质的现代空间中分离出来。其促成了人们观光、旅游和休闲活动的集中，吸引了众多的潜在

沅水中上游传统主要集镇规模及质量一览表　表1

名称	规模（公顷）	保护级别	质量	名称	规模（公顷）	保护级别	层次
旧州	140	国家级	完整	黔城	80	省级	完整
浦市	160	国家级	完整	新晃	15.5	省级	良好
隆里	4.8	国家级	完整	芷江	36.3	省级	良好
凤凰	90	国家级	完整	黎平	14.4	省级	完整
镇远	190	国家级	完整	茅坪	2.1	省级	良好
洪江	10	国家级	完整	铜仁	3.67	省级	良好

注：上述规模是以保护范围作为依据（数据来源于各官方网站或政府相关机构）

名称	重点街区或建筑	保护级别	质量	名称	重点街区或建筑	保护级别	质量
沅陵	龙兴讲寺、马路巷	省级	良好	凯里	万寿宫、老街街区		一般
靖州	万寿宫、土桥街街区		较好	岑巩	观音阁、禹王宫、万寿宫等		一般
玉屏	印山书院、钟鼓楼街区		较好	安江	长安寺、普觉寺、诸葛井等		一般
辰溪	奎星阁等		一般	锦屏	飞山庙、小江路街区		一般
天柱	袁氏、杨氏宗祠		一般	麻阳	滕代远故居		一般

注：由于该区域内大小传统集镇繁多，这里仅列出部分有代表性的传统集镇。

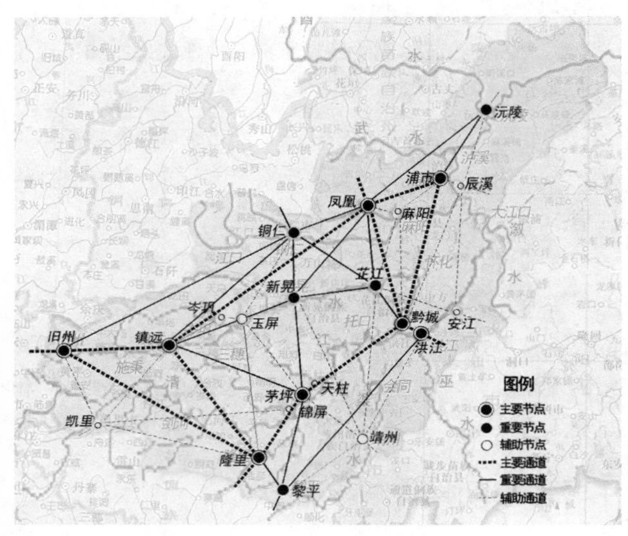

图5　沅水中上游传统集镇体系图

消费人口，经济活力也随之增强。而传统集镇的群化，使得相互间产生了流动，带动以文化为背景的旅游、商贸等经济活动的繁荣，赋予了区域消费特征，进而促进了整个区域活力。而活力的增强，使人们更加重视地域文化的保持和延续，从而提高人们对历史文化街区及建筑的保护意识，形成一种良性循环。

六、结语

沅水中上游区域是我国东部地区与西南地区经济技术及物资流转的必经之地，是“通京大道”和“贡象之路”，形成了一条集有大量物质和文化遗存的历史文化走廊，具有很高的历史文化价值，其对区域经济的可持续发展提供了发展内涵和动力。利用这些遗留的传统集镇，以“流”空间的视野构建该区域传统集镇的网络空间体系，形成有一定趋向和节点的区域，能更好地保护和利用传统集镇，延续和发展地域文脉，从而提高城镇活力。这种空间体系与城镇的等级格局有本质的差别：是以文化价值和历史重要性作为选择节点的原则，与行政归属关联性不大；是建立在平等交流的基础上，以节点的形式出现；由文化价值的差异性产生多向度“流”，构建的是网络空间体系。

基金项目： 教育部人文社会科学研究项目：“湘江流域”传统乡村聚落景观文化比较研究项目资助（14YJAZH087）；
国家自科项目： 城镇化背景下湖南沅水流域少数民族历史城镇空间形态与住居文化研究（51308205）

参考文献

[1] 司马迁. 史记·五帝本纪[M]. 北京：中华书局, 1982: 28
[2] 范晔. 后汉书·南蛮西南夷列传[M]. 北京：中华书局, 1973: 2829
[3] 伍新福. 苗族历史探考[M]. 贵阳：贵州民族出版社, 1992: 26
[4] 司马迁. 史记·楚世家[M]. 北京：中华书局, 1975: 1695
[5] 脱脱. 宋史·西南溪洞诸蛮（上）[M]. 北京：中华书局, 1977: 14181
[6] [美] James Z Lee著, 林文勋. 秦树才译. 元明清时期中国西南地区的交通发展[J]. 思想战线, 2008. 2: 70-75
[7] 转引自张衢. 湘西沅水流域城市起源与发展研究[D]. 长沙：湖南师范大学, 2003. 4: 42, 守惠. 沅陵县志·艺文. 湖南师大

馆藏. 清同治十二年修, 卷一
[8] 土家族简史编写组. 土家族简史[M]. 长沙: 湖南人民出版社, 1986: 201
[9] 杨有赓. 清代黔东南清水江流域木行初探[J]. 贵州社会科学, 1998. 8: 48-53
[10] 李菁. 近代湖南桐油贸易研究[D]. 湘潭: 湘潭大学, 2004. 4: 1
[11] 斯信强. 七百年滇黔驿道考[J]. 贵州文史丛刊, 2009. 4: 34-37
[12] 陈慧慧. 晋(普)安道与元代云南行省的区域经济开发[J]. 社会科学论坛, 2007. 3: 121-123
[13] 方铁. 云南历史上的对外通道(一)[J]. 今日民族, 2002. 4: 32-34
[14] 同[13]
[15] 岑迪, 周剑云, 赵渺希. "流空间"视角下的新型城镇化研究[J]. 规划师, 2013. 4: 15-20
[16] 王靖. 城市区域空间的文化性研究[D]. 哈尔滨: 哈尔滨工业大学, 2010. 10: 70
[17] Art Council. An Urban Renaissance: the Role of the Arts in Inner City Regeneration, 1989: 2
[18] 李沛新. 文化资本论——关于文化资本运营的理论与实务研究[D]. 北京: 中央民族大学. 2006. 5: 8
[19] 同[18]

钓源古村聚落形态及其建筑研究

汤移平[①]

摘要：地处江西吉安的欧阳修宗裔和后裔聚居地钓源古村是一座保存完好的传统村落，它以其天人合一的营建理念和独具地域特色的建筑形式，真实地记录了古代庐陵村落的原始风貌。通过对村落历史沿革、聚落形态、空间布局等进行阐述，展现了其深厚的文化内涵和暗藏玄机的聚落形态，以及以祠堂为核心的村落空间布局。最后从民居、祠堂、装饰构件等不同方面具体分析了钓源古村的建筑特征。

关键词：钓源古村；庐陵文化；赣派建筑；“元宝窗”

钓源古村（图1）位于吉安市吉州区兴桥镇，是北宋著名文学家、政治家欧阳修宗裔和后裔的聚居地，至今已有1100多年的建村史。它距吉安市区18公里，距革命摇篮井冈山约163公里。2003年钓源村被列入江西省首批历史文化名村名录，2010年被评为中国历史文化名村。整个村落布局依山就势、暗藏玄机，村内建筑古朴素雅，精巧宜人，具有浓郁的赣中特色。

图1　钓源古村

一、历史沿革

钓源古村历史悠久，文化底蕴深厚，它由庄山和渭溪两个自然村组成。据钓源欧阳氏族谱及地方文献记载，该村始建于唐代末年，唐天宝年间其祖欧阳琮为吉州刺史，因居吉州，称吉州始祖，直至第五代祖欧阳万为安福县令，才定居安福，后来其子孙又分别迁徙到安福黄石、庐陵钓源、永和岗头、分宜防地和永丰沙溪等地，因此钓源欧阳氏与沙溪欧阳修、永和欧阳珣、欧阳守道等为同宗氏裔。欧阳万十三世有辅、实、永、宽、宁、宝六子，分为仁、义、礼、智、信五派，辅为仁派，居渭溪自然村，宽为礼派，居庄山自然村。

钓源村历来崇文重教，人才辈出，两村先后共出了9位进士，还有“父子登科，兄弟连科”的佳话。明代末年，由于受“东林党案”的连累，钓源欧阳氏多弃官经商，到清代中叶，钓源商贾号铺遍及湖广，富甲一方。据史料证明，明、清时期，全国十大商帮之一的“江右帮”，其中重要的一支就是钓源欧阳氏。在外经商的欧阳氏将大量财富运回吉安，营造钓源，把整个村落建设得富丽堂皇。据清道光年间记载，钓源村人口过万，不仅建有大批

① 汤移平，讲师，江西财经大学旅游与城市管理学院

宗祠和分祠，而且酒肆林立，店铺临街，戏楼、妓院、跑马场、钱庄等场所齐备，因而被称为“小南京”[1]。

清末咸丰年间，太平天国石达开攻打吉安，钓源最繁华的部分毁于战火，再加上土地革命时期红、白两军的割据战以及“文革”破四旧等原因，现存的钓源古村仅为原规模的三分之一。钓源的古迹遗址目前主要有钱庄、戏台、跑马场、义仓、宁国府花园、钓鱼台、古驿道、弘公祖坟、“小南京”旺街等。

二、聚落形态

钓源最基本的建村理念就是依山就势，师法自然（图2）。村落平面布局不拘一格，群体组合暗藏玄机。“村隐太极八卦形，户朝北南西东向，路尽歪门斜道连”，这是相关学者对这座千年古村天人合一布局的生动描述。

钓源古村东为渭溪自然村，西为庄山自然村，均以形似道家太极图中分线的“∽”形长安岭为屏。长安岭高约9米，长有近千米，上植18000余棵古樟。庐陵古村除了强调背山面水的“形”之外，还十分注重“气”，认为村落必须是能藏风纳气的场所，庐陵古村几乎都有一片樟树林作为村落藏风纳气之所，正所谓“无樟不成林”。庄山和渭溪分别位于长安岭类似太极图的“少阴”位和“太阴”位，且各自依山就水而建。整个村落布局看似零乱，实则变化中含有秩序，形成了独特的景观。为了最大限度地围祠而居，钓源大胆打破南北朝向建房的限制，形成了“墙折、路弯、巷曲、围祠而居”的村落形态。它以其特有的模式，表达了钓源先人对地理环境、气候条件等的理解，体现了追求自然与人为，人道与天道完美交融的境界。钓源村外山岗连绵，田陌纵横，村内水塘密布，古柏参天，极具江南乡村的动人景象。

三、空间布局

钓源村在历史上由于受太平天国和近代国内革命战争的破坏，年代较早的建筑存留不多，但仍保存有130余幢明、清时期建筑，其中有祠堂8座，庙宇1座，书院3座，别墅式庄园1座，且原来的村落形态和建筑格局基本得以保存。

庐陵地区传统家族文化有着浓厚的宗族性，以祠堂为中心（图3），民居和其他建筑围绕祠堂而建，这是许多庐陵古村的空间布局形态。村落祠堂林立，人们围祠而居，这也反映了敬祖崇德、凝聚血亲的思想。村落大都依靠血

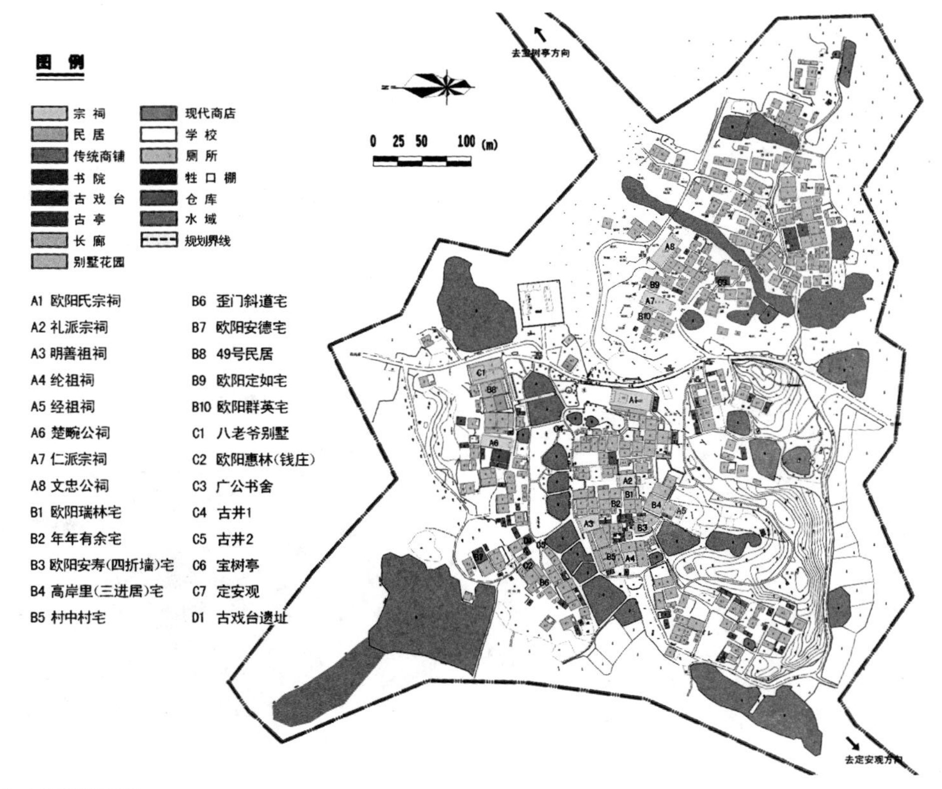

图2 村落建筑性质图

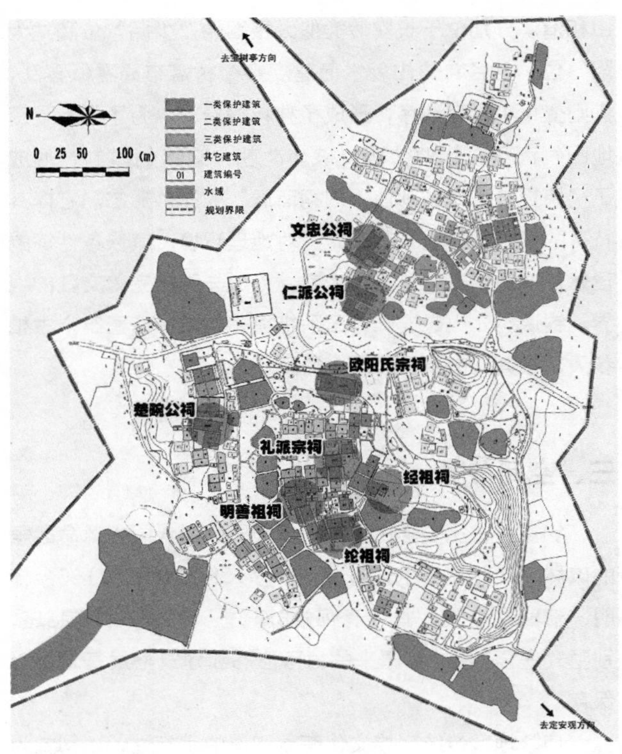

图3 钓源古村祠堂

缘关系将庞大的族群紧密结合，如渼陂梁氏、湴塘杨氏、钓源欧阳氏、流坑董氏等。祠堂一般可分为三种类型，即总祠、房祠和家祠。总祠是一个宗姓为祭祀始祖合族而建的主祠；房祠多为家族的支派祠堂，是依照宗族的分支“房”来建立的，目的是祭祀该房直系祖先；家祠一般与宗族的基本单位家庭相关，它是建在宅间或宅内的祭祀空间，供奉家庭的直系祖先，通称祖堂。总祠大都建在村落的重要位置，有的位于村落中心，有的在村落入口处，通常都是地势高敞之处，它们大都背山面水，且远有案山相对，其朝向不完全局限于正南或正北。钓源欧阳氏总祠位于村口，由于遵循村落朝向，所以形成了坐南朝北的朝向。

钓源最为人关注的是其“歪门斜道”的建筑特征。“歪门”即大门斜立，有的房屋大门与墙面不平齐，门框、门柱稍有凸出或凹入；“斜道”是指房屋间的巷道，不但宽窄不一，而且还会出现刻意扭曲的现象。可以说钓源几乎没有一条笔直的道路或者一排整齐的房子，就连村内众多的池塘也形态各异。有的房屋，本可建得规整方正，却刻意把一堵墙或某只角改变形状，如转折或做成弧形（图4）。钓源古村的营建没有太多忌讳，村头巷尾可看到楔形、梯形、喇叭形等各种巷道（图5），巷道两侧房屋有的斜偏、有的折角，形式多样，独具自然散漫之美，可以说“歪门斜道”无处不在。

庄山自然村65号民居就是典型的“歪门斜道”。该建筑坐北朝南，条石大门与墙面并不平齐，而是稍微向西偏移，使得门框向墙内嵌入六七厘米。东面墙体亦不平直，而是在墙体四分之一长度处内折一定角度，使巷道倾斜。

四、建筑特征

1．民居

钓源民居既有常见的单檐两坡又有罕见的“重檐四坡”屋面，该“重檐四坡”与宫殿庙宇等传统建筑的四坡不同，它只是为了采光和通风的需要，将中间部分的屋面抬高，因此上下屋面形成一定的高差，并在其间开窗。

钓源既有遍及南方民居中的马头墙，又有建在前后

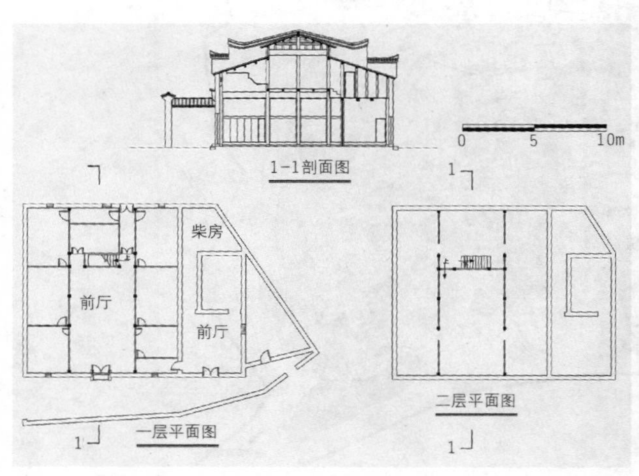

图4 欧阳安寿民居

图5 巷道

瓦檐上的“骑瓦风火墙”。其平面既有一进两厢、二进四厢式厅房，又有庭院式、院墙式等风格迥异的民居。钓源的天井院式民居是赣中民居的一个独特类型，它有异于传统的天井式民居和合院式民居。钓源民居打破了传统的内部天井形式，它把正堂前的天井取消，在大门入口上方开窗，俗称“天眼”，将檐口墙头做成“元宝窗”，这不仅巧妙地替代了天井的排水、采光功能，节约了室内空间，而且更好地解决了天井所具有的御寒、防潮等难题。也有在正门墙面上部开出高度约一米左右的竖长形高窗来解决民居内部采光的问题，此高窗又名“天窗”。这种独特的类型，反映了内部天井到完整闭合建筑样式的过渡。

钓源49号民居为清道光末年所建，是一座前、后堂组合式民居。正房为直进式一厅六房，建有倒座、后堂、后花园。院门侧入，厅门中开，后堂中开。倒座为仆人居室和灶间，后堂为内眷居住或用作书房，它反映了封建礼教的居住理念。村中村（即23、24、25、26号民居）是清嘉庆年间“八老爷”欧阳杰避居别墅后为四个儿子所建的大宅，四栋一组，呈规则“田”字形（图6、图7），配有廊舍，高墙院门使之与外界隔离，内则别有洞天，反映了关门一家亲的理念。

2. 祠堂

宗族结构限定了祠堂的建筑等级，正因如此，大部分传统村落都拥有众多等级分明的祠堂。钓源古村有总祠1座，支祠7座。

钓源祠堂的布局彰显了我国传统社会结构的位序观念。村中祠堂大都采用门户、享堂、寝堂这一空间序列，中间以天井或院落相连，祠堂的主要功能就集中在这条轴线上，仪式行为也在此轴线上完成，其中享堂是家族会议、表演、祭祀等仪式的重要场所（图8）。

欧阳氏总祠（图9）为三进五开间，气势非凡，规模宏大。第一进为门厅，设有宽敞的门廊，门厅后是前天

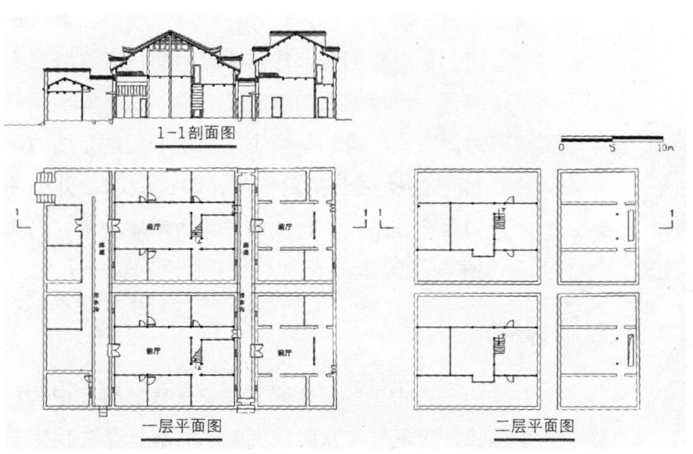

图6 村中村民居平面和剖面图

图7 村中村民居

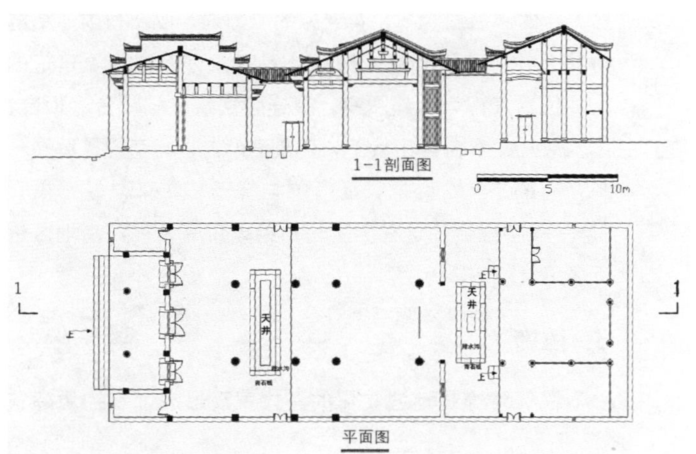

图8 文忠公祠

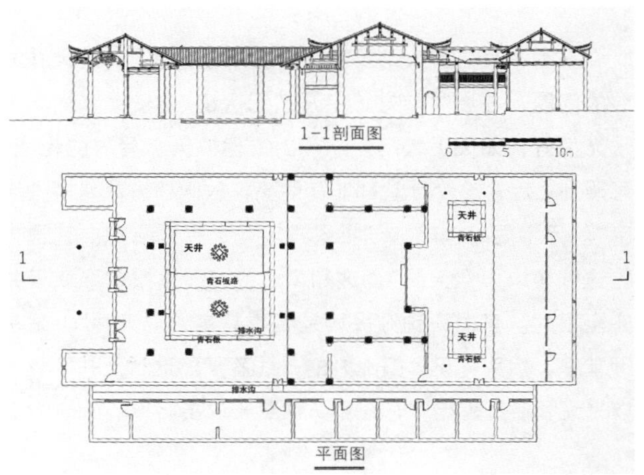

图9 欧阳氏总祠

井，紧接着是第二进的享堂，这是举行祭祀典礼和进行宗族活动的场所。经过大厅隔墙则是后天井，台阶连接着第三进的寝堂，这是供奉宗族祖先牌位的地方。祭祖的观念深刻地影响着祠堂的空间布局和平面形制，在建筑规制上呈现出“礼尊而貌严”的特征。欧阳氏总祠的一大特点即“品”字形天井，前厅下的大天井，与上厅两边的小天井，都为正方形，共同形成一个很大的“品”字，而天井上方的三个檐口，也组成了“品”字，这种“天呈品，地呈品”的布局，极富寓意和韵味。

3. “元宝窗”

钓源民居正门上方几乎都有“元宝窗”（图10），它不但具有通风采光的作用，还可以将屋面的雨水收集，通过内天沟侧边的滴水槽通向墙外，排入地面明沟，因此屋檐水既不会流入屋内，也不会滴在门口影响进出[2]，这种独特的构造只有此地才有。

图10 元宝窗

在钓源有“抬头见元宝”之说，它避免了传统天井潮湿的问题，在屋内前方正中开“元宝窗”，使得整栋房子采光良好，如关上大门，从门上方檐口射入屋内的光线，可照到上厅，整个厅堂都非常明亮，放眼望去就是“金元宝”。元宝同时也暗含“招财进宝”之吉祥寓意。钓源人称这种檐口为“天井”，这和传统的“四水归堂”式天井完全不同。可以说钓源民居是名副其实的“天井”，站在厅堂中，抬头可见大门上方的一线蓝天。这种天井不仅可以采光和避开屋檐水，还可方便燕子进出。

图11 燕尾山墙

4. 墙体

钓源建筑墙体有燕尾山墙（图11）和竹片内墙。在传统建筑中，硬山式建筑有利于防风与防火，北方居多。而悬山或歇山式建筑由于屋顶两侧悬挑，所以有利于防雨与防晒，这在南方较普遍。钓源的燕尾山墙又称“骑瓦风火墙”，富于变化，且有单叠和双叠之分。钓源的竹片内墙主要用于民居内墙，以作室内分隔之用，不起承重作用。其做法为在墙内立竹片，外面则饰以粉浆。既不占太多室内空间，又能起到分隔作用，这对居民来说经济实用，且取材方便。使用竹片内墙还有一种说法，即明代初年地方官府为讨农民出身的皇帝朱元璋欢心，规定所有建筑均要在顶棚下的枋柱上使用竹片，串连成忞，外饰粉浆，即使豪门大户也不例外，所谓“用竹串联”者，乃为“拥朱”、“倡廉”之谐音。

5. 八卦符

八卦作为一种古老的文化形态，它代表着早期中国朴素的哲学思想，蕴涵着丰富的民间知识，表达了先民对自然、社会、人生的认知与诠释。在钓源祠堂的户对上，民居大厅的“海涵”下，花架床的雕饰内，以及村内道路的拼花上，均有醒目的太极八卦图案，可以说钓源建筑的主体位置大都有八卦图案，就连脸盆架、梳妆台、柜台、床、茶几、案台等用具上，仍刻有八卦[3]。有的是单独一卦，有的是八个卦象，还有的与祥云、花草，或“福”、“寿”等字组合，这在庐陵古村绝无仅有，在江南地区也不多见。

6. 雕饰

民居雕饰是地域文化的具体表现形态，在钓源建筑的梁枋、雀替、门棂、槅扇、壁板等构件上，大多以浮雕、镂雕、透雕等方法，雕刻出各种形象和图案，或花鸟虫鱼，或吉禽瑞兽，或戏曲故事，或神话传说，或太极八卦等。雕饰内容所贯穿的主题大都是对吉祥平安的祈盼。钓源雕饰形式主要以象征性的形象和民间喜好的谐音来表现主题，如以莲花和游鱼象征“年年有余”，以蝙蝠悬梁象征“福气盈门”，以花瓶宝剑象征“平安健康”，以松树仙鹤表示“延年多寿”，以兰花桂树表示“兰桂齐芳”等。钓源明代建筑雕刻大都比较简洁，多为写意，所表现的内容也较为隐晦含蓄，而清代民宅的雕刻却繁杂华丽，多为写实。

建于明、清时期的纶祖祠，是钓源规模较小的一座分祠，但其雕刻却极富寓意。纶祖祠前檐梁柱分别以双龙、双凤和两只喜鹊的雕刻图案作为雀替，而在大厅雀替上则饰以蝙蝠、奔鹿、麒麟、喜鹊、灵猴、仙鹤等祥禽瑞兽，并在梁柱间雕以兰、桂进行装饰，这些都蕴含了“龙凤呈祥”、“封侯延年”、“福禄寿喜”等寓意，寄托着钓源人对生活的美好追求。

鎏金雕饰也是钓源的一大特色，这在民居内随处可见，欧阳继瑞民宅过道门楣上的鎏金浮雕刚劲浑厚，雕刻内容为十余人骑马的“征战图”，其下方的浮雕内容为四幅《秦香莲》的戏曲连环画，其中“鸣冤”、“陈情”、“审案”、“问斩”环环相扣。欧阳新华民宅大厅的建筑雕刻婉约细腻，其厅堂两侧的窗棂遍饰各种“琼楼玉宇图”，厅侧过道则为金光闪闪的“贵妃省亲图”和“王府宴饮图”。

五、结语

钓源古村根植庐陵文化的沃土，整个村落的营建和建筑特色深受庐陵文化的影响，钓源“墙折、路弯、巷曲、围祠而居”的聚落形态，是古代庐陵地区因地制宜，师法自然的典型，它表达了钓源先人对地理条件、气候环境以及堪舆理论的理解。钓源的“元宝窗”、黛瓦白檐头、“天眼”等建筑特色在我国传统民居中是非常少见的，它是庐陵建筑样式的典型。钓源古村独特的风貌格局和深厚的文化内涵，可谓是一部浓缩的古代庐陵文化史。

参考文献

[1] 李烨，周世玉，邹晓明．欧阳修后裔聚居地——钓源寻韵[M]．北京：中国文联出版社，2002：18—25．
[2] 张波，倪斌．国家历史文化名城研究中心历史街区调查——江西吉安钓源古村[J]．城市规划，2006．7：32．
[3] 丁功谊，李梦星．钓源古村的建筑文化特征[J]．井冈山大学学报（社会科学版），2014．35．5：125．

岩崖古道文化线路上传统村落空间形态及民居特色研究

全凤先[①] 刘 婕[②] 杨冬冬[③] 林祖锐[④]

摘要： 岩崖古道作为集军防、商贸、移民等多重功能属性为一体的文化线路，对沿线传统村落产生深远影响。本文以该文化线路上6个保存较好的传统村落为研究对象，从文化线路影响因素角度，对村落的总体布局、街巷空间、院落空间及民居建筑特色等方面进行系统地分析和探讨，总结在该文化线路影响下村落空间形态及民居建筑的营建和发展特征，旨在为岩崖古道乃至晋东地区传统村落保护发展研究提供系统性和整体性的新视角，同时丰富“文化线路”研究范畴。

关键词： 岩崖古道；文化线路；传统村落；民居形态

前言

随着城镇化建设加快、文化遗产保护意识增强，乡土遗产日益受到社会的重视。古道沿线传统村落作为独树一帜的乡土遗产资源，其空间形态及民居建筑是展示沿线人类文明进程，反映地区历史动态发展和功能演变的重要物质空间载体，是古道文化线路的重要组成部分。从古道文化线路角度挖掘其沿线传统村落空间形态及民居建筑特征，有利于更深入理解传统村落的保护价值。

一、岩崖古道文化线路传统村落区位特征与历史背景

1. 区位地理特征

岩崖古道是山西省阳泉市境内一条穿越太行山温河峡谷、盘绕在温河河岸悬崖峭壁上的古道。古道全长约58公里，途经平定县、阳泉市郊区和盂县等地，东与井陉古道相连，西与盂县至寿阳县的古道汇合，四周山谷连绵，地势险要，自古异常难行又晋冀通行必经，处于京晋冀交界的战略地位[1]。古道现今是山西、河南两省的重要交通枢纽之一，沿线聚集了众多村落，其中见证古道漫长发展历史、至今仍保存较好的传统村落有娘子关村、上董寨村、下董寨村、南庄村、辛庄村和乌玉村6个（图1）。

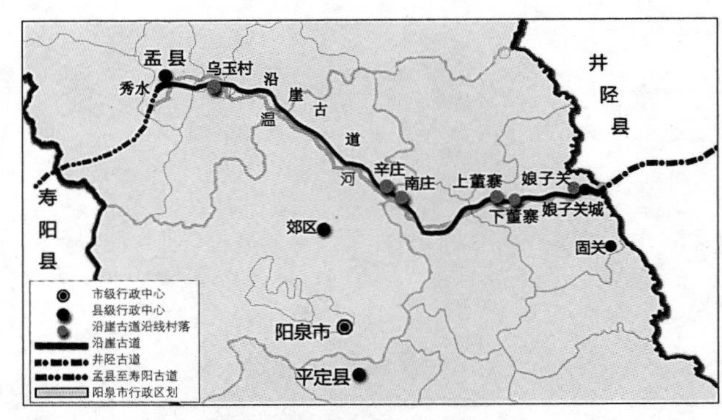

图1 岩崖古道及沿线传统村落示意图（图片来源：作者自制）

① 全凤先：城市规划与设计专业2014级硕士研究生，中国矿业大学力建学院
② 刘婕：城市规划与设计专业2014级硕士研究生，中国矿业大学力建学院
③ 杨冬冬：城市规划与设计专业2014级硕士研究生，中国矿业大学力建学院
④ 林祖锐：市政工程学博士、副教授，中国矿业大学力建学院

2. 历史背景

特殊的地理区位和历史政策使岩崖古道及沿线村落在漫长的发展过程中促进了晋东地区与外界的各种交流，承担了晋东地区古代军事、商贸、移民等多种特殊功能。自秦汉董卓垒防御工事的修建，至隋唐统治者辟崖凿路和娘子关关城完善，再至1947年娘子关和平解放，岩崖古道成为该地区历朝历代行军防御的重要因素。隋朝古道作为商路开通后，交通日益改善，民族贸易、关防贸易逐渐兴起，古道成为进出阳泉的商贸要道一度呈现繁荣景象[2]。战争的延续、商贸的发展，以及明、清时期几次大的移民运动[3][4]，使岩崖古道作为一条文化线路在不同历史时期有其特定的历史功能，沿线集合了该文化线路上各种物质和非物质文化遗产族群的传统村落也呈现多元化的发展特征。经过漫长的时间洗礼，古道兴衰最终都沉淀在这些传统村落的空间形态和民居建筑中。

因此，本文从村落空间形态和民居特色两个层面对岩崖古道传统村落空间形态及民居特色进行分析和探讨，挖掘在该文化线路影响下古道沿线传统村落的营建和发展特征。

二、岩崖古道文化线路上传统村落空间形态分析

村落空间形态主要是指村落总体布局和街巷空间特征。其中，总体布局包括村落选址、平面形态、空间组织模式等；街巷空间特征包括路网组织、街巷功能及尺度、街巷节点空间特征等。通过对岩崖古道文化线路上6个传统村落的空间形态进行分析，深入了解村落在多因素影响下的发展历程和整体形态特征。

1. 村落总体布局

1）村落选址

“选址”在中国传统村落营建中占有非常重要的地位。在自然、人文因素影响下，岩崖古道传统村落的选址受到环境、军事等多方面的影响。由太行山脉和温河峡谷组成的山水相间的自然地形，不仅能为人类提供稳定的食物来源，而且山间谷地为经济发展提供了保障。在此基础上，受背山面水、负阴抱阳、天人合一等理念的影响，沿线聚落选址大都在靠近温河、古道的向阳缓坡或相对平坦开阔的地方。此外，娘子关村、上董寨村和下董寨村因靠近娘子关关隘，安全防御成为其选址的先决条件。这三个村庄选址基本都以温河、悬崖峭壁为屏，以崇山峻岭为障，扼守进出山西之通道，据险防守的地理位置特征使其自古成为兵家必争之地。

2）平面形态特征

岩崖古道上传统村落的平面形态特征主要分为带状、团状和星型三种（图2）。

①带状平面是山谷地区古道村落的典型平面。村落在发展过程中受山谷、河流等线性元素的影响，加上村庄社会经济发展主要沿古道展开，院落多沿古道紧密排列并延伸，形成带状。带状平面使村落在战争时期具备高效的行军速度，在商贸繁荣时期布置较多的商业店铺，利于村庄经济发展。岩崖古道上该类型的村落有上董寨村和下董寨村。

②团状平面在山地型古道村落中亦较多，这类村落在形成初期沿古道线性发展，但因村落所在山坡横向上长度的限制，在村落规模进一步扩大的过程中向进深方向上扩展。但是古道的导向作用依然明显，村落的公共交往中心和主要商铺仍在过村古道上。岩崖古道上团状平面类型的

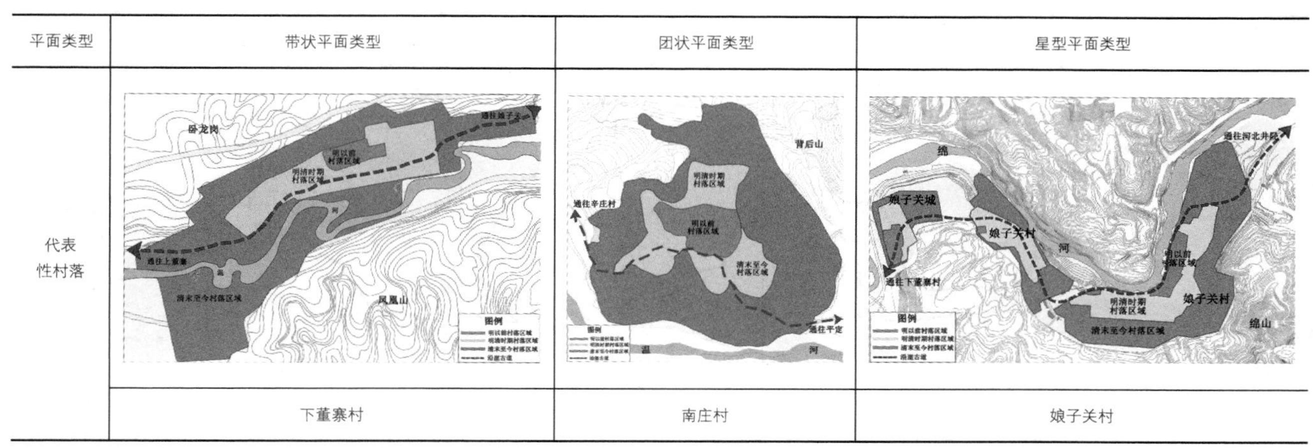

平面类型	带状平面类型	团状平面类型	星型平面类型
代表性村落	下董寨村	南庄村	娘子关村

图2　岩崖古道传统村落平面形态类型及代表性村落（图片来源：作者自制）

传统村落有南庄村、辛庄村和乌玉村三个。

③在山地型古道村落中，星型平面多出现在地形较为平坦开阔的山间河谷地区，或因地形限制和某种功能的需要而人为的分散规划布置呈现出“星”状布局[5]。岩崖古道东端的娘子关村为典型的星形平面。在村庄建设发展过程中，以驻扎军队、防御外敌入侵为主的娘子关关城和以发展农业和商贸为主的娘子关村在温河、绵河交界处的平坦地带分散组织，关城为村庄提供军事保护，村庄为关城提供生活补给，两者具有一定的距离但又有一条内部道路紧密连接，加上处于交通枢纽位置，使其在历史上得到了较快的发展。

3）空间组织模式

村落空间组织模式包括总体布局、村落界域、空间结构和标志性建筑物、构筑物位置等。

①在总体布局上，村落在发展过程中一直受古道文化线路的影响，因此呈现顺应古道及山谷走向布置村落格局和延伸发展空间的组织模式。

②在村落界域上，娘子关村、上董寨村和下董寨村因靠近关隘，受军防影响较大，其边界依靠险要地势和城墙、寨门等形成外围防御体系，村庄具有明确的界限，呈现封闭性和围合性特征，形成军事堡寨型村落[6]；而古道中、西端的南庄村、辛庄村和乌玉村受军事影响较小，明、清时期在古道商贸影响下形成商旅通行和货物交易的聚集点，村庄界域未受到人为限制，布局具有开放性特征。

③在空间结构上，受古道移民文化影响，村落人口按宗族姓氏划分自己的片区，因此村落中建有许多宗祠、支祠和家祠，结构层次分明，具有地缘性和血缘性特征（图3）。

④此外，与普通村落相比，古道村落中除了大量的民居建筑外，还有许多为生活、商贸和军事防御修建的标志性建筑物和构筑物。如作为文化活动中心和精神中心的戏台、寺庙建筑，通常根据具体功能建设在村中心、村口等相应位置。为军事防御建设的娘子关村中还设置了数量较多的防御性建筑和设施，如烽火台、关城、城墙、寨门等。村中还有一些如显忠祠、关帝庙等表彰军工的祠庙，以祭祀武神或纪念忠臣烈士。

图3　上董寨村空间组织模式示意图（图片来源：作者自制）

2. 街巷空间

1）路网组织结构

岩崖古道传统村落路网均由古道开始向四周延展，因此在长期历史发展过程中形成以古道为主要道路，和众多支路、巷道组合而成的复合路网组织。具体路网形态则根据地形、村庄平面形态和发展程度分为支状、环状和网格状三类（图4）。

①娘子关村、下董寨村为支状路网结构。这种路网主要受自然地形影响，支路均垂直于主路向两侧延伸，主路两侧建筑左右毗邻排列，形成界面连续的商业街道。

②南庄村、辛庄村为环状路网结构。这种路网结构是

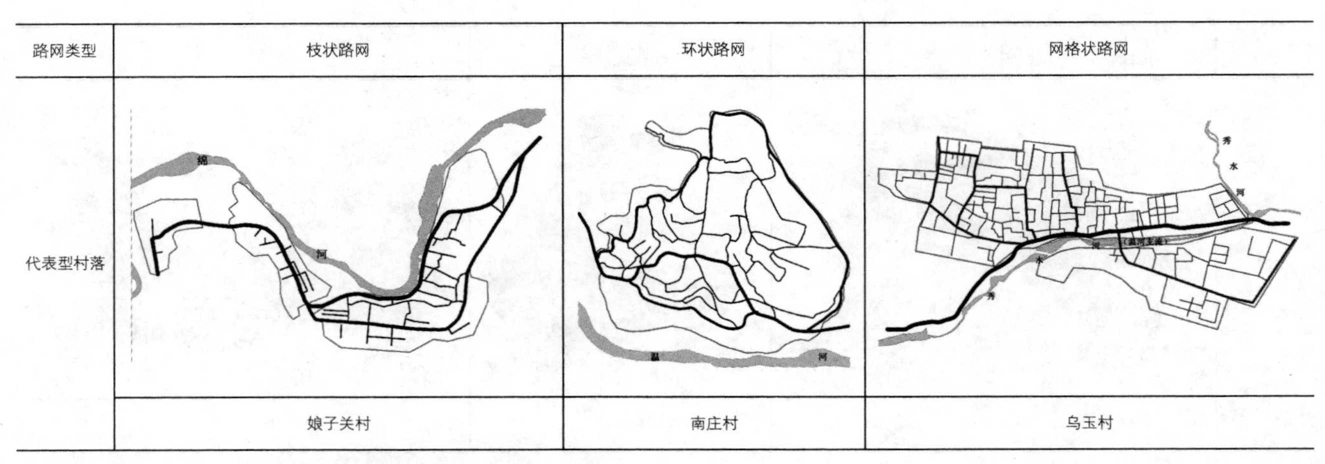

图4　岩崖古道传统村落路网组织结构类型及代表性村落（图片来源：作者自制）

自然环境和人文需求共同作用的结果。因横向扩张受地形限制，村落纵向上下扩张，形成高低错落的建筑群。为达到缓解主路压力并使村域内各处相连的要求，形成相互联通的环状路网。

③乌玉村和上董寨村为网格状路网结构。地势较为平坦或发展较为成熟的山地型古道村落易形成此种网络格局。此种路网组织较少受到自然条件限制，随着村落规模扩大，路网格局逐步完善，形成纵横交叉的平面网格形式。

此外，因山势起伏的变化，路网组织形态多与等高线平行而呈弯曲的带状布局，曲率与等高线大体一致，高程变化明显，已考虑到了村庄排水的需要。

2）街巷功能及尺度

根据街巷在村落中使用功能和尺度的不同，岩崖古道传统村落的街巷路网系统可以分为主街、次街和巷道三个层次。

①主街多为绕村而行的岩崖古道，在村落商业繁荣时期，承担着过境交通、商旅经行和村庄贸易活动等商贸、生活功能[7]。主街的尺度在3.5米～5.5米之间，相较于普通商业和生活街道更加宽直，以适应行人和骡马运输需要。

②次街多与主街垂直，一般作为主街外聚居区的联系纽带或作为店铺经营的延伸。次街的商贸功能减少，生活气息浓厚，街巷宽度在2.0米～3.0米之间。

③巷道是村中街巷与宅院联系的通道。巷道的两侧主要是宅院的入口和院墙，其相对于活动的人群主要来自巷内的左邻右舍。巷道尺度比较狭窄，通常为1.0米～2.0米之间。

3）街巷重要节点空间

随着古道村落社会经济的发展，村落商业贸易和文化娱乐场所需求增多，因此相应的节点空间逐渐形成。这些节点多位于街道的主要轴线上，多以广场和公共建筑的形式出现。广场的规模和数量根据村庄规模和需求设置，位置多出现在道路交叉口以作为商旅汇集疏散的枢纽，或依托于戏台、庙宇等重要公共建筑，发挥着文娱中心的作用。此外，一些街道主轴线上的古树、古井等生活元素附近也会成为村民主要活动空间（图5）。

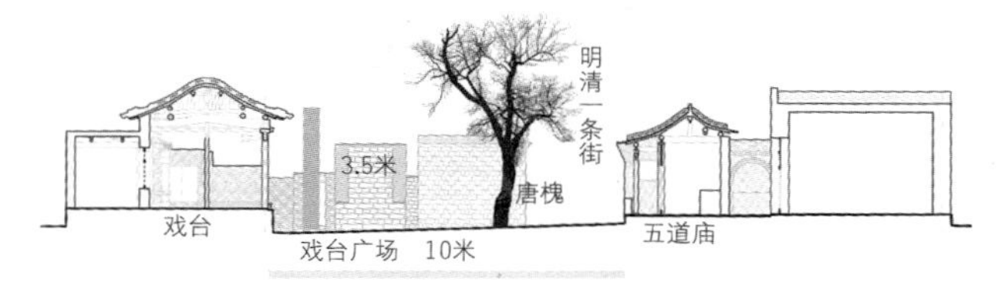

图5 辛庄村中心节点空间剖面示意图（图片来源：作者自制）

三、岩崖古道文化线路上传统村落民居特色分析

村落民居特色主要包括院落空间和民居建筑特色。其中院落空间主要是指群体组合方式和单体空间构成等；民居建筑特色包括建筑形制及材料、构成要素与功能、装饰特色等。岩崖古道传统村落民居建筑风貌特色反映了不同历史时期古道上居民、军旅、商贾往来的社会状况，是诠释历史上古道上特定生活方式及其文化习俗的空间载体。

1. 院落空间

1）群体组合方式

岩崖古道传统村落院落群体因主次路网组合特点大致可分为两种组合方式：a.沿主街即古道走向平行布置。该类院落多是主街两侧民居与商业相结合的“前店后居”式院落群体，此时商业建筑及院落入口直接面向街道设置，以形成良好的商业氛围。b.垂直于主街分布。此类院落以民居为主，沿着古道上引出的次级道路设置，根据各家使用需求调整单体建筑数量，形成四合院、三合院、二合院等。一些较大型的民居宅院或官商大院，在主院的基础上横向联合或纵向扩展形成侧院或套院，形成串联、并联和串并联组合型组合院落群体。院落采用中轴对称的手法，左右对称，主次分明，体现了等级森严的宗法制度和礼制思想。

2）单体空间构成

院落单体空间构成可从院落的平面类型、空间序列两个方面分析。上述提到岩崖古道村落的平面类型按功能布局分为前店后居式和普通合院式。前店后居式院落以临街店铺为主，因此建筑尺度、院落空间皆以此用途为首要考虑因素，且具有对外开放性特点。如骡马店房高屋深，门洞宽敞，门洞两侧房间可饲马，内院宽大以利于放骡垛、驮架等，便于商旅歇宿。普通合院式院落由东、南、西、北四面建筑和院墙围合而成。

在空间序列方面，普通民居院落由外至内进入院落的空间序列与其他村落无异，均为从入口通道或倒座进入院落。若是二进院或多进院，则通过照壁或狭长通道进入后院或侧院。而带有商业功能的“前店后居”式院落，因商业功能需要其整体空间层次和流线出现变化。该类院落一般为二进院，沿街的建筑为店铺，居住者和顾客通过不同的入口进入院内，一进院直接对外开放，二进院为主人居住之处（图6）。

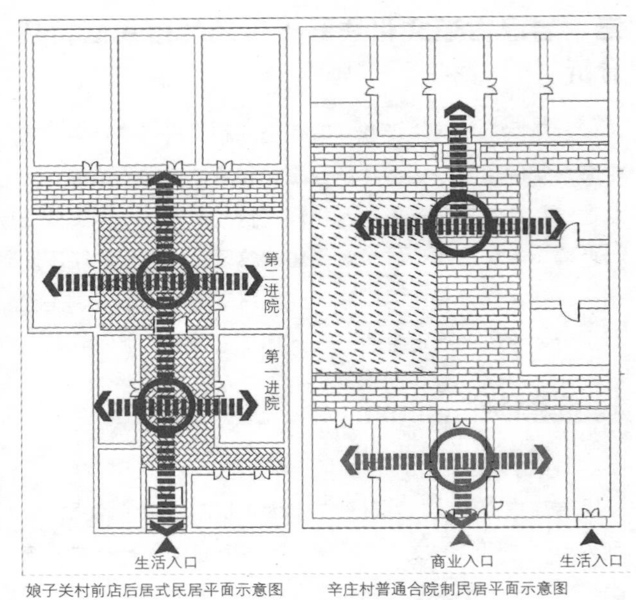

图6 院落单体空间序列特征（图片来源：作者自制）

2. 民居形态

1）建筑形制和材料

太行山区村落民居建筑形制和材料符合晋东山地民居的一般特点：早期受技术条件和当地山地地形、石材易获取的影响，民居以靠崖窑为主。窑洞为土石结构，建筑面积有限，故建筑布局相对紧凑。明、清时期，随着经济发展和技艺提高，平房、锢窑出现，窑洞前墙、门窗包边和墀头出檐等处使用料石、青砖等材料。近年来，地势相对平坦处的新建民居出现耐火材料与传统自然石块组合叠砌的脊瓦房和平房，靠山的仍以土石窑洞为主，这是根据院落位置进行的经济性选择。

2）构成要素与功能

民居的构成要素包括院落组成和建筑元素。古道村落民居与一般民居院落组成并无明显差异，主要包括门户、正房、厢房和厦房，民商合一型院落还包括店房，店房随商铺类型的改变做相应调整，如旅店、杂货店、饭店等，宽大的面积适用性强。民居的建筑元素包括屋顶、门窗、风水“镇物”等。古道民居正房多为平屋顶式窑洞，上房和倒座多为双破硬山顶，偏房屋顶无固定形式，根据村庄整体建造特征分为平屋顶和双坡屋顶两种。在门窗方面，住户多在正立面开洞，宽窄因使用功能而定，立面丰富。此外，在民居建筑墙体、房脊、路口等部位还设计有天地龛、扶星、泰山石敢当等“镇物”，反映了风水民俗对民居建造的制约。

3）装饰特色

民居装饰特色涉及到建筑与社会、自然、人文等的多种社会关系，体现了特定历史地段的建筑文化，蕴含了丰富的历史文化信息[8]。在装饰上，因本地材料的多寡和建筑工艺，砖雕、木雕和石雕是其主要装饰艺术，居民通过朴实的三雕来表达对诸神的敬仰和爱戴，以此来表达希望人与自然和谐统一的美好愿望（图7）。从雕刻类型和雕刻位置看，砖雕一般应用在墀头和屋脊上，雕刻类型有文字、纹样、动植物图案等，形式多样。木雕常在檐下梁架木构件中，以防日晒雨淋遭到损毁，古道村落中官商大院的木雕技艺更加精湛，雕刻纹饰包括各态花鸟、云纹等。因石材丰富，民居建筑中对石材进行加工雕刻装饰比较广泛，雕刻位置多见于柱础与门枕石等处，柱础图案以莲花为基本造型，门枕石图案有花瓣、寿字纹和八卦纹等，虽未精雕细琢但简朴自然，体现出不可抗拒的魅力。

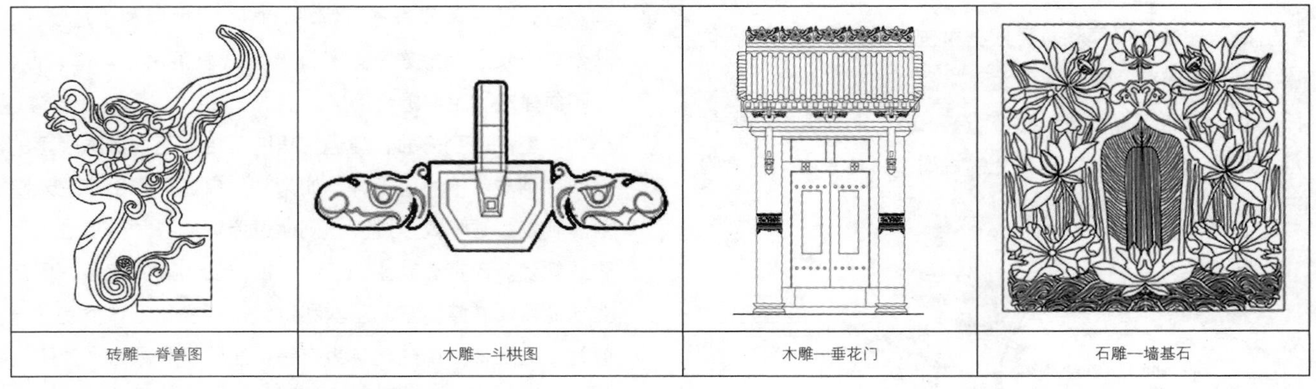

图7 沿崖古道传统村落民居三雕艺术图绘（图片来源：作者自制）

四、结语

岩崖古道作为集军防、商贸、移民为一体的文化线路，在一定历史时期承载着特有的功能角色和目的，其沿线村落是线路上各种历史事件发展和兴衰更替的见证，因此其布局形制和文化内涵呈现出特有的系统性和整体性，并反映在村落空间形态和民居建设的各个方面。本文从文化线路影响因素角度将岩崖古道上6个传统村落作为一个整体进行研究，深入剖析这些村落的空间布局、街巷空间、院落空间和民居建筑等，使人们从“线”（古道线路）、“面”（古道周边环境）的角度认识“点”（古道村落）的发展特色，有助于提升晋东地区历史遗产在文化上的丰厚程度，加强古道文化保护项目的真实性和完整性，同时也为村落的后续发展提供文化传承的努力方向。

参考文献

[1] 何依，李锦生. 关隘型古村镇整体保护研究——以山西省娘子关历史文化名镇为例[J]. 城市规划，2008，32（1）：93-96.
[2] 秦潇. 关隘型古村镇整体保护与开发利用研究——以山西省娘子关古镇为例[D]. 华中科技大学，2007：58-61.
[3] 李海林. 浅谈明初山西移民之背景[J]. 雁北师范学院学报，2005，21. 1：65-66.
[4] 周青. 晋东聚落与民居形态分析[D]. 太原理工大学，2010：18-20.
[5] 王珺. 北京驿道沿线村落演变与空间形态特征研究[D]. 北京建筑大学，2015：47-49.
[6] 曹象明. 山西省明长城沿线军事堡寨的演化及其保护与利用模式[D]. 西安建筑科技大学，2014：65-66.
[7] 李丽娜. 晋商的兴起与山西城镇的变迁[J]. 太原理工大学学报：社会科学版，2008，26. 4：43-46.
[8] 王金平，付晓欢. 宋家庄聚落与民居形态浅析[J]. 太原理工大学学报，2008. S1：100-104.

军事堡寨型生土聚落的保护发展策略研究
——以甘青地区起台堡村为例

康 渊[①] 王 军[②] 靳亦冰[③]

摘要：以军事堡寨型生土聚落的保护与发展为研究视角，结合相关历史、考古及调研文献等资料，对甘青地区军事堡寨型生土聚落进行研究。在了解其历史、类型、分布及特征的基础上，利用案例研究法，通过探究军事堡寨型生土聚落起台堡村的历史演变、聚落特征与现状问题，提出针对军事堡寨型生土聚落现状特征的保护及发展策略。

关键词：军事堡寨；生土聚落；保护发展

历史上，生活在甘青地区的各族人民不仅要应对恶劣的自然环境与极端的气候挑战，而且要面对频繁的边疆战争。独特的气候条件与特殊的戍边需求共同的作用产生了甘青军事堡寨型生土聚落。在历史的长河中，此类军事聚落曾发挥着重要的作用。随着历史车轮的不断前进，军事防御的功能逐渐丧失，它演变成一种具有军事堡寨形态、地域民族特色的特殊聚落。此类生土聚落不仅是宝贵的生土建筑遗产，更是具有地域特色的民居类型。经过实地调研与文献查阅发现：在甘青地区，随着近年来城镇化建设的推进和村民不断追求现代生活的步伐。这种历史遗留的军事堡寨聚落，尤其是生土聚落已经难以满足村民生活的需求。人们或弃之不用，任其荒废而新建家园；或推倒城墙拆除民居而重建砖混新宅；抑或者拆其建筑重建仅留夯土城墙残垣遗址。村民们弃旧迎新的方式无疑是对生土建筑遗产的破坏，然而现行的适合此类生土聚落的保护方式只有国家传统村落名录保护，名录保护又不能适用于所有军事堡寨型生土聚落。此前有关此类聚落的研究多集中在其历史价值与军事价值的研究，有关保护发展的探索比较少见，因此探索此类生土聚落的保护与发展具有重要的现实意义。

一、研究背景

1. 卫所制度

卫所制度是甘青地区军事堡寨型乡村聚落的起源。它是一种要求兵丁兼顾戍边与屯田任务的建军制度。洪武三年（1370），明朝在河、湟、洮、岷一线建立西番诸卫，以防蒙古，用军事卫所制度管理边卫地区的军民事务[1]。洪武四年（1371年）一月设置河州卫，改今循化地区为千户所，隶属河州卫。今青海省循化县域为河州边外，后立保安、起台、循化3堡戍边。洪武六年（1373年）正月设置西宁卫所[2]。卫所制的驻军主要分为卫所世军和募兵。募兵以家族为单位进行征集，且有军籍和屯田任务[3]。可见，卫所制度是一种寓兵于农，守屯结合的建军制度，军事堡寨型乡村聚落是卫所制度下的衍生物。

2. 堡寨类型

明代各级军事防御单位按防区分兵屯守，其屯守城池为军堡。军堡有卫城、所城、堡城、寨之分，各级堡寨

① 康渊：博士研究生，西安建筑科技大学建筑学院
② 王军：教授，博士生导师，西安建筑科技大学建筑学院
③ 靳亦冰：副教授，西安建筑科技大学建筑学院

及其兵马构成了军堡的主体。除级别较高、规模较大的卫城、所城外，明长城沿线及卫城边关还分布很多堡寨。其类型可分为：驻军堡寨和驿城堡寨[4]。本文研究的对象主要是驻军堡寨及由其发展而来的乡村聚落。

3．相关概念

在《中国大百科全书建筑、园林、城市规划》生土建筑是“指使用不经焙烧而仅做简单加工的原状土作为建造材料来营造主体结构的建筑，它是以建筑材料的属性特征分类的一种建筑结构和构造形式[5]。”

本文生土聚落指的是以生土建筑为主体构成的乡村聚落。此类聚落在风貌、色彩上体现生土特征，在物理性能上反映生土特性。其内容包括街巷空间、民居院落、建筑、屋顶、墙体等在内的聚落组成要素。它的聚落建筑的营造材料主要为生土，空间布局也充分体现生土材质特征。西北地区的生土聚落类型可分为窑洞聚落与庄廓聚落，本文主要研究生土庄廓聚落。

军事堡寨型生土聚落是以兼具堡寨形态与生土营造材料为主的乡村聚落。甘青地区军事堡寨型的生土聚落多为生土建筑遗存或遗址。它主要包括生土庄廓民居、宗教建筑及军事防御设施等。其不仅是传统村落的代表，更是宝贵的生土建筑与军事文化遗产，有着独特的历史价值、艺术价值、技术价值、文化价值并能够启发今天的生土民居建设。

二、甘青地区军事堡寨型生土聚落现状研究

1．聚落分布

甘青地区军事堡寨型乡村聚落因防御需求，其分布具有明显规律性。它们或沿长城呈线状分布，或以卫城为中心呈弧线分布，或沿峡谷以点状拱卫卫城分布。《西宁志》记载甘青军事堡寨主要沿着境内的西宁卫长城呈线性分布。其中聚落分布的主线即围绕西宁卫，从西、北、东三面整体呈半圆拱卫形状的长城。

刘建军根据《西宁卫志》记载研究发现：因地设防是卫所制军事聚落布局的主要原则。他认为西宁卫四周群山环抱，山岭纵横，其与外部的联系大多是通过较大的沟谷实现的，因此沟谷地带成为军事布防的重点。重要交通枢纽、谷阔地肥之处设重要军堡，次要关口险隘但又不能容多兵处则设一般堡寨。每片防区又结合本地具体地形，或在河谷平地，或在山脊、山坡分设若干堡寨、关隘，层层布防，形成区域性设防严密的军事防御体系[4]。

《河州志》记载以河州卫为中心沿白石山——小积石山脉选择山巅、谷口、高阜显明扼要之处，由东而西，西而北，设置了数十座关隘，作为捍卫西陲重镇河州、抵御西南游牧民族“入侵”劫略的有力屏障。陈世明根据《河州志》中的记载认为这些关隘即为著名的河州二十四关，它们以河州卫为中心，远近不一、成辐射状，为防患于未然，清政府在关外的起台堡、保安堡、归（贵）德堡各派守备一员、兵百余名守御[6]。河州卫依据山险、河险等自然要素形成的二十四关加强了河州卫的外层防御圈，此防御与关外沿着高山峡谷点状分布的堡寨共同构成了河州卫层层防御的军事系统。

2．聚落特征

边疆多战乱、气候恶劣，加之“文革”破坏，甘青地区完整保留的生土聚落很少。堡内遗存生土建筑以民居为主，外加一些军事设施，如城墙、门楼等内容。以下主要从甘青军事堡寨型生土聚落的选址、风貌、建筑、街巷4方面进行分析。

（1）选址特征。军事防御的选址原则使得甘青军事堡寨型生土聚落具有与当地一般民居聚落有着完全不同的选址特征。甘青地区多数生土堡寨选址具有一定的隐蔽性。深沟峡谷、重要交通枢纽、关口险隘等一般是其选址的佳处。

（2）格局风貌。甘青军事堡寨型生土聚落兼具甘青庄廓民居与军事堡寨两种形态为一体，民居建筑与夯土城墙

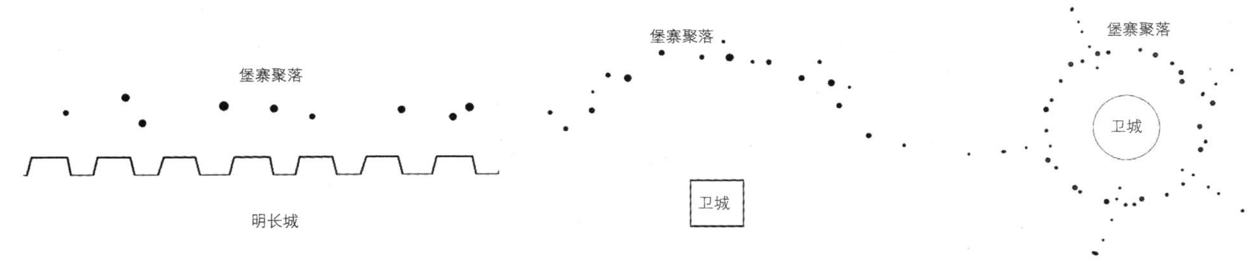

图1　沿长城直线分布　　图2　围绕卫城弧线分布　　图3　沿着高山峡谷点状分布

皆为生土营造，生土构成其聚落的统一色调。由于军事堡寨内的居民多来源自中原汉族士兵，其堡寨内的民居形态带着较明显的汉文化特征，例如，有些堡内仍保留着单坡屋檐和卷棚屋顶的建筑形式。

（3）生土建筑。甘青地区军事堡寨型生土聚落主要包括民居建筑、宗教建筑及城墙遗址等军事设施。以当地土为主，夹杂少量砾石或小石块夯筑便可形成城墙，为进一步增强墙体的防御效果，在夯土墙外将掘土部分适当挖宽挖深，形成随墙壕。在围城内以生土筑民居。

（4）街巷空间。寨堡是屯兵系统的最小单位，街巷空间相对简单，聚落大则十字街，小则一字街，形状规则的堡城呈矩形，不规则的形状各异。街巷空间则根据堡寨的形状及堡内民居的布局方式呈现出不同的空间，整体而言，其街巷空间尺度、界面、铺装跟一般传统村落相比都有明显的差异，表现出强烈的封闭性和规则性。

调研发现：今天寨堡内能看到的多数建筑为民居及少量大型军事设施，如城墙、碉楼等。堡寨地处偏远，经济文化相对落后，现存的民居建筑充分反映了地方民居风格。然而随着乡村城镇化发展进展，大量生土堡寨聚落处于荒废的边缘，部分生土建筑已经仅剩下残垣断壁，而更多的聚落则已更新为现代砖混建筑，保留了城墙的残余部分。甘青地区军事堡寨型生土聚落的现状令人担忧，未来更令人担忧。探索此类民居的发展已成为不可逃避的现实。下文以典型军事堡寨型生土聚落起台堡村为例进行研究。

三、起台堡村聚落保护发展策略研究

取起台堡村作为甘、青军事堡寨型乡村聚落空间演进研究的案例，源于起台堡村具备军事堡寨型生土聚落的典型特征。其一，起台堡村是一座由军事堡寨演化而来的聚落。它建立于明万历十三年（1585年）。距离明洪武三年（1370年）使用军事卫所制已两百多年历史。其二，起台堡具有保存较好的堡寨遗址。其遗址明显反映明清军事堡寨的典型特征，其堡寨空间呈封闭性几何式布局，民居营建遵循地域特征并带有明显汉族文化装饰。其三，起台堡村位于甘青交界地带的河湟谷地，这一地区正是学术界所称的甘青地区。因此起台堡聚落空间的演进在一定程度上能反映甘青地区军事堡寨型乡村聚落空间的发展规律。

1. 历史沿革

明清时期为了防御来自北方的蒙古族侵犯，朝廷分别在循化厅设立了起台堡和保安堡，兵丁来自五湖四海。起台堡始建于明代万历十三年（1585年），当时应属于明九边重镇之固原镇的河州卫所[7]。它从开始建立之初就承担了戍边与安邦两种职责。守备军管辖的范围东至临夏芦草湾，南至边都沟，西至白庄塘以上，北至孟达关门，方圆百里左右。与保安、循化两地守备衙门遥相呼应起到戍边安邦的作用[8]。

“民国”三年清政府垮台到循化解放的38年间。来自全国各地的原驻守兵丁除了少数人流散到他乡自谋生路外，大多数人在本地繁衍生息。他们在粮饷断尽之后，凭着勤劳的双手开辟耕地草山、筑土建房把起台堡改变成了庄廓家园。

从1949年至今，起台堡村经历了巨大变化。新中国成立前全村80％的土地集中在2-3户。多数农户靠租种耕地度日，加上马步芳兵款，大部分逃离外乡谋生，到新中国成立前夕全村仅剩40余户[8]。新中国成立后村民逐渐致富。然而，近年来随着村民生活需求和认识的不断提高，村民纷纷搬离起台堡，或在主要道路的一侧重建新房，或搬进县城。起台堡村常住人口越来越少，以致很多民居现在荒废闲置，生土聚落正面临被放弃的境况。

2. 特征保护

（1）保护选址特征

起台堡村属于甘青省循化撒拉族自治县道藏族帏乡，位于达儿架山下甘青两省交接的甘青一侧，海拔2920米。其东、南、北三面被海拔4000米以上的渥宝琪、当蕊山、五台山、雷积山、古伟山五座大山包围。村落周围被沟、壕、岭分割成大小不等、高低不平的多种地块。南北两山被比弄沟、匣子沟、大老虎沟、石浪沟、桦树林沟、大侠沟分割切开，形成了典型的“一山套多沟，一沟串多山”的地形地貌[8]。据考证起台堡选址主要基于军事需要，并没有考量土地、水资源以及其他因素。这里气候严寒，土地贫瘠，可以耕种的土地面积极少，产量也很低。所以有能力者纷纷迁移到兰州、临夏、西宁、循化县城等地定居，致使现在起台堡村日趋衰落，不得不说跟其选址有着密切的关系。

然而，选择在如此艰难的地方生存发展创造的历史是一种难得财富，其特殊目的的选址而孕育的民居聚落值得保护和研究以启发后人。保护在这种选址上形成的沟壑纵横的地形地貌以及后人历经辛苦在这块土地上修筑的梯田等地形要素。

（2）保护格局风貌

起台堡村现状的格局风貌最突出之处在于它军事堡寨的夯土城墙，其尺度和规模相对完整，具有较强的识别性。格局风貌的保护首先应保护城墙风貌主体，对于城墙进行价值评估、确定保护等级，修缮残破城墙，保护完整城墙。此外便是其城墙内的夯土庄廓民居，其庄廓民居多为正方形、平顶，由入口大门、正房、厢房、牲畜房、杂物房、旱厕等组成院落，其民居生土风貌保存较完整，结构肌理完整，平屋顶集中连片分布突出，不协调建筑较少，应进行城内民居格局风貌的整体保护。（见图4、图5）

（3）保护生土建筑

起台堡村的生土建筑包括两类，一是夯土城墙；二是庄廓民居。据起台堡村村志记载，起台堡古城有三城，包括主城、东门关厢和下关城。起台堡村现在遗留的完整夯土城墙即是明万历十三年建立的主城城墙[7]。至于堡内庄廓民居，则是根据当地生土庄廓民居形式以及环境、资源的综合考量营造，庄廓的围墙主要是采用版筑夯土，庄廓内民居以夯土为主结合生土坯营造。

起台堡村的主城遗址城墙现状保留较完整应予以保护。其主城周长640米，东西173米，南北各长147米，高13米，墙根厚10米，顶部收分6.7米，占地38.18亩。主城顶四角各修碉楼四座（分上下层），东、西、中、城门顶端各筑城楼一座。城墙顶部修有垛口若干，每个垛口中心，有外小内大的射眼一个，每个垛口墙高1.5米左右，行人可在城墙顶部走动[8]。现状垛口、城楼、碉楼均不存在，在保护研究中应挖掘其历史，探索其原貌。

堡内庄廓民居以生土材料为主，地基部分使用少量砌石，以防潮固基。其庄廓布局规矩，体量厚重。传统的民居保存数量较多，90％以上的民居为夯土庄廓。由于该村是周边乡镇仅有的纯汉族村落，所以这里的民居在造型、装饰、细节处反映着汉族特征。例如有条件的居民会在庄廓入口大门前筑生土照壁（见图7），这是在循化县其他民族民居中没有的现象。

（4）保护街巷空间

堡内有主街道及巷道，其中主要街道一条，巷道八个。它的街巷是由民居庄廓分割形成，其空间是由相邻的庄廓民居的外立面围墙围合而成，其立面尺度由围墙高度决定，一般3米左右。由于堡内空间有限，其街巷空间的

图4　起台堡村位置及环境

图5　起台堡村结构肌理图

图6　起台堡村生土风貌格局

a 夯土城墙及碉楼透视

b 夯土城墙及碉楼侧面

c 夯土城墙透视

图7　夯土城墙及碉楼

宽度一般较窄。它的底层界面一般是生土地面，少见有铺装现象。这里的街巷特征深刻着历史发展的印记，每一段街巷的产生和特征都是一段村落历史的见证，堡内街巷空间的特征基本保持了建堡时期的街巷空间，堡外早期扩建的山寨部分，其街道与城堡之间的空间格局与地形之间的关系具有鲜明特征（图见9）。

历史悠久的生土城墙遗址与历经艰难的生土庄廓都是起台堡村历史发展的见证，其现状选址特征明显、格局风貌完整、生土建筑历史悠久、街巷空间特征鲜明。它不仅能够反映西北地区民居的地域特征，同时体现了中原汉族人民在西北边疆戍边时期适应地域资源环境与民族文化融合中的民居创造活动，不仅具有重要的历史文化价值，同时对于今天生活在西北地区的汉民进行民居创建活动具有启发意义。因此保护生土建筑和生土城墙及由它们组成的生土聚落具有重大意义。

3. 发展策略

（1）遗址保护策略

遗址保护策略是指按照生土建筑遗址的保护规定，由国家及政府对军事堡寨型生土聚落按照保存完整程度进行等级评定，根据评定制定保护级别。生土材料是古代人类社会营造活动中最早使用的建筑材料之一。在漫长的历史长河中，历代工匠们创作出了丰富多样的生土建筑形式以及独特的建造技术和工艺。生土建筑遗址是生土建筑遗存与人类文化中建筑遗产的交集。甘青军事堡寨型生土聚落不仅在中国军事文化史上是难得历史遗址，在建筑历史中同样是具有重要价值的建筑遗产。因此针对这一最初由中国古代防御体系衍生的生土聚落，对其规模较大、保存完整度好的少数典型性聚落要采用生土建筑遗址保护的策略，进行文物式的保存，以便更好地保存人类的文化遗产供后代利用。

图8 山寨民居位置

图9 民居与堡城及周边环境

（2）文化发掘策略

文化发掘策略指的是针对甘青军事堡寨型生土聚落中，那些不仅有重要或完整的生土建筑遗存，同时蕴涵重要的历史文化。此类生土聚落便可进行文化挖掘，充分开发它的文化价值，使其特殊文化获得应有的价值。例如针对堡寨内重要的历史人物修建纪念馆、名人故居、博物馆、先祖祠庙等，并结合具体特征进行合理科学的文化挖掘；同时针对生土堡寨分布密集的区域，充分考虑周边环境的集群效应，可考虑开发主题影视基地，借以保护、激活此类生土聚落等。例如宁夏镇北堡西部影视城，便是一个以生土特色风貌为主而开发的，比较成功的具有代表性的军事型生土聚落（图10、图11、图12）。

（3）旅游发展策略

旅游发展策略指的是针对周边自然或人文环境，把生土聚落作为旅游发展的特色之一，进行特色风格培育营造。例如起台堡村明城墙保存较完整，周边聚落保持传统庄廓风貌特色，便可修复城墙，打造明夯土城墙特色旅游景点，与周边草山放牧、藏族风情一起构成多元的旅游文化元素。还可以由国家与政府联合打造“明城墙军事堡寨型生土聚落”军事主题旅游项目，可以作为军事项目的旅游体验基地，借此向世人展示古人的防御历史及文化，为游客带来追念、体验历史场所的神圣空间。

四、结语与讨论

生土聚落是甘青地区军事堡寨的典型代表；从生土建筑遗产保护的角度来说，此类生土聚落处于“明朝九边重镇防御网络体系”中的点状空间，其数量众多，历史上发挥过重要的军事作用，其版筑夯土建造规模较大，城墙遗址保存较好，是值得重点保护的生土建筑遗址；从民居聚落类型的层面论，甘青军事堡寨型生土聚落民居结合当

图10　民居入口及街道

图11　镇北堡影视城城墙

图12　镇北堡月洞门景点

图13　镇北堡生土民居体验

地民居与军事防御建筑形态为一体，可以说是甘青地区庄廓民居中的一种特殊类型，是大型夯土围墙中嵌套小夯土庄廓的特殊形态的生土聚落，是值得发展的一种特色民居类型；从乡村活化的视角来说，合理发展是激活该类军事堡寨型生土聚落的重要策略，但该类生土聚落具有一定的特殊性与地域性，在发展策略上要根据其自身特征制定发展策略，最好由国家相关部门制定专门的保护发展模式，先做试点再行推广，切不可盲目模仿，乱拆乱建。研究提出的遗址保护策略、文化发掘策略及旅游开发策略是相互联系、相互补充的并行运用的三种发展策略，对于具有重要价值的城墙遗址运用遗址保护策略，具有重要文化价值的生土民居进行文化发掘，具有特殊体验价值的军事设施进行旅游开发，针对具体特征要素区别对待，同种要素也可同时运用多种策略。对于此类传统聚落的发展并不局限于研究提出的三种策略，近年来学界关于传统村落保护与发展的广泛研究及实践活动都可以为其提供参考的价值。

基金项目：国家科技支撑计划项目："西部生态城镇与绿色建筑技术集成示范（2013BAJ03B03）"及"国家自然科学基金：生态安全战略下的青藏高原聚落重构（51378419）"资助。

图片来源

图5、图7-b贾梦婷绘制；图6马国忠拍摄；图11～图13昵图网；其他所有未经注明的图片均为作者自绘或自拍。

参考文献

[1] 刘建军．明长城甘肃镇防御体系及其空间分析研究[D]．2013, 6: 27-30
[2] 龚景瀚．循化志[M]．青海：青海人民出版社，1981，9: 132-152
[3] 李严．明长城九边重镇军事防御聚落研究[D]．天津大学，2007, 8: 42
[4] 刘建军．明西宁卫长城军事聚落研究[J]．建筑学报，2012, 7: 32-33
[5] 周淼．生土建筑遗产保护技术若干问题研究[D]．东南大学，2010, 5: 5；杨廷宝．戴念慈．中国大百科全书建筑、园林、城市规划[M]．北京：中国大百科全书出版社，1992.
[6] 陈世明．明代甘肃境内二十四关考略[J]．西北民族大学学报（哲学社会科学版），1990, 1: 71-79
[7] 韦琮．循化撒拉族自治县县志[M]．北京：中华书局出版社，2001, 9: 19-24
[8] 李瑾．青海省地方志丛书-循化起台堡村志撒拉族自治县县志[M]．青海：新华出版社，2010, 9: 11-32

南岗瑶寨空间形态的社会适应性初探

王 东[①] 唐孝祥[②]

摘要：本文依据建筑美学的适应性理论，探析南岗瑶寨空间形态的社会适应性。从社会经济角度分析了南岗瑶寨外空间格局与内部聚居形态是对山地“亦农亦牧”经济结构的适应性需要；从社会组织角度探讨了“龙”与“房”的社会组织结构与村落格局呈现的同构关系；从军事防御视角诠释了村落外防内聚空间形态的适应性策略。

关键词：建筑美学；南岗瑶寨；空间形态；社会适应性

“适应性理论”是建筑美学分析“建筑审美属性”的重要理论之一，包括自然适应性、社会适应性、人文适应性三个层面。“建筑的自然适应性是建筑的产生和发展的基础和前提，建筑的社会适应性是建筑变化和发展的动力，建筑的人文适应性是建筑发展和追求的目标，也是决定建筑美的丰富性和差异性的主要原因，是形成建筑风格的重要原因之一”[1]。

南岭民族走廊[2]是汉族客家民系、苗瑶族系、壮侗族系等族群的主要聚居地，在这块土地上分布着众多形态各异的传统村落，是研究传统村落的集中地之一。但长期以来学界侧重于对该区域的客家、侗、壮、苗传统村落的研究，对瑶族传统村落进行研究相对较少，而从建筑美学视野开展瑶族村落审美属性的研究则更少。“客家人与瑶、畲等少数民族的生态共存与文化互动是南岭走廊中的重要特征，而就其中众多的少数民族而言，瑶族无疑又转化为南岭走廊的‘中心’”[3]，有“南岭无山不瑶”之说。因此南岭民族走廊瑶族传统村落的研究意义就不言而喻。位于连南瑶族自治县三排镇的南岗瑶寨，是南岭民族走廊上典型的瑶族传统村落，是首批中国历史文化名村、中国传统村落，是广东汉族地区最具特色的少数民族传统村落。千百年来，通过对自然选择、社会调适、文化适应，南岗瑶寨形成了以自然适应性、社会适应性、人文适应性为主要内容的审美属性，集中体现了瑶族传统村落的审美文化特征和文化地域性格。文章基于建筑美学的适应性理论，以南岗瑶寨的“社会适应性”为切入点，集中分析其空间形态的经济适应性、社会组织结构的适应性和军事防御适应性的审美属性。

一、南岗瑶寨的简介

南岗瑶寨是南岭民族走廊极具地域特色的瑶族传统村落。南岗瑶寨顺应等高线建房，房屋呈排状，这一形象被附近的汉人称作“排”，即“村”的意思，因此南岗瑶寨也称为南岗排，这里的瑶民被称为“排瑶”。粤北的连南、连山、连州、阳山是南岭民族走廊重要的移民路段，历史上沟通中原与岭南以及各民族交互往来的“茶亭古道”、“星子古道（西京古道西线）”就位于该地区。文献记载，“连南的八排瑶均称来自湖南，其中唐姓来自辰州（即今

① 王东，建筑学博士研究生，华南理工大学建筑学院，广东省现代建筑创作工程技术研究中心
② 唐孝祥，建筑历史与理论博士，教授，博士生导师，华南理工大学建筑学院，广东省现代建筑创作工程技术研究中心

沅陵县），房、邓、沈、李、龙等姓多称来自道州（即今道县），部分李姓称来自长沙，盘姓部分称来自道州"[4]，南岗瑶寨的各姓氏也符合这样的记载。到了宋元时期，粤北的排瑶发展为八大排、二十四小冲（冲也是"村"的意思），初步形成了稳定的排瑶聚居区，其中南岗排因规模宏大，风貌完整、建筑质量较高、非物质文化遗产丰富的特征，而被称为"父母排"。明朝和清朝初期粤北的排瑶隶属于广州府，但一直游离于正统汉文化之外，从文化形态看，迥异于广府文化，是明清广州府内的一个"文化岛"，其传统村落与建筑文化显示出鲜明的地域特征、民族特色。也正因为如此，众多瑶族村落的物质文化和非物质文化遗产相对完整的保存至今。

纵观整个历史发展线索，自从瑶族迁移至此，南岗瑶寨经历不断的生存调适抑或经济、社会、军事的适应性选择，形成了广州府内独特的村落景观。

二、瑶寨空间形态的经济适应性

南岗排瑶是亦农亦牧的山地定居民族，亦农亦牧的经济结构决定了村落选址有别于珠三角广府村落的梳式布局。在确定村落营建之前，村落选址要遵循山地农耕经济可耕、可牧、可获取水源的特点，以及聚居模式要符合小农经济自给自足、分散、稳定的固有属性。

1．经济结构影响村落空间布局

在历史上，粤北地区一度成为人口最稠密的地区，在村落的营建过程中，节省用地就变得尤为重要。粤北瑶寨是以稻作农业为主的农耕经济，兼以畜牧业的经营方式。为了适应这样的经济结构，瑶族村寨多选择在半山腰上。形成"村前有良田可耕作，村后有山可放牧"的村落格局。

在山地稻作农耕经济占绝对优势的条件下，村落空间格局受到重要影响。"近田"成了村落选址的首要考量的重要因素。南岗地区地貌结构为"九山半水半分田"，平缓耕地极其稀缺。为了不多占可开垦为梯田的缓坡地带，就将村落建在较陡的山腰以上。为了节约耕地，村落的形态、建筑的体量都会相对平原地区较小。这也从根本上决定了村落的空间规模。为了获取耕地，瑶族人民发挥聪明才智，向山要田，顺着山坡修建层层叠叠的梯田，进行农业生产，寨田关系紧密，形成了南岗特有的"山-村落-梯田-峡谷"的大地景观（图1）。

从方便劳作来看，这是最经济的选择，收割的农作物，主要是靠人扛马驮，村前修建梯田坡度较缓，相对于陡坡的梯田省力。从方便管理农作物来看，也是很适宜的，由于村落是建在"扇面形"（图2）的山体上，下宽上窄，站在山腰上便可最大限度的俯瞰所有的梯田，随时了解农作物的生长状况，这对于以农为本的南岗瑶民而言，是以其职业联系最紧密的村落布局。

除了稻作农耕经济外，村民还畜养牛马等牲畜，所以放牧就变得很重要。"靠山"就成为村落选址需要考虑的第二个因素。苗瑶族系属于高山民族，通常居住在山顶，而南岗的排瑶把村落建在山腰是对定居的山地农耕经济的生态适应。"靠山"而居除了方便放牧之外，山还是蓄水池。后山上的树木不轻易砍伐，在山地民族中流传着"山有多高，水有多深"的说法，村落用水、梯田用水主要来

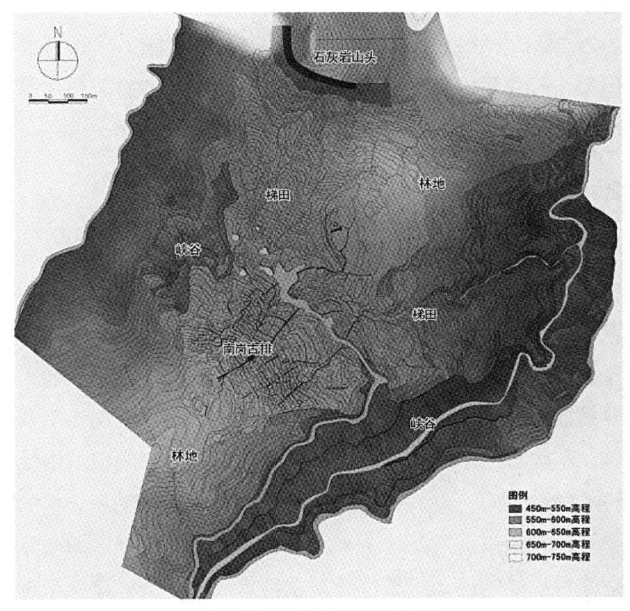

图1　山-村落-梯田-峡谷的分布格局（南岗古排保护规划）

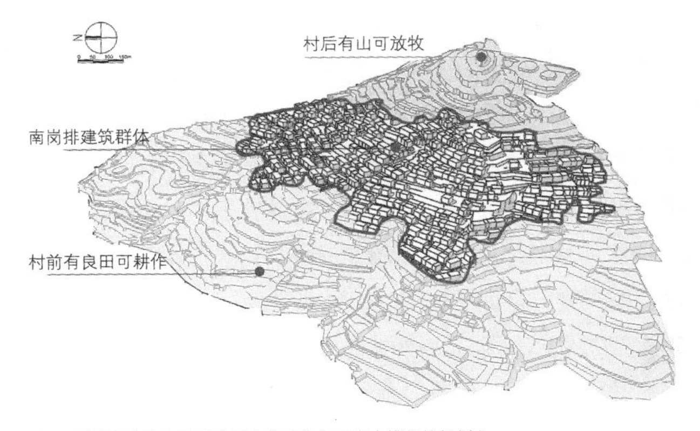

图2　扇面形山体与村落格局（底图来自南岗古排保护规划）

图3　村落中的明渠

图4　“竹笕”水系

自大山。在南岗瑶寨现在还能看到两套供水系统，一套是在村落中修筑明渠（图3），把山泉水引入梯田，满足灌溉所需，其余的水流入低地峡谷，低地峡谷的水再高温蒸发，凝聚成雨，又降落到山顶、村落、梯田；一套是“竹笕”水系（图4），满足村民的日常饮用水。实际上“山-村落-梯田-峡谷”构成一个小小的生态系统，保证了梯田稻作农业延续千年而不衰，同时也造就了独特的村落景观形态。

2．农耕经济影响村寨内部聚居形态

南岗瑶寨的山地稻作农耕经济属于小农经济，其最大特点就是自给自足、分散性、稳定性。自给性决定了核心家庭是其主要的构成单元，各核心家庭之间是平等的。不论是瑶长、瑶练、瑶老、普通村民，它的生产生活所需主要是靠自己农耕所得。这在村落与建筑形态上表现为平权性、组团性。所谓“平权性”是指村落并没有明确的中轴线或向心空间，没有像广府、客家、潮汕地区统领全村的祠堂建筑，只有三条巷道（龙）将其分成四部分。即使具有绝对权威的瑶老组织也没有在村落核心位置处建立所谓的“府邸、官衙”，居住建筑的规模并没有太大差距。他们的权威是凭能力、公平处理事务、为村民付出而获得认可、获得声誉。瑶长、瑶练也没有特权，也要下地务农。这有别于旧时汉族社会中“官员身份就意味着权力”的传统。他们的住宅在规模和形制上与其他村民没有太大差别，各户民居是平等的。所谓“组团性”是指在小农经济下同一姓氏的家庭聚居在一起，这是由于小农经济的分散性特点所决定，以家庭为生产单位促进了同姓氏靠近生活。同一姓氏之间的民居建筑就表现为明显的聚集性。从南岗寨的平面图可以清晰地看出大唐、小唐、邓、房、盘五大姓氏分别聚集一地，表现出显著的组团性特征，也印证了下文所说的“大杂居，小聚居”（图5）分布特征。

此外排瑶不似“食尽一山，迁一山”的过山瑶，南岗的排瑶经过累世发展，形成了定居的山地稻作民族，他们掌握了持续保持地力的耕作技术。这样他们的村落就能在栖居地逐渐发展成熟，其村落空间构成形态就相应的表现为丰富性、完整性、稳定性特征。因此南岗寨中就有了防御性的寨墙、寨门，就有了储存粮食的干栏式仓寮、圈养牲畜的圈棚、满足节庆娱乐所需的歌堂坪（图6）、祭祀祖先的南岗庙、瞭望用的碉楼（图7）、瑶王的石棺墓以及成规模的民居建筑群等各类建筑。这些建筑根据实际所需，分布于村落的不同位置，形成村落“底图”中显眼的“斑块”。

三、“龙”与“房”组织结构与村落格局的同构关系

循着村落中间的主入口，进入寨门，拾级而上，在村落台阶中部的一栋瑶练屋山墙上挂着一张写有“南岗排‘龙’组织示意图”的展板。从图上看出这种反应地缘结构的“龙”组织与反应血缘结构的“房”组织的结合与南岗寨的整体村落肌理或者是村落布局发生同构现象，是精神文化与物质文化的统一，形成南岗瑶寨特有的文化景观。

1．社会组织单位、瑶老制与村落布局

村落的空间形态是社会组织结构的物质表现，作为排瑶的社会组织单位“排→龙→房”和瑶老制直接影响村落的规划营建以及最终村落空间形态的形成。

（1）作为社会组织单位的“排（冲）”、“龙”、“房”

在南岭走廊上的排瑶，为了便于管理，自上而下形成一套严密的呈“树状”的社会组织结构。“排”是排瑶社会最上层的组织单位。“排”是周边汉人根据瑶民的村落建筑形态呈排状的“他称”。排瑶借助这样的称呼创造了自己的

图5 大杂居，小聚居

图6 歌堂坪

图7 碉楼

社会组织结构，即“排→龙→房”（图8）。这种独特的组织结构直接影响了排瑶村落的演变和村落的空间形态。

在连南、连山、连州、阳山一带历史上形成的“八大排二十四小冲”，就是该区域排瑶的32个社会组织单位，其实就是分布于各地的32个村落。“排”是规模较大的村落，“冲”是规模较小的村落，在排瑶的社会组织结构中属于同一级别。在每个排（冲）的组织结构下是“龙”组织。根据调研，“龙”组织的来源应该是受到汉文化中堪舆文化的影响，即“风水龙脉”。“龙”的数量通常由村落规模决定，规模最大南岗寨是三条“龙”。当一个村落中有若干条龙时，从组织结构看是平级的，但是通过物质形态的村落肌理来看，就有主次之分，位于村落中间的“龙”明显宽于两侧的。姑且称之为“主龙”和“次龙”。在“龙”的下面就是根据不同的姓氏形成的“房”的组织，是排瑶社会最基层的组织单位，“房”的概念也明显

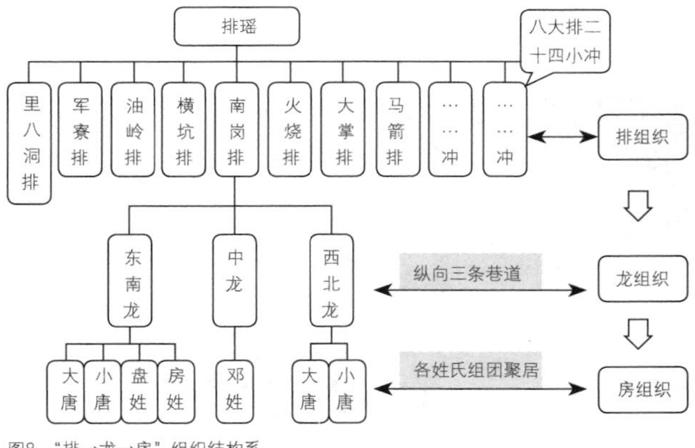

图8 “排→龙→房”组织结构系

具有汉族宗族文化的特征，这也从侧面反映了排瑶的社会对汉文化的吸收。

（2）瑶老制与“龙”组织的关系

瑶老制是“排瑶历史上自然形成的管理社会和公共事

物的一种政治制度与组织形式”[5]，由村中德高望重的老人组成，其成员有天长公、头目公、管事头。南岗寨有三条龙，相当于一个微型的“政治联盟”，“联盟首领”就是天长公。每条龙设一个龙头，头目公就是每条“龙”的龙头，天长公则是从龙头中轮流选出。所以“龙”组织是瑶老制度的重要组成部分。因此南岗寨的村落空间形态或者村落格局的形成与其说是村落规划与建筑营建的结果，不如说是瑶老制、社会组织结构内在文化的外在的物质表现。

2.“龙”、“房”组织与村落格局的同构关系

南岗瑶寨有五大姓氏，形成五大“房”的分布格局，这五大“房”由三条“龙”来组织（图9）。每条龙的顶端会竖一块象征“龙头”的石头（图10）。由于南岗瑶寨是坐西南朝东北，村落的左右方位为西北、东南向，所以可以称东南方向的纵巷道为“东南龙”，正对寨门巷道的为“中龙”、西北方向的纵巷道为“西北龙”。相应的龙的地缘结构与房的血缘结构结合就形成“东南龙组织”、“中龙组织”、“西北龙组织”。

东南龙（图11）组织由盘姓、房姓、大唐和小唐姓组成，各姓氏之间由小巷道大致分割。东南“龙”的外侧是盘姓聚居，内侧的西南向是房姓聚居，内侧的东北向是大唐小唐姓共同杂居。据村民介绍，大唐和小唐本是一姓，小唐是从大唐分出去的。所以也并不违背各姓氏“大杂居、小聚居”的组团式分布。中龙（图12）组织由邓

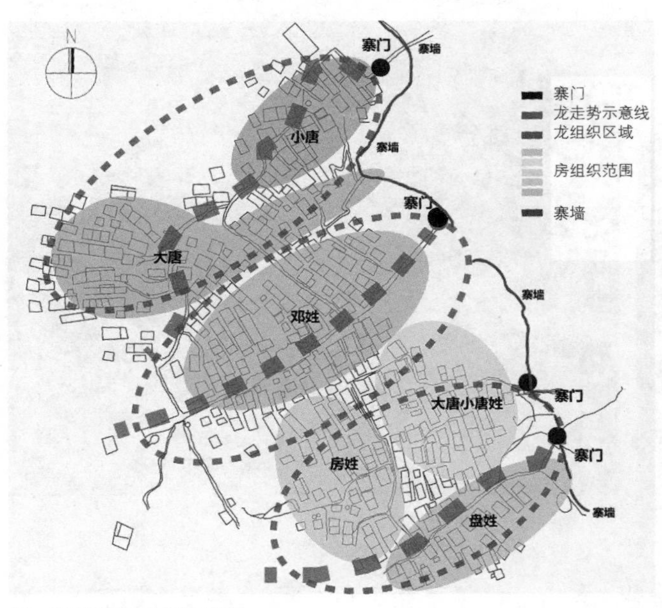

图9 南岗寨的龙、房组织示意图

图10 龙头石

图11 东南龙

图12 中龙

姓一脉居住，是村落中占地面积最大的血缘组织。西北龙组织由大唐和小唐两姓居住。大唐位于西南向，约占该龙组织的2/3面积，小唐位于该“龙”靠近村寨边缘的东北向。

总体来看，西北龙和中龙的地缘结构是与各姓氏的血缘结构一一对应。西北龙聚居的大唐、小唐两姓，虽然同出一脉，但是在两姓氏交界处，建筑明显稀疏，可以认为是边界的空间划分。东南龙由四姓聚居，虽然龙的地缘结构与房的血缘结构没有一一对应（推测是与不同姓氏迁入南岗寨的时间先后有关，抑或各姓氏发展繁衍程度有关，有待进一步考证），但是仍然遵循按姓氏聚居的原则，各姓氏有明确的小巷道作为边界。各姓氏的聚居区在龙的地缘结构的基础上，按照血缘姓氏集中分布。

事实上，“‘龙’实际上就是排之下的小单位，它以地域为基础，又以传统的聚居和血缘亲属关系使人们集中居住在同一地区。”[6]是血缘与地缘的结合，是排瑶社会制度文化在村落空间形态上的集中表现，是村落格局与“龙”、“房”组织结构同构现象。

四、村落外防内聚空间形态的军事适应性

南岗排瑶位于广州府的北部山区，族群力量薄弱，长期以来受到汉族统治阶级的压迫、汉文化的同化，以及其他少数民族的侵扰。根据文献记载，从瑶民迁居于此到清末民初的将近1000年的历史，该地区发生多次瑶民起义，一直遭到历朝统治者的同化与清剿。为保证族群认同以及生存所需，在村落的外空间形态上强调防守性，在村落内空间形态上突出聚居性，即对外严防，对内团结。

1. 村落外空间形态的防御性

南岗瑶寨的对外防御可以分为三个层次：首先，充分利用复杂的地形。南岗瑶寨深藏于南岭的山林中，周围是典型的石灰岩丹霞地貌区，在千百年的自然力作用下，地形被侵蚀成起起伏伏的山丘。由于长期受到东南季风的风蚀作用，山头明显向西南方向倾斜，当地村民将这种现象称之为“万山朝王”。复杂的山地环境非常有利于防御自保，同时“万山朝王”的称呼就是村民基于防卫心理将起伏的山丘假想为保护古寨的卫兵（图13），体现了物质防御与精神防御的统一；其次，将村落的防御与村前的层层梯田结合考虑。南岗寨选址于海拔655米～735米之间的扇形半山腰上，村前的梯田坡度相对平缓，梯田是村民生存之源，物质所需，也是发生战事时的重要缓冲带。山坡上的梯田是沿等高线修建，梯田与梯田之间有很明显的高差，由于若干级梯田垣沿寨前，从防御功能看，跟寨墙类似，甚至由于它的大纵深，其防御效果超过寨墙，最后，营建寨墙、寨门。从山脚经过梯田区，只有一条石板古道与村落连接，可谓一夫当关万夫莫开。在朝向村寨的梯田尽端，坡度明显大于梯田，约大于30°，村民选择在坡度最急处沿等高线垒砌寨墙和房屋建筑，借助地形高差加强村寨的整体防御性。根据一般经验，聚落选址坡度超过25°就意味着建设难度大、经济成本高，还容易发生滑坡、泥石流等地质灾害。村民之所以愿意承受高成本，甚至愿意承受自然灾害的威胁，也要在陡坡上建村，因为在村民看来人祸胜于天灾。此外在寨墙上根据需要在不同位置垒砌高大的寨门（图14a、b），寨门和寨墙使用的是当地盛产的石材，不仅坚固，而且与村落环境融为一体，其形象突出却无突兀感。村寨的两侧是峡谷和悬崖峭壁，充分利用险峻的山势以增强军事防御性。在村后有小路通往后山，即使古寨被攻破，村民也可顺着后山小路撤进茫茫大山。总之，这样村落选址和防御设计易守难攻，具有进可攻，退可守的攻防优势。

图13　古寨的卫兵（万山朝王）

2. 防御性影响村落内空间的聚居形态

南岗瑶寨不是单一的姓氏村寨，而是由大唐、小唐、邓、房、盘五大姓氏组成，通过寨墙的围合，强化了不

图14 寨门a、b

同姓氏作为一个整体的存在。在村落中建有盘王庙（南岗庙），是村民重要的公共空间、仪式空间、神圣空间，庙中供奉的是他们的共同始祖盘瓠以及18位祖先（现只剩下6位），为聚居在一起的不同姓氏提供族群自我认同感。不同的姓氏通过一个共同的遥远祖先联系在一起，并通过“盘瓠神话”的代代相传，将这种认同不断强化。这便是人类学家所谓的通过“继嗣群体”来实现社会关系的联系和结构化社会群体的建立[7]。除了神话中的共同祖先将村民紧紧地聚集在一起外，村落中的瑶王屋和瑶练屋既是瑶王和瑶练的居住空间，也是他们行使管理权、处理事物、团结村民的场所，是半权威空间、半公共空间。瑶王屋位于村后的正中，统摄全村，瑶练屋位于村中，瑶练协助瑶王处理村内事物，是现实中实现村内团结的重要力量。此外从村落格局中各姓氏的分布来看，对内呈“大杂居、小聚居”的空间分布特征，所谓大杂居是指不同姓氏在共同祖先盘瓠血缘观念维系的基础上，共同生活在被一个寨墙围合的空间中。所谓小聚居是指各个姓氏集中分布，形成相对有序的空间秩序。如果把该村假设为一个建制的“军团”，“盘瓠”是共同的精神信仰，瑶老制成员是“军事委员会”，瑶长是直接的“军事指挥官”，瑶练扮演“参谋”角色，位于村落不同位置的五大姓氏相当于五个“兵营”。这样的聚居特点有利于统筹管理，遇到战事便于调派各成员，非常有利于对内团结，对外防御。

五、结论与展望

传统村落作为传统农耕社会的人居环境，是基于自然、社会、人文的适应性选择，对其研究有利于拓展建筑美学的研究领域，有利于深化建筑美学的研究层次。作为南岭民族走廊上的典型传统瑶寨，广州府内的少数民族特色村寨，南岗瑶寨蕴含了山地稻作农耕经济对村落格局和内部聚居形态影响的生态理念，包孕了瑶族社会制度中“龙”的地缘结构、“房”的血缘结构与村落格局的同构关系，凝聚了瑶族人民营建外防内聚村落空间形态的生存智慧，充分彰显了瑶族传统村落的社会适应性。然而对南岗瑶寨的社会适应性研究，相对于南岭民族走廊上丰富多样的传统村落而言是微乎其微的。著名人类学家费孝通在20世纪80年代就提出“南岭走廊”的学术概念。循此概念，人类学、民族学等人文社会学科对南岭民族走廊展开了不同层面的研究。相比较而言，以建筑美学视野对南岭民族走廊的传统村落研究极为少见。因此，一方面除了对传统村落社会适应性研究以外，今后还要加强包括自然适应性、人文适应性等在内的建筑美学领域的研究，另一方面，应积极借鉴人文社会科学的最新研究成果，强化对包括传统村落保护与发展在内的传统村落研究，进一步挖掘南岭民族走廊传统村落的审美文化特征和文化地域性格，拓展和深化南岭民族走廊乡村聚落美学的研究成果，期冀为南岭民族走廊传统村落的保护发展提供更全面的理论参考。

国家自然科学基金面上项目“岭南建筑学派现实主义设计理论及其发展研究”（项目编号：51378212）；
《广州大典》与广州历史文化招标项目重点课题“广州古村落史研究”（项目编号：2015GZZ05）

图片来源

图1　来源于《南岗古排保护规划》

图2　作者改绘，底图来源于《南岗古排保护规划》

图3、4、6、7、10、11、12、13、14　作者自摄

图5　来源于唐孝祥．大美村寨，连南瑶寨[M]．北京：中国社会出版社，2015：51．

图8、9　作者自绘

参考文献

[1] 唐孝祥．岭南近代建筑文化与美学[M]．北京：中国建筑工业出版社，2010：63．

[2] 王元林．费孝通与南岭民族走廊研究[J]．广西民族研究，2006．04：109-116．

[3] 麻国庆．南岭民族走廊的人类学定位及意义[J]．广西民族大学学报（哲学社会科学版），2013．03：84-90．

[4] 广东省地方志史编纂委员会编．广东省志．少数民族志[M]．广州：广东人民出版社，2000：59．

[5] 唐孝祥．大美村寨，连南瑶寨[M]．北京：中国社会出版社，2015：29．

[6]《民族问题五种丛书》广东省编辑组．连南瑶族自治县瑶族社会调查．南岗排瑶族社会调查．政治与社会[M]．广州：广东人民出版社，1987：65．

[7] [美]．威廉．A哈维兰，翟铁鹏，张钰译文化人类学[M]．上海：上海社会科学出版社，2006：288．

[8] 陈志练．排瑶古寨社会研究[D]．西北民族大学，2008．

[9] 郑力鹏，郭祥．南岗古排——瑶族村落与建筑[J]．华中建筑，2009．12．

[10] 奉恒高．瑶族通史[M]．北京：民族出版社，2007．

[11] 广东省民族宗教研究院，中山大学人类学系，连南排瑶文化教学科研基地编．排瑶研究论文选集[C]．广州：广东人民出版社，2013．

[12] 练铭志，马建钊，李筱文．排瑶历史文化[M]．广州：广东人民出版社，1992．

天水西关历史街区传统民居保护与再利用途径探讨

蒋 悦[①] 李军环[②]

摘要：天水西关历史街区，是目前天水市历史风貌保留较为完好的历史街区。片区内既有良好的传统民居建筑，也有新建设的城市空间，矛盾较为突出，是天水传统历史文化沉淀与可持续发展的典型代表。本文主要分析西关历史街区传统民居生存现状，对传统民居保护与再利用进行深入分析和探讨。确立了保护与再利用的目标，提出设计原则并具体选择街巷及民居进行设计实践探讨，目的在于探索有效的现实、可行、适宜的保护与再利用途径。

关键词：西关历史街区；传统民居；保护；再利用

一、背景

天水市地处陇中地区，是甘肃省第二大城市，国家历史文化名城。天水以其悠久的历史文化，构成了以文化传统要素的独特形象。古往今来，这里人流物聚，商贾云集，是古丝绸之路上一颗璀璨夺目的明珠。本文选取甘肃省天水市秦州区西关片区为研究对象，该区域拥有丰富的历史文化资源，传统民居建筑众多。但因为人们生活方式的变化和城市的迅速发展，古街巷和古民居无法适应社会发展的要求，布局混乱、基础设施不健全，环境恶化等问题日益突出。如今，城市的快速发展给这一地区带来了机遇，各种优越的条件为充分挖掘区域人文、自然资源的潜力，实现区域的整体完善与复兴提供了可靠的保证，对完善城市功能，延续该地区的历史文化，提高城市空间环境品质，加强地区的城市活力，具有重要的意义。

二、天水西关历史街区概述

本文研究范围限定在交通巷以西，双桥北路以东，解放路以北，成纪大道以南，以三星巷为代表的区域内，占地约20万平方米。该片区西接伏羲庙，北邻玉泉观，东望山陕会馆，南靠育生巷。其中，作为天水市伏羲文化的重要载体伏羲庙是最靠近该片区的历史文化遗产，吸引了大批的外来游客。

1. 街巷空间

在我国历史规划中，“街——巷——院落”是城市空间组织的基本模式，街巷是其重要组成部分。传统街巷是可以成为天水市最具魅力的地方之一，它随着城市一起发展，记录城市某一时期的历史，反映当时人们的生活景象及那个时期所形成的充满活力和生活气息的特征。

该片区由五条街巷组成，分别是三星巷、飞将巷、新民巷、赵家大园以及厚生巷。但城市的飞速发展，该片区内传统的居住形式正在被逐渐取代，城市空间越来越多的向西方围合式广场的形式转变，居住空间越来越硬性，远不如街巷空间的功能多用，情感柔性亲切。各条巷道院落形式基本还有所保留，其中，三星巷中明清古建院落最多，现状风貌最为良好，道路较宽，巷道两边民居保留基本完整[1]。

---

① 蒋悦：硕士研究生，西安建筑科技大学建筑学院
② 李军环：建筑学博士、教授，西安建筑科技大学建筑学院

图1 片区卫星地图

图2 道路分析图

图3 三星巷街景（图片来源：自摄）

图4 厚生巷街景

图5 新民巷街景

2. 院落空间

天水西关历史街区的传统民居多为明清至民国间修建，建筑现多为一至二层。时代特征明显，地域做法独特。民居选用的是中国传统的四合院建筑样式，院内多种植各类花木，四面房屋大多带有外廊，各间既相互独立，又彼此相连。民居一般为土木结构，屋顶上均饰以脊饰、瓦当等。目前尚存的明清民居街区和院落，是天水作为国家级历史文化名城的宝贵资源。笔者走访该片区的一些“天水市保护古民居院落”，并进行记录，以下列出较具特色的院落[2]。

1）三星巷41号

这是该片区保留最完整的、规模最大的四合院。41号院祖上姓萧，萧氏教育世家，秦州城家喻户晓。萧家从教者达二十余人之多，传承三代以上，近百年来，在全省教育界声名远播，遂成教育世家，并多有建树。现在41号的主人还是萧家人，这位73岁的老人，一直在西安工作，退休后回故居养病。

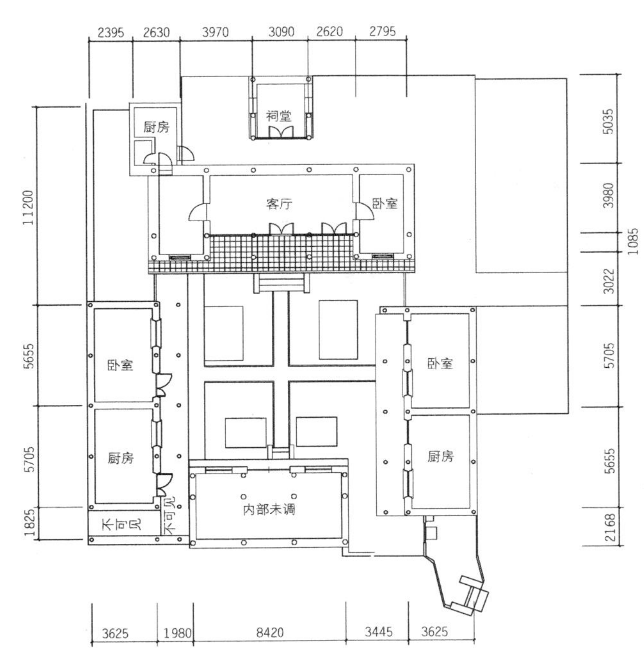

图6 三星巷41号平面图（图片来源：自绘）

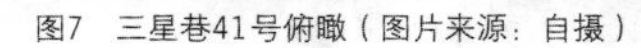
图7　三星巷41号俯瞰（图片来源：自摄）

图8　三星巷11号前院

图9　三星巷9号正房

2）三星巷11号

为清末张进士家院落，其院为两进两院，全院面东。三星巷9号和11号院落，大致同一风格的建筑。11号现在住的人都已不是原住民了，都是后来面粉厂的工人被分配住在此处，保护得并不是很好，但基本院落形制并没有被加建破坏。11号住了很多人，很多小孩子跑进跑出，这大概就是其中一个住户说的那种“老房子好，人多，热闹”吧。

3）三星巷9号

自东向西一进三院，据说是清末武进士赵子陪家的大院。在巷西有3间两坡水倒庭，南北各一间耳房与北边另半间呈锁子厅状，其间北边有屋宇式门道。如今9号院只留当年赵子陪之孙女留守，据她介绍，为了守护祖上的家产，打了30多年的官司才要回自家所有完整院落。宁愿如此守护老院的主人，在调研过程中只看到了这一家。

三、存在的问题及建议

1．历史街区被城市蚕食

城市的快速发展使得新的、好的建筑迫不及待地要替代仅存的历史场所。过去的十几年中，连片的古民居被零落拆散，位于三星巷口的赵家祠堂拆除，虽已重建，却早已不是当年模样，名存实亡；位于飞将巷的李广故居已经被彻底拆除，之前规划建设的李广纪念馆和李广纪念广场也并未实现，如今整片西关片区被城市大道分为支离破碎的零散小片区，沿城市道路建设的商住楼将民居群包围起来，如“遮羞布”般将极具历史价值的古民居群遮挡起来[3]。

2．古民居保护受阻

1）古民居保护资金匮乏

近年来，天水市经济发展迅速，政府部门虽然每年拿出一定资金对多处名人故居进行保护，但除此之外的其他民居无人问津；而天水市位于中国西北部，人均收入较低，而原本生活在古民居中的市民多为城市的弱势群体，对于古民居的修缮保护能力有限，大多数古民居的保护只能是表面上的修补，当古民居面临着一场大雨即将倒塌的困境时，他们无能为力，只能任其发展。

2）人口结构变化

古民居面临的另一问题是随着人口结构发生变化，古民居保护也将面临很大的阻碍。当现代化的住宅成为趋势之后，有一定财力的居民便会搬出祖宅，出现人去宅空的现象，任由房屋越来越破旧；而其他没有财力的居民，只能选择蜗居于此，不能乔迁的居民几代人生活在一个院落中，建筑面积有限，造成片区内乱搭乱建现象严重，早已

图10　遭到破坏的院落（图片来源：自摄）

图11 随意加建的房屋

经失去了原本闲适的传统街巷生活氛围。除此之外，很多外来租住户文化水平较低，对古建筑保护重视程度不够，很多人抱着将就的态度租住在房租便宜的破旧民居中，没有保护和改造居住环境的意识，历史街区传统风貌破坏严重。

四、历史街区传统民居保护与再利用设计探讨

通过以上分析，可以看出西关片区作为秦州区，甚至是天水的传统文化代表，需要重新展现传统街巷及民居魅力的重要性。对历史街区的文化保护，很重要的一点就是如何保留其原本的传统的街巷生活氛围。所以可以对其有针对性地保护，主要以稍微的修复为主让其传统型更好的保留下去，让更多的人走进这片区域，让游客深入感受当地风土人情，了解西关片区。在这片区域打造游览与居住相结合的生活模式，发展民宿经济，提高整个西关片区的活力[4]。

1. 保护与再利用设计原则

1）寻求发展活力：对西关片区不同街巷根据不同现状进行重新定位，发展相应的功能。如文化、商业以激活本区域以及周边。

2）保护原生态：寻求文脉的发展，寻找原有的城市发展肌理，保护传统文脉特色与传统街巷氛围，建造地域性建筑。

3）促进片区的宜居性：创造便捷的生活条件，包括交通的可及，日常生活消费、休闲娱乐以及体验地域风情等各方面设施的完善，加强古民居片区与城市各方面的联系。

4）促进片区的多样性：鼓励片区的多样性，利用建筑功能，空间性质以及整体风格等，达到相互交融，丰富文化特色的目的。

2. 保护与再利用定位

西关片区内多是生活性街巷，是具有历史特色风貌的低端社区。应在基本维持原有居住空间结构和传统生活方式基础上，进行保护性更新改造。针对现状问题，通过交通状况改造、延续街巷传统历史风貌、营造多层次的交往空间以及塑造多样的休闲空间，从而逐步提高社区环境和居住质量。让新老民居和谐共存并延续社区历史文脉，实现街区中社区居民生活质量的可持续提升。同时考虑民宿经济，通过旅游产业使街巷重新活态化并提升居民对古民居保护的意识。

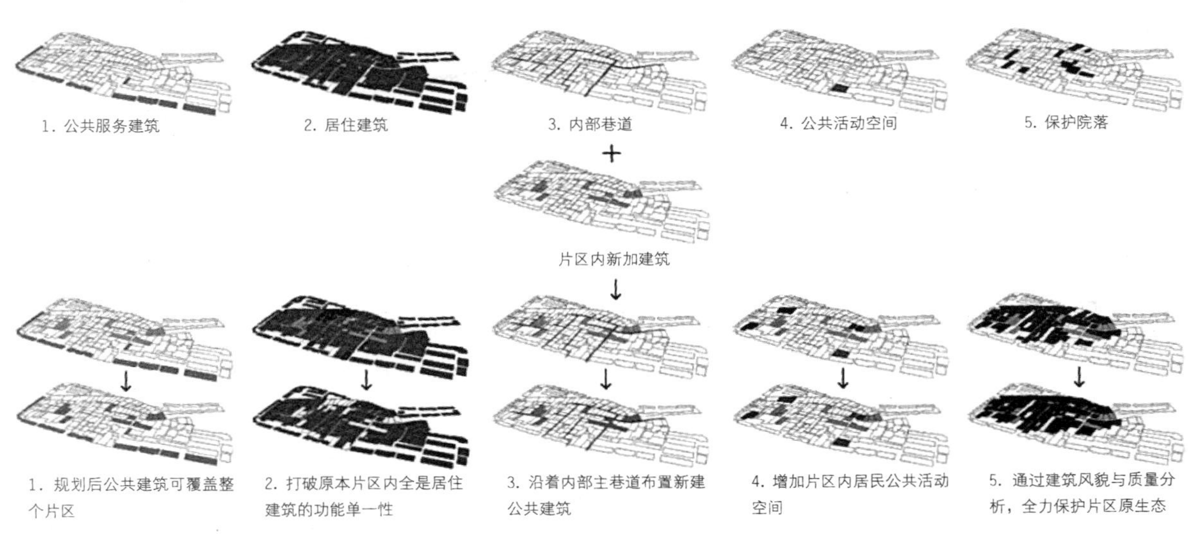

图12 片区规划理念（图片来源：自绘）

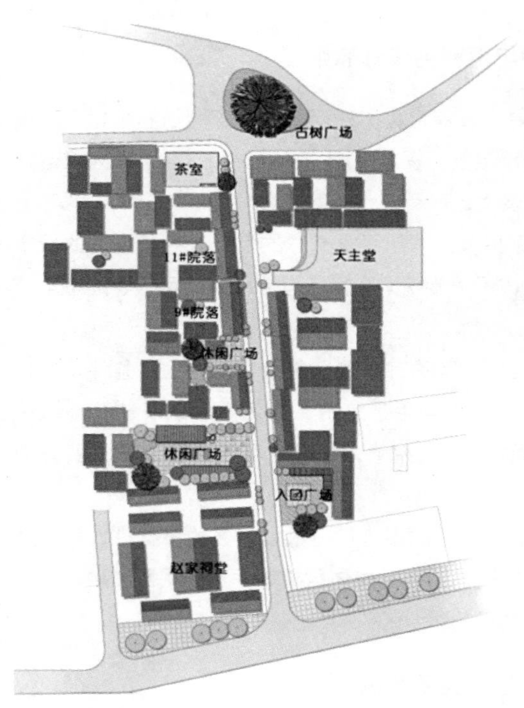

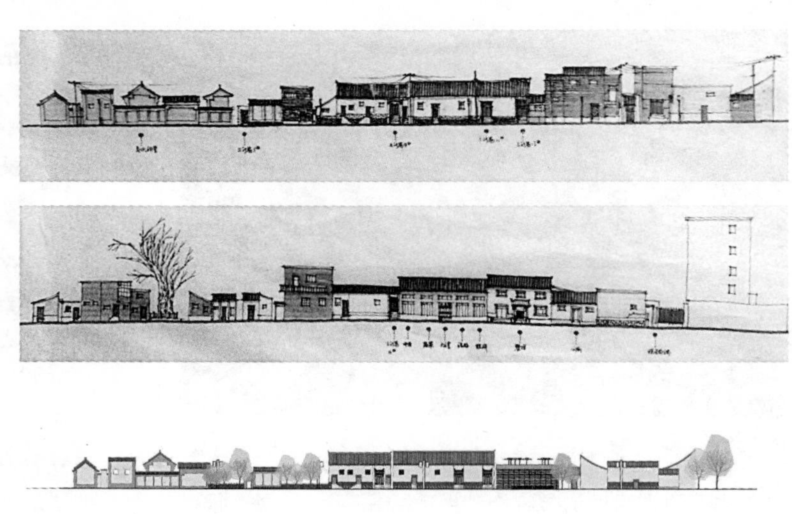

图13　改造后三星巷平面图及改造前后立面图（图片来源：自绘）

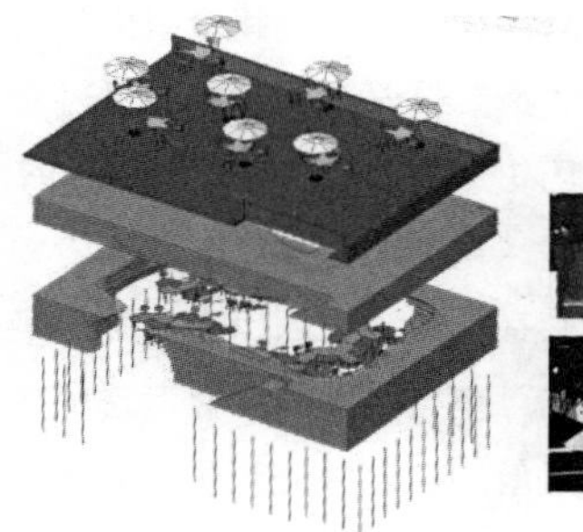

图14　改造后三星巷公共茶室

图15　改造后三星巷艺术家工作室

3. 设计策略

以三星巷为例，其保护与更新应以整体保护与公众参与的原则出发。在街巷交通改造、街巷空间营造、塑造多样化的交往空间和对特色建筑进行保护与再利用等多方面的街巷保护与更新设计。保留街巷空间风貌的同时也延续生活交往方式，同时增加街巷的经济性，提高商业旅游价值，达到多方面利益的均衡设计。

1）交通改造

该片区原有道路多为尽端路，路网极不合理。将片区中两条重要巷道飞将巷和三星巷的道路连接起来，并与已经做过改造的自由路相结合，向西与赵家大园巷和厚生巷连接，形成一条游览主线。并利用天生地理优势，沿着片区背面的悬崖规划一条人行景观道作为次要游览轴线。

2）空间营造

对三星巷的调研显示，绝大多数人都希望居住在相对安静的环境中，因此，营造安静优美的居住空间是必需的。在街巷体系中，通过庭院空间的过渡，会使居民感到更加安全，成为邻里交往的纽带，而半私密空间的营造，也为邻里间提供了空间，因而营造多层次的街巷空间，有利于加强人的交流，使人感到更大的安全感和满足感。

3）塑造多样化交往空间

传统街巷休闲空间具备街巷狭窄、建筑低矮、界面丰富等近人尺度的要素。人们通过其视觉对休闲场所获得空间尺度感受，具有亲切感和认同感。在宜人的空间尺度中，居民不会感到沉闷和压抑，便于人与人的交流和亲近。调研结果显示，三星巷中缺乏供人逗留的公共空间，应营造适宜于逗留、交谈、交易等交往空间，应选择没有

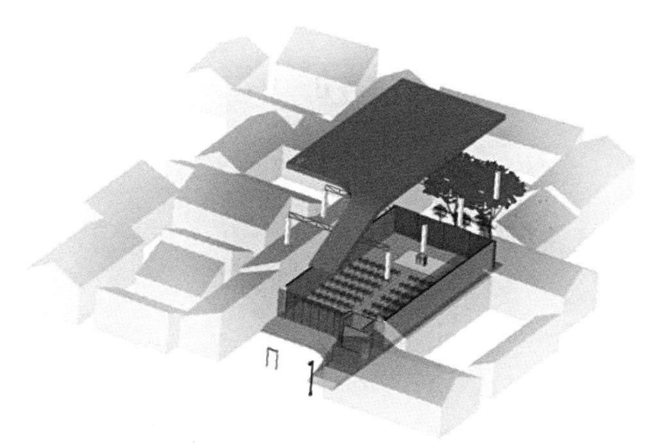

图16 改造后三星巷天主堂（图片来源：自绘）

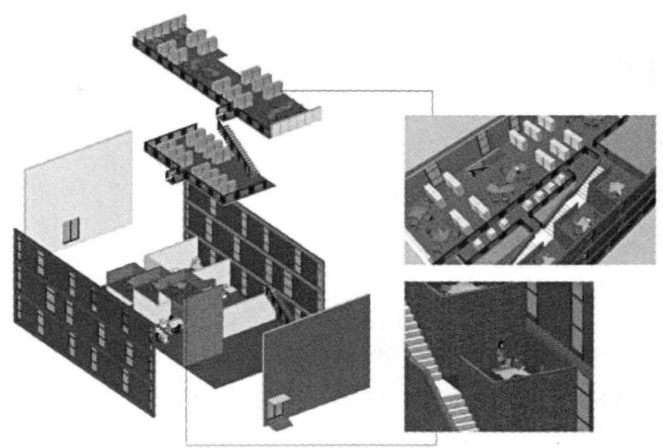

图17 改造后三星巷公共图书馆

较大干扰的位置设置。

4）特色建筑改造

为了解决新旧矛盾，使该片区的发展达到可持续，将改造和新建结合起来，使之对话，既对比又统一。在建筑规划中利用现有建筑改造为民宿酒店、艺术家体验营、天主教堂、新建社区活动中心、戏曲文化中心等公共建筑，串联起整个片区的旅游、生活、商业等[5]。

五、结语

本文对西关街区民居保护与再利用确立了目标和原则，并进行了设计实践，然而传统民居保护与再利用是一个涉及面广、内容复杂的课题。它与该片区的历史、经济、社会、文化、法律法规都密不可分，笔者认为最重要的应是呼吁人们对这个问题的重视，以及相关法律对于民居保护与再利用的帮助，来寻找更现实可行、可持续的保护与再利用的途径。

本文受国家自然科学基金“川西北嘉绒藏族传统聚落与民居建筑研究”资助（项目批准号：51278415）

参考文献

[1] 徐敏.最后的天水古巷[J].新西部，2013.7：48-50

[2] 南喜涛.天水古民居的建筑艺术[J].中华民居，2010.11：28-33：

[3] 欧秀花，张睿祥.谈天水传统民居现状及其保护[J].小城镇建设，2011.01：97-99

[4] 阮仪三，刘浩.苏州平江历史街区保护规划的战略思想及理论探索[J].规划师，1999.01：47-53

[5] 贺凯，桐城胜利街区传统民居建筑整治、改造与再利用研究[D]. 北京：清华大学，2013：68

明清福建方志史料中的民间传统防御性聚落研究

刘 康[①] 陈志宏[②] 张 松[③]

摘要：本文主要通过对方志史料的统计和分析，从时间顺序上阐述明清时期福建民间传统防御性聚落的发展过程、建造形式以及不同防御性聚落的类型特征，指出明代嘉靖之后，倭寇、山贼等社会动荡，民间聚族而居武装自卫，经常在官府默许支持下，各地大规模建造了土堡城寨，体现了明清时期乡村严峻的外部安全形势与宗族意识强化的特点。

关键词：明清；福建；方志史料；防御性聚落；类型特征

引言

福建滨海多山的地理环境，历史上战争冲突、倭寇侵扰多有发生，尤其在明清时期。福建各地在动荡的社会环境下建造了多种类型的防御性聚落，如土楼、土堡、寨庐、村堡等。对于福建防御性聚落类型的研究最早主要是对土楼的研究，在1956年，刘敦桢先生就对福建永定土楼进行了测绘与调研；[1]20世纪80年代黄汉民发表及出版大量介绍和分析土楼的书籍、文章。[2]对土堡的研究较晚：戴志坚、曹春平于20世纪90年代对三明代表性土堡的研究。[3][4]对于福建村堡的研究较少，主要集中在对漳州的赵家堡以及诒安堡的研究。[5][6]对于福建其他类型的防御性聚落如福州的寨庐、庄寨等，现阶段的研究比较缺乏。

现阶段对福建防御性聚落类型的已有研究相对处于各自独立的状态，学术成果局限于研究单一类型的防御性聚落，而缺乏对彼此之间的研究，而且主要集中在历史建筑实物的测绘调查研究中，对于现存丰富的福建各地方志史料中相关防御性聚落的记载，却缺乏系统地梳理和研究。本文通过对大量史料的阅读与整理，来探讨明清不同时期的福建民间传统防御性聚落大量建造的原因以及特点。

一、福建明清防御性聚落概况

防御性聚落主要是针对战争、山贼、倭患、宗族械斗等人为因素造成的社会动荡不安的聚居环境而进行安全设防的聚落，不同于一般聚落，防御性聚落在满足居住要求的同时，还要保证聚落内居民的人身安全。防御性聚落营建时常常设以防御功能为主的设施或建构，如厚实的堡墙、用于瞭望的望楼、防御性碉堡等，这些防御性构建或单独作业，或相互作用，从而达到加强聚落的防御能力。[7]

我国东南沿海的福建地区自古移民众多，有着复杂的谱系关系和文化差异，这一地区山峦起伏、溪流纵横，常有盗匪、倭寇出没，由于朝廷鞭长莫及，宗族聚居统治的防御性聚落得以在此发展并延续至今。福建地区的防御性聚落类型、数量众多，福建的防御性聚落类型（表1）主

① 刘康：建筑学硕士、硕士研究生，华侨大学建筑学院
② 陈志宏：建筑学博士、副教授、华侨大学建筑学院
③ 张松：建筑学硕士、硕士研究生，华侨大学建筑学院

福建不同类型防御性聚落的概况表　　表1

类型	分布	命名方式	现存数量	主要民系
土楼	主要分布于闽西南交界处	“楼”	8000余座	客家系、闽海系
土堡	闽中（三明地区）	“堡”、“堂”	500余座	客家系
寨庐（庄寨）	闽东福州地区（主要分布在永泰县、闽侯县）	“砦（寨）”、“庐”、“庄”、“堂”、“第”	1000余座	客家系、闽海系
村堡	零碎分布	“堡”、“寨”	数量不多	闽海系

要有福建闽西、闽西南的土楼；闽中的土堡；闽东的寨庐；以及一些村堡（如福建漳浦的赵家堡以及诒安堡等），但是那些带有枪楼、炮楼等有一定防御性的聚落并不在本文的讨论范围之内。

明清时期的福建地区称之为“堡”、“砦（寨）”、“庐”、“楼”、“庄”的防御性聚落的大量建造主要集中在三个历史时期，当时社会动荡，各地纷纷构筑各种堡垒来进行自我防卫：

第一个时期是明中叶前后，倭寇大肆侵犯福建沿海地区，并向山区不断流窜；

第二个时期是明末清初时期，政权更替之时；

第三个时期是清嘉庆、咸丰年间，农民起义频发。

通过对方志史料的查阅、梳理，发现这三个历史时期福建防御性聚落大量出现，并且随着时间推移，防御性聚落也有一个变化的过程，从主要集中地到其本身的功能特点都有一定的改变。

二、以方志史料为主的研究方法

方志即“地方志”，是对一定地区范围的综合记述，内容丰富，包括一个地区的天象、地理、政治、经济、军事、民情、教育、名胜古迹等方面主要人事物的记载，方志史料的丰富性，为我们提供了大量的历史资料。[8]

方志中对于村落、民居的记载一般较少，主要记载的是城池、衙署、学校等，但是由于防御性聚落的特殊性，它会引起官方的关注，同时防御性聚落会与一些防御、保卫等人物事迹相联系起来，方志中对于防御性聚落会有一定的记载。如：乾隆年间的《建宁县志》中对官员陈世职的记载就有提到：“国初山寇穷发，民多逃窜，职团练乡勇，倡率乡民筑六土堡，保全乡里人……”[9]

笔者主要收集了从明弘治年间到民国的150余本福建的方志（图1），以及《读史方舆纪要》、《寇变记》、《国朝莆变小乘》等相关史料，这些方志史料中对于防御性聚落有大量的记载。通过对这些方志史料的查阅与梳理，整理出防御性聚落大量出现的时代背景及其功能转变的一个过程。

三、明初“卫所制度”的推行与影响

明初，政权还不稳定，沿海日本列岛的浪人、武士、海贾等组成的倭寇抢掠，朝廷“以陆防海”，设定海防，并且推行了卫所制度。卫所是明代最基本的军事组织，早在1364年，朱元璋就开始设置卫所，1374年（洪武七年），全国开始实行卫所制。卫所制度的推行很大程度上对防御性聚落的修建提供了参考。

福建地区是倭寇侵扰的主要地区之一，在朱元璋构筑“海上长城”的防御体系中具有重要的战略地位。1368年（洪武元年），刚刚入闽的明军就在福建布政司（含福州府治），并且在泉州、漳州、兴化三府建立了卫城，并派兵戍守，这是明朝在沿海重要门户设置的第一批军卫。同年，1368年（洪武元年）在内陆的三个府县建立建宁卫、延平卫、邵武卫；1372年（洪武四年）在汀州建立汀州卫，建宁建立将乐守御千户所，1375年（洪武八年），在福州府治东南兴建左卫和右卫，1387年（洪武二十年）①

图1　福建旧方志丛书（图片来源：笔者根据图书封面翻拍）

① 史载时间不一，本文按顾祖禹《读史方舆纪要》所记载时间。

开始大量建造的卫所，福建地区沿海就兴建了5个沿海卫指挥司，12个守御千户所，还有福州中卫，不久又陆陆续续地建造了中左、南诏两个沿海，武平、上杭、永安、浦城四个内陆守御千户所（图2）。①

从卫所的分布我们可以看出朱元璋构筑的“海上长城”工程十分之浩大，卫所分布十分的密集，彼此之间呈现一种互为掎角之势，而且很多的府县还自行添加建造了一些小型的城堡和山寨，《读史方舆纪要》中记载：“又青山寨，在县东南四十余里。洪武二十一年置，隶崇武千户所”。[10]这种小型的山水寨与千户所配合守卫，而千户所又与卫城配合，共同守御县城、府城，彼此紧密联系，共同防御。明朝郑若曾的《筹海图编》对沿海防卫以图文的形式记载，其中从福建防海山沙图中漳州府的部分（图3），我们就可以看出山水寨、巡司、卫所、县城府城，这些防御城堡互为犄角的关系。

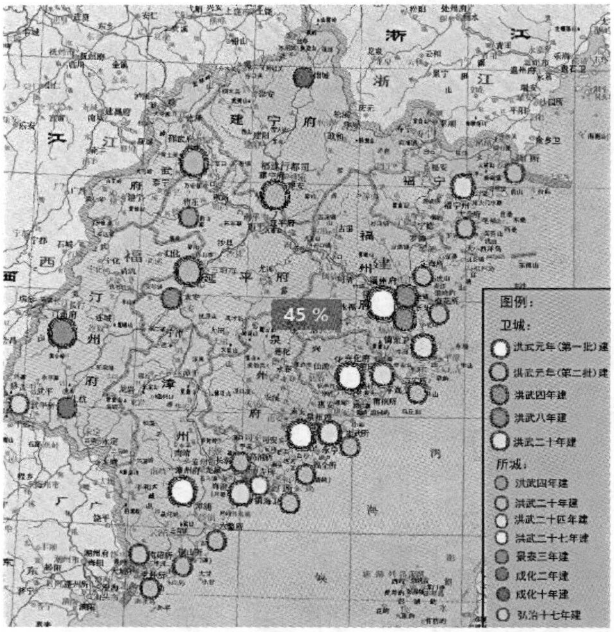

其中卫城的建造时间（除文中描述外）：
洪武二十年：福宁卫、镇东卫、平海卫、永宁卫、镇海卫。
所城的建造时间：
洪武四年：将乐守御千户所；
洪武二十年：大金、定海、梅花、万安、莆禧、崇武、福全、金门、高浦、六鳌、铜山、玄钟共12个守御千户所；
洪武二十四年：武平守御千户所；
洪武二十七年：中左守御千户所；
景泰三年：永安守御千户所；
成化二年：上杭守御千户所；
成化十年：浦城守御千户所；
弘治十七年：南诏守御千户所。

图2 福建明代卫所分布（自绘，底图来源：地之图网站，福建历史地图（明））

卫城的形制一般周长870丈（1丈约为3.3米）左右，城墙高2.3丈左右，乱石堆砌，有四城门；所城一般周长约500丈左右，城墙高2丈，四城门。[11]以漳州镇海卫（图4）形制为例，据《漳州府志》载：

“其城周围八百七十三丈，皆砌以乱石，城背广一丈三尺，城高二丈二尺，为女墙一千六百六十，为窝铺二十，为垛口七百二十，东西南北分四门，后以东门失险常闭，别开一水门，凡五门。各有楼，城下倾陡，以海为壕。”[12]

这些城池、卫所、堡寨的设立很大程度上为民间的防御性聚落的建造提供了参考，很多民间的堡寨的防御设施，材料、尺度等都会模仿官方的做法，特别是比较大型的村堡。如漳浦县的赵家堡，周长315丈、高1.5丈、4个城门，有楼，用土、石堆砌墙体，其瓮城、马面等防御的做法与卫所的防御相似。而土堡土楼的一些瞭望台、碉楼、角楼等防御也是出自官方的做法。

图3 福建沿海山沙图漳州府部分（底图来源：明郑若曾《筹海图编》）

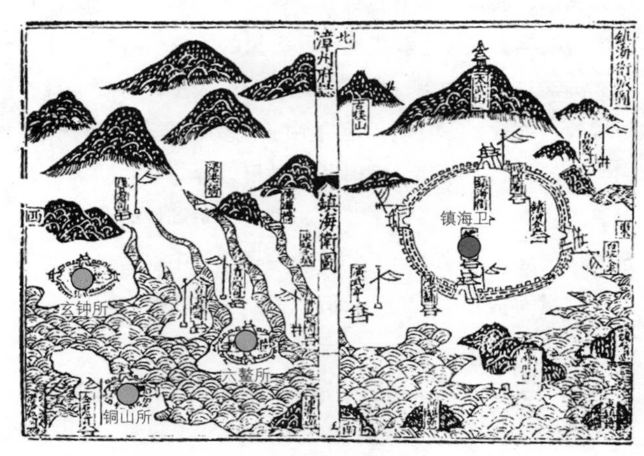

图4 镇海卫图（底图来源：明万历《漳州府志》镇海卫）

① 根据顾祖禹《读史方舆纪要》卷九十五——卷九十九整理

卫所制度的推行，为福建地区提供了很好的保护屏障，根据对史料的查阅，明朝初期民间的防御性聚落的建造相对较少，特别是沿海地区。由于内陆的府县卫所相对较少，其防御没有沿海地区缜密，但是贼寇侵扰、土客争斗等还是时有发生，民间防御性聚落的建造相对沿海较多。

四、明中后期的民间防御性聚落

嘉靖年间，频繁的倭寇入侵福建地区，据万历年间《泉州府志》记载，仅嘉靖三十八年到四十二年泉州就有二十余起大型的倭寇掠夺事件。在长期与倭寇的抗战中，人民意识到了坚固的城郭对家园保卫的重要性，而各地官员也提倡民众修筑堡寨来抵御敌寇。嘉靖三十九年（1560年）至四十四年（1565年）间，“盗贼”进入诏安、云霄等地，林偕春于是向朝廷反映，倡导乡民联防，在他的《兵防总论》中提到：

“坚守不拔之计，在筑土堡，在练乡兵。”“恃凡数十家聚为一堡，砦垒相望，雉堞相连，每一警报辄鼓铎喧闻，刁斗不绝，贼虽拥数万众，屡过其地竟不敢仰一堡而攻，则土堡足恃之明验也。”[13]

这一时期出现了大量的由乡民集体构建的，并且很多是在官府的倡导、督促之下修建的防御性的聚落：

“鉴江堡，屯聚千余家，明洪武间，海寇窃发，邑人吴因保创筑土堡，乡得安堵。嘉靖间，居民复筑之。”[14]

“先是嘉靖三十六年，地方寇乱，中丞阮公鹗，令民筑土堡，议令八九二都共围，跨溪为桥，筑坦其上。”[15]

“国家东南有倭寇之患，嘉靖戊午己未，凡再三焚城外居民数千家，官府、传舍悉为灰烬……团结乡兵与官兵相兼，防御者一百六十社，既设险清野，又督建土堡，以渐而成凡，一百又三座。”[16]

在防御倭寇上，这些乡民构建的堡寨起到了很大的作用，乡民不再需要躲入城池或者山林之中，人身财产都能有一定的保障。

从总体情况来看，这一时期福建地区修建的防御性聚落比较偏向村堡、山寨的类型，一般选取村子周边比较险峻的地形作为据点，在此修建堡寨聚落。如李世熊在《寨堡纪》中记载：“莲峯寨古有旧迹，不知何昉也。嘉靖末，流寇四起……固莲峯旧迹，捐资募工缮之，增垒削夷，中建小宇，祀真仙，仙降箕多验。此寨修，而乡人恃以无恐，幸寇平，实未与贼相拒，故称太平寨。”[17]太平寨在村子对面的莲峰山上，离村庄有一定距离，一般只是作为躲避、防御使用，倭寇来了，则躲避其中；倭寇走了，则继续劳作。

还有一些则会在村庄周围整体设防，筑堡墙，设马面等来进行防御。明万历年间《永安县志》对贡川堡（按形制来说，贡川堡较所城规模更大，属于村堡的范畴）记载：“贡川距邑四十里，嘉靖三十六七年，广贼入境，烧劫俘戮，民汹汹无宁日，上司行示村落筑堡自卫，贡川遗民谋派筑堡，请诸抚按本道报曰，可下本府议，本府知府委官督造，广六百二十三丈，高二丈四尺，乡人德之，立祠尸祝堡记载艺文志。”[18]

这个时期福建的防御性聚落虽然有大量的建造，但是主要还是以御防为主，居住功能不强，主要是为躲避、防卫等，一般是整个家族、村庄或者好几个家族、村庄一起营建的，尺度上来说一般比较大型，但是也会随着政局的稳定，寇匪的减少而衰退，具有临时性的特征。

五、明末清初的民间防御性聚落

1. 明末社会动荡下的地方武装

明末清初政权更替，政局混乱，福建地区再次陷入社会动荡之中。当时，各类流寇乘机在各县肆虐：

“（崇祯）十七年，山寇陈尾林龙等作乱，讨平之。”“（顺治）四年，常太里山寇潘仲勤、仙游县王士玉、海寇杨耿作乱，率衆围城。十一月，省中援兵至，贼少退。五年正月，寇复合，郡城被围，三月城陷。”[19]

“崇祯十五年，南安张六角、林隆，又长泰里吴少子戴厚等，倡乱众，各数百号，以青巾，诸寇惟张最猖獗，破三洋寨，杀戮甚惨，攻感化大寨，不克而去。”“（顺治）四年，海警频闻。六月，闲林艮等聚众，以裹素为号，旬日至数千旋。”[20]

这种情形之下，官府往往也是自顾不暇，于是民间纷纷筑堡自卫，特别是乡村地区，大量的防御性聚落得以筑建：

“李元春，字统阳，诸生，顺治戊子，赈饥，建南山桥，盖驴子岭茶亭，以利行人，筑土堡，以御山寇。”[21]

“负山险阻，故村落多筑土堡，聚族而居，以自防卫，习于攻击，勇于赴鬬。国朝以来，休养教化，尚淳朴，重诗书，强悍之俗，十变二三矣。”[22]

这一时期的防御性聚落现存的建筑实物较少，一般在战乱匪患中被摧毁，或者由于年代久远而废弃。这一时期的防御性聚落已经日益倾向成熟，一般会离村子更近，或者就在村子之中，居住功能也变得更为重要了，居住、防御慢慢开始结合起来，比较特别的类型，如土楼，其居住功能的重要性在某种程度上已经超越了其防御性。李世熊的《寨堡纪》中："崇祯甲申，而后贼风大炽，攻城掠邑，在见告城守不如保砦之逸矣。从叔蕃如公乃督乡民大加修葺吾宗，计户区分，构宅为乡人之倡，至丙丁间，渐次，辟除编茅，筑圜，栉比鳞次，遂俨然如郚落。戊子年变乱益剧，吾宗咸以砦为家，于是砌马道、增木垛、建东南两城楼，而砦势益壮矣。"[23]记载了堡寨从单纯的防御到可居住的一个过程。

在防御性聚落的建造之中，宗族血缘关系在其中起到了非常重要的联系作用。据康熙年间平和县志记载的约167个防御性堡寨聚落之中，有120余个是一姓或者一村共同建造的，47个由多姓或者多村修筑。① 紧密的血缘、地缘关系让聚族而居的人民团结一致，共同抗敌，同时也让防御性聚落这种聚集型的生活方式得以延续。

2. 清初"迁界"的影响

清初开始实行严格的"海禁"措施。1661年（顺治十八年）八月，康熙下诏宣布大规模的迁界：②"将海边居人尽移内地，燔其舍宅，夷其坛宇，荒其土地，弃数百里膏腴之地，荡为瓯脱，刻期十月内不迁，差兵荡剿……于是流离转徙，死亡荡析，郑侠所上之图，绘之不尽矣。先是近界十余里，及大度通平海浦禧者，房屋尽毁，足迹如扫。"[24]

康熙元年（1662年），福建开始迁界，各地被迁的地域大小不等，凡支海多、港湾多、渔民多及郑军活动频繁的地方，迁幅都较大；而人口众多、经济发达的地方，迁幅较小，甚至不迁。迁界时，凡属界外的村庄、田宅，"悉皆焚弃"，造成"滨海数千里，无复人烟"，家破人亡，流离失所，并且在沿界挖沟筑墙，设寨建台，分兵把守，严禁民众越界。迁界给福建沿海居民带来了非常大的灾难，沿海大量的房屋均被摧毁，包括过去用于防卫的城寨，这也可能是福建地区现保留下来的防御性聚落主要分布在山区，而沿海地区甚少的原因之一。

六、清中后期的民间防御性聚落

1. "坚壁清野"政策影响

福建地区自清朝建立到嘉庆年间，虽然没有发生过大范围的寇变动乱，但是小范围内的海寇劫掠、土匪掠夺、乡族争斗、地方起义还是时有发生，当时朝廷不能全面应对，于是倡导乡民自主修建堡寨，自卫性质的地方武力相继组成，大量村落构筑堡寨进行自我防御。

朝廷对防御性聚落的修建往往会有一定的顾虑，怕会滋生很多以此为据点的叛乱，往往要官府许可之后才能修建。嘉庆年间全国各地都发生了多次大规模的农民起义，官员德楞泰、龚景翰更是分别向朝廷进谏《筹令民筑堡御贼疏》、《合州龚刺史坚壁清野议》，商议对抗起义军的方法，并且得到朝廷的认同，推行"令民筑堡御贼"与"坚壁清野"的政策，命令各地组织团练和修筑堡寨。"坚壁清野"的政策还作为清朝政府对付太平军和捻军的主要手段。

福建地区也是起义战争不断：1810年（嘉庆十五年），沿海地区爆发了蔡牵起义；1840年，第一次鸦片战争爆发；1850年（道光三十年），厦门地区小刀会起义；1852年（咸丰二年），闽中地区爆发了由林俊领导的农民起义；1857年（咸丰七年），太平起义军入闽……大量的战争起义，让普通民众只能纷纷筑堡自卫，嘉庆年间的《惠安县志》就有记载当地居民如何防御贼寇："县西北多丛山……每数村则会为一堡，推众望所服者一人，长之有警，则鸣螺递报，各束装以出，相为应援，故虽在山谷间，而盗贼鲜少。"[25]

这些官方推行的政策无疑促进了大量的防御性聚落的建造，而且这一时期福建地区所建造的防御性聚落有大量的实物保留了下来。纵观现存的建筑实物，防御性聚落的居住功能已经逐渐占据了比较重要的地位，土楼最为明显。这个时期的福建传统防御性聚落已经从最开始的单纯防御，慢慢发展到居住与防御很好地结合在了一起，居住功能也渐渐占据了比较重要的地位，防御功能已经退居其次了，有些防御性聚落除了外围的土墙之外已经没有任何防御的迹象。同时，防御性聚落跟村落的关系也更为紧密，以血缘关系为基础的宗族意识在构建防御性聚落中也在逐渐强化，聚族而居的生活习性不断强化宗族意识。

---

① 根据清康熙年间昌天锦《平和县志》卷之二整理

② 即"迁界令"，是清政府为了不让台湾得到大陆的物资，强制一定范围内沿海居民向内陆迁移30～200里，所有的建筑都被拆毁焚烧，并且设立界碑，修建界墙，建立塞墩，采取非常强制性的措施，让沿海形成了一大片的无人之区。

2. 地方宗族势力的参与

清康熙之后，福建地区社会环境已经基本安定，但是由于福建地处东南沿海，远离政治中心，地方上宗族势力不断加强，常常会发生像械斗、土客之争这类冲突，而在这些冲突中，防御性聚落往往是双方的据点所在。光绪年间的《漳州府志》就记载了道光年间因为械斗，各村砌筑土堡，被官方强制性拆毁：

“许原清……道光九年，以厦防同知，署漳州府事，漳属积案未结甚多……所以清械斗也，漳浦县斗氛尤甚，各村筑土堡、藏铳械，辗转相仇杀，原清为社规四则，禁约八条，亲往晓谕，不踰月土堡尽折。”[26]

宗族的械斗无疑是地方势力强大之后的一种体现，这也从侧面体现了福建地区在血缘关系或者地缘关系的纽带之下的宗族强化意识，而防御性聚落的修建则成为了地方势力显示自身强大富有的一个工具。民间宗族的械斗让官府关注到了地方势力的强大，因此官方对防御性聚落进行了一定的把控，拆毁以及不再提倡修建防御性聚落。“闽俗好斗，尤以闽南泉漳地区为甚。”[27]福建的宗族械斗在福建沿海的泉漳地区较为严重，这也是泉漳等沿海地带现存防御性聚落较少的一个原因。

结论

通过对方志史料的整理以及梳理，明清福建的民间传统防御性聚落在不同的时期有不同的特点，在明初卫所制度的推行之后，明中后期的倭寇大肆侵扰之下所兴建的防御性聚落具有临时性的特征，防御功能也比较突出；明末清初长期的战乱之下所兴建的防御性聚落其居住功能已经强化，人们将防御与居住结合一起；而到了清朝政局稳定之后，防御性聚落除了居住功能更为重要之外，它往往还是宗族之间竞争和械斗的一个工具。在不同时期福建的不同地区都会有大量的防御性聚落的兴建，但是由于战争匪寇的破坏、官府政策的要求，很多地区的防御性聚落都已经不复存在了，如历史上有大量防御性聚落存在的福建沿海地区基本没有保留下来，其原因与“迁界禁海”、宗族械斗不无关系。

明清福建的传统防御性聚落的演变过程，从单纯军事上的抗敌御寇，慢慢与居住融为一体，到了后期居住功能甚至还变得更为重要。当然，这种演变并不是单向的过程，而是和明清时期福建复杂动荡的社会环境有紧密关系。从明清福建地区的传统防御性聚落的发展，我们可以看出地方社会的生活状态，这种聚族而居的生活方式在面对严峻的外部威胁之下，安全防御的社会需要，也体现了明清地方宗族社会的意识在不断地强化。

参考文献

[1] 刘敦桢主编. 中国古代建筑史[M]. 北京：中国建筑工业出版社, 1984.
[2] 黄汉民. 客家土楼民居[M]. 福州：福建教育出版社, 1995.
[3] 戴志坚. 福建古堡民居略识以永安_安贞堡_为例[J]. 华中建筑, 1999 (04) : 116-118.
[4] 曹春平. 福建的土堡[J]. 华中建筑, 2002 (03) : 68-71、84.
[5] 毕晶晶. 漳浦诒安堡聚落形态研究. [D]. 厦门：华侨大学硕士学位论文, 2012.
[6] 孙晶. 漳浦赵家堡聚落历史研究[D]. 厦门：华侨大学硕士学位论文, 2013.
[7] 王绚. 传统堡寨聚落研究—兼以秦晋地区为例. [D]. 天津：天津大学博士学位论文, 2004.
[8] 黄苇. 方志学[M]. 上海：复旦大学出版社, 1993.
[9] 朱霞. 建宁县志. 卷之二十一. 清乾隆.
[10] [清]顾祖禹. 读史方舆纪要. 卷九十九. 北京：中华书局出版社, 2005.
[11] 孙晶. 漳浦赵家堡聚落历史研究. [D]. 厦门：华侨大学硕士学位论文, 2013.
[12] 彭泽修. 漳州府志. 镇海卫. 规制志. 明万历.
[13] 林登虎. 漳浦县志. 卷之十一. 清康熙.
[14] 林春溥. 新修罗源县志. 卷之十四. 清道光.
[15] 蔡国桢. 海澄县志. 卷之二. 明崇祯.
[16] 黄任. 泉州府志. 卷之七十三. 清乾隆.
[17] 李世熊. 寨堡纪. 清顺治.
[18] 萧时中. 永安县志. 卷之三. 明万历.
[19] 宋若霖. 莆田县志. 卷之三十四. 清乾隆.
[20] 沈锺. 安溪县志. 卷之十. 清乾隆.
[21] 陈朝义. 长汀县志. 卷之十八. 清乾隆.
[22] 昌天锦. 平和县志. 卷之十. 清康熙.
[23] 李世熊. 寨堡纪. 清顺治.
[24] 余飏. 莆变纪事. 画界. 清顺治八年.
[25] 吴裕仁. 惠安县志. 卷之十四. 明嘉庆.
[26] 吴联薰. 漳州府志. 卷之二十七. 清光绪.
[27] 罗庆泗. 明清福建沿海的宗族械斗[J]. 福建师范大学学报 (哲学社会科学版) , 2000 (01) .

溯源 梳理 延续 重生
——汉口药帮巷历史街区保护与更新探析

董禹含① 李晓峰②

摘要：汉口药帮巷历史街区形成于明末崇祯年间，以药材生意而声名远扬，兴盛一时。而当今时代的药帮巷已逐渐走向衰落，繁华不再，药帮巷街区的未来应该何去何从值得深思。本文主要运用文献查阅、实地调研与历史地图叠加分析等方法，以此寻访历史建筑、梳理街区现状，顺势提出溯源—梳理—延续—重生的理念，以期协调保护与更新的关系，进而达到延续街区文脉、重塑街区活力的目的。

关键词：药帮巷；历史街区；保护与更新；街区文脉；街区活力

汉口药帮巷位于大汉正街区域，北抵长堤街，南至大夹街，西起多福路，东达友谊南路，与著名的石桥保寿硚一街之隔。明末崇祯年间，一批来自河南怀庆的药商为在汉口销售药材，定居在此街区一带（图1）。由于经营得法，生意兴隆，从怀庆府及周边迁来的药商越来越多，逐渐形成汉口最早的药帮，药帮巷因此得名。清康熙年间，药帮商人为表达对药王孙思邈的缅怀与感恩兴建药王庙，一时药商云集，声名远扬。然而如今的药帮巷已不似从前一样兴盛，昔日的药王庙也毁于战火，街区整体环境恶劣。如不及时采取有效的保护策略，药帮巷街区将难逃衰落的命运。

图1 药帮巷区位

一、寻访历史建筑——溯源

药帮巷街区历史悠久，文化底蕴深厚，因此对街区内历史建筑的寻访意义重大。对街区建筑的追本溯源将有助于发掘街区历史价值，使街区文脉得以延续。笔者通过文献查阅，对街区内重要建筑进行了初步统计与整理（表1）。为弥补文献阅读中可能出现的遗漏并确定文献中历史建筑的具体位置，笔者采用历史地图叠加分析方法予以补充（图2），同时前往现场进行核实，最终将全部历史建筑及其所在位置确定下来（图3）。

二、调研街区现状——梳理

1. 街区风貌

药帮巷街区传统风貌较为完整，街区内大部分建筑

① 董禹含：硕士研究生，华中科技大学建筑与城市规划学院
② 李晓峰：教授，华中科技大学建筑与城市规划学院

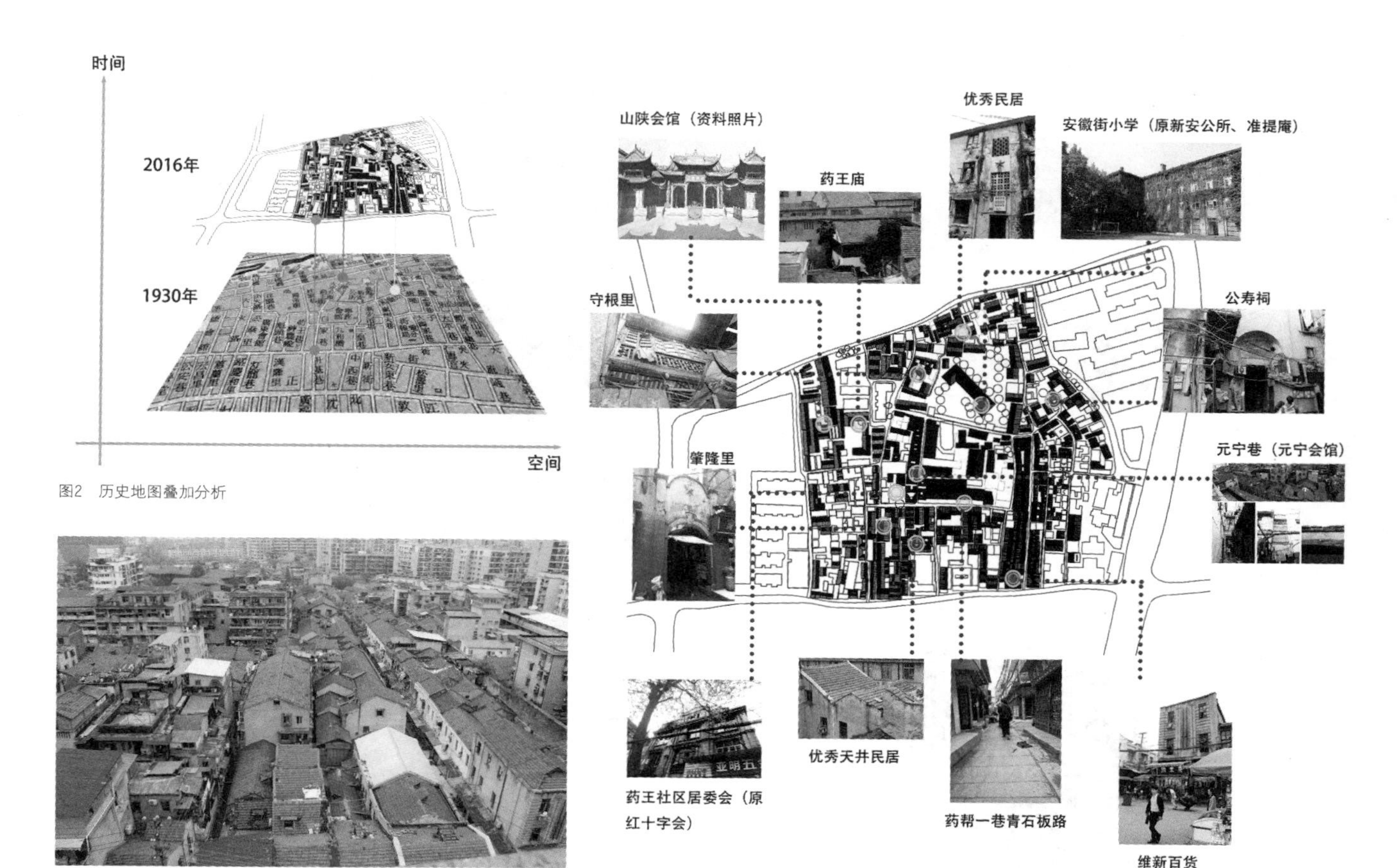

图2 历史地图叠加分析

图4 街区鸟瞰

图3 街区内历史建筑

文献记载的街区重要历史建筑 表1

序号	名称	历史沿革
1	维新百货	著名汉剧表演艺术家陈伯华先生所开，典型华界民族商业建筑。
2	药帮一巷青石板路	汉口青石板路始建于清乾隆四年，曾遍布大街小巷，标志着城市道路发展的一个重要历史阶段。作为现存不多的青石板路，药帮一巷被公布为武汉市文物保护单位。
3	药王庙	清康熙二十八年由怀庆府药材商集资兴建，初名“怀庆会馆”，乾隆年间重修时，改名“覃怀药王庙”。民国后，药王庙改为“覃怀小学”。新中国成立后，改建为“药帮巷小学”，现为武汉财经学校分部。
4	山陕会馆	与药王庙一巷之隔。顺治年间，山西商人与陕西商人为经商需要建关帝庙，康熙二十二年在关帝庙基础上建山陕会馆。咸丰二年曾为太平天国洪秀全的大本营，咸丰四年毁于战火。同治九年集资重建，光绪二十一年建成。抗日战争时期大部分被日寇所毁，“文革”期间会馆彻底被毁，现今会馆原址被工厂与民居所占。
5	元宁会馆	里分式会馆，集中于元宁巷，由江苏省上元县、江宁县药材商人出资合建。
6	守根里	里分式住宅，建于清末20世纪初年，取“守身为本”之意。
7	红十字会	三层建筑，爱奥尼门柱，墙面灰色，线条简明，欧式浮雕图案。1911年辛亥首义阳夏战争将卫生队改组红十字救护队，后在汉口药邦巷设会所，开医院。1916年6月27日，中国红十字会汉口分会成立。现为药王社区居委会办公地点。

为红色机瓦坡屋顶，特色鲜明（图4、图5）。街巷呈鱼骨状分布，与历史地图相较，基本保持原有结构。建筑沿街巷自然生长，天井式与线状肌理相结合，密度较高但普遍低矮，下店上宅，多为三层以下（图6、图7）。由于时代的变迁，街区中出现了现代高楼，大多质量较好却与传统风貌不符。一些肌理完整的民居群中还存在搭建临时建筑现象，既破坏原有格局又存在安全隐患。街区中建筑总体上缺乏有效的保护措施，普遍年久失修，部分房屋长年空置。历史价值较高的建筑也未受到足够的重视，维护不善，埋没于破败的建筑群中。此外，沿街立面较为混乱，店铺牌匾色彩不统一，临时搭建的雨篷旁逸斜出，街巷传统风貌不能得到充分的凸显。

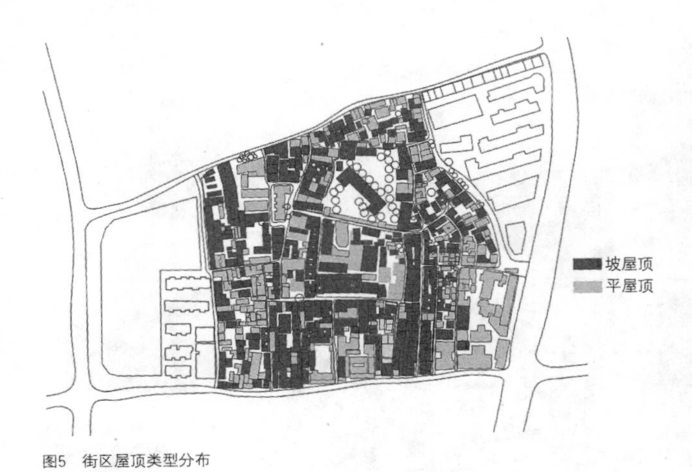

图5　街区屋顶类型分布

图6　街区肌理图底

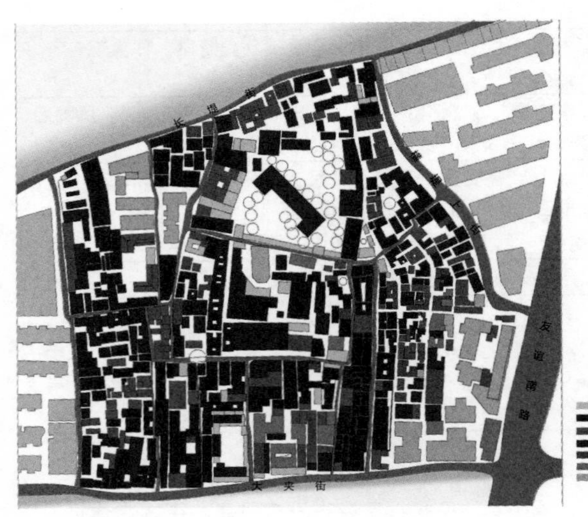

图7　建筑层数分布

2. 业态构成

街区以居住功能为主，商业沿街巷两侧分布，多为服装销售、制版、餐饮等，产业结构较为单一（图9）。通过

图8　大面积关闭的店面

实地调研得知，街区店面面积多为15～20平方米，年租金18000～33000元不等，房屋整体租金水平较低。据当地居民介绍，药帮巷街区内的服装产业多来自已搬迁至汉口北的原汉正街服装批发市场。由于汉口北地段区位条件不佳，客源较少，故商户大多不愿前往。而药帮巷街区临近原汉正街，租金低廉，传统空间结构保存较好，因此商户选择在药帮巷一带发展。药帮巷以服装批发销售与制版业为主导的业态格局由此形成。

然而过于单一化的业态结构会导致街区全时段活力不足问题。服装批发销售与制版多集中在白天进行，因此白天街区人来人往，活力较强（图10）。而夜晚大多店铺停止营业，街区人流量减少，活力大幅下降（图11）。此外，服装销售受季节影响较大。在调研期间，笔者发现一些服装销售店铺大面积关闭（图8）。通过对当地服装销售店主进行访谈，笔者了解到，服装销售在一年中的下半年生意最好，而上半年却生意冷清，服装商户大多选择回乡，整个街巷因而变得死气沉沉，缺乏活力。此现象的产生也与产业结构的单一化密切相关。由此可见，当前街区业态限制了街区的潜在活力，业态的调整将成为全面盘活街区的关键。

3. 道路交通

街区内主要传统街巷共有如下几条：东西向为药帮一巷、六水街、药帮二巷、公寿前街，南北向为药帮大巷、药帮三巷、元宁巷、大生巷、柏家巷、九如巷与新安街（图12）。街巷宽度多为3～5米，局部宽度仅1米左右，为

图9 街区业态分布

图10 上午10点的街区

图12 街区主要传统街巷

图11 晚上6点的街区

图13 混乱的交通

图14 街区环境

传统步行空间尺度。道路蜿蜒曲折，支巷丛生，步行空间生动有趣。

鉴于街区租金低廉的优势，周边服装经销商多租用药帮巷地段房屋作为库房以便取货送货，因此街区内遍布拉货板车、摩托车、小型汽车，使原本狭窄的街道显得更加拥挤（图13）。混乱的交通给当地居民的生活带来不便与不安全感，亟待有效地整治。此外，街区部分道路不够通畅，与外界物质信息的交换较弱。长此下去容易产生死角，不利于街区安全健康地发展。

4. 环境景观

街区整体环境较为恶劣（图14）。首先是卫生状况，街区中垃圾随处可见，严重影响环境质量。其次是基础设施问题，街区内普遍存在电线牵拉现象，既影响街区风貌，又存在安全隐患。排水系统也存在较大问题，每逢下雨街区内都会出现严重积水现象，使居民的生活环境质量大打折扣。此外，居民住房环境也不容乐观。房屋内部采光不足，通风不畅，卫浴缺乏，厨房几户共用。因此，街巷两侧可以看到大量择菜的居民，甚至还有在街边洗头的，住房功能的缺失使居民的私人活动侵占了街巷这一公共领域。为应对区域居住面积不足的问题，居民多采取私自搭建临时性建筑的方式以求拓展居住空间。这些临时性建筑质量不佳，充满安全隐患，居住面积虽有所增加，但居民生活质量并未得到实质上的提高。

过大的建筑密度决定了街区内部景观绿化与公共活动空间的缺失。巷道两侧偶有少量健身器材，但来往的拉货板车有损公共活动空间品质，严重威胁活动者的安全。街巷狭窄的尺度不适于植物的生长，故街区绿化严重缺乏，居民在自家小院中栽种的盆花从侧面反映出对绿化的渴望。

三、保护街区风貌与民俗——延续

作为老汉口街区的代表，药帮巷街区的风貌反映了当时的技术水平、生活方式与审美文化，对其风貌的保护将有利于街区文脉的延续。

1. 建筑分级保护

药帮巷街区的建筑质量状况与风貌协调情况不一，为避免历史价值丰富与风貌优良的建筑疏于保护，街区中建筑宜采取分级保护的措施。考虑到街区的拆迁成本与复杂性，应尽可能避免大量拆迁，根据调研情况，拟将街区中建筑分为四个保护等级（图15）。

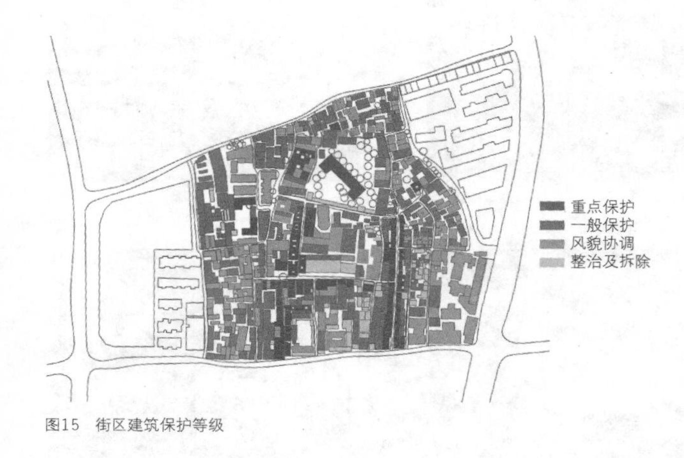

图15　街区建筑保护等级

（1）重点保护：此类建筑历史价值重大，具有典型地域特征，风貌格局保存较好，艺术价值较高，应对其进行重点修缮维护。

（2）一般保护：此类建筑历史与艺术价值一般，风貌基本符合街区特征，建筑质量较好，应对其进行适当修复以满足基本使用要求。

（3）风貌协调：此类建筑风貌与街区风貌不协调，层数较高，质量较好，多为平屋顶居民楼，应采取立面协调的方式予以处理。

（4）整治及拆除：此类建筑风貌与街区风貌协调性不佳，质量较差，以居民搭建的临时性建筑与低矮平屋顶建筑为主，应对其进行合理改造与适当拆除。

2. 整治传统街巷两侧建筑立面

药帮巷街区建筑立面风格协调性较差，应从如下两方面予以整治与协调（图16、图17）：

（1）传统风貌建筑：对于此类建筑，应清理临时性建筑构件与装饰，统一设计店铺沿街面，采用传统风格，使街巷重获历史韵味。针对居民私自改造过的立面，应清洗墙面彩色粉刷，调整开窗比例，合理运用街区典型立面元素，与街区建筑风格相协调。

（2）多层居民楼：此类建筑大多质量较好，拆迁成本高，却严重影响街区风貌。对此，应在建筑人视点内植入街区典型立面纹饰与传统风貌建筑相协调。

3. 复原已毁历史建筑并恢复失传民俗

历史上的药帮巷街区曾经药商云集，药王庙与山陕会馆等历史建筑即产生于这种贩药文化背景之下，具有极高的保护价值。然而药王庙现仅有部分残存，山陕会馆早已彻底毁坏，令人扼腕叹息。这些建筑曾是街区的核心，是当地人的精神寄托，因此对二者进行复原意义重大。对两座已毁建筑的复原可参考文献记录与资料照片，结合现场残损部分特征与当地传统建筑风格同步进行。恢复建筑物质实体的同时还需恢复失传的民俗活动。据文献记载，怀帮的舞龙灯队伍与山陕会馆的表演队伍逢年过节都会在药王庙前广场一决高下。对舞龙灯活动的恢复将重现当时的

图16　药帮一巷青石板路南侧改造前立面局部

图17　药帮一巷青石板路南侧改造后立面局部

生活场景，给复原的建筑赋予历史文化内涵，使街区文脉得到真正意义上的延续。

四、重塑街区活力——重生

延续药帮巷街区文脉有助于继承优秀传统文化，意义重大。然而时代的发展使传统街区的生活方式不再适应当代，导致街区死气沉沉，日渐萧条。因此，在延续街区文脉的同时应重塑街区活力，使街区获得新生（图18）。

1. 整治街区环境，增加景观绿化

（1）整治街区环境：针对街区环境脏乱差这一现状应予以重点整治。街区应合理布置垃圾点，安排专人定时清理，清理私自搭接电线，完善排水系统，使区域基础设施更加完善。对于违规建造房屋与危房应予以及时整治，改善居民居住环境。此外，传统住宅通风采光较差，内部功能已不适应现代生活，因此应予以功能置换与适当改造。

（2）增加街区绿化：街区密度较大，绿化率较低。为解决这一问题，可考虑垂直绿化与屋顶绿化等方式。

2. 渐进更新，逐点激活

（1）渐进更新：药帮巷街区虽经济区位优良，但在周边均被开发的条件下仍未被开发商涉足，可见其开发难度较大。因此应避免传统大拆大建的开发模式，对街区进行渐进改造，充分利用现有房屋，采取小规模改造方式，实现街区的有序更新。在更新过程中，应减少拆迁量，力求以较少的资金投入改善现有街区条件。同时也应利用经济调节手段，令居民认识到改造带来的经济利益，使居民自愿参与到改造中来。

（2）逐点激活：街区现状复杂，业态分布零散，故不宜采用传统分区规划方式。前文所述街区重要历史建筑在该区域特色突出，街区中分布较为均匀，如对这些建筑采取逐点激活的方式则有望对街区产生一定程度的疏通作用，进而使街区焕发新生（图19）。鉴于街区密度较大的现状，应着重进行景观小品及构筑物等的设计，以“微手术”代替大拆大建（图20）。

3. 引入创意性产业

街区现有业态单一，且存在个别时段活力缺失现象。为解决这一问题，应对区域业态结构进行调整。创意性产业的植入可以为重塑街区活力提供契机。针对街区以服装产业为主的现状，可引入设计师工作室与特色工坊等创意产业，使街区服务面更为广泛，避免全时段活力不足。对于药帮巷独有的贩药文化，可采取展示与休闲相结合的策略，使地域文化在人们的娱乐活动中深入人心。此举有利

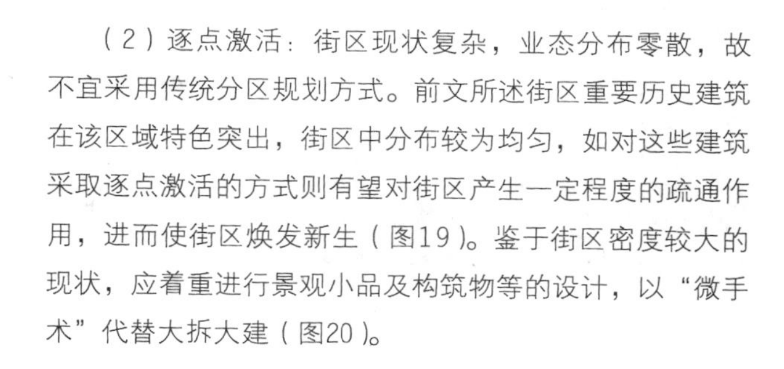

图19 逐点激活与疏通

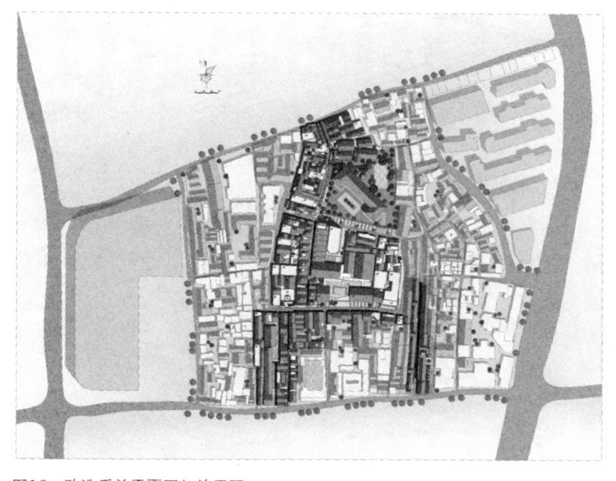

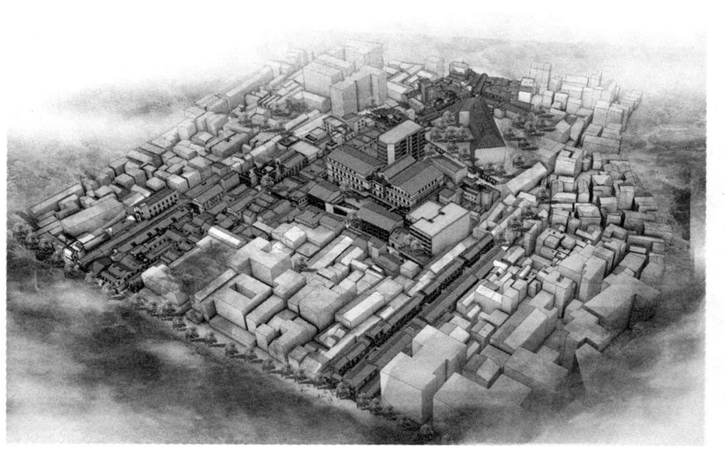

图18 改造后总平面图与效果图

图20 景观构筑物设计

于凸显街区特色，使该区域更具吸引力。

结语

传统街区承载着大量的历史文化信息，具有极高的保护价值。然而传统街区的生活方式与空间模式势必会与当今时代的生活产生巨大的矛盾，导致街区环境不断恶化，许多宝贵的历史街区因此被当作城市“毒瘤”而被铲除。传统街区若要在当代获得长足发展，则必须采取有效的保护更新方式。本文以药帮巷历史街区的保护与更新为例，进行了一系列尝试性的探讨，将“溯源—梳理—延续—重生”这一理念贯穿规划全过程：通过对历史建筑的寻访明确街区历史价值与定位；利用现状调研梳理街区中的问题；在街区风貌与民俗保护过程中使街区文脉得以延续；采取逐点激活、引入创意性产业等方式使其获得新生。

参考文献

[1] 王汗吾，田联申. 药帮巷和花园巷[J]. 武汉文史资料，2014（10）：47-51.
[2] 王默，尹忠华. 汉正街的“药帮”与药王庙[J]. 武汉文史资料，2007（7）：54-57.
[3] 夏鹏，龙元. “图叠”历史空间——获取旧城历史空间演变信息方法探讨[J]. 建筑学报，2010（2）：26-30.
[4] 高珊娜，田伟丽，高纲彪. 挖掘 永续 再生——禹州传统街区保护与更新研究[J]. 华中建筑，2011（1）：109-111.
[5] 杨宇振，覃琳，李必瑜. 传统街区改造中的“渐进更新”策略与低成本建造技术——以“重庆川道拐”街区为例[J]. 建筑学报，2005（7）：19-20.
[6] 韩瑟琳. 汉口汉正街历史商业城区可持续发展策略研究[D]. 武汉：武汉理工大学，2007：35.

基于公众参与的哈尼族传统村落保护发展初探

张 盼[①] 程海帆[②]

摘要：针对当前传统村落快速消失的现实状况，以调研法和访谈法，对红河哈尼梯田遗产区申遗成功后传统村落的规划实施展开比较研究，从管理政策、实施评价等层面分析遗产区传统村落保护发展过程中的问题，在此基础上，提出社区参与的保护发展模式，探讨社区营造在当代传统村落发展演变中的作用和机制。

关键词：传统村落；保护发展模式；社区参与；红河哈尼梯田遗产区

引言

传统村落是长期农耕文明的产物，体现着当地的传统文化、建筑艺术和村镇空间格局，承载着深厚的文化底蕴，反映着村落与周边自然环境的和谐关系，具有重要的历史文化传承功能[1]。

近年来我国的经济建设和城市发展取得了巨大成就，在城乡统筹的背景下，乡村也得到了一定的发展，但盲目的发展使得传统村落正以极快的速度消失。

据统计，1985年中国村落共有940617个，2001年锐减至709257个。仅2001一年就比2000年减少了25458个，平均每天减少约70个；从2000年至2010年，我国自然村由363万个锐减至271万个，十年间，90万个村落相继消失；而现在，平均每年就有80～90个村落消失，其中许多是历史悠久、有着丰富文化内涵和较高保护价值的传统村落。根据中南大学中国村落文化研究中心2010年前的田野调查显示，传统村落2004年总数为9707个，到2010年锐减至5709个，平均每年递减7.3％，每天消亡1.6个。

在此过程中人们发现传统村落作为人类居住形态的特殊组成要素，应区别对待，传统村落保护发展得到越来越多的关注，国家也开始制订一系列相关法律法规，传统村落保护逐渐得到重视。

2012年4月16日住房和城乡建设部、文化部、国家文物局、财政部联合发布了《关于开展传统村落调查的通知》（建村[2012]58号），标志着传统村落保护正式提到了政府的工作日程。此后，住房和城乡建设部、文化部等部门多次联合发布专门针对传统村落保护的文件，经过摸底调查，分别于2012年12月、2013年8月、2014年11月公布了三批列入中国传统村落名录的村落名单（建村[2012]189号、建村[2013]124号）。[2] 截止到目前已先后评选三批，共计2555个村落被评为中国传统村落，表明了国家相关部门对传统村落保护的决心和力度。

其中红河哈尼梯田世界文化遗产区范围内的82个传统村寨中，阿者科、箐口、垭口分别被列入第三批（2013年）中国传统村落名录。

① 张盼，在读硕士，昆明理工大学 建筑与城市规划学院。
② 程海帆，博士、讲师，昆明理工大学 建筑与城市规划学院。

一、传统村落保护与发展的辩证关系

传统村落有别于一般的村庄聚落，不能一味地谋求发展、追求现代化。其生产发展应充分考虑当地居民的传统文化、生活习惯、民风民俗等文化要素，使生产发展不至脱离正常轨迹，为居民提供舒适安逸的生活环境。而对此作出决策的设计师、规划师通常都是外来人，对本土文化并不能完全地正确理解，因此需要当地居民或具有相关研究的专家学者参与到规划过程中来。

传统村落也有别于其他历史古迹，不能只注重保护。传统村落虽然具有重要历史价值，但其本质属性仍是生活空间，为当地居民生产生活提供物质载体。传统村落的保护对象不只是居住建筑单体、聚落空间格局、村落区域环境，还包括语言文字、村规民约、节庆活动等非物质文化遗产，这些都需要依托当地居民共同传承。

随着经济体制改革的不断深入，原有的城乡规划管理体制已经无法满足当前需求。城乡居民对其生活环境也有了新的诉求，在城乡建设过程中，社区参与逐渐得到重视，部分地区已率先做出示范，但在传统村落保护发展领域罕有实质性进展。如何完善我国传统村落保护发展中的公众参与机制，提高城乡规划的民主性，更好地促进我国社会主义政治文明建设，是当前不可回避的话题。

二、公众参与的意义及研究进展

1．公众参与的内涵

公众参与简单地说就是城乡居民参与政策的形成和实施。公众通过合法的手段，参与到城乡规划的各个阶段，充分表达自己的意愿，对城市的规划施加影响的过程。公众参与城乡规划，要通过公众对规划制定和实施的全过程进行参与，更好地保证规划行为的公平性，使规划能够切实体现公众的利益要求，真正做到以人为本，提升规划的科学性和合理性，保证规划工作的顺利进行[3][4]。

传统村落保护发展规划过程中强化公众参与，有利于提高决策的民主性与科学性，保障公民的公众知情权和参与决策权，提高当地居民主人翁的责任心与自豪感。

2．公众参与的必要性

公众参与传统村落保护发展建设涉及到村落的切身利益，能够促使政府和社会其他团体进行相互协调，有效地规范社会秩序、维护社会稳定；其次，规划过程的公开性，可以使规划部门更好地了解公众的需求、保证规划设计的合理性，制定出被社会认同的规划决策。在制定规划的过程中，只有借助公众的力量，实施有效的监督策略，才能实现保护发展规划的初衷，全面促进城乡建设一体化发展。

3．国内外公众参与研究进展

经过60多年的发展，公众参与城乡规划在西方发达国家已经发展较为完善，公众参与制度作为一种规划手段和规划理念，已被广泛接受与运用，开始走上了程序化、法制化和全面化的轨道[5][6]。

2008年施行的《中华人民共和国城乡规划法》进一步确立了城乡规划的公共政策属性，强调了城乡规划编制和实施全过程的公众参与。总体上国家对于公众参与机制的安排逐渐增加。目前我国公众参与城乡规划尚处于初级阶段，但随着对城乡规划的公共政策属性认识的深入，公众参与城乡规划的制定和实施过程已成为我国城乡规划领域的共识[7]。

当前，我国一些地方城乡规划相关规定的实施也推动了公众参与制度的完善，此外也不乏规划研究部门对公众参与机制的探索。

三、案例地概况及存在问题

1．红河哈尼梯田世界文化遗产区概况

2013年6月22日在第37届世界遗产大会上，红河哈尼梯田被列入世界遗产名录。

红河哈尼梯田世界文化遗产区位于红河哈尼族彝族自治州元阳县中部，地处哀牢山南段，遗产区内的众多村寨以哈尼族为主，大多保留着较为传统的文化要素，体现着森林—村寨—梯田—水系“四素同构”的农业生态系统。

2．当前遗产区公众参与传统村落保护发展过程中所存在的问题

1）参与意识薄弱

当地居民是传统村落保护公众参与的主导力量，但由于村民世袭生活在传统的环境中，他们并不能意识到传统村落的特殊意义；在者，随着社会经济的发展，人们对物质生活的要求越来越高，而传统民居一般都存在一定的弊

端，不再能够满足当地居民需求，加之信息、交通等条件的发达，传统民居逐渐被现代式民居所代替，居民保护意识极为薄弱。

2）对外界依赖性强

随着当前我国对传统村落保护力度加大，越来越多的组织团体参与进来，由于外界力量的加入，传统村落保护也正向积极健康的方向发展，村民的保护意识也有所增强，但对外界具有依赖性，难以独立完成。

3）规划编制及实施过程中参与度底

规划编制单位与居民交流较少，居民意愿得不到表达，特别是遗产区内村寨主要以哈尼族、彝族为主，语言沟通存在一定的障碍，规划过程中往往考虑不到民族地区的特殊性，使得规划成果不具有时效性，容易引起当地村民不满。

4）规划实施管理力量弱

以往的规划单位只负责规划方案的设计，与负责规划实施的施工单位及村民缺乏沟通与交流，对规划实施过程没有针对性的跟踪服务，以及村民自觉性较差，通常按照自己的意愿不按规划方案实施。

红河哈尼梯田遗产区申遗成功后，传统村落的规划实施多存在这样那样的问题，究其原因主要是因为公众参与度不够，政府、规划单位及社区居民交流脱节所致。

四、《元阳阿者科传统村落保护发展规划》编制及实施过程中的公众参与实践

阿者科是红河哈尼梯田文化景观世界遗产核心区的五个申遗重点传统村落之一，是反映遗产区森林、梯田、村寨和水系“四素同构”的现存典型村寨。

阿者科位于红河哈尼梯田世界非物质文化遗产区内，形成于清代（1855年），距今100多年历史。隶属于新街镇爱春村委会，距离村委会1.2公里，距多依树梯田景区2公里，距离最近集贸市场胜村10公里，距新街镇集镇区28公里。

2014年受元阳县住房和城乡建设局委托，由昆明本土建筑设计研究所、昆明理工大学建筑与城市规划学院对《元阳阿者科传统村落保护发展规划》进行编制工作，规划编制从2014年10月至2015年4月前后历时半年之久，现已进入规划实施阶段。

《元阳阿者科传统村落保护发展规划》编制及实施过程中的公众参与主要分为以下几个阶段：

1. 规划初期（2014年10月）

资料收集阶段：阿者科全村居民都是哈尼族，考虑到少数民族地区的特殊性及语言沟通问题，规划组首先找到阿者科当时的村长兼摩匹（主持村寨宗教、祭祀活动）进行沟通，了解村寨社会结构、非物质文化遗产等基本情况，然后由了解村内情况且熟悉汉语的村民带领我们到村内挨家挨户进行入户调查，了解村民生产生活情况，对民居建筑的材料、层数、建筑风貌、建筑质量等信息进行统计，同时达到熟悉村民的目的。

目标定位阶段：经过上一轮的入户调查，对阿者科的基本情况有了初步的了解，为了进一步收集村民意见，随后在卢村长家组织召开村民大会，采用“大白纸”式的社区参与方式，对村寨当前所面临的主要问题、急需解决的问题、村寨的产业经济状况等问题进行讨论、及对各项内容的重要性进行排序，从而进一步了解村民的现实需求，以便准确定位阿者科保护发展规划的目标及任务（图1）。

图1 规划组组织召开村民大会（规划组拍摄）

2. 规划中期（2014年11月—2015年1月）

对前期调查资料进行归纳、整理，并对遗漏项目进行再次补充调查，完善基础资料，为后续规划提供数据支撑。经过几轮规划方案探讨之后，最终确定“最优方案”，完成基本图纸的绘制。

2014年12月，规划组携带初步规划成果再次来到阿者科向当地居民征求意见。主要针对村民建房需求、新村规划选址、规划通村道路等问题展开讨论，经过激烈的探讨之后，获得修改意见，以提高保护发展规划的合理性，提供切实可行的规划方案（图2）。

3. 规划后期（2015年2月—2015年4月）

规划组于2015年2月基本完成对《元阳阿者科传统村

图2 规划组征求村民意见（规划组拍摄）

落保护发展规划》的编制工作，3月中旬通过了传统村落保护发展规划项目评审，随后针对评审意见进行修改，4月份完成了规划成果的编制工作，基本解决了阿者科村寨保护发展过程中所面临的主要问题（表1）。

村寨保护发展面临的主要矛盾和保护发展对策　　表1

村寨保护发展面临的主要矛盾	保护发展对策
水源供给不足	寻找水源，修建生活水池
交通不便，入村道路不通车	另选线路，修建通车道路
消防系统不能正常使用	重新设置消防系统
电力线路老化，存在安全隐患	采用地埋敷设线路的方式
村内建设用地不足，有分家需求	与政府协调，另辟新村发展用地
缺少公共活动场所	于新村发展用地配置活动中心

4. 规划实施阶段（2015年6月至今）

1）规划单位

这次规划的不同之处还在于“规划设计单位作为规划实施协作单位参与规划实施全过程”。通过征求村民意愿，政府征收了一处闲置的民居作为以朱良文教授为代表的规划组的工作室兼实践基地，朱良文教授自己投资对这栋民居进行功能置换，将一层低矮潮湿的空间改造成为“牛栏酒吧”，二层改造为展览、住宿，三层原来是储藏粮食的地方，改造为可供十几人使用的通铺，2015年11月已正式开始营业。朱教授对这栋民居进行的改造并非为了盈利，三年后无论是否能收回成本都将交还给当地村民合作社经营。

传统民居的改造尽量选用当地材料、采用符合当地特色的装修风格、并聘用当地的施工队进行施工，以保留传统民居的原真性。作为哈尼族传统民居的改造示范，让村民看到在不改变传统民居外部风貌的前提下，其内部功能

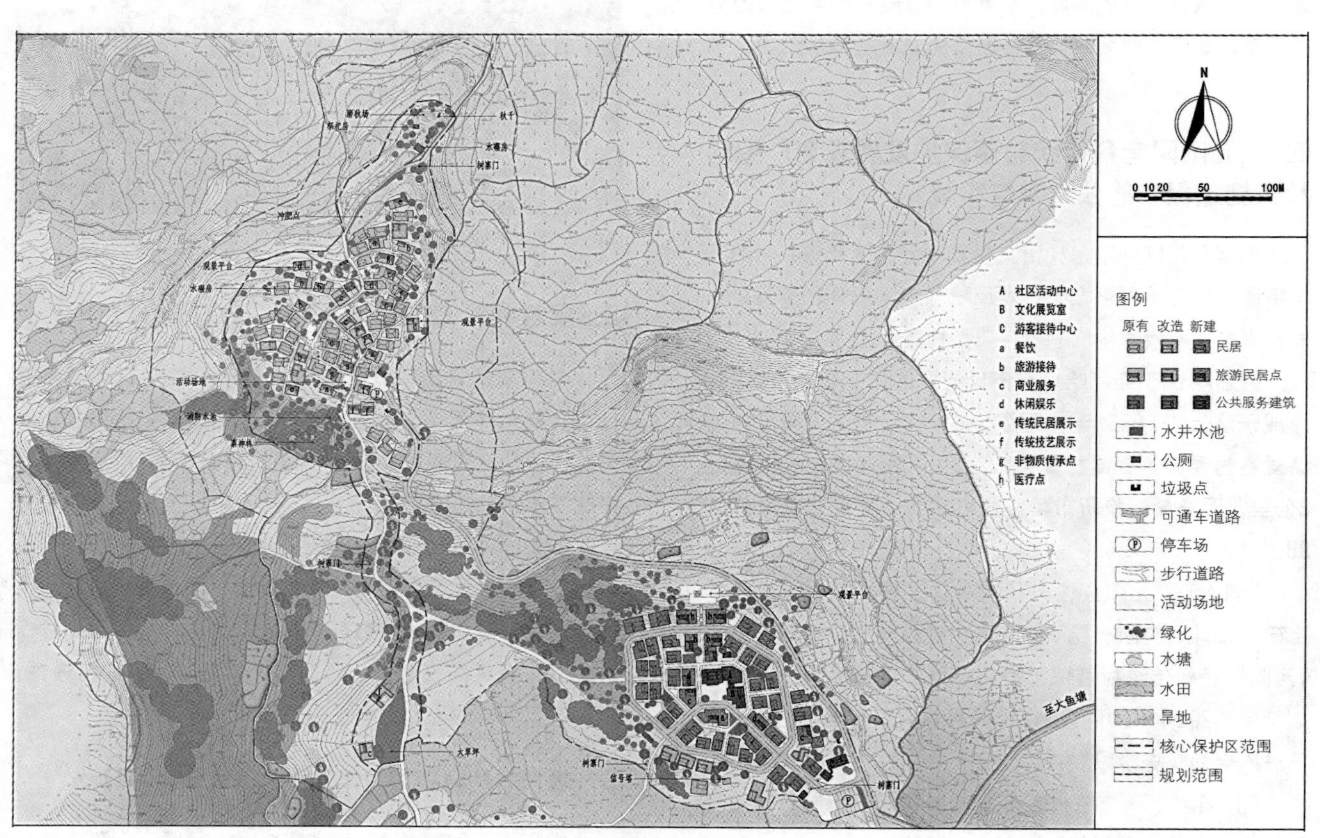

图3 阿者科保护发展规划总平面图（来源于《元阳阿者科传统村落保护发展规划》2014—2030）

不仅可以满足现代居民的生活需求，还能开展餐饮、住宿等旅游服务活动，打消多数居民“拆旧建新”的想法，增大了传统民居被保护的可能性，同时也提高了居民进行民居改造的积极性。

2）当地村民

看到示范点的改造效果及经营状况，村民有了自己的思考。有村民购买了几处村内空置房屋的使用权，准备开设餐饮、住宿等旅游服务；村寨现在还有两栋民居正在进行改造，根据村民的改造意愿，改造方案均由规划单位免费设计；多数经济状况不太好的居民处于观望态度，希望政府能够提供更为优惠的政策。

3）政府

做为国家级传统村落，阿者科保护规划的实施情况备受当地政府重视，并制定了相应的政策，鼓励村民进行民居改造：对进行民居改造的住户按先后顺序进行“梯度”式的经济补贴，如第一年进行改造的民居每户补贴3万元，第二年改造则补贴2.5万元，随后依次减少，对现在村内率先进行改造的两户传统民居，政府承诺每户可无息贷款10万元，都是为了鼓励住户进行民居改造。

4）非营利组织

为了推动阿者科传统村落保护发展规划的实施，昆明理工大学建筑与城市规划学院和上海伴城伴乡·城乡互动发展促进中心联合发起“关注阿者科计划”、“红米计划”及为阿者科做十五件事。

“关注阿者科计划”：关注当地百姓生活、青少年教育、当地村民社会组织、关注村寨传统民居保护、内部改造及新民居建设等，进行宣传、智力、资金等各种形式的支援。

2015年4月“红米计划”启动，以红米为出发点，通过红米的售卖筹措资金为阿者科完成15件事。“红米计划”为阿者科村民带来了实际福利：组织外界小朋友与阿者科小朋友一起拿起画笔描绘梯田印象；组织村寨中学生到上海参观学习，开阔视野；组织年轻人到莫干山进行旅游服务技能培训，学成后返乡创业，等等（图4）。

上海伴城伴乡公益组织的入驻为阿者科传统村落的保护发展注入了活力。

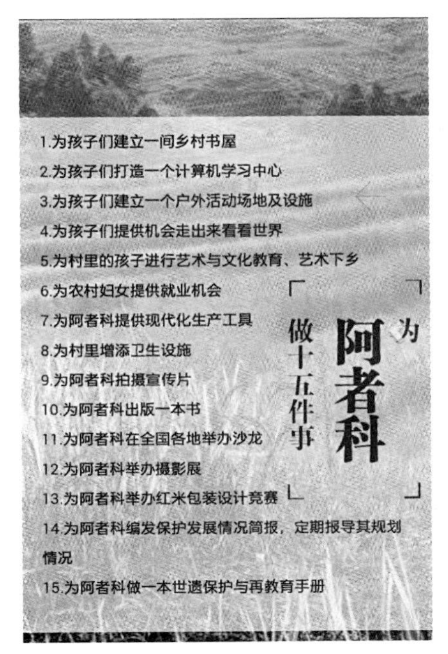

图4 “红米计划”（来源于网络）

五、公众参与传统村落保护发展规划的方法转型

1．从关心规划到面向实施

传统的村庄规划或只关心规划策略的制订，是规划师对场地理解的表现形式，往往带有主观臆断，此外，规划工作人员只负责自己的“本职”工作，缺乏对后续实践的监督管理。

2．从注重物质空间到关注社区发展

以往的规划工作往往注重建筑、街区等物质空间的布置，使得规划成果缺乏与社区居民的互动，缺失合理性，部分设施无人问津，居住问题又不能得到解决，造成资源极大浪费。因此，规划工作应转向社区发展层面。

3．从“我为他做”到一起来做

规划师通常以外来人的身份，站在旁观者的角度参与规划制定工作，以自己的主观意愿为主导，完全脱离群众，制定过这样的规划成果是失败的。规划工作者只有集思广益，充分发动群众并采纳公众意见，与他们共同探讨完成，才能制定出切实可行的规划成果。

4．从独断专行到多方协作

以往的规划多由规划单位制定、政府拍板，往往因缺乏沟通而脱离实际，不能解决社区居民的现实问题。作为规划实施所面向的主体，社区居民首先应具有参与规划决策的权利，同时还需要第三方非政府组织的力量，在居民与政府间起到沟通协调的作用，使得居民意愿得到充分吸收，从而提高规划的可行性。

结语

公众参与传统村落保护发展的实现应多借鉴台湾地区社区营造的手法，做到规划思想模式的转变：从对物质空间的关注转向对社区及人的关注；通过社区居民自下而上的自主参与规划过程，改变传统的自上而下、政府全面主导的规划模式；以公众参与的方式形成政府部门、非营利组织和社区居民三者合作的关系，建立公私协作的营建机制。

参考文献

[1] 胡燕，陈晟，曹玮，曹昌智．传统村落的概念和文化内涵[J]. 城市发展研究，2014，01：10-13.

[2]《特别关注：如何保护好传统村落》，载新华网，http://news.xinhuanet.com/politics/2014-10/31/c_127161923.htm

[3] 毛利伟，陈又萍．城乡规划中公众参与的探讨[J]．城市建筑．

[4] 屈秋谷．社区营造模式下传统村落保护与发展研究[D]．西北大学，2015.

[5] 王勇，李广斌．我国城乡规划管理体制改革研究的进展与展望[J]．城市问题，2012，12：79-84.

[6] 应巧艳，王波．城乡规划中公众参与的有效性研究[J]．广西社会科学，2011，01：131-134.

[7] 王魏云．《城乡规划法》中公众参与制度的探讨[J]．法制与社会，2008，03：204-205.

对茶马古道传统场镇聚落现状与发展的思考

——以雅安望鱼古镇为例

杨睿添[①] 陈 颖[②]

摘要：茶马古道作为中国古代西南地区汉藏交流、贸易最重要的纽带，一些沿途地区依托其设置的驿道形成了以商品交换为主的集市。以雅安地区传统场镇聚落望鱼古镇为例，该古镇因茶马贸易中的古驿道兴起，发展为以商业交换为主的场镇，至明末清初极盛后逐渐衰落至今。在此基础上，针对现存问题，对古镇提出新的生存发展策略，在保护其历史价值及原真性的基础上，符合当下社会需求，实现可持续发展，使古镇焕发新的活力。

关键字：望鱼古镇；传统场镇聚落；茶马古道

茶马古道，是一条穿行于川、藏、滇山脉地区及金沙江、澜沧江、怒江流域最初以茶叶，马匹交易为主，而后发展为汉藏商业交换，经济交流，民族文化融合的大通道。由唐宋时期兴起，至元朝，统治者将茶马贸易路线设为入藏驿道，并设置驿站，驿站成为了一部分场镇兴起的契机。到明末时期，茶马交易的兴盛促进了相关地区的经济繁荣和社会进步，以驿站为中心，沿途出现了新兴的以贸易为主集市以及聚落，服务对象为商人。发展至清代，“边茶贸易”制度兴起，茶马古道作为贸易纽带的作用也达到了历史峰值。相应的，在这一期间沿途所兴起的场镇也随着这一波热潮迅速的发展，聚落作为城镇这一职能得到进一步完善，出现了配套的公共服务设施，居民构成由单一商户变得多元化，开始在周边开垦田地进行农业活动。这些新兴聚落由单一的“大型商业街市”向“复合型”以商贸为主场镇的演变。经过了清末民初，至新中国成立前后，茶马古道的商业活动随社会动荡、政府干预、交通等原因而逐渐没落。而依托其生长发展的沿途场镇也随着它的势弱一步一步走向荒芜。

一、雅安望鱼古镇概述

望鱼古镇位于四川省雅安市市区以南34公里处，毗邻碧峰峡生态保护区及瓦屋山景区。其主要建筑群坐落在山腰突出的一块巨石上，更因此巨石酷似俯卧于河床边的石猫，是谓“望鱼”。该地区气候潮湿，当地林木资源较为丰富。古镇可追溯至明代时期，最初为巨石上一座服务茶马古道间来往的商客的小店，到明末清初时期形成聚落，出现了场镇的雏形。场镇规模一直扩大至新中国成立前后，新中国成立后却逐渐萧条，规模维持至今。

1. 古镇布局风貌

望鱼古镇地形较为狭长，入口左侧为地势陡峭的山崖，右侧则靠山。整个布局枕山面水，以一条主街串联两侧建筑，主要建筑集中分布在主街中心位置，民国时期，建筑随沿主街两侧发展，形成了建筑两侧分列的“一字型”排布方式。新中国成立前后，因地形制约，场镇发展向北侧蔓延。总体而言，场镇规模较小，仅由一条明显的

① 杨睿添：建筑学硕士研究生，西南交通大学建筑与设计学院
② 陈颖：副教授，西南交通大学建筑与设计学院

中轴线串联两侧狭窄巷弄形成。居民主要室外活动空间多由这条主街及靠山侧有限空地承担（图1）。

建筑两侧分列，根据地形，靠山侧为川西穿斗式二层民居，与其相对则为半干栏式建筑（吊脚楼）。地形起伏平缓，主街靠山侧街巷界面天际线走势亦较为缓和。而另一侧天际线则因架空层的有无出现部分起伏片段。两侧街巷都保持了明清时期四川地区传统民居的基本风貌（图2）。

古镇建筑主要建成年代分为：明清时期；民国时期和新中国成立后。明清时期建筑主要分布于主街较为中间位置，主要为穿斗式结构，主要建筑材料为木材。民国时期曾经过一定的维护，但仍存在一定安全隐患。民国时期建筑多为砖木结构，因地质灾害等原因，质量状况不容乐观。新中国成立后的建筑多为现代砖混结构建筑，分布在古镇北侧及入口处，仍可继续使用。建筑质量上，随年代推进而递增。民居主体要好于周边辅助用房、单层辅助用房，特别是靠近山体一侧，因地质灾害等原因受损严重。古镇建筑为1～2层建筑，高度大约在6米左右。沿街D/H值＜1（图3）。

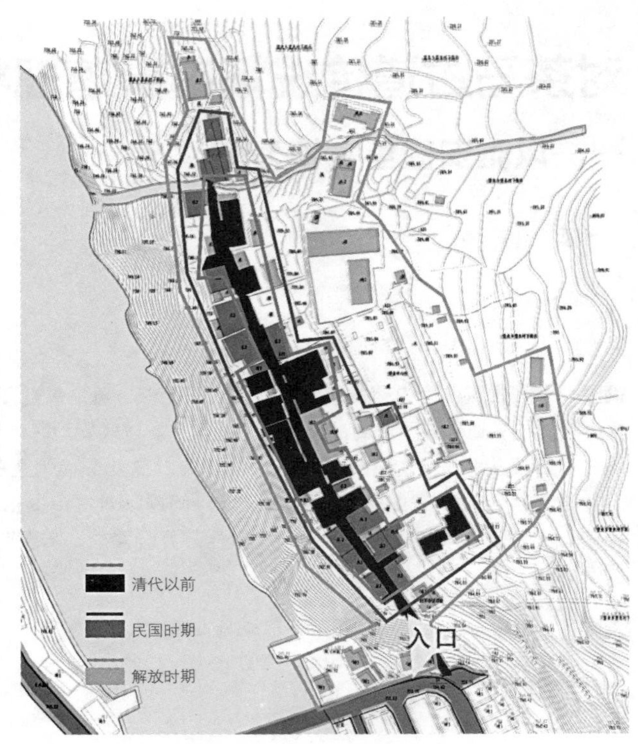

图1　古镇布局沿革示意图

图2　望鱼古镇街巷界面风貌

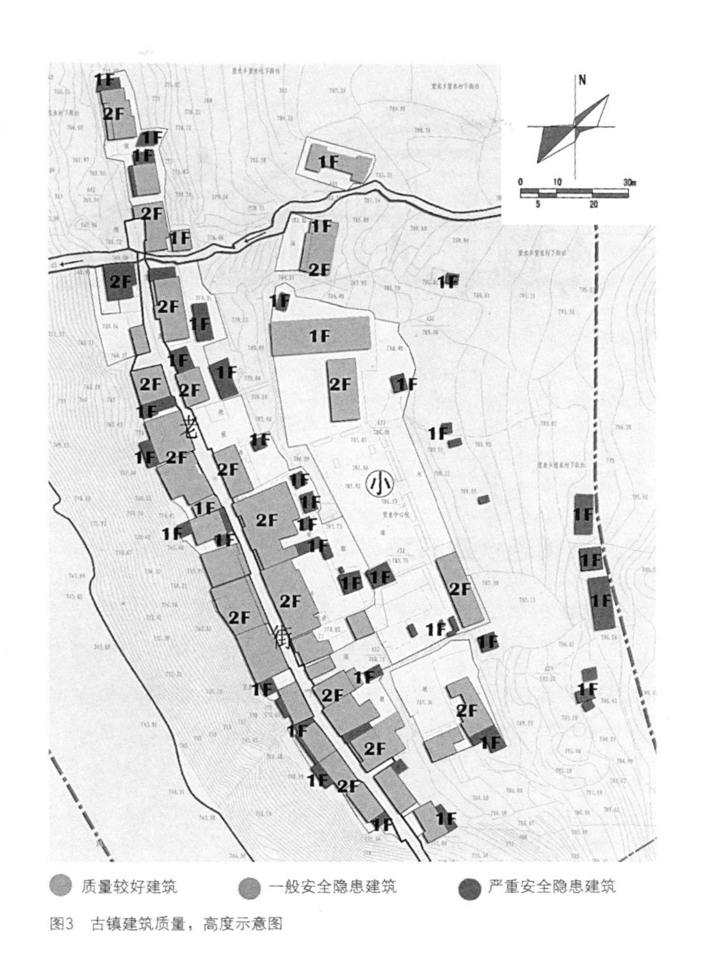

图3　古镇建筑质量，高度示意图

2. 古镇建筑特点

古镇建筑功能形成之初较为完善，明清时期，拥有财神庙、戏台、祠堂、学校等公共活动空间，同时辅以商铺、当铺等商住结合的民居。发展至民国时期，公共活动空间部分被拆除新建成商住一体民居，部分被改造为居民居住所用。古镇的公共建筑几乎消失。到新中国成立后，因为古镇的扩张，将新的学校修建于古镇北侧。恢复部分公共空间功能。古镇商住民居多数采用“上居下商”模式，同时一层亦承担农具储存，杂物堆积的功能。二层主要做卧室用。部分民居建筑院落存在“前店后住”、“前店后坊”。

因为历史，环境等因素，更为了满足使用者的生产生活需求，建筑出现不同类型的平面布局形式。这些形式多均具有四川地区明清时期民居建筑较为典型的特点。单间建筑进深较长，为适应四川盆地的气候特点多设置天井进行一层的通风，并围绕天井处设置垂直交通。辅助用房多位于布局端头。对于多间建筑群，除了以中轴线对称分布的形式，还有根据地形灵活布置空间的非对称模式。这些建筑群多为多进制的布局，紧凑小巧，层层递进（图4）。

古镇平面类型图　　表1

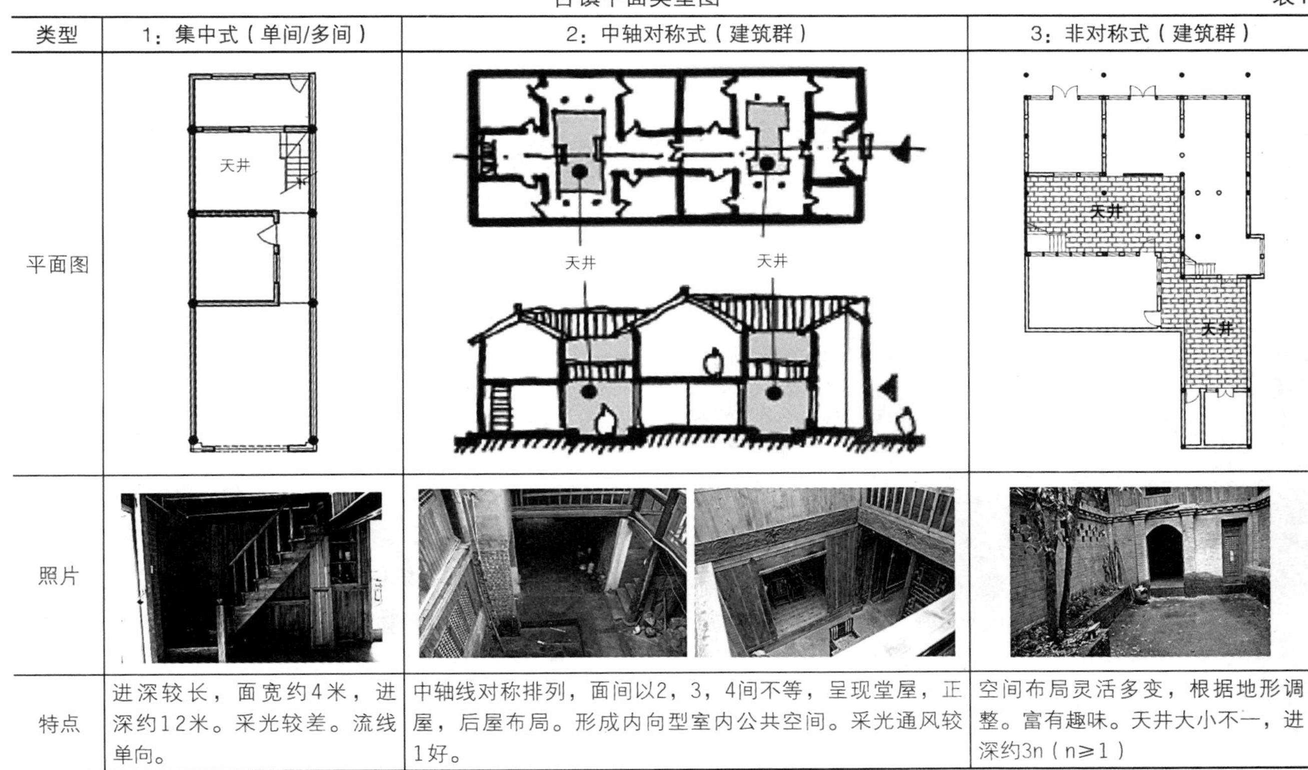

类型	1：集中式（单间/多间）	2：中轴对称式（建筑群）	3：非对称式（建筑群）
平面图	天井	天井　天井	天井　天井
照片			
特点	进深较长，面宽约4米，进深约12米。采光较差。流线单向。	中轴线对称排列，面间以2，3，4间不等，呈现堂屋，正屋，后屋布局。形成内向型室内公共空间。采光通风较1好。	空间布局灵活多变，根据地形调整。富有趣味。天井大小不一，进深约3n（n≥1）

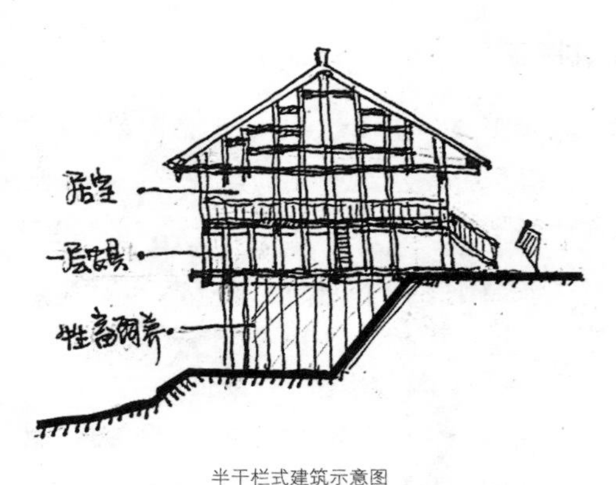

半干栏式建筑示意图

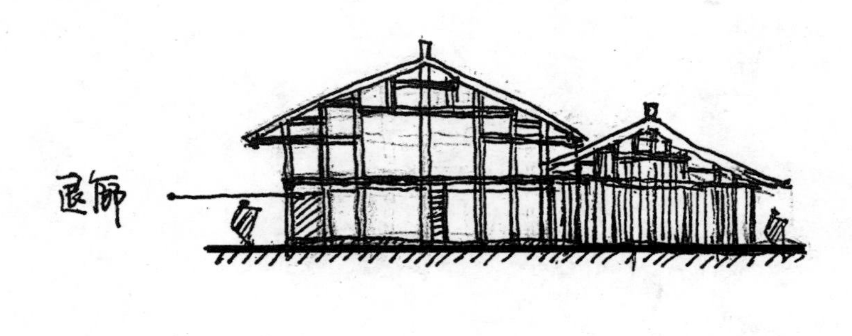

二层穿斗式建筑示意图

图4　古镇建筑结构示意图

多数建筑结构为木构穿斗式，为适应地形，靠周公河侧的建筑多出现底层抬高，以通风防潮，在地势陡峭处更出现了吊脚楼。靠山侧的建筑则多为二层木构穿斗式民居。就形式而言，古镇吊脚楼因体量较大多为“十一㯃十一柱五穿”。而靠山侧的建筑以“五㯃五柱二穿”及“七㯃七柱三穿”为主。除穿斗结构外，部分民国时期新建建筑亦出现砖石混合结构形式，由木构架承屋檐重量（图4）。

古镇因处于半山腰，连接其主要交通为一条石阶，入口处分列一座建于清末的六角攒尖单檐亭及属于历史保护建筑的红军会议遗址。当地建筑风貌大多呈现典型川西民居建筑风貌特点，斜坡顶，薄封檐。但因为雅安地区雨水较多，坡屋顶挑檐较其他地区更深，约出挑1.3米左右。色彩朴素，大方。屋顶以青瓦为主，外墙立面为灰褐色木板，雀替、门窗均出现木雕花，图案以神话故事，花鸟鱼兽为主。因为当地竹木资源丰富，建筑材料中多出现竹编隔断，木柱多使用杉木，多数隔墙采用隔板壁与泥墙相结合的经济做法（图5）。

图5　望鱼古镇一角

二、古镇现状及问题

望鱼古镇位于茶马古道沿线，整体建筑风貌保存相对完好，对研究茶马古道沿革及四川地区传统建筑形制等方面具有较高的历史价值。通过对它现状分析能够较为全面地总结概括目前茶马古道沿途已衰败的传统场镇聚落所出现的问题。

1．建筑环境现状及产生原因

现今古镇与新镇仅靠一条石阶相连，石阶陡峭路滑。主街以青石板铺成，石板风化腐蚀，多数布满青苔。目前古镇建筑主要功能为居住及少部分商业配套，公共配套设施几乎完全消失，且基本城建配套系统难以满足目前居民需求，如防火、排水、电力系统。就建筑风貌而言，古镇多数建筑在经历了两次地震及岁月侵蚀以后，出现了较为严重的损毁，包括其结构支撑体系倾斜，建筑装饰损毁风化，单体功能空间倾斜。建筑健康状况堪忧，存在巨大安全隐患。周边景观较少，因为紧靠山体，景观多存在住宅合院中。少数景观分布于挡土墙周围。主古镇农田部分由于退耕还林，劳动力流失等原因基本消失，仅余若干种植斑块。

因修建年代久远，经历自然风化衰败。地区环境湿润多雨，地势险要。古镇主要道路路况较差，坡度过大，铺地材质因地区多雨潮湿滋生青苔，存在安全隐患。同时，作为场镇，它的建筑功能配套单一，缺乏基本公共设施。现有城建基本配套陈旧落后。居民迁徙，劳动力外出务工，使用者减少使得场镇衰落。同时新场镇的建设导致公共设施迁移。另外政府资金不到位，管理缺失也是原因之一。最后，整个古镇因地质灾害频发，修建年代久远，木结构的自然风化腐蚀，人为破坏等种种原因，建筑整体质量堪忧，存在较为严重的安全隐患。

2. 使用管理现状问题及产生原因

对古镇现存建筑使用状况及居民构成进行调查可发现，古镇仍在使用的建筑占古镇总建筑约50%，主要使用功能为居住及商业用途。老年居民占现居民构成的70%以上，古镇主要产业空悬，多数劳动力外出务工。目前望鱼古镇隶属望鱼乡政府监管，2014年四川省村镇建设发展中心出台了具体发展规划措施，确定望鱼古镇街区是以生活居住、旅游观光、商业服务、文化经营为主要职能，集中南方丝绸之路茶马古道传统人文风貌的历史文化街区。但就现状而言，整个规划的实施并没有落实到位，整个古镇人流稀少，多数单位常年上锁空置，无法得到专业修缮，状况堪忧。可以说，整个古镇处于一种“自生自灭”的“野生”模式。

首先，因建筑存在安全隐患，原建筑空间不符合当代使用要求。整个古镇建筑利用率较低，建筑功能单一。其次，由于新场镇的设立，原居民迁移，退耕还林后剩余劳动力外出务工，原场镇以贸易为主，其他产业规模较小，茶马贸易衰败落后，无法形成后续稳定产业从而带动地区经济发展，现代交通情况较差，难以吸引人流商机。导致古镇居民稀少，缺乏基本活力，无重点产业带动古镇可持续发展。最后，缺乏资金。缺乏专业机构进行实际管理。导致古镇管理混乱，具体措施无法落实到位。

三、雅安望鱼古镇生存发展策略

1. 望鱼古镇的重新定位

依据古镇历史价值及现状问题，将古镇定义为“茶马古道文化路线上的传统人文历史文化街区”。作为具有代表性的茶马古道沿途场镇聚落，保护古镇所包含的具有历史科研价值的茶马古道历史信息和明清时期四川地区民居建筑布局、形制等历史文化遗产应作为整个规划发展策略的基本前提。然后，根据现今古镇实际情况，结合所属片区的宏观规划，重新定义这一区域的实际规模（街道、街区、城镇）。

在符合古镇全新定位的前提下，为恢复这一街区的活力，吸引人流，建立可续发展的产业链条，使古镇在继续生存的基础上有一定发展。古镇未来的所承担的功能属性将以生活居住、文教科研为主；商业服务、旅游观光为辅。在这一新的功能定位下使得古镇能够适应现代社会的需求，同时基本实现自给自足。

2. 针对性的具体措施

首先针对古镇的整体维护，划定古镇周边保护范围，严禁在周围兴建破坏古镇整体风貌的建筑物。维持古镇整体建筑布局，对城建配套设施进行维护修缮。改善古镇交通及相关功能配套，利用科学手段对铺地进行处理，恢复道路安全。对古镇整体建筑高度进行严格控制，建议将高度控制在10米以下，保证古镇街巷立面的历史原真性，对于超出高度部分要进行讨论研究，方可实施。对古镇建筑健康状况进行调查，有针对性地对结构进行维护，定期修护保养。在保持古镇明清四川地区民居建筑风貌的前提下，对装饰进行修复，利用当地材料，做到修旧如旧，消除使用安全隐患，同时对周边山体进行技术处理，减少地质灾害对其产生影响。

其次是对建筑的重新改造及部分建筑的功能重构，在历史遗产保护原则前提下，适当改部分居住建筑为公共建筑。围绕这些公共建筑打造建筑节点，形成公共交互空间。对古镇具有历史意义的红军会议遗址，在赋予教育宣传作用的同时，因其位于入口处的优越地理位置，可对周边进行配套修建，作为入口节点，吸引人流。具有对于古镇保存较好的商住建筑维持“上住下商”模式，对局部进行改造适应当代使用要求，继续使用。对损毁严重的一些商住及合院建筑，进行改造重建，保留其主要历史信息，改造空间作为展览及特色商业空间，吸引人流，提升商业价值。

最后是对非物质文化的保护利用，将当地特产引入产业链中，形成以特色产品为主的商业模式。对于传统习俗，可依据实际情况，通过定点、定期的展览形式在保护传承这些文化的同时，进一步实现古镇的推广。更可以利用新媒体及互联网进行宣传保护教育，与公众产生良性互动，提升古镇知名度。

3. 管理及后续保证制度的建立

为保证具体措施的实施及古镇后续的管理发展顺利进行，首先政府应建立一套完善的监管体系，该体系应包括对古镇整体产业运营状况及经济收益的监管及合理分配机构，在管理过程中出现矛盾时应以保护古镇历史信息为优先考量。其次，在监管体系之外应周期性考察评估体系。对于管理人员的选择，可与高校进行合作，为在校专业人才提供实习机会且减少财政开支。当然，除政府以外，公众的参与也十分重要，对居民而言，第一，加强保护宣传，定期开展相关培训。可提升公众对遗产保护参与度。第二，对居民的自行维护保护活动进行指导，并对其给予一定政策优惠奖励。对游客而言，在科学数据分析下，严格控制游客数量，避免古镇负荷过大。同时对游客进行宣传教育，加强保护意识，使古镇具有健康，稳定的运作及发展。

四、结语

经由雅安望鱼古镇这一案例的研究过程，可以总结出依托茶马古道所兴起的一部分传统场镇聚落在当代的生存发展策略由于不同地域所存在的场镇的历史信息侧重点各不相同。这些场镇，作为记载了不同地区茶马贸易前世今生的独一无二的存在，为今人留下年代特定的历史信息和无法磨灭的历史痕迹。只有依据当代实际情况对这些古镇重新进行规划改造，才能在保护历史价值的基础上，真正意义上实现古镇的可持续发展。

图片来源

图1　作者改绘，底图来源于《望鱼古镇保护规划》

图2、5　作者自摄

图3　作者改绘，底图来源于《望鱼古镇保护规划》

图4　作者根据参考文献[2]资料自绘

表1　作者根据资料整理自绘

参考文献

[1] 格勒."茶马古道"的历史作用及现实意义初探[J].中国藏学，2002（3）：59-64.

[2] 吴樱.巴蜀传统建筑地域特色研究[D].重庆：重庆大学，2007.5.

[3] 郭慧娟，穆瑶，朱阳春.基于原风景设计手法的望鱼古镇风景模式规划研究[J].华中建筑，2015（1）：121-126.

[4] 李和平.山地型历史文化街区保护规划的山地适应性方法研究—以重庆湖广会馆及东水门历史文化街区为例[J].建筑学报，2016（03）：29-34.

闽南古聚落埭尾村保护与发展策略

李建晶[①]

摘要：古聚落埭尾村的村落布局形式和建筑形制都颇有特色，具有丰富的文化遗产价值。但在现代社会中也存在环境、交通、社会等相关问题。对埭尾村注重维修现有建筑和整治环境等保护策略，同时改造建筑内部环境、增加市政设施和公共服务建筑以及发展新的产业模式等发展策略。

关键词：古聚落；埭尾村；保护策略；发展策略

一、引言

目前我国对于古聚落的保护行为薄弱，更多的是停留在开发利用的层面。将其作为旅游资源，从中获取经济利益。很多时候的保护只是重视游客的利益而不是当地居民的利益。由于旅游业的发展，中国的很多古聚落，都存在开发过度，商业气息浓重，同时引起当地环境污染和生态破坏，从而导致大量当地居民流失，从而使古聚落的精神价值不复存在，只是留住了一个空壳。对于古聚落的保护，很多停留在为满足游客的需要，而忽略其中的当地居民，忽略其中的“灵魂”。

与此同时，欧洲等国在古聚落特别是世界文化遗产城市的保护与发展中在世界范围内都具有积极带头作用。欧洲等国的主要做法是加强对古建筑的管理，并设置专门的管理机构；有相对完善的法律法规；增加现代化的公共基础服务设施，对古聚落进行现代化的更新设计，以满足现代人们的生活需求。

二、埭尾村概述

1. 概况

埭尾村位于福建省龙海市东园镇西侧，聚落地处平原地带，环抱于鸡笼山、大帽山、鹅蛋山之中，四周被30多米宽的九龙江支流南溪港水道环绕。埭尾村是龙海市现存最大、保存最完整的古民居建筑群，原名柑埭社，始建于明景泰年间（1450年），由“开漳圣王”陈元光第三十一世孙陈仕进开基。

2012年3月被福建省评定为第四批省级历史文化名镇名村。2014c年3月11日成为中国第六批历史文化名村。

2. 建筑布局特色

埭尾村规模宏大、排列整齐、埕巷笔直，有闽南传统大厝276间，以轴对称排列布局，村落街巷网络力求方正整齐，且成直角相交，呈棋盘式布局形式（图1）。

① 李建晶：助教，厦门大学嘉庚学院

图1 埭尾村航拍图（图片来源：无人机拍摄）

图2 四点金（图片来源：作者自摄）

图3 下山虎（图片来源：作者自摄）

图4 正在维修的古宗祠（图片来源：作者自摄）

古民居傍水而建，坐南向北，建筑为砖木结构，屋顶全部为硬山式曲线燕尾脊。民居平面类型较为丰富，有四合院式的“四点金”，也有三合院式的“下山虎”，还有单列型的排屋等。早期古厝以四点金为主，近代建筑以下山虎为主（图2、图3）。

三、埭尾村现状及存在的问题

埭尾的南溪港水道为当地居民提供了充足的生产生活用水，同时也是水产养殖、农作物种植的用水来源。以前南溪港内盛产海蜇皮、虾、蟹等水产品，捕捞水产品也是当地重要的收入来源，现在仍可见的虾塘，但是相对于之前产量已有大幅缩减，然而又缺乏相应的其他产业收入来源。

埭尾村历史悠久，古聚落布局及建筑都独具特色。现状整体面貌较好，但是古村落也存在着一些问题，例如交通设施相对落后，市政设施不完善，古建筑亟待修缮，同时还存在一些私拉乱建等现象。

因为当地基础设施落后，且缺乏其他产业收入来源，所以村中流失大量的青年和中年，留下的大部分是老人和小孩。

目前埭尾村政府已经逐步意识到相关问题，正在积极整治，但在整治过程中有些简单粗暴，对古建筑的维修没有注重其原真性，同时有过度旅游开发之趋势（图4）。

四、埭尾村保护与发展策略

1．保护策略

（1）保留维修现有建筑

在保护过程中，对现有古建筑应该维持其现状不去改变，只是在必要的时候采取维修的措施，以尽可能维持其原有风貌和状态。但在维修过程中还要注重建筑的原真性原则、可识别性原则和可逆性原则，也就是说修复过程中尊重建筑材料和工艺的原真性；同时不属于建筑古迹本身存在的部分，在采用措施进行加固和或修补的时候，要与原建筑有所区别；另外一切修复的措施都是可逆的，这是为了以后如果有更好的措施或方案来修复而进行替代。

（2）整治现有环境

环境脏乱差是农村普遍存在的问题，这需要政府和当地居民的共同努力去整治。政府应出台相关的政策，当地居民要接受相关教育，来保护现有环境。这其中主要包括对南溪港水道的治理和古厝埕巷街道的整治。

2. 发展策略

（1）增加市政设施

当地建议增加生活必备的市政设施，来满足当地居民现代生活的用水用电等需求，这其中主要包括给排水、电力电信、燃气等管网设施。

对于市政设施的增加方式可以采用直埋的形式，这种方式比较简单易行。就是将所有的管线直接埋入地下。对于直埋式要注意管线的种类和在地下的顺序，确定铺设时的水平净距、垂直净距和埋深。

（2）改造建筑内部

聚落内的某些建筑，在当今社会发展过程中，已经丧失了其最初的使用功能，且不能满足当代人们生活的功能要求。为了避免其进一步遭破坏，必须要使其成为人们经常使用的场所，这不能靠简单的维持原有建筑外立面，而是要对其进行改善和改变功能，使之适应当代社会生活。一种方法是功能置换，改为公共建筑，例如博物馆、餐厅、旅馆等；另一种是维持原有居住功能，但是对其室内进行功能置换和翻新改造，同时增加相应现代设施，以满足现代人们的生活需求。

（3）增加公共服务建筑设施

公共服务设施，主要是指教育、医疗、科技、卫生、文化和体育等公共设施建筑。为了满足当地居民的现代多样化的生活需求，在城市内增加相应的公共服务设施。包括：图书馆、音乐厅、医院和学校等公共建筑。

这些公共建筑，可以是由原来的历史建筑改造而成，也可以是新建的建筑。对于新加入的建筑，其建筑可以采用符合当地特色的现代建筑形式，与历史城市和谐统一。同时，局部也可以尝试大胆创新的手法以产生对比效果（图5）。

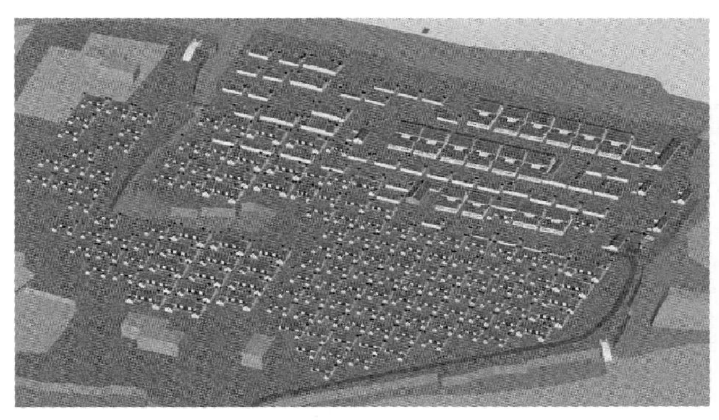

图5　植入新建筑（图片来源：作者自绘）

（4）增加新的产业发展模式

结合当地的特点，发展新的产业。在产业发展过程中，主要以保留当地居民生活为主，可以辅以旅游观光等产业。但是旅游开发一定要适量，不能影响当地居民。

埭尾村具有丰富的水资源，原有产业以水产养殖为主。在现代社会发展过程中，我们可以保留其原有产业，同时结合部分旅游模式。外来旅游者可以在当地进行垂钓、采摘等休闲娱乐方式，同时增加相应的餐饮服务和住宿服务。住宿方式可以采用民宿的方式，这样可以将原有闲置房屋利用起来，同时也增加了当地居民的收入。而且当今游客也更喜欢入住民宿，因为可以更好地感受当地的风土民情。

另一方面，可以增加相应的博物馆、文化馆，来介绍当地历史和文化特色；增加戏台、音乐厅等建筑，来表演当地艺术，这其中的门票收入也是当地收入来源的一部分。

以上方法，既可以保留原有产业不被破坏，同时又适当发展旅游，带动当地居民的收入。

五、结语

古聚落是社会留给我们的共同财富，对其保护是我们每个人应尽的责任。然而对于古聚落的保护不要停留在过度旅游开发，以牟取最大利润，这种保护是非可持续发展的模式。更多的是要留住当地居民，留住当地的精神价值，留住当地的“灵魂”。

参考文献

[1] 张杰，庞骏，彭媛媛．福建龙海市埭尾古村落国家历史文化名城研究中心历史街区调研[J]．城市规划，2013，02：101-102.

[2] 易笑，吴奕德．漳州埭尾古村棋盘式布局形态特征研究[J]．中外建筑，2014，02：70-72.

[3] 易笑．闽南古村埭尾聚落研究[D]．华侨大学，2014.

编后语

本次民居学术年会共收到来自39所高校和研究单位129篇学术论文，其中研究生论文99篇。本次会议进行了学生论文的评优活动，共评选出学生优秀论文20篇。由于篇幅有限，在征得论文作者同意后，正式出版39篇。对于本书未能刊载的论文，组委会另编了一套会议论文集用于学者们会议交流。对于各单位学者们对本次会议的热情参与、积极投稿，在此表示真诚的感谢！也为在此过程中未尽人意的地方表示诚挚的歉意！

本书汇集了近年在传统民居方面的新的调查资料和研究成果，以及对传统民居历史、技术、理论上一些问题的探讨和见解，这些对于民居研究的学术交流和学术水平的提高，对于专注于这一领域研究的专家和学者提供了一份有价值的参考材料。

在本书的编辑出版过程中，中国建筑工业出版社给予了诸多的便利，付出了辛勤劳动，使得本书能顺利出版，在此，一并表示衷心的感谢。

编者

2016年8月